普通高等教育“十三五”规划教材

工程力学

张　薇　魏　丹　主编
刘蓟南　副主编

化学工业出版社
·北京·

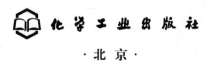

本书分两篇，涵盖了理论力学和材料力学的主要内容。本书力求最大限度地坚持理论严谨、逻辑清晰、由浅入深的原则，注重基本概念、基本原理、基本方法的理解和掌握，理论及公式推导从简，内容完整、连续紧凑，书中例题典型，课后思考题以及习题紧扣书中内容，难度适中，而且书后习题附有答案，便于自学。

本书可作为普通高等院校、高等专科学校、职业院校的工科专业教材，并可供相关人员学习使用。

图书在版编目（CIP）数据

工程力学/张薇，魏丹主编. —北京：化学工业出版社，2016.11

普通高等教育“十三五”规划教材

ISBN 978-7-122-28192-0

Ⅰ.①工… Ⅱ.①张…②魏… Ⅲ.①工程力学-高等学校-教材 Ⅳ.①TB12

中国版本图书馆 CIP 数据核字（2016）第 235455 号

责任编辑：韩庆利　　文字编辑：张绪瑞

责任校对：吴　静　　装帧设计：关　飞

出版发行：化学工业出版社（北京市东城区青年湖南街 13 号　邮政编码 100011）

印　　装：北京云浩印刷有限责任公司

787mm×1092mm　1/16　印张 15　字数 383 千字　2017 年 1 月北京第 1 版第 1 次印刷

购书咨询：010-64518888（传真：010-64519686）　售后服务：010-64518899

网　　址：http://www.cip.com.cn

凡购买本书，如有缺损质量问题，本社销售中心负责调换。

定　　价：34.00 元

前 言

本书依据教育部对高等院校工程力学基础课程教学的基本要求，结合普通高校学生的特点及编者多年的教学经验编写而成，适用于高等教育工科院校四年制机械、交通、动力、航空航天、水利、汽车、能源等专业使用，也可作为高等专科院校、职业技术院校以及自学、函授教材。

工程力学是一门专业基础课，涵盖了理论力学和材料力学的主要内容，它是后续的相关专业课程的基础。本书在编写思想、体系安排、内容取舍上，力求最大限度地坚持理论严谨、逻辑清晰、由浅入深的原则，注重基本概念、基本原理、基本方法的理解和掌握，理论及公式推导从简，内容完整、连续紧凑，书中例题典型，课后思考题以及习题紧扣书中内容，难度适中，而且书后习题附有答案，便于自学。为了便于教师组织教学，能够在规定的课时内达到相应专业对工程力学课程教学的基本要求和目的，本书的内容以多学时课程的基本要求为限，在章节安排上，考虑到多、中、少学时课程的使用。

本书分两篇：第 1 篇“理论力学”，包含静力学、运动学和动力学三大部分，第 2 篇“材料力学”，共计 17 章内容。教学学时控制在 60～120 学时为宜。

全书由沈阳理工大学张薇、沈阳工学院魏丹任主编，沈阳工学院刘蓟南任副主编，参加编写工作的教师还有：沈阳理工大学赵艳红、李银玉、张群芳、吕北生，沈阳工学院邢婧。

本书在编写过程中，参考了国内一些优秀的力学教材，在此向这些教材的作者表示由衷的感谢。

本书配套电子课件，可赠送给用本书作为授课教材的院校和老师，如果需要，可登录 www.cipedu.com 下载。

限于时间和水平有限，书中难免存在不少缺点和不妥之处，希望使用该教材的广大师生和读者提出批评和指正，以利于教材质量的进一步提高。

编者

目 录

第1篇 理论力学

第2篇 材料力学

第1篇 理论力学

理论力学主要是研究物体在力系作用下的平衡规律的科学。

静力学中的物体是指刚体。**刚体**是一个理想化的力学模型，是指物体在力或力系的作用下不变形的物体，就是其内部任意两点之间的距离始终保持不变。

作用于物体上的多个力构成**力系**。如果一个力系对物体的效果与另一个力系对同一物体的作用效果相同，这两个力系则互为**等效力系**。如果用一个简单力系等效地替换另一个复杂力系对物体的作用，这个过程称为**力系的简化**。把作用在物体上并使物体处于平衡状态的力系称为**平衡力系**。如果一个力与一个力系对同一物体的作用效果相同，此力称为该力系的**合力**。

在静力学中，将主要研究以下三个方面的内容：

① 物体的受力分析；

② 力系的等效简化；

③ 建立各种力系的平衡条件。

第 1 章 静力学公理和物体的受力分析

1.1 静力学公理

公理 1 力的平行四边形法则

作用在物体上同一点的两个力，可以合成为一个**合力**。合力的作用点也在该点，合力的大小和方向（即合力矢），由这两个力为边的平行四边形的对角线确定，如图 1-1(a) 所示。

求两汇交力合力的大小和方向（即合力矢），也可作**一力三角形**，如图 1-1(b)、(c) 所示。

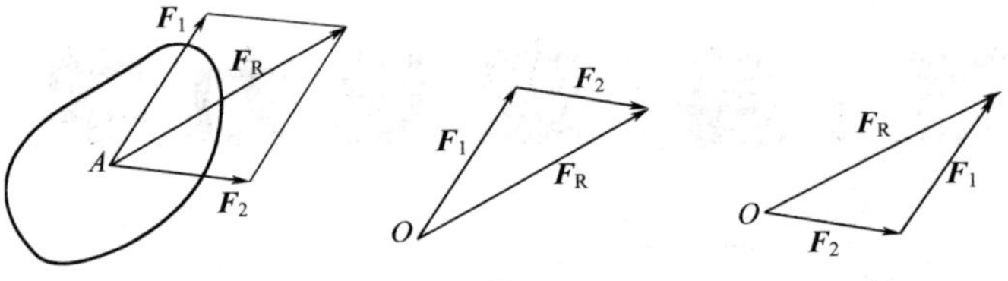

图 1-1

公理 2 二力平衡条件

作用在刚体上的两个力，使刚体保持平衡的必要和充分条件是：这两个力大小相等，方向相反，且作用在同一直线上。

如图 1-2(a)、(b) 所示，BC 构件只在 B、C 两点受力，其作用力分别用 $\boldsymbol{F}_B$ 和 $\boldsymbol{F}_C$ 表示，BC 构件是二力构件，其平衡的必要和充分条件是：$\boldsymbol{F}_B=-\boldsymbol{F}_C$，作用线经过 B、C 两点的连线，与 BC 构件形状无关。

只在两个力作用下平衡的构件，称为**二力构件**，杆件简称**二力杆**。

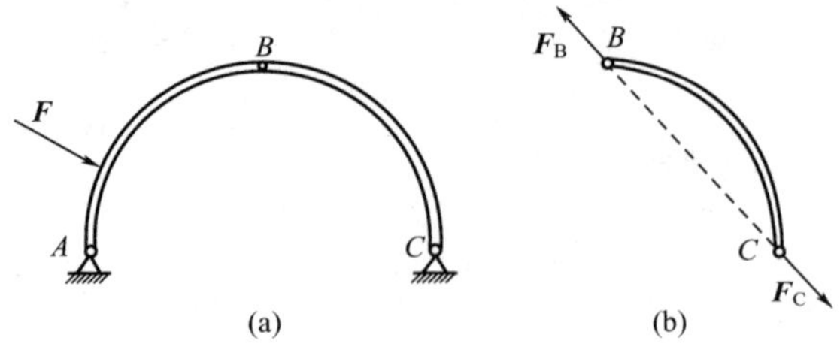

图 1-2

公理 3 加减平衡力系原理

在已知力系上加上或减去任何平衡力系，不改变原力系对刚体的作用等效。

根据上述公理可以导出下列推理：

推理 1 力的可传性原理

作用于刚体上某点的力，可以沿其作用线移至刚体内的任何位置，而不改变该力对刚体的作用效应。

证明：已知在刚体上的 A 点作用力 $\boldsymbol{F}$，如图 1-3(a) 所示。根据加减平衡力系原理，在力的作用线上任取一点 B，在该点加上由 $\boldsymbol{F}_1$ 和 $\boldsymbol{F}_2$ 两个力所构成的平衡力系，这里 $\boldsymbol{F}=-\boldsymbol{F}_1=\boldsymbol{F}_2$，如图 1-3(b) 所示；然后，再减去由 $\boldsymbol{F}$ 和 $\boldsymbol{F}_1$ 两个力所构成的平衡力系，如图 1-3(c) 所示，这样就只剩下了力 $\boldsymbol{F}_2$，即原来的力 $\boldsymbol{F}$ 沿其作用线从 A 点移到了 B 点。

因此，力对刚体的作用效应取决于力的大小、方向和作用线，称之为**力对刚体的作用三要素**。

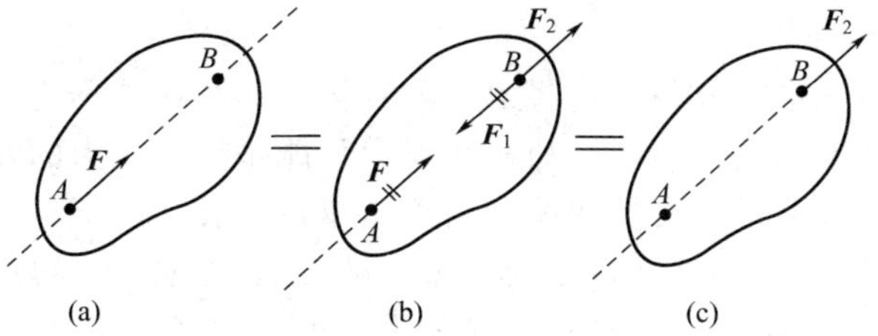

图 1-3

推理 2　三力平衡汇交定理

刚体只受三个力作用而平衡，若其中两个力的作用线相交于一点，则第三个力的作用线必在同一平面内，且通过汇交点。

证明：如图 1-4 所示，刚体在 $\boldsymbol{F}_1$、$\boldsymbol{F}_2$ 和 $\boldsymbol{F}_3$ 三个力作用下平衡。力 $\boldsymbol{F}_1$ 作用点在 A 点，力 $\boldsymbol{F}_2$ 作用点在 B 点，两力的作用线相交于 O 点，依据力的可传性原理和力的平行四边形法则，力 $\boldsymbol{F}_1$ 和 $\boldsymbol{F}_2$ 合成为力 $\boldsymbol{F}_{12}$，再根据二力平衡条件，力 $\boldsymbol{F}_3=-\boldsymbol{F}_{12}$，力 $\boldsymbol{F}_3$ 必定与力 $\boldsymbol{F}_1$ 和 $\boldsymbol{F}_2$ 共面，且经过两力交点 O 点。

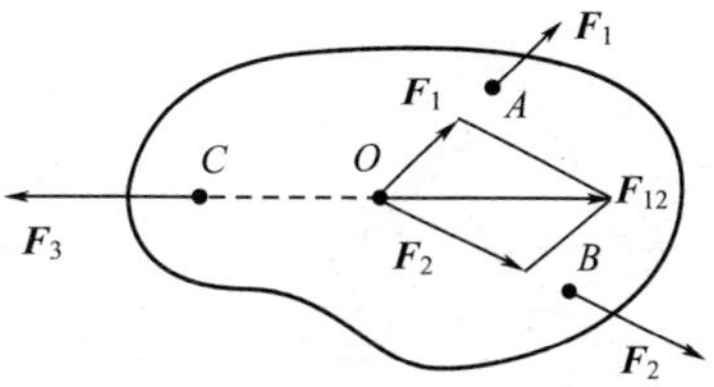

图 1-4

公理 4　作用与反作用定律

作用力与反作用力总是同时存在，两个力大小相等、方向相反，沿同一直线，分别作用在两个不同的物体上。

公理 5　刚化原理

变形体在某一力系的作用下处于平衡状态，可将此变形体刚化为刚体，其平衡状态保持不变，如图 1-5 所示。

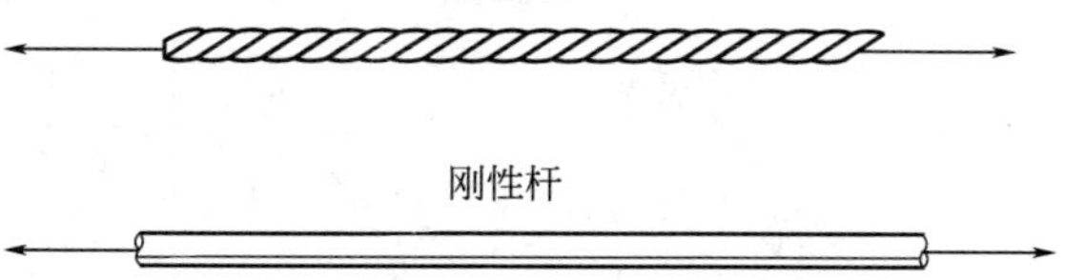

图 1-5

1.2　约束和约束力

1.2.1　约束和约束力

在机械工程结构中，每一构件根据工作要求都以一定方式与周围其他构件相联系，它的运动因此受到一定的限制。例如：机车受到轨道的限制，只能在轨道上运行；电机转子受到轴承的限制，只能绕其轴线转动；重物由钢索吊住，不能下落等。

把限制物体运动的周围物体，称为该物体的**约束**。上面所说的轨道、轴承、钢索就分别是机车、电机转子、重物的约束。从力学角度看，约束对被约束物体的作用，实际就是力，这种力称为**约束力**。

1.2.2 常见约束类型

(1) 柔性体约束

工程中，钢丝绳、皮带、链条等这些柔性体对物体的约束统称为**柔性体约束**。其约束特点是：限制物体沿柔性体伸长方向的运动，约束力只能是拉力，力的作用点在接触点，力的作用线沿着柔性体，且背离被约束的物体，用符号 $\boldsymbol{F}_T$ 表示。

如图 1-6(a) 所示，起吊一个减速器的箱盖，链条 AB、AC、AD 对于铁环 A 的约束力分别为 $\boldsymbol{F}_{TB}$、$\boldsymbol{F}_{TC}$、$\boldsymbol{F}_{TD}$，作用点在接触点 A 点，方向沿着链条背离铁环 A；链条 AB、AC 对于箱盖的约束力分别为 $\boldsymbol{F}'_{TB}$、$\boldsymbol{F}'_{TC}$，作用点在接触点 B 点和 C 点，方向沿着链条背离箱盖。如图 1-6(b) 所示，皮带对于皮带轮的约束力分别为 $\boldsymbol{F}_{T1}$、$\boldsymbol{F}_{T2}$、$\boldsymbol{F}'_{T1}$、$\boldsymbol{F}'_{T2}$，方向沿着轮缘的切线方向，背离相对应的皮带轮。

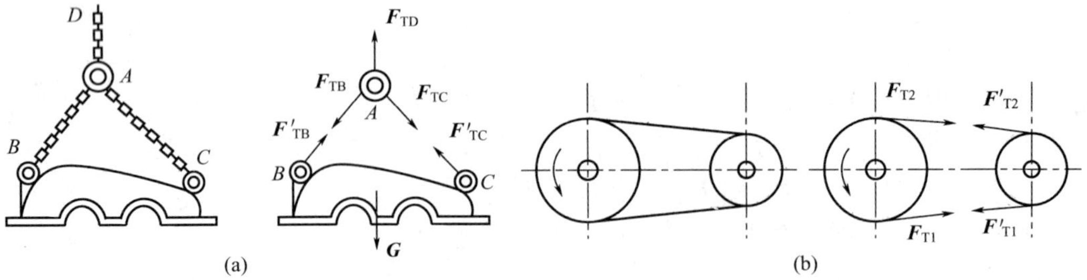

图 1-6

(2) 光滑接触面约束

当两物体接触面的摩擦力很小，可忽略不计时，即构成**光滑接触面约束**。此约束只能限制被约束物体沿着接触面的公法线方向的运动，不能限制沿接触面切线方向的运动。因此，该约束力的作用点在接触点上，方向沿着接触面的公法线方向并指向被约束物体，用符号 $\boldsymbol{F}_N$表示，如图 1-7(a)、(b) 所示。

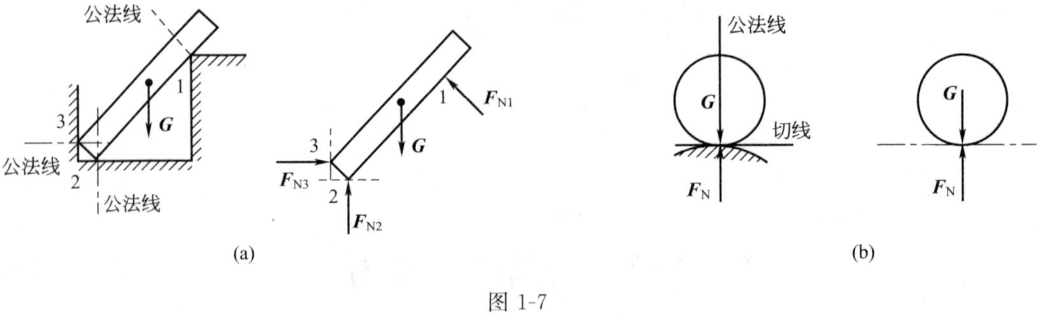

图 1-7

(3) 光滑圆柱铰链约束

工程中，常用圆柱销钉把两个带有圆孔的构件连接起来，如果接触面摩擦不计，这种约束形式称为**光滑圆柱铰链约束**。销钉只限制构件沿径向方向的移动，而不限制绕其销钉轴线的相对转动。工程中这类约束有以下几种形式。

① 中间铰链约束　如图 1-8(a) 所示，圆柱销钉将两构件连接在一起，两构件可以绕销钉的轴线转动，即构成中间铰链，常采用图 1-8(b)、(c) 所示的简图表示。每个构件与销钉的约束都属于光滑接触面约束，但由于接触点不确定，所以中间铰链约束力的特点是：在垂直于销钉轴线的平面内，作用线通过铰链中心，方向不定，通常用图 1-8(d) 所示的两个正交分力 $\boldsymbol{F}_x$ 和 $\boldsymbol{F}_y$ 表示。

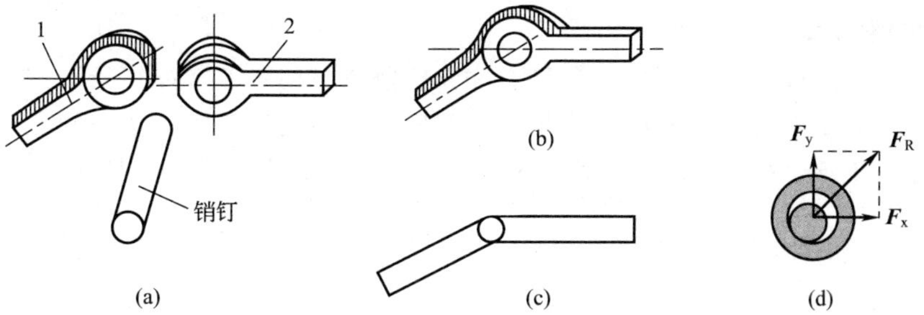

图 1-8

② 固定铰链支座约束　若构成光滑圆柱铰链约束中的一个构件是固定的，即构成固定铰链支座约束，如图 1-9(a) 所示，其简图如图 1-9(b) 所示。其约束力的特点与中间铰链相同，作用线通过铰链中心，方向不定，用相互垂直的两个分力 $\boldsymbol{F}_x$、$\boldsymbol{F}_y$ 表示，如图 1-9(c) 所示。

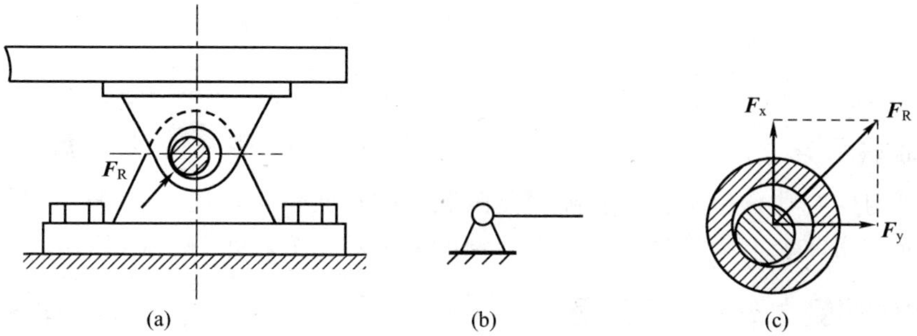

图 1-9

③ 滚动铰链支座约束　在一个圆柱铰链支座底部安装上滚子，并与光滑支承面接触，则构成了滚动铰支约束，如图 1-10(a)、(b) 所示。其简图如图 1-10(c) 所示。滚动铰链支座只能限制构件沿支承面法向的移动，不能阻止物体沿支承面切线方向的运动，因此其约束

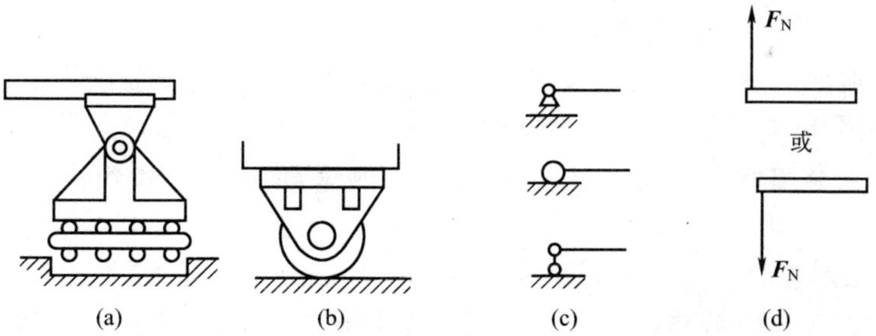

图 1-10

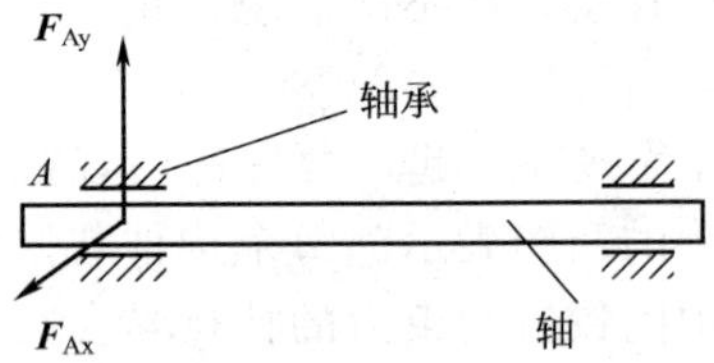

图 1-11

力用通过铰链中心、垂直于支承面的力表示，方向可能向上，也可能向下，如图 1-10(d) 所示。

(4) 向心轴承

向心轴承是机器中常见的约束，它约束圆轴使其绕着轴线转动，阻碍其径向位移。约束力的表示与固定铰链相同，力的作用线通过中心，垂直于轴线，方向不定，通常用两个正交分力 $\boldsymbol{F}_{Ax}$ 和 $\boldsymbol{F}_{Ay}$ 表示，如图 1-11 所示。

(5) 光滑球铰链

两个构件通过圆球和球壳连接在一起，称为**球铰链**，如图 1-12(a) 所示。构件可以绕球心转动。其约束力是作用线通过接触点与球心，但方向不能确定的一个空间法向约束力，可用三个正交分力 $\boldsymbol{F}_{Ax}$、$\boldsymbol{F}_{Ay}$ 和 $\boldsymbol{F}_{Az}$ 表示，其简图及约束力如图 1-12(b) 所示。

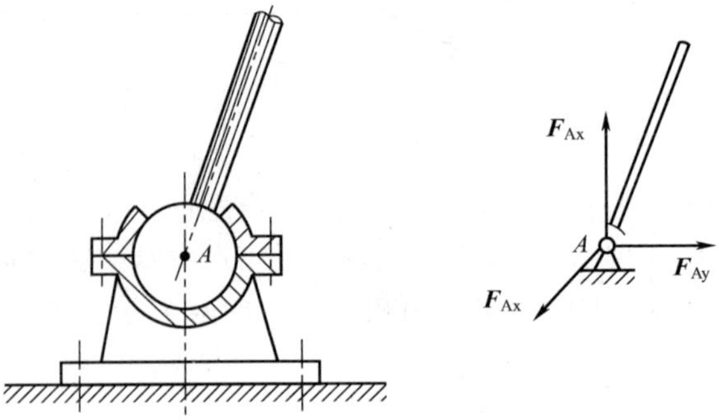

(a) (b)

图 1-12

(6) 止推轴承

止推轴承与向心轴承相比较，它除了能限制轴的径向位移，还能限制轴沿轴线方向的位移。约束力通常用两个正交的径向力 $\boldsymbol{F}_{Ax}$ 和轴向力 $\boldsymbol{F}_{Ay}$ 表示，如图 1-13 所示。

1.2.3 物体的受力分析和受力图

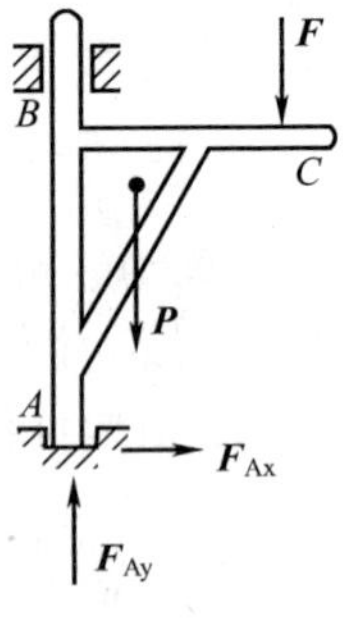

图 1-13

在工程实际中，首先根据实际情况，选择一个或几个物体的组合或整个物体系统为研究对象，分析其受到几个力的作用，每个力的作用位置、力的大小和作用方向，这个过程称为**物体的受力分析**。

作用在物体上的力可分为两类：一类是使物体产生运动的力，称之为**主动力**，例如物体的重力、风力、气体的压力等，一般是已知的；另一类是约束物体运动的力，即**约束力**。

为了比较清晰地表达出研究对象的受力情况，把它从与它有联系的周围物体中分离出来，即解除其约束而以相应的约束力代之，解除约束后的物体称为**分离体**。在分离体上画出所受的全部主动力和约束力，即为物体的**受力图**。

画受力图的基本步骤一般如下：

① 确定研究对象，取分离体。它可以是一个物体，也可以是几个物体的组合或整个物体系统。

② 画主动力。

③ 画约束反力。解除与研究对象相连接的其他物体的约束，而以相应的约束力代之。

④ 检查受力图是否完整正确。

当研究对象为几个物体组成的物体系统时，还必须区分出内力和外力。系统内部各物体之间的相互作用力称为系统的内力。物体系统以外的周围物体对系统的作用力称为系统的外力。随着所取系统范围的不同，某些内力和外力也会相互转化。

例 1-1 重量为 $\boldsymbol{G}$ 的梯子 AB，放在光滑的水平地面和铅直墙上。在 D 点用水平绳索与墙相连，如图 1-14(a) 所示。试画出梯子的受力图。

解：以梯子为研究对象，解除其约束，画出分离体图。先画主动力即梯子的重力 $\boldsymbol{G}$，作用于梯子的重心 C 点，方向竖直向下。A 和 B 处都受到光滑面约束，其约束力分别为 $\boldsymbol{F}_{\mathrm{NA}}$ 和 $\boldsymbol{F}_{\mathrm{NB}}$。$D$ 处为柔性约束，其约束力为拉力 $\boldsymbol{F}_{\mathrm{D}}$，如图 1-14(b) 即为梯子的受力图。

例 1-2 如图 1-15(a) 所示，水平梁 AB 用斜杆 CD 支撑，A、C、D 三处均为光滑铰链连接。均质梁重为 $\boldsymbol{P}_1$，其上放置一重为 $\boldsymbol{P}_2$ 的电动机。若斜杆 CD 不计自重，试分别画出杆 CD 和梁 AB（包括电动机）的受力图。

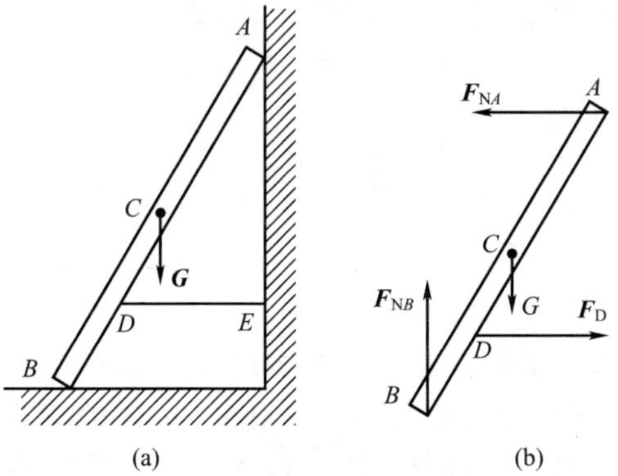

图 1-14

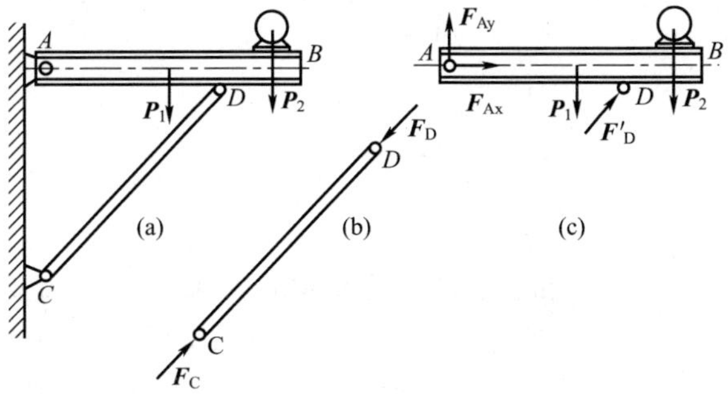

图 1-15

解：① 取斜杆 CD 为研究对象。斜杆 CD 为**二力构件**，根据二力平衡公理，C、D 二处受到的力 $\boldsymbol{F}_{\mathrm{C}}$ 和 $\boldsymbol{F}_{\mathrm{D}}$ 必定沿同一直线，且等值、反向，CD 杆受拉或受压，如图 1-15(b) 所示。

一般情况下，力 $\boldsymbol{F}_{\mathrm{C}}$ 和 $\boldsymbol{F}_{\mathrm{D}}$ 指向未知，可任意假设杆受拉或受压。若根据静力学平衡方程求得的力为正值，说明假设与实际相同；反之，相反。

② 以梁 AB（包括电动机）为研究对象。受到的主动力有 $\boldsymbol{P}_1$ 和 $\boldsymbol{P}_2$。梁在 D 受到的约束力 $\boldsymbol{F}'_{\mathrm{D}}$，$\boldsymbol{F}'_{\mathrm{D}}=-\boldsymbol{F}_{\mathrm{D}}$，$\boldsymbol{F}_{\mathrm{D}}$ 与 $\boldsymbol{F}'_{\mathrm{D}}$ 互为作用力与反作用力。梁在 A 处受固定铰支给它的约束力，由于大小和方向未知，可以用两个正交分力 $\boldsymbol{F}_{\mathrm{Ax}}$ 和 $\boldsymbol{F}_{\mathrm{Ay}}$ 表示，如图 1-15(c) 所示。

例 1-3 如图 1-16(a) 所示的结构由杆 AC、CD 和滑轮 B 铰接而成。物体重为 $\boldsymbol{G}$，用绳子挂在滑轮上。如杆、滑轮及绳子的自重不计，并忽略各处的摩擦，试分别画出滑轮 B、杆 CD、杆 AC 及整个系统的受力图。

解：① 以滑轮 B 为研究对象，画出分离体图。B 处为光滑铰链约束，可用两个正交分力 $\boldsymbol{F}_{\mathrm{Bx}}$、$\boldsymbol{F}_{\mathrm{By}}$ 表示；在 E、H 处有绳索的拉力 $\boldsymbol{F}_{\mathrm{TE}}$、$\boldsymbol{F}_{\mathrm{TH}}$，如图 1-16(b) 所示。

② 取杆 CD 为研究对象，画出分离体图。CD 杆为二力杆，在 C、D 处受到拉力 $\boldsymbol{F}_{\mathrm{CD}}$、$\boldsymbol{F}_{\mathrm{DC}}$，且 $\boldsymbol{F}_{\mathrm{CD}}=-\boldsymbol{F}_{\mathrm{DC}}$，作用线在 C、D 两点的连线上，如图 1-16(c) 所示。

③ 取杆 AC 为研究对象，画出分离体图。A 处为固定铰支座，用两个正交分力 $\boldsymbol{F}_{\mathrm{Ax}}$、

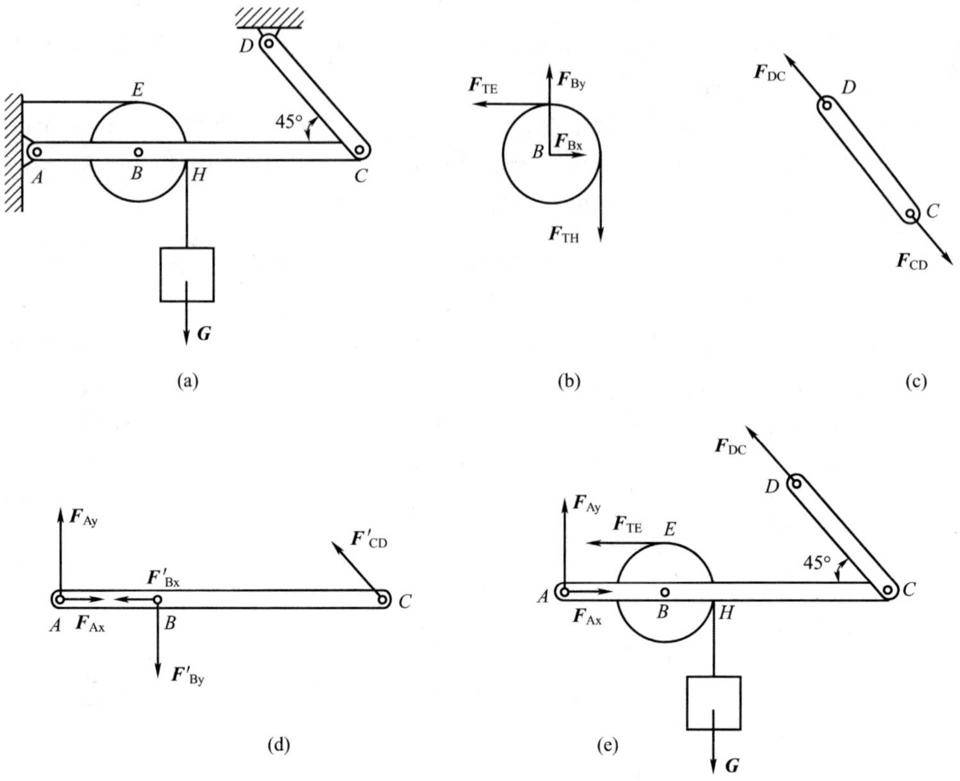

图 1-16

F_{Ay}表示；在 B、C 处受中间铰约束，在 B 处受力 F'_{Bx}、F'_{By}，它们分别与 F_{Bx}、F_{By} 互为作用力与反作用力。在 C 处受力 F'_{CD}，它与 F_{CD} 互为作用力与反作用力，如图 1-16(d) 所示。

④ 以整个系统为研究对象，画出分离体图。此时杆 AC 与杆 CD 在 C 处铰接，滑轮 B 与杆 AC 在 B 处铰接，这两处的约束反力没有解除，为系统的内力，不必画出。这样，系统所受的力有主动力 G，约束反力 F_{DC}、F_{TE}、F_{Ax}及 F_{Ay}，其受力图如图 1-16(e) 所示。

思考题

1-1 为什么说二力平衡公理、加减平衡力系公理和力的可传性原理只能适用于刚体？

1-2 二力杆或二力构件的受力特点是什么？

1-3 试画出思考题 1-3 图(a) 和 (b) 两种情形下各物体的受力图，并进行比较。

1-4 思考题 1-4 图三铰拱架中，若将作用于构件 AC 上的力 F 搬移到构件 BC 上，分析 A、B、C 各处的约束力有没有改变？

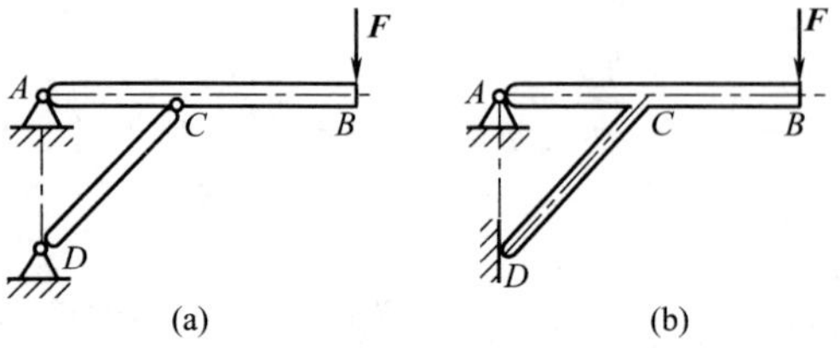

思考题 1-3 图

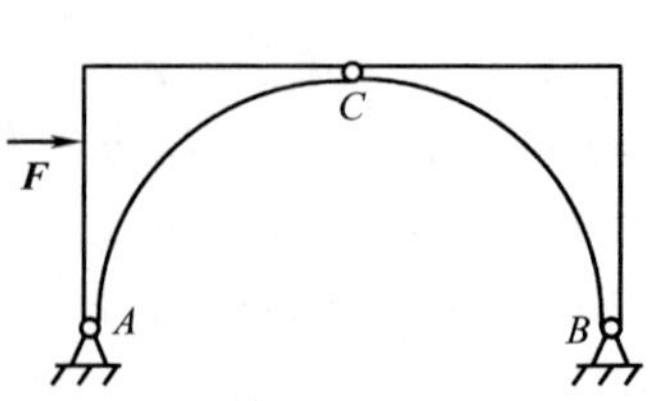

思考题 1-4 图

习 题

1-1　试画习题1-1图中物体 A、构件 AB 的受力图。未画重力的物体重量不计，所有接触面均为光滑接触。

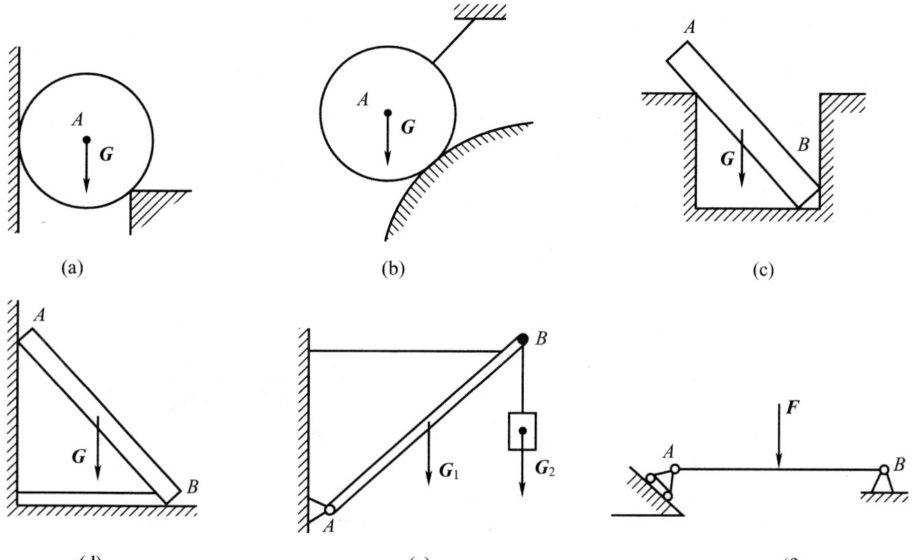

习题 1-1 图

1-2　试画出习题1-2图各系统中各指定物体的受力图。未画重力的物体重量不计，所有接触面均为光滑接触。

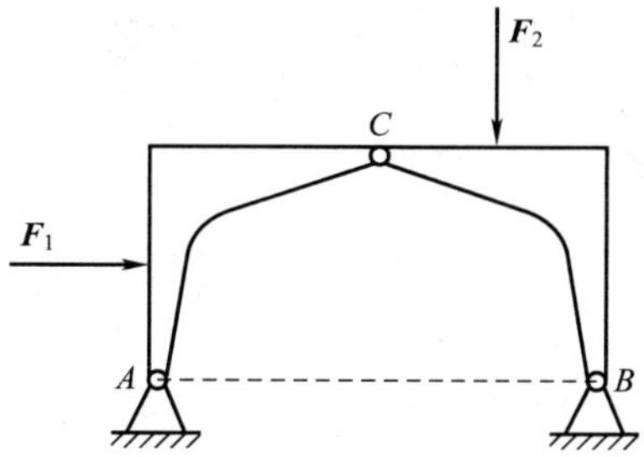

(a) AC、BC、系统

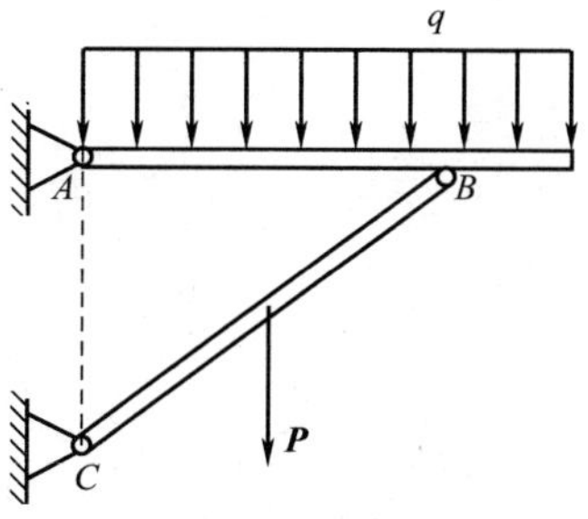

(b) AC、BC、系统

习题 1-2 图

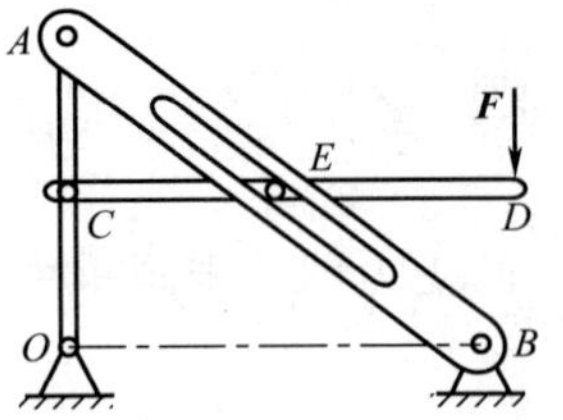

(c) AO、AB、CD、系统

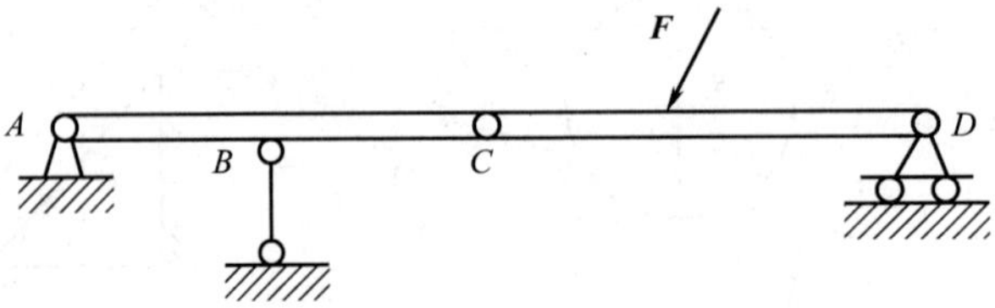

(d) AC、CD、系统

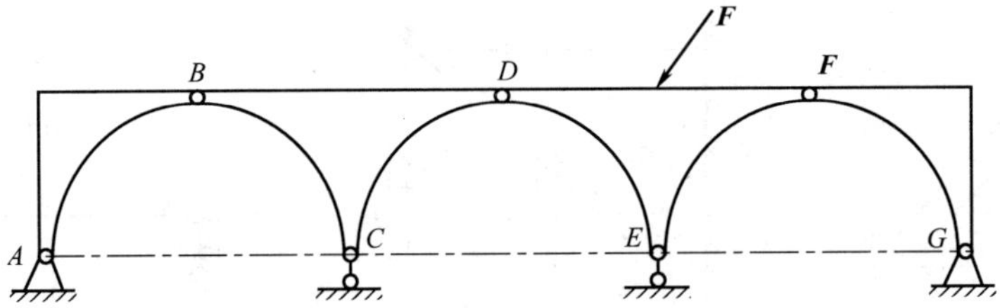

(e) AB、BCD、DEF、FG

习题 1-2 图

第 2 章 平面力系

如果力系中各力的作用线在同一平面内，那么该力系称为平面力系，如图 2-1(a)、(b)、(c) 所示。平面力系按各力的作用线分布情况，分为平面任意力系、平面汇交力系等。

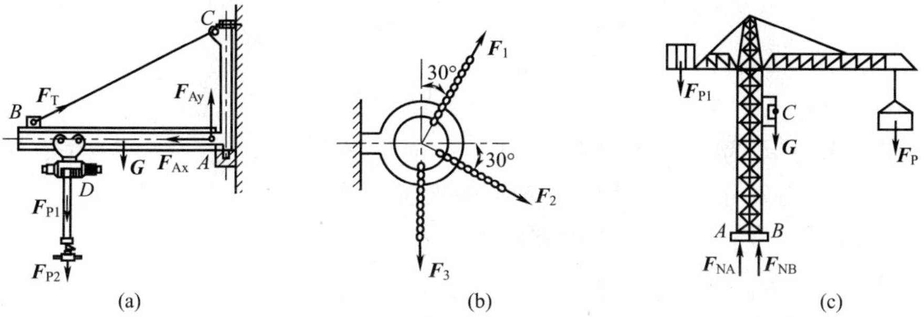

图 2-1

2.1 平面汇交力系

2.1.1 平面汇交力系合成的解析法

如果平面力系中各个力的作用线汇交于一点，那么该力系称为**平面汇交力系**，如图 2-1(b) 所示。

设平面汇交力系的各力 $\boldsymbol{F}_1$、$\boldsymbol{F}_2$、$\boldsymbol{F}_3$、…、$\boldsymbol{F}_n$ 作用在刚体的 O 点处，连续应用力的三角形法则，力多边形的封闭边的矢量为平面汇交力系的合力 $\boldsymbol{F}_R$，其作用点在汇交点上，如图 2-2 所示。合力矢等于力系中各力的矢量和，其数学表达式为

$$\boldsymbol{F}_R=\boldsymbol{F}_1+\boldsymbol{F}_2+\cdots+\boldsymbol{F}_n=\sum \boldsymbol{F} \tag{2-1}$$

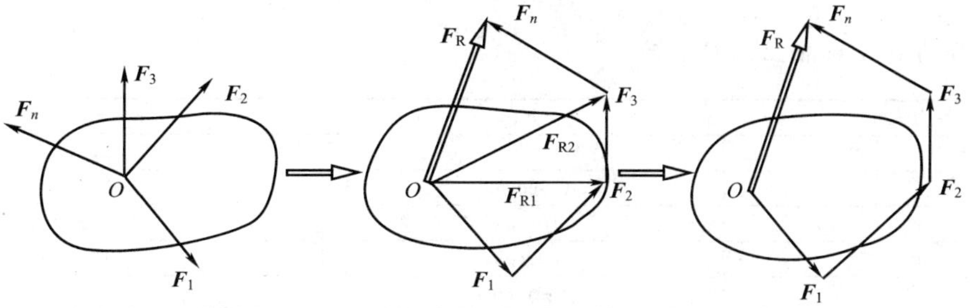

图 2-2

根据合矢量投影定理：合矢量在某一轴上的投影等于各分矢量在同一轴上投影的代数和，将式(2-1) 分别向 x 轴、y 轴投影，如图 2-3(a) 所示，可得：

$$\begin{cases} F_{Rx}=F_{1x}+F_{2x}+\cdots+F_{nx}=\sum F_x \\ F_{Ry}=F_{1y}+F_{2y}+\cdots+F_{ny}=\sum F_y \end{cases} \tag{2-2}$$

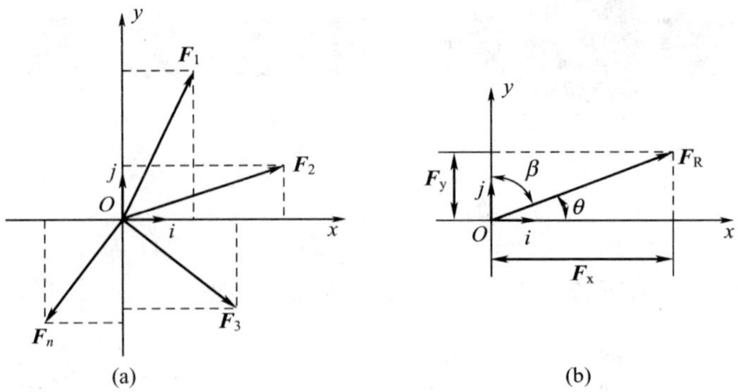

图 2-3

式中，F_{Rx} 和 F_{Ry} 为合力 $\boldsymbol{F}_R$ 在 x 轴、y 轴上的投影；F_{1x}、F_{2x}、…、F_{nx} 和 F_{1y}、F_{2y}、…、F_{ny} 分别为各分力在 x 轴、y 轴上的投影。

如图 2-3(b) 所示，合力的大小和方向余弦为

$$F_R=\sqrt{F_{Rx}^2+F_{Ry}^2}=\sqrt{(\sum F_x)^2+(\sum F_y)^2}$$
$$\cos(\boldsymbol{F}_R,\boldsymbol{i})=\frac{F_{Rx}}{F_R}=\frac{\sum F_x}{F_R},\cos(\boldsymbol{F}_R,\boldsymbol{j})=\frac{F_{Ry}}{F_R}=\frac{\sum F_y}{F_R} \tag{2-3}$$

例 2-1 已知：$F_1=100\text{N}$，$F_2=100\text{N}$，$F_3=150\text{N}$，$F_4=200\text{N}$，如图 2-4 所示。求平面汇交力系的合力的大小和方向。

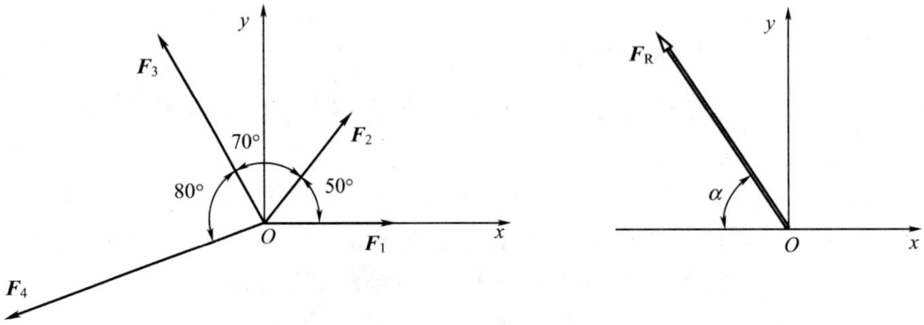

图 2-4

解：各力在坐标轴上的投影为

各力大小	F_x	F_y
F_1	100	0
F_2	100cos50°	100sin50°
F_3	−150cos60°	150sin60°
F_4	−200cos20°	−200sin20°
$\sum$	−98.66N	138.1N

合力的大小和方向为

$$F_R=\sqrt{(\sum F_x)^2+(\sum F_y)^2}=169.7\text{N}$$
$$\cos(\boldsymbol{F}_R,\boldsymbol{i})=\frac{F_x}{F_R}=\frac{\sum F_x}{F_R}=-0.58$$
$$\alpha=54.5°$$

2.1.2 平面汇交力系的平衡方程

平面汇交力系平衡的必要和充分条件是：该力系的合力 F_R 等于零。由式(2-3) 应有

$$F_R=\sqrt{(\sum F_x)^2+(\sum F_y)^2}=0$$

欲使上式成立，必须同时满足

$$\begin{cases}\sum F_x=0\\ \sum F_y=0\end{cases} \tag{2-4}$$

即力系中各分力在两个坐标轴上投影的代数和分别等于零。式(2-4) 称为平面汇交力系的**平衡方程**。

例 2-2 如图 2-5(a) 所示，物体重力为 $P=20\text{kN}$，用钢丝绳挂在绞车 D 及滑轮 B 上。A、B、C 处均为光滑铰链连接。钢丝绳、杆和滑轮的自重不计，并忽略摩擦和滑轮的大小，试求平衡时 AB 杆和 BC 杆所受到的力。

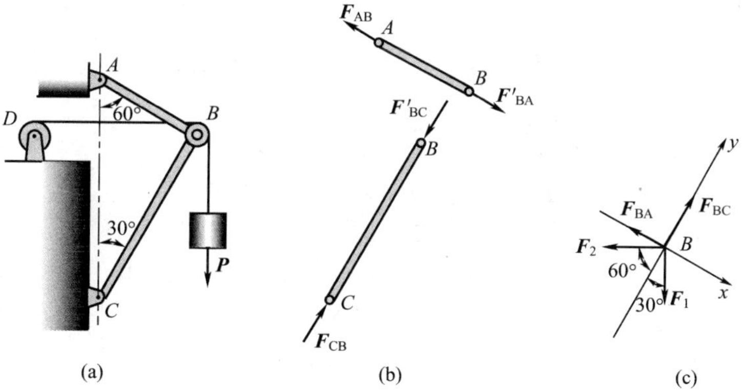

图 2-5

解： 取滑轮 B 为研究对象，假设 AB 杆受拉，BC 杆受压，受力分析如图 2-5(b)、(c) 所示。列平衡方程

$$\sum F_x=0 \quad -F_{BA}+F_1\cos 60^\circ-F_2\cos 30^\circ=0$$
$$\sum F_y=0 \quad F_{BC}-F_1\sin 60^\circ-F_2\cos 60^\circ=0$$

求解方程，得

$$F_{BA}=-0.366P=-7.32\text{kN}\ （假设与实际相反）$$
$$F_{BC}=1.366P=27.32\text{kN}$$

2.2 平面力对点之矩的概念与计算

2.2.1 平面力对点之矩

人们在生产实践中知道，力不仅能使物体移动，还能使物体产生转动。如图 2-6 所示，在力 $\boldsymbol{F}$ 作用下，扳手绕 O 点可以转动。这种转动效应用平面力对点之矩来度量，表示为 $M_O(\boldsymbol{F})$。

$$M_O(\boldsymbol{F})=\pm Fd \tag{2-5}$$

平面力对点之矩是一个代数量，它的大小等于力的大小与力臂的乘积。O 点称为矩心，

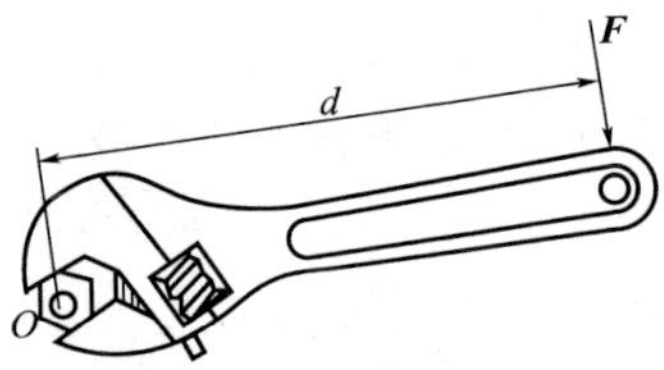

图 2-6

O 点到力的作用下的垂直距离 d 称为力臂。

力矩的符号规定为：力使物体绕矩心逆时针转动取正号；顺时针转动取负号。力矩的单位为 N·m 或 kN·m。当力的作用线通过矩心时，即力臂等于零时，力矩也等于零，力对点没有转动效应。

2.2.2 合力矩定理

合力矩定理：平面汇交力系的合力对平面内任一点之矩等于各分力对同一点之矩的代数和。即：

$$M_O(\boldsymbol{F}_R)=M_O(\boldsymbol{F}_1)+M_O(\boldsymbol{F}_2)+\cdots+M_O(\boldsymbol{F}_n) \tag{2-6}$$

合力矩定理是一个普遍定理，对于有合力的其他力系，合力矩定理仍然适用。

例 2-3 如图 2-7 所示的结构受三个力作用，已知 $F_1=500\text{N}$，$F_2=200\text{N}$，$F_3=400\text{N}$。分别求三个力对 A 点的矩。

解： 由力矩定义得：

$$M_A(\boldsymbol{F}_1)=-F_1\times0.5\text{m}=-500\text{N}\times0.5\text{m}=-250\text{N}\cdot\text{m}$$

$$M_A(\boldsymbol{F}_2)=0$$

由合力矩定理得：

$$\begin{aligned}M_A(\boldsymbol{F}_3)&=M_A(\boldsymbol{F}_{3x})+M_A(\boldsymbol{F}_{3y})\\&=F_3\cos45^\circ\times0.4\text{m}+F_3\sin45^\circ\times(0.5+0.5)\text{m}\\&=400\text{N}\times\cos45^\circ\times0.4\text{m}+400\text{N}\times\sin45^\circ\times1\text{m}\\&=395.92\text{N}\cdot\text{m}\end{aligned}$$

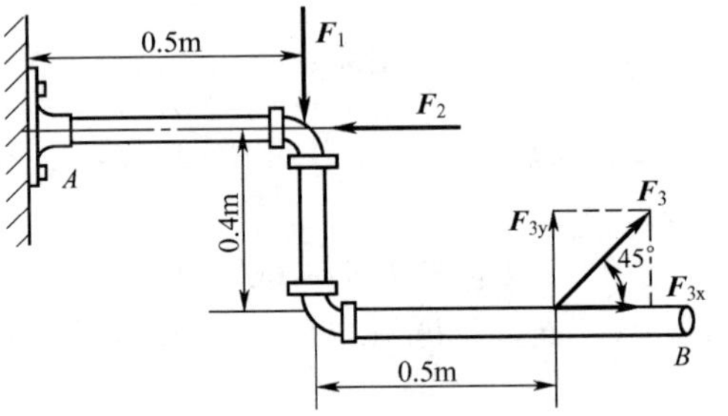

图 2-7

2.3 平面力偶

2.3.1 力偶及其性质

(1) 力偶的概念

在生活及生产实践中，经常见到一些物体同时受到大小相等、方向相反、互相平行的两个力作用的情况。例如，如图 2-8 所示，用手拧水龙头，作用在开关上的两个力 $\boldsymbol{F}$ 和 $\boldsymbol{F}'$；司机用双手转动方向盘时的作用力 $\boldsymbol{F}$ 和 $\boldsymbol{F}'$，如图 2-9 所示。这一对等值、反向、不共线的平行力构成的特殊力系，称为**力偶**，记作（$\boldsymbol{F},\boldsymbol{F}'$）。力偶中两个力作用线所在的平面称为**力**

偶作用面，两个力作用线之间的垂直距离称为**力偶臂**，用 d 表示。

力偶对物体的作用效应只能使其转动。在力偶作用面内，力偶对物体转动的效应，用力 $\boldsymbol{F}$ 的大小与力偶臂 d 的乘积 Fd 再加上区分不同转向的正负号来表示，称为**力偶矩**，记作 $M(\boldsymbol{F},\boldsymbol{F}')$，简写为 M，即：

$$M=\pm Fd \tag{2-7}$$

通常规定逆时针方向转动的力偶矩为正，顺时针方向转动的力偶矩为负。力偶矩单位为 N·m 或 kN·m。

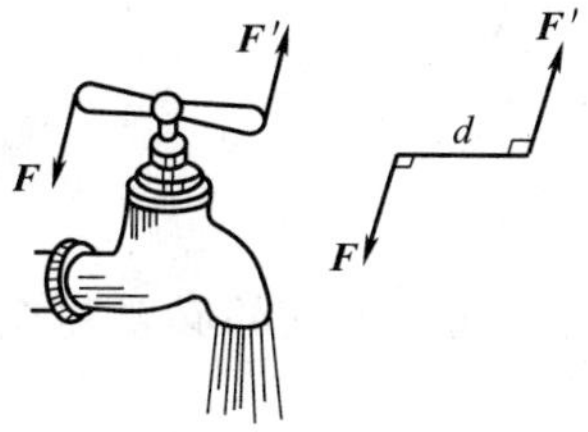

图 2-8

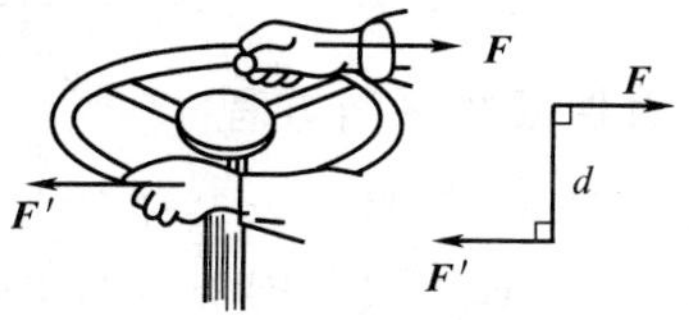

图 2-9

(2) 力偶的性质

性质 1：力偶在任一轴上投影的代数和恒等于零，如图 2-10 所示，故力偶无合力，即力偶不能与一个力等效。

性质 2：力偶对其作用平面内任一点的矩恒等于力偶矩，而与矩心位置无关。

如图 2-11 所示，已知力偶 $(\boldsymbol{F},\boldsymbol{F}')$ 的力偶矩 $M=Fd$。在其作用面内任意取点 O 作为矩心，设点 O 到 $\boldsymbol{F}'$ 的垂直距离为 x，则力偶 $(\boldsymbol{F},\boldsymbol{F}')$ 对 O 点之矩为

$$M_O(\boldsymbol{F})+M_O(\boldsymbol{F}')=F(x+d)-F'x=Fd=M$$

所以力偶对任一点的矩恒等于它的力偶矩，与矩心位置无关。

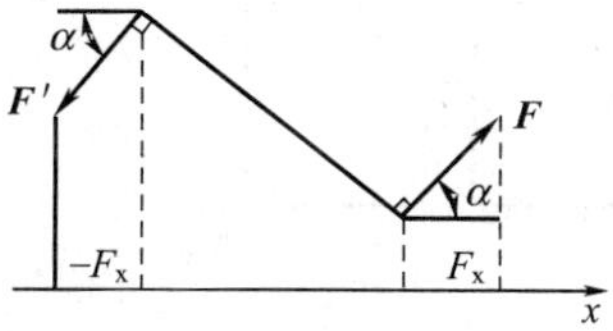

图 2-10

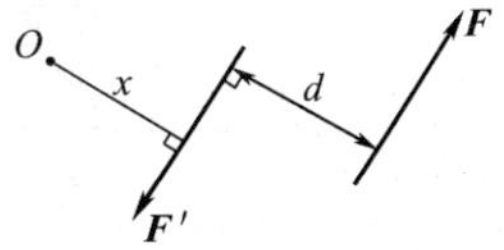

图 2-11

性质 3：只要保持力偶矩的大小和转向不变，力偶可以在其作用平面内任意移动和转动，且可以任意改变力偶中力的大小和力偶臂的长短，而不改变其对物体的作用效果，如图 2-12 所示。

2.3.2 平面力偶系的合成与平衡条件

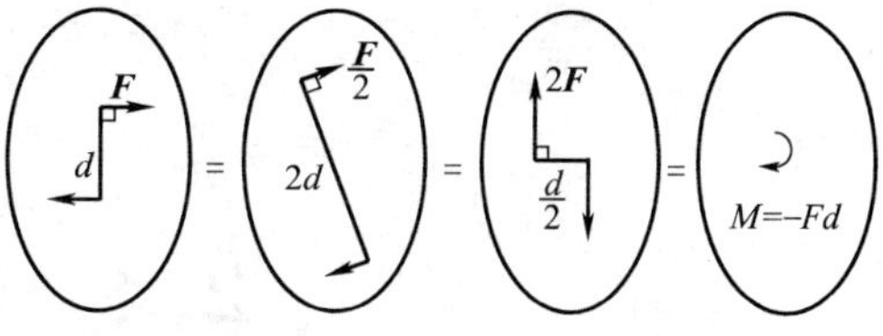

图 2-12

(1) 平面力偶系的合成

由若干个平面力偶组成的力系称为**平面力偶系**。力偶只有转动效应，平面力偶系合成的结果只能是一个合力偶，合力偶矩 M 等于平面力偶系中各力偶矩的代数和，即：

$$M=M_1+M_2+\cdots+M_n=\sum M_i \tag{2-8}$$

例 2-4 如图 2-13 所示，物体在同一平面内受到三个力偶的作用。已知 $F_1=200\text{N}$，

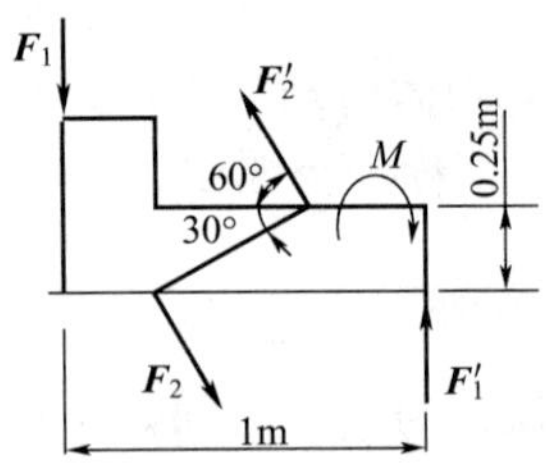

图 2-13

$F_2=600N$，$M=100N \cdot m$，求它们的合力偶矩。

解： 各分力偶矩为

$M_1=F_1d_1=200N\times 1m=200N \cdot m$

$M_2=F_2d_2=600N\times \frac{0.25m}{\sin 30°}=300N \cdot m$

$M_3=-M=-100N \cdot m$

合力偶矩为

$$M=M_1+M_2+M_3$$
$$=200N \cdot m+300N \cdot m-100N \cdot m=400N \cdot m$$

(2) 平面力偶系的平衡方程

平面力偶系合成的结果是一个合力偶。因此，平面力偶系平衡的必要和充分条件是：合力偶矩等于零，即平面力偶系中各力偶矩的代数和等于零

$$\sum M_i=0 \tag{2-9}$$

例 2-5 如图 2-14(a) 所示，用三轴钻床在水平工件钻孔时，每个钻头对工件施加一个力偶。已知 $M_1=1.0N \cdot m$，$M_2=1.4N \cdot m$，$M_3=2.0N \cdot m$，$l=0.20m$，求：定位螺栓 A、B 所受的力。

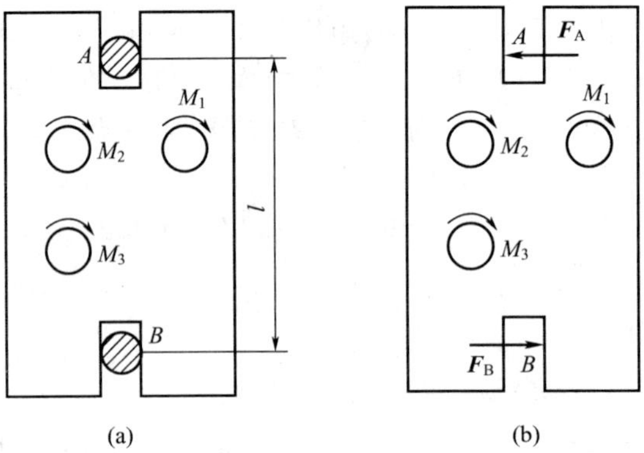

图 2-14

解： 取工件为研究对象，工件受力如图 2-14(b) 所示，且 $\boldsymbol{F}_A=-\boldsymbol{F}_B$，列平衡方程

$$\sum M=0$$

$$\boldsymbol{F}_A l-M_1-M_2-M_3=0$$

$$F_A=-F_B=\frac{M_1+M_2+M_3}{l}=22N$$

2.4 平面任意力系

2.4.1 平面任意力系的简化

(1) 力的平移定理

力的平移定理：可以把作用在刚体上 A 点的力平行移动到其刚体内任意点 B，但必须

同时附加一个力偶，这个附加力偶的矩等于原来的力对该点之矩。

设在刚体上 A 点作用于一力 $\boldsymbol{F}$，如图 2-15(a) 所示。在刚体上任取一点 B，并在 B 点加上一对平衡力 $\boldsymbol{F}'$和 $\boldsymbol{F}''$，令 $\boldsymbol{F}=\boldsymbol{F}'=-\boldsymbol{F}''$，如图 2-15(b) 所示。根据加减平衡力系公理，这三个力与原力 $\boldsymbol{F}$ 对刚体的作用效应相同。这三个力又可看成一个作用在 B 点的力 $\boldsymbol{F}'$和一个力偶（$\boldsymbol{F}$、$\boldsymbol{F}''$）组成，这个力偶为附加力偶，如图 2-15(c) 所示，附加力偶的矩为

$$M=M_B(\boldsymbol{F})=Fd$$

力的平移定理可以将一个力平移后得到一个力和一个力偶，反过来，也可以将同一平面内的一个力和一个力偶简化成为一个合力。

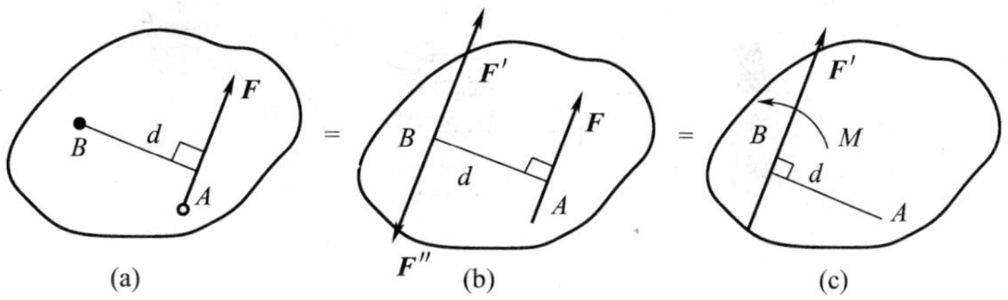

图 2-15

(2) 平面任意力系向作用面内一点的简化——主矢和主矩

刚体上作用有 n 个力 $\boldsymbol{F}_1$、$\boldsymbol{F}_2$、$\boldsymbol{F}_3$、…、$\boldsymbol{F}_n$ 组成的平面任意力系，如图 2-16(a) 所示。在平面内任取一点 O，作为简化中心。根据力的平移定理，将各力分别平移到 O 点，得到作用于 O 点的力 $\boldsymbol{F}'_1$，$\boldsymbol{F}'_2$，…，$\boldsymbol{F}'_n$和相应的附加力偶，其矩为 M_1，M_2，…，M_n；各力矢 $\boldsymbol{F}_i=\boldsymbol{F}'_i(i=1，2，…，n)$，各力偶 $M_i=M_O(\boldsymbol{F}_i)$，如图 2-16(b) 所示。这样，平面任意力系简化为平面汇交力系和平面力偶系。然后，分别简化这两个力系。

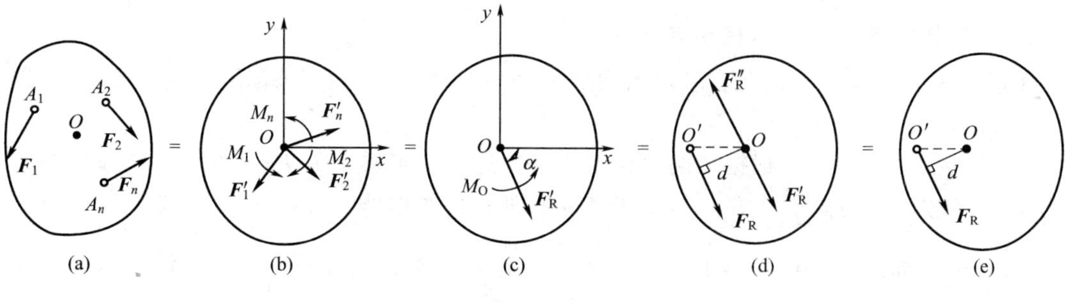

图 2-16

① 平面汇交力系 $\boldsymbol{F}'_1$、$\boldsymbol{F}'_2$、…、$\boldsymbol{F}'_n$合成为一个力 $\boldsymbol{F}'_R$，如图 2-16(c) 所示。

$$\boldsymbol{F}'_R=\boldsymbol{F}'_1+\boldsymbol{F}'_2+\cdots+\boldsymbol{F}'_n=\sum\boldsymbol{F}'=\sum\boldsymbol{F} \tag{2-10}$$

$\boldsymbol{F}'_R$称为原力系的主矢，等于原力系中各力的矢量和，其作用线通过简化中心 O 点。主矢 $\boldsymbol{F}'_R$的大小和方向余弦为

$$F'_R=\sqrt{(\sum F_x)^2+(\sum F_y)^2} \tag{2-11}$$

$$\cos(\boldsymbol{F}'_R,\boldsymbol{i})=\frac{\sum F_x}{F_R},\cos(\boldsymbol{F}'_R,\boldsymbol{j})=\frac{\sum F_y}{F_R}$$

② 平面力偶系 M_1，M_2，…，M_n 可以合成为一个力偶 M_O，其力偶矩为

$$M_O=M_1+M_2+\cdots+M_n=\sum M_O(\boldsymbol{F}) \tag{2-12}$$

M_O 称为原力系对简化中心 O 点的主矩，等于原力系中各力对简化中心 O 点之矩的代数和。

如图 2-17(a)、(b)、(c) 所示建筑物上阳台的挑梁、车床上的刀具、立于路旁的电线杆等，均不能沿任何方向移动和转动，构件所受到的这种约束称为**固定端约束**。对于图 2-18 所示的固定端约束，物体之间的接触是面接触，它们之间的作用力构成平面任意力系，固定端约束，约束力构成平面任意力条，把该力系向平面内任取一点 A 简化，得到一个力和一个力偶。一般情况下这个力大小和方向均未知。因此，固定端约束力可用两个正交分力 $\boldsymbol{F}_{Ax}$、$\boldsymbol{F}_{Ay}$ 和一个力偶 M_A 表示，如图 2-18 所示。

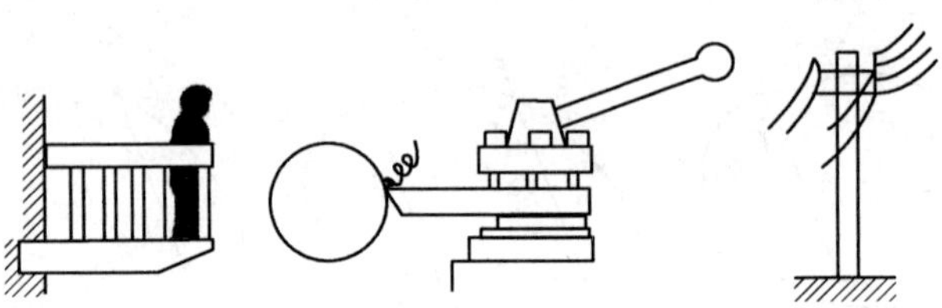

图 2-17

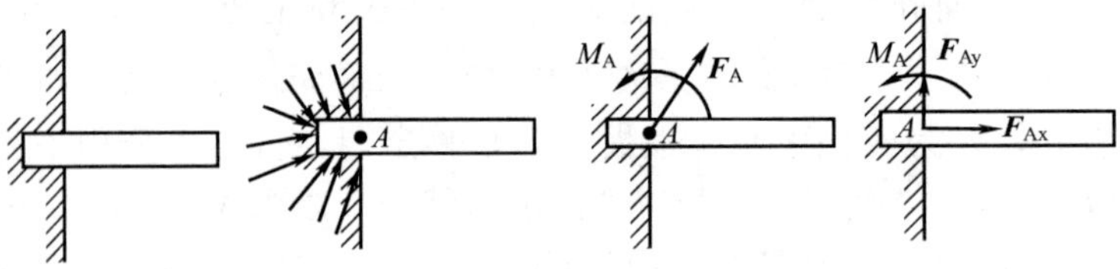

图 2-18

(3) 平面任意力系的简化结果讨论

平面任意力系向一点简化，一般可得到一个主矢 $\boldsymbol{F}'_R$ 和一个主矩 M_O，最终简化结果可能有以下 4 种情况：

① $F'_R \neq 0$，$M_O \neq 0$。根据力的平移定理的逆运算，可将主矢 $\boldsymbol{F}'_R$ 和主矩 M_O 简化为一个合力 $\boldsymbol{F}_R$。合力 $\boldsymbol{F}_R$ 的大小、方向与主矢 $\boldsymbol{F}'_R$ 相同，其作用线与主矢的作用线平行，但相距 $d=\dfrac{|M_O|}{F_R}$，如图 2-16(c)、(d)、(e) 所示。此力与原力系等效，即平面任意力系可简化为一个合力。

② $F'_R \neq 0$，$M_O = 0$。力 $\boldsymbol{F}'_R$ 与原力系等效，即为原力系的合力，其作用线通过简化中心。

③ $F'_R = 0$，$M_O \neq 0$。原力系简化结果为一个合力偶。合力偶矩大小，与简化中心位置无关。

④ $F'_R = 0$，$M_O = 0$。物体在此力系作用下处于平衡状态。

例 2-6 已知平面任意力系如图 2-19 所示，已知：a，F，且 $F_1 = 3F$，$F_2 = 2\sqrt{2}F$，$F_3 = F$，$M = Fa$。求：(1) 力系向 O 点简化的结果，力系的合力；(2) 力系向 A 点简化的结果，力系的合力。

解： 力系中各力在 x、y 轴的投影以及对点之矩为

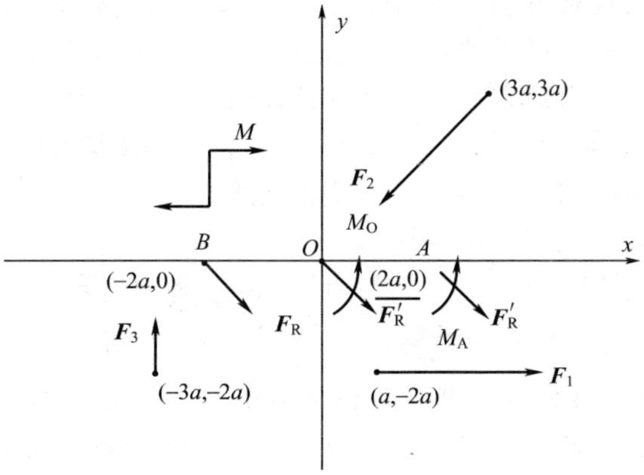

图 2-19

各力	F_x	F_y	$M_O(\boldsymbol{F})$	$M_A(\boldsymbol{F})$
$\boldsymbol{F}_1$	$3F$	0	$6Fa$	$6Fa$
$\boldsymbol{F}_2$	$-2F$	$-2F$	0	$4Fa$
$\boldsymbol{F}_3$	0	F	$-3Fa$	$-5Fa$
M	0	0	$-Fa$	$-Fa$
$\sum$	F	$-F$	$2Fa$	$4Fa$

① 力系向 O 点简化：$F'_R=\sqrt{(\sum F_x)^2+(\sum F_y)^2}=\sqrt{F^2+(-F)^2}=\sqrt{2}F$

$$M_O(\boldsymbol{F})=\sum M_O(\boldsymbol{F})=2Fa$$

最终简化结果是合力：$F_R=F'_R=\sqrt{2}F$

力的作用线距简化中心 O 点为：$d=\left|\dfrac{M_O(\boldsymbol{F})}{F'_R}\right|=\sqrt{2}a$（力作用线经过 B 点）

② 力系向 A 点简化：$F'_R=\sqrt{(\sum F_x)^2+(\sum F_y)^2}=\sqrt{F^2+(-F)^2}=\sqrt{2}F$，$M_A(\boldsymbol{F})=\sum M_A(\boldsymbol{F})=4Fa$

最终简化结果是合力：$F_R=F'_R=\sqrt{2}F$

力的作用线距简化中心 A 点为：$d=\left|\dfrac{M_A(\boldsymbol{F})}{F'_R}\right|=2\sqrt{2}a$（力作用线经过 B 点）

该例说明平面任意力系向一点简化得到主矢和主矩，主矢的大小和方向与简化中心的选择无关，而主矩的大小与简化中心的选择有关；但是，最终的简化结果都一样。

2.4.2 平面任意力系的平衡方程及其应用

由 2.4.1 的讨论结果可知，平面任意力系平衡的充分和必要条件为主矢与主矩同时为零

$$\begin{cases}F'_R=\sqrt{(\sum F_x)^2+(\sum F_y)^2}=0\\ M_O=\sum M_O(\boldsymbol{F})=0\end{cases}$$

即

$$\begin{cases}\sum F_x=0\\ \sum F_y=0\\ \sum M_O(\boldsymbol{F})=0\end{cases}\tag{2-13}$$

式(2-13) 为平面任意力系平衡方程的基本形式。它表明原力系中各力在平面内任选两

个正交坐标轴上的投影的代数和分别等于零，各力对平面内任意一点之矩的代数和也等于零。三个方程是各自独立的，可求解三个未知量。

三个方程中也可有两个力矩方程和一个投影方程

$$\sum M_A(\boldsymbol{F})=0 \quad \sum M_B(\boldsymbol{F})=0 \quad \sum F_x=0(\text{或}\sum F_y=0) \tag{2-14}$$

注意：其中 x 轴（或 y 轴）不得垂直于 A、B 的连线。

同样，也还有三个力矩式的平衡方程

$$\sum M_A(\boldsymbol{F})=0 \quad \sum M_B(\boldsymbol{F})=0 \quad \sum M_C(\boldsymbol{F})=0 \tag{2-15}$$

注意：其中 A、B、C 三点不得共线。

例 2-7 悬挂吊车如图 2-20(a) 所示，横梁 AB 长 $l=2\text{m}$，自重 $G_1=4\text{kN}$；拉杆 CD 倾斜角 $\alpha=30°$，自重不计；电葫芦连同重物共重 $G_2=20\text{kN}$。当电葫芦距离 A 端为 $a=1.5\text{m}$ 时，处于平衡状态。试求拉杆 CD 的拉力和铰链 A 处的约束力。

解：① 选取横梁 AB 为研究对象，画受力图。作用于横梁 AB 上的主动力有重力 $\boldsymbol{G}_1$（在横梁中点）、载荷 $\boldsymbol{G}_2$、拉杆的拉力 $\boldsymbol{F}_{CD}$ 和铰链 A 点的约束力 $\boldsymbol{F}_{Ax}$ 和 $\boldsymbol{F}_{Ay}$，如图 2-20(b) 所示。

② 建立直角坐标系 Axy，列平衡方程：

$$\sum F_x=0, \quad F_{Ax}-F_{CD}\cos\alpha=0 \tag{1}$$

$$\sum F_y=0, \quad F_{Ay}-G_1-G_2+F_{CD}\sin\alpha=0 \tag{2}$$

$$\sum M_A(\boldsymbol{F})=0, \quad F_{CD}l\sin\alpha-G_1\frac{l}{2}-G_2a=0 \tag{3}$$

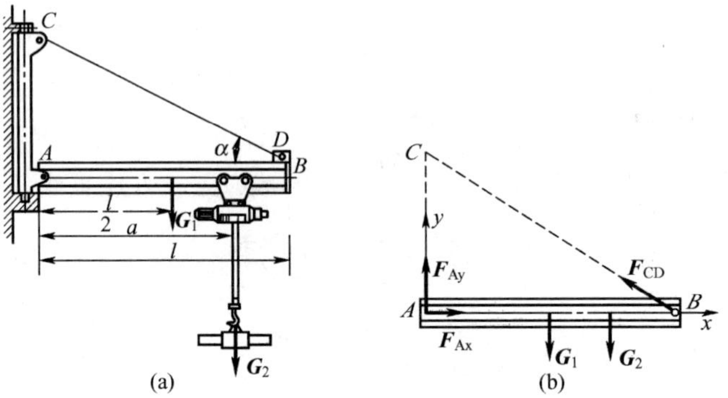

图 2-20

③ 求解未知量。

将已知条件代入平衡方程式(3)，解得 $F_{CD}=34\text{kN}$。

将 F_{CD} 值代入式(1) 得

$$F_{Ax}=F_{CD}\cos\alpha=34\text{kN}\times\cos30°=29.44\text{kN}$$

将 F_{CD} 值代入式(2) 解得

$$F_{Ay}=G_1+G_2-F_{CD}\sin\alpha=7\text{kN}$$

例 2-8 如图 2-21(a) 所示，水平梁 AB 受到一个均布载荷和一个力偶的作用。已知均布载荷的集度 $q=0.2\text{kN/m}$，力偶矩的大小 $M=1\text{kN}\cdot\text{m}$，长度 $l=5\text{m}$，不计梁的自重。求支座 A、B 处的约束力。

解：① 取梁 AB 为研究对象，画受力图。

将均布载荷等效为集中力 $\boldsymbol{F}$，其大小为 $F=ql=0.2\text{kN/m}\times5\text{m}=1\text{kN}$，方向与均布载

荷相同，作用点在 AB 梁的中点 C 处。A 点受固定铰链约束，其约束反力为 $\boldsymbol{F}_{Ax}$ 和 $\boldsymbol{F}_{Ay}$。B 处受滚动铰链约束，其约束反力为 $\boldsymbol{F}_B$。梁的受力图如图 2-21(b) 所示。

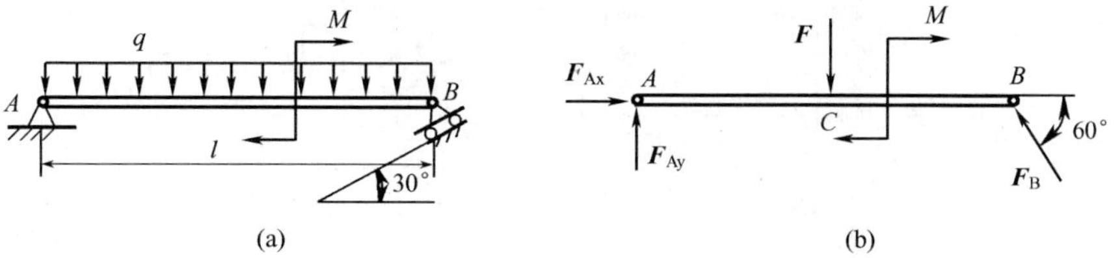

图 2-21

② 列平衡方程：

$$\sum F_x=0,\qquad F_{Ax}-F_B\cos60°=0$$
$$\sum F_y=0,\qquad F_{Ay}-F+F_B\sin60°=0$$
$$\sum M_A(\boldsymbol{F})=0,\quad -F\times\frac{l}{2}-M+F_Bl\sin60°=0$$

③ 求解未知量。

将已知条件代入平衡方程，解得

$$F_B=\frac{\frac{l}{2}F+M}{l\sin60°}=\frac{2.5\text{m}\times1\text{kN}+1\text{kN}\cdot\text{m}}{5\text{m}\times\sin60°}=0.81\text{kN}$$
$$F_{Ax}=F_B\cos60°=0.81\text{kN}\times0.5=0.4\text{kN}$$
$$F_{Ay}=F-F_B\sin60°=1\text{kN}-0.81\text{kN}\times\sin60°=0.3\text{kN}$$

平面平行力系是平面任意力系的一种特殊形式。如图 2-22 所示，设物体受平行力系 $\boldsymbol{F}_1$、$\boldsymbol{F}_2$、…、$\boldsymbol{F}_n$ 的作用。如各力的作用线平行于 y 轴，垂直于 x 轴，则无论力系是否平衡，每一个力在 x 轴上的投影恒等于零，即 $\sum F_x\equiv0$。所以平行力系的独立平衡方程的数目只有两个，即

$$\begin{cases}F_y=0\\ \sum M_O(\boldsymbol{F})=0\end{cases}\tag{2-16}$$

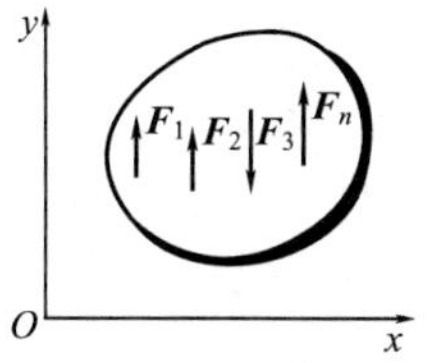

图 2-22

例 2-9 塔式起重机如图 2-23(a) 所示，已知轨距为 4m，机身重 $G=500\text{kN}$，其作用线至机架中心线的距离为 4m，起重机的最大起重载荷 $\boldsymbol{G}_1=200\text{kN}$，最大吊臂长为 12m。欲使起重机满载和空载时不翻倒，试确定平衡块重 $\boldsymbol{G}_2$，设其作用线至机身中心线的距离为 6m。若平衡块重 $\boldsymbol{G}_2=600\text{kN}$ 时，试求满载时轨道对轮子的约束反力。

解： ① 取起重机为研究对象，画受力图。

作用于起重机上的主动力有机身重 $\boldsymbol{G}$、起重载荷 $\boldsymbol{G}_1$、平衡块重 $\boldsymbol{G}_2$。约束反力有轨道对轮子的反力 $\boldsymbol{F}_{NA}$、$\boldsymbol{F}_{NB}$，受力如图 2-23(b) 所示。

② 列平衡方程，求平衡块重。

a. 满载时（$G_1=200\text{kN}$）。满载时，若平衡块过轻，起重机将会绕 B 点向右翻倒，平衡处于临界状态时，$F_{NA}=0$，平衡块重应为最小值 $G_{2\min}$。

$$\sum M_B(\boldsymbol{F})=0,G_{2\min}\times(6+2)\text{m}-G\times(4-2)\text{m}-G_1\times(12-2)\text{m}=0$$

解得　$G_{2\min}=375\text{kN}$。

b. 空载时（$G_1=0$）。空载时，起重机在平衡块的作用下，将会绕 A 点向左翻倒，平衡

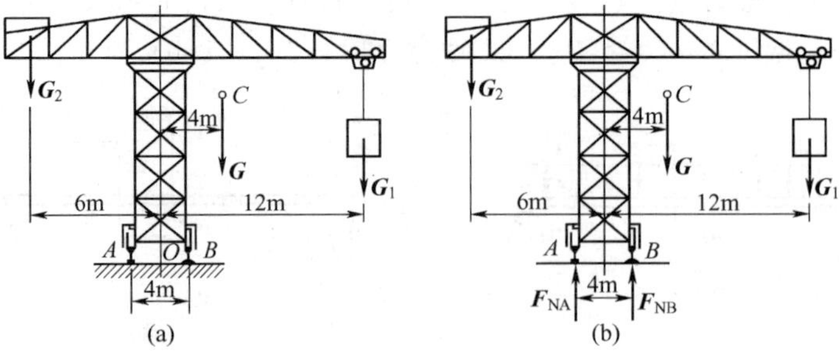

图 2-23

处于临界状态时，$F_{NB}=0$，平衡块重应为最大值 G_{2max}。

$$\sum M_A(\boldsymbol{F})=0, G_{2max}\times(6-2)\text{m}-G\times(4+2)\text{m}=0$$

解得　$G_{2max}=750\text{kN}$。

因此，要保证起重机在满载和空载时均不翻倒，平衡块重应满足如下条件：

$$375\text{kN}\leqslant G_2\leqslant 750\text{kN}$$

③ 求 $G_2=600\text{kN}$ 时，轨道对轮子的约束反力。

$$\sum M_B(\boldsymbol{F})=0, G_2\times(6+2)\text{m}-F_{NA}\times 4\text{m}-G\times(4-2)\text{m}-G_1\times(12-2)\text{m}=0$$

$$\sum M_A(\boldsymbol{F})=0, G_2\times(6-2)\text{m}+F_{NB}\times 4\text{m}-G\times(4+2)\text{m}-G_1\times(12+2)\text{m}=0$$

解得：$F_{NA}=450\text{kN}$，$F_{NB}=850\text{kN}$。

综上所述，求解平面任意力系平衡问题的步骤如下：

① 确定研究对象，画出受力图；

② 选取投影轴和矩心，列平衡方程；

③ 解平衡方程。

应注意由平衡方程求出的未知量的正、负号的含义，正号说明求得的力的实际方向与假设方向一致，负号说明求得的力的实际方向与假设方向相反。

2.5　物体系的平衡　静定与超静定问题

工程结构一般都是由几个物体组成的系统。当物体系统平衡时，组成该系统的每一个物体都处于平衡状态。因此，一般情况下，每个平衡物体，均可列出 3 个平衡方程。如物体系由 n 个物体组成，则共有 $3n$ 个独立方程。如果系统中有的物体受平面汇交力系、平面力偶系、平面平行力系作用时，则系统的平衡方程数目相应减少。

当物体系中的未知量数目等于独立平衡方程的数目时，则所有未知数都能由平衡方程求出，这样的问题属于**静定问题**，如图 2-24(a)、(b)、(c) 所示的情况均属静定问题。而在工程实际中，有时为了提高结构的刚度和坚固性等，常常会增加约束，使结构的未知量数目多于平衡方程的数目，未知量数就不能全部由平衡方程求出，这样的问题属于**超静定问题**，如图 2-25(a)、(b)、(c) 所示。总未知量数目与总独立平衡方程数目之差称为超静定次数。超静定问题已超出了刚体静力学的范畴，须在材料力学和结构力学中研究。

求解静定物体系的平衡问题时，可取整个系统为研究对象，也可取单个物体或系统中部分物体的组合为研究对象，所有未知量均可通过平衡方程求出。

在选择研究对象和列平衡方程时，应使每一个平衡方程中未知量个数尽可能少，最好是

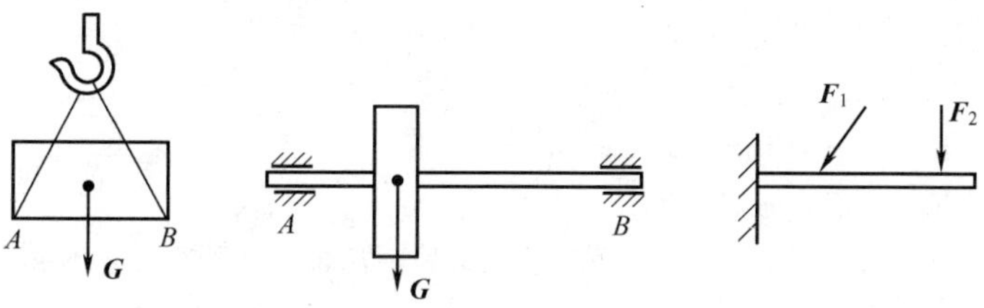

(a) (b) (c)

图 2-24

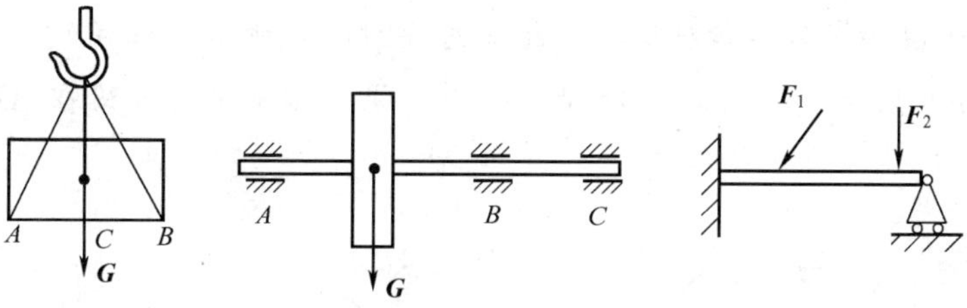

(a) (b) (c)

图 2-25

只含有一个未知量，以避免求解联立方程。

例 2-10 图 2-26(a) 所示的曲柄压力机构中，已知曲柄 $OA=0.23\text{m}$，设计要求：当 $\alpha=20°$、$\beta=3.2°$时达到最大冲压力 $F=3150\text{kN}$。求在最大冲压力 F 作用时，导轨对滑块的侧压力和曲柄上所加的转矩 M，并求此时轴承 O 处的约束反力。不计自重。

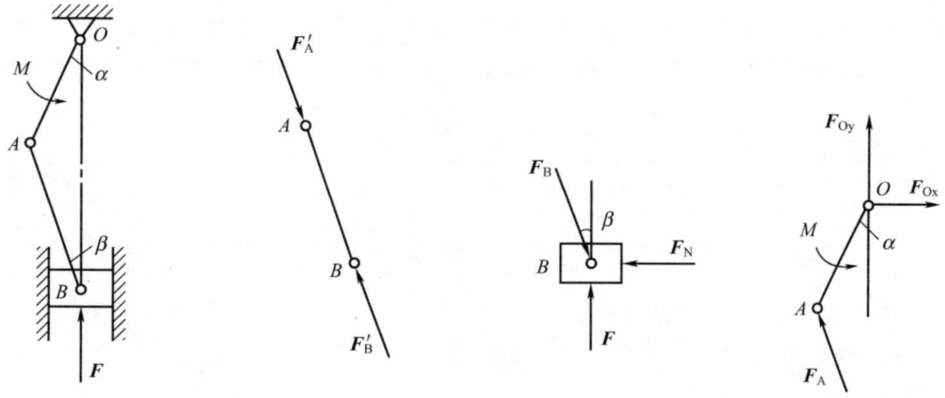

(a) (b) (c) (d)

图 2-26

解：① 取滑块 B 为研究对象。因为 AB 杆为二力杆，所以它对滑块 B 的作用力 $\boldsymbol{F}_B$ 沿着 AB 杆，如图 2-26(b) 所示。导轨对滑块的侧压力为 F_N，主动力为 F，滑块 B 的受力如图 2-26(c) 所示。

列平衡方程

$$\sum F_x=0, F_B\sin\beta-F_N=0$$
$$\sum F_y=0, F-F_B\cos\beta=0$$

解得 $F_B=F/\cos\beta=3150\text{kN}/\cos3.2°=3155\text{kN}$

$F_N=F_B\sin\beta=3155\times\sin3.2°=176\text{kN}$

② 取曲柄 OA 为研究对象，其受力如图 2-26(d) 所示。

列平衡方程

$$\sum F_x=0,\ F_{Ox}-F_A\sin\beta=0$$

$$\sum F_y=0,\ F_{Oy}+F_A\cos\beta=0$$

$$\sum M_O(\boldsymbol{F})=0, M-F_A\sin\beta\times0.23\text{m}\times\cos\alpha-F_A\cos\beta\times0.23\text{m}\times\sin\alpha=0$$

$$F_A=F_B=3155\text{kN}$$

解得 $F_{Ox}=176\text{kN}$，$F_{Oy}=-3150\text{kN}$，$M=286\text{kN}\cdot\text{m}$。

负号说明图中假设的方向与实际受力的方向相反。

例 2-11 $ABCD$ 为一铰链四杆机构，在如图 2-27(a) 所示的位置处于平衡状态。已知 CD 杆上作用一力偶 $M=4\text{N}\cdot\text{m}$，$CD=0.4\sqrt{2}\,\text{m}$。求机构平衡时作用在 AB 杆中点的力 F 的大小及支座 A、D 处的约束反力。

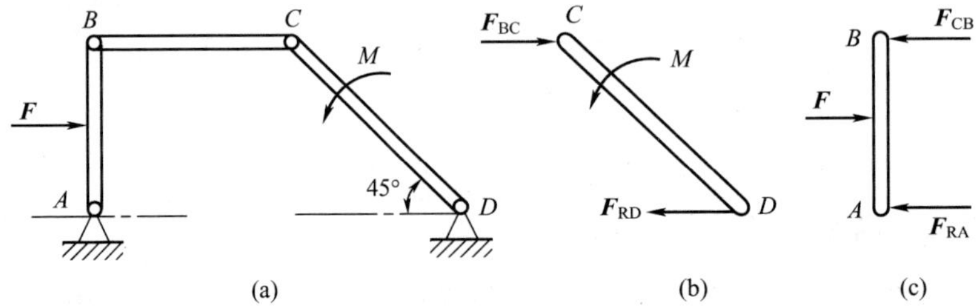

图 2-27

解：

① 以 CD 杆为研究对象，画受力图，如图 2-27(b) 所示。BC 杆为二力杆，C 点受力为 $\boldsymbol{F}_{BC}$，由于力偶只能由力偶平衡，故 D 处的约束力必和 C 处的约束力构成一对力偶来平衡已知的力偶 M。

由平衡方程式

$$\sum M=0,\quad M-F_{BC}\times CD\sin45^\circ=0$$

得

$$F_{BC}=\frac{M}{CD\sin45^\circ}=\frac{4\text{N}\cdot\text{m}}{0.4\sqrt{2}\,\text{m}\times\sin45^\circ}=10\text{N}$$

$$F_{RD}=F_{BC}=10\text{N}$$

② 取 AB 杆为研究对象，画受力图，如图 2-27(c) 所示。

由平衡方程式

$$\sum M_A(\boldsymbol{F})=0,\quad F_{CB}\times AB-F\times\frac{1}{2}AB=0$$

得

$$F=2F_{CB}=2F_{BC}=2\times10\text{N}=20\text{N}$$

$$\sum F_x=0,\quad F-F_{CB}-F_{RA}=0$$

得

$$F_{RA}=F-F_{CB}=(20-10)\text{N}=10\text{N}$$

例 2-12 三铰拱如图 2-28(a) 所示，每半拱重 $W=300\text{kN}$，跨长 $l=32\text{m}$，拱高 $h=10\text{m}$。试求铰链支座 A、B、C 处的约束反力。

解：① 先取三铰拱整体为研究对象，画出受力图，如图 2-28(b) 所示。作用于三铰拱上的力有两个半拱重 $\boldsymbol{W}$，支座 A、B 处的约束力为 $\boldsymbol{F}_{Ax}$、$\boldsymbol{F}_{Ay}$、$\boldsymbol{F}_{Bx}$、$\boldsymbol{F}_{By}$。

② 列出平衡方程。

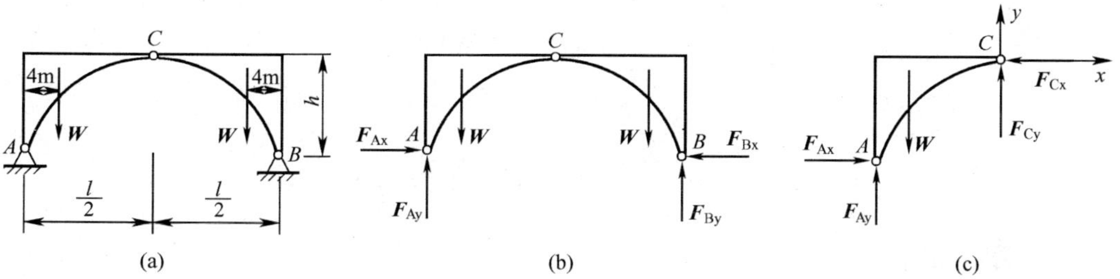

图 2-28

$$\sum M_A(\boldsymbol{F})=0,\quad -W\times 4\text{m}-W\times(l-4)+F_{By}\times l=0$$
$$\sum F_y=0,\quad F_{Ay}+F_{By}-W-W=0$$
$$\sum F_x=0,\quad F_{Ax}-F_{Bx}=0$$

解得

$$F_{By}=300\text{kN},F_{Ay}=300\text{kN}$$

③ 取半拱 AC 为研究对象，画受力图。作用于半拱 AC 上的力有半拱重 $\boldsymbol{W}$，支座 A 处的约束力为 $\boldsymbol{F}_{Ax}$、$\boldsymbol{F}_{Ay}$、$\boldsymbol{F}_{Cx}$、$\boldsymbol{F}_{Cy}$，受力图如图 2-28(c) 所示，列出平衡方程。

$$\sum F_x=0,\quad F_{Ax}-F_{Cx}=0$$
$$\sum F_y=0,\quad F_{Ay}+F_{Cy}-W=0$$
$$\sum M_C(\boldsymbol{F})=0,F_{Ax}\times h-F_{Ay}\times\frac{l}{2}+W\times\left(\frac{l}{2}-4\right)=0$$

解得

$$F_{Bx}=F_{Ax}=120\text{kN},\ F_{Cx}=120\text{kN},\ F_{Cy}=0$$

例 2-13 一静定多跨梁由 AC 和 CB 用中间铰 C 链接而成，支承和载荷情况如图 2-29(a) 所示。已知 $M=10\text{kN}\cdot\text{m}$，$q=5\text{kN/m}$。试求支座 A、B 和中间铰 C 处的约束力。

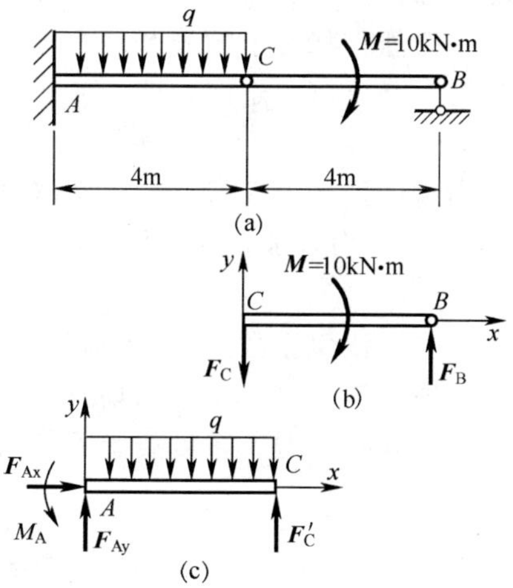

图 2-29

解：对整体进行受力分析，共有 4 个未知力，而独立的平衡方程只有三个，以整体为研究对象不能求得全部的约束反力。经分析，可将整体从中间铰 C 处拆开，分别取 AC 和 CB 为研究对象。

① 取梁 CB 为研究对象，画受力图，如图 2-29 (b) 所示，作用在 CB 梁上的两个力 $\boldsymbol{F}_B$ 和 $\boldsymbol{F}_C$ 必构成一对力偶来平衡已知力偶 M，列平衡方程。

$$\sum M=0,\quad -M+F_B\times 4\text{m}=0$$

得 $$F_B=\frac{M}{4\text{m}}=\frac{10\text{kN}\cdot\text{m}}{4\text{m}}=2.5\text{kN}$$

② 取梁 AC 为研究对象，画受力图，如图 2-29 (c) 所示，列平衡方程。

$$\sum F_x=0,\quad F_{Ax}=0$$
$$\sum F_y=0,\quad F_{Ay}+F'_C-q\times 4\text{m}=0$$
$$\sum M_A(\boldsymbol{F})=0,F'_C\times 4\text{m}-q\times 4\times\frac{4\text{m}}{2}+M_A=0$$

将 $F_C = F'_C = 2.5\text{kN}$ 代入方程，解得

$$F_{Ay} = 17.5\text{kN}, M_A = 30\text{kN}\cdot\text{m}$$

2.6 考虑摩擦时物体的平衡问题

2.6.1 滑动摩擦

摩擦是一种普遍存在的现象，前面对物体受力分析时，都假定各接触面是光滑的，摩擦对物体的受力情况影响很小，为了计算方便而忽略了摩擦。但在实际工程中，有时摩擦起着主要作用，必须加以考虑。比如，工程中使用的夹具利用摩擦把工件夹紧，车辆的启动和制动都是靠摩擦来实现的。

按照物体与接触面间是否发生相对滑动或相对滚动，摩擦可分为滑动摩擦和滚动摩擦。

两个相互接触的物体发生相对滑动或存在相对滑动趋势时，两物体沿接触面就会产生阻碍滑动的作用力，此力称为**滑动摩擦力**，其方向与物体的滑动或滑动趋势方向相反。当两接触物体之间只有滑动趋势而静止时，其接触表面产生的摩擦力称为**静滑动摩擦力**，简称静摩擦力，用 $\boldsymbol{F}_s$ 表示；当两接触物体之间产生相对滑动时，其接触表面产生的摩擦力称为**动滑动摩擦力**，简称动摩擦力，用 $\boldsymbol{F}_f$ 表示。

当物体处于静止与运动的临界状态时，静摩擦力达到最大值 $\boldsymbol{F}_{smax}$，其大小与接触面间的正压力 $\boldsymbol{F}_N$（法向约束力）成正比，即

$$F_{smax} = f_s F_N \qquad (2\text{-}17)$$

式中，比例系数称 f_s 称为**静摩擦因数**，其大小与相互接触物体表面的材料性质和表面状况（如粗糙度、润滑情况以及湿度、温度等）有关。

一般静止状态下的静摩擦力 F_s 随主动力的变化而变化，其大小由平衡方程确定，介于零和最大静摩擦力之间，即

$$0 \leqslant F_s \leqslant F_{smax}$$

当物体处于滑动状态时，在接触面上产生的滑动摩擦力 $\boldsymbol{F}_f$ 的大小与接触面间的正压力 $\boldsymbol{F}_N$（法向反力）成正比，即

$$F_f = fF_N \qquad (2\text{-}18)$$

式中，比例系数 f 称为**动摩擦因数**，其大小与物体接触表面的材料性质和表面状况有关。一般 $f_s > f$，说明推动物体时，从静止开始滑动比较费力，一旦物体滑动起来，要维持物体滑动就省力些。精度要求不高时，可认为 $f_s = f$。部分常用材料的 f_s 和 f 值如表 2-1 所示。

表 2-1　常见材料的滑动摩擦因数

材料名称	摩擦因数			
	静摩擦因数(f_s)		动摩擦因数(f)	
	无润滑剂	有润滑剂	无润滑剂	有润滑剂
钢-钢	0.15	0.1～0.12	0.15	0.05～0.10
钢-铸铁	0.3		0.18	0.05～0.15
钢-青铜	0.15	0.1～0.15	0.15	0.1～0.15
钢-橡胶	0.9		0.6～0.8	
铸铁-铸铁		0.18	0.15	0.07～0.12
青铜-青铜		0.10	0.2	0.07～0.10
木-木	0.4～0.6	0.10	0.2～0.5	0.07～0.15

2.6.2 摩擦角与自锁

如图 2-30(a) 所示，在物体上施加主动力，使物体与水平面间有相对滑动的趋势，便产生了摩擦力，摩擦力的大小随物体的状态而改变。此时，物体在水平面上受到约束力有法向力 $\boldsymbol{F}_{\mathrm{N}}$和切向力（静摩擦力）$\boldsymbol{F}_{\mathrm{s}}$，两者的合力 $\boldsymbol{F}_{\mathrm{R}}$ 称为**全反力**，如图 2-30(b) 所示。

$$\boldsymbol{F}_{\mathrm{R}}=\boldsymbol{F}_{\mathrm{s}}+\boldsymbol{F}_{\mathrm{N}}$$

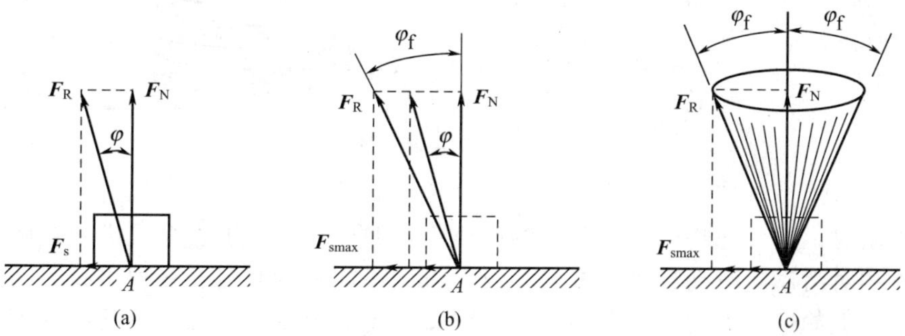

图 2-30

全反力 $\boldsymbol{F}_{\mathrm{R}}$ 与接触面法线之间夹角为 φ，如图 2-30(a) 所示。φ 的大小随静摩擦力 $\boldsymbol{F}_{\mathrm{s}}$ 的增大而增大，当物体处于平衡的临界状态时，静摩擦力达到最大值 $\boldsymbol{F}_{\mathrm{smax}}$，夹角 φ 也达到最大值 φ_{f}，全反力 $\boldsymbol{F}_{\mathrm{R}}$ 与接触面法线之间夹角的最大值 φ_{f} 称为**摩擦角**，如图 2-30(b) 所示，由此可得

$$\tan\varphi_{\mathrm{f}}=\frac{F_{\mathrm{smax}}}{F_{\mathrm{N}}}=\frac{f_{\mathrm{s}}F_{\mathrm{N}}}{F_{\mathrm{N}}}=f_{\mathrm{s}} \tag{2-19}$$

即摩擦角的正切值等于静摩擦因数。式(2-19) 说明摩擦角也是表示材料摩擦性质的物理量。

当物体的滑动趋势方向改变时，全反力 $\boldsymbol{F}_{\mathrm{R}}$ 作用线的方位也随之改变，在空间就形成了一个锥体，称为**摩擦锥**，如图 2-30(c) 所示。

物体平衡时，静摩擦力总是小于或等于最大静摩擦力，因此，全反力 $\boldsymbol{F}_{\mathrm{R}}$ 与接触面法线间的夹角 φ 也总是小于或等于摩擦角 φ_{f}，即全反力的作用线不可能超出摩擦角的范围。

如图 2-31(a) 所示，只要作用在物体上的主动力合力 $\boldsymbol{F}$ 的作用线与接触面法线间的夹角 $\theta\leqslant\varphi_{\mathrm{f}}$，不论 $\boldsymbol{F}$ 怎样增大，接触面必产生一个与其等值、反向、共线的全反力 $\boldsymbol{F}_{\mathrm{R}}$与之平衡，而全约束反力 $\boldsymbol{F}_{\mathrm{R}}$ 的切向分量静摩擦力永远小于或等于最大静摩擦力 $\boldsymbol{F}_{\mathrm{smax}}$，物体处于静止状态，这种现象称为**自锁**。

故物体自锁的条件为

$$\theta\leqslant\varphi_{\mathrm{f}} \tag{2-20}$$

反之，如图 2-31(b) 所示，全部主动力的合力 $\boldsymbol{F}$ 的作用线在摩擦角 φ_{f} 之外，不论 $\boldsymbol{F}$ 怎样小，物体一定会滑动。

自锁现象在工程实际中有很重要的作用，比如用螺旋千斤顶顶起重物，为保证螺旋千斤顶在被升起的重物重力 $\boldsymbol{G}$ 的作用下不会自动下降，则千斤顶的螺旋升角 $\theta\leqslant\alpha$，如图 2-32 所示。而有时又要设法避免自锁现象的发生，如卸货车的车斗能升起的仰角必须大于摩擦角 φ_{f}，卸货时才能处于非自锁状态。

2.6.3 考虑摩擦时物体的平衡问题

考虑摩擦时物体的平衡问题与不考虑摩擦时的平衡问题分析方法基本相同。所不同的

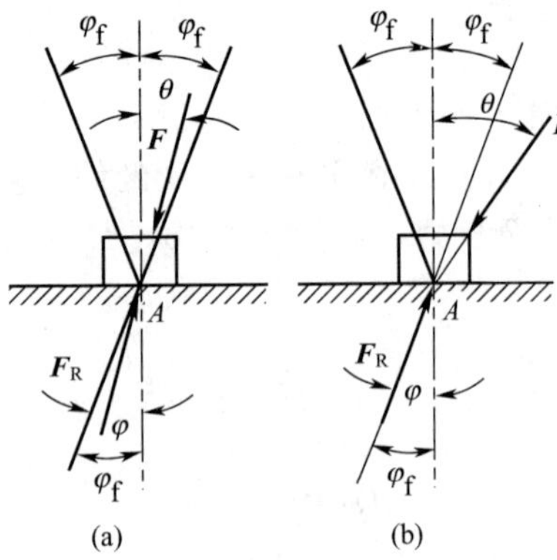

图 2-31

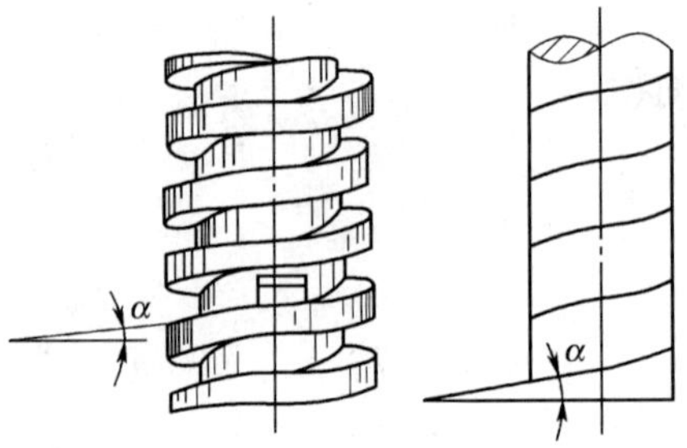

图 2-32

是，画受力图时，要考虑物体接触面上的摩擦力，并要注意摩擦力总是沿着接触面的切线方向并与物体相对滑动或滑动趋势的方向相反，方向不能随意假定。在列出物体的力系平衡方程后，应附加上静摩擦力的补充方程，由于静摩擦力有个变化范围，故问题的解答也是一个范围值，称为平衡范围。在临界状态下，补充方程为 $F_{smax}=f_sF_N$，所得的结果也是平衡范围的极限值。

例 2-14 重 $\boldsymbol{W}$ 的物块放在倾角为 θ 的斜面上，如图 2-33(a) 所示。若静摩擦因数为 f_s，摩擦角为 φ_f ($\theta>\varphi_f$)。试求物块静止时水平推力 $\boldsymbol{F}$ 的大小。

解： 因为 $\theta>\varphi_f$，物块处于非自锁状态，当物块上没有其他外力作用时物体将沿斜面下滑。要使物块在斜面上保持静止，作用于物块上的水平推力 $\boldsymbol{F}$ 不能太大也不能太小。如果水平推力 $\boldsymbol{F}$ 太小，物块可能沿斜面下滑；如果 $\boldsymbol{F}$ 太大，物块有可能沿斜面上滑。因此，力 $\boldsymbol{F}$ 的大小应在某一个范围内，即

$$F_{min}\leqslant F\leqslant F_{max}$$

(1) 物块不下滑的临界状态，所需水平推力 $\boldsymbol{F}$ 为最小值 $\boldsymbol{F}_{min}$，受力如图 2-33(b) 所示。由于物块有向下滑动的趋势，所以摩擦力 $\boldsymbol{F}_{smax}$ 应沿斜面向上。建立直角坐标系 Oxy，列出平衡方程

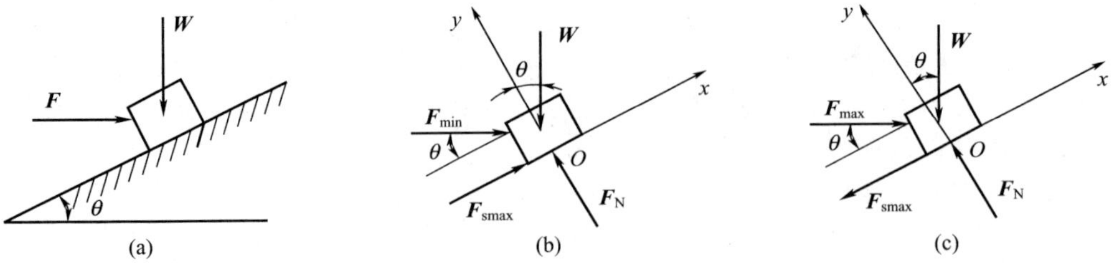

图 2-33

$$\sum F_x=0,\quad F_{min}\cos\theta+F_{smax}-W\sin\theta=0$$
$$\sum F_y=0,\quad -F_{min}\sin\theta+F_N-W\cos\theta=0$$

补充方程

$$F_{smax}=f_sF_N$$

解得

$$F_{min}=\frac{\sin\theta-f_s\cos\theta}{\cos\theta+f_s\sin\theta}W=\frac{\sin\theta-\tan\varphi_f\cos\theta}{\cos\theta+\tan\varphi_f\sin\theta}W=W\tan(\theta-\varphi_f)$$

(2) 物块不上滑的临界状态，所需水平推力 $\boldsymbol{F}$ 为最大值 $F_{\max}$，受力如图 2-33(c) 所示。由于物块有向上滑动的趋势，所以摩擦力 $\boldsymbol{F}_{\text{smax}}$ 应沿斜面向下。列出平衡方程

$$\sum F_x=0,\ F_{\max}\cos\theta-F_{\text{smax}}-W\sin\theta=0$$
$$\sum F_y=0,\ -F_{\max}\sin\theta+F_N-W\cos\theta=0$$

补充方程

$$F_{\text{smax}}=f_sF_N$$

解得

$$F_{\max}=\frac{\sin\theta+f_s\cos\theta}{\cos\theta-f_s\sin\theta}W=\frac{\sin\theta+\tan\varphi_f\cos\theta}{\cos\theta-\tan\varphi_f\sin\theta}W=W\tan(\theta+\varphi_f)$$

可见，欲使物块在斜面上保持静止，水平推力 F 应满足如下条件：

$$W\tan(\alpha-\varphi_f)\leqslant F\leqslant W\tan(\alpha+\varphi_f)$$

例 2-15 摩擦制动器如图 2-34(a) 所示。已知摩擦块 K 与鼓轮之间的摩擦因数为 f_s，鼓轮的转动力矩为 M，几何尺寸为 a、b、c、r。在制动杆 AB 上作用一力 $\boldsymbol{F}$。求制动鼓轮所需的最小力 $\boldsymbol{F}$ 的大小。

解： 当鼓轮刚停止转动时，摩擦块与鼓轮处于临界平衡状态，此时制动鼓轮所需的力 $\boldsymbol{F}$。

分别取鼓轮和制动杆为研究对象，受力图如图 2-34(b)、(c) 所示。对于鼓轮，列出平衡方程

$$\sum M_O(\boldsymbol{F})=0, M-F_{\text{smax}}r=0$$

补充方程

$$F_{\text{smax}}=f_sF_N$$

解得

$$F_{\text{smax}}=\frac{M}{r}, F_N=\frac{M}{f_sr}$$

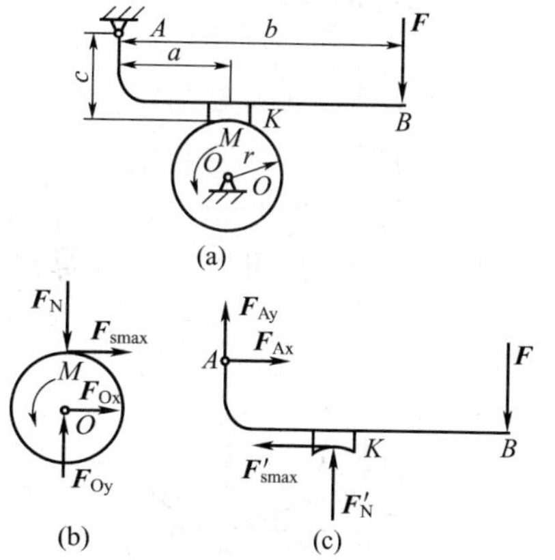

图 2-34

对于制动杆，列出平衡方程

$$\sum M_A(\boldsymbol{F})=0, -Fb-F'_{\text{smax}}c+F'_Na=0$$

解得

$$F=\frac{M}{rbf_s}(a-f_sc)$$

2.6.4 滚动摩擦简介

当搬运重物时，若在重物底下垫上辊轴，比直接将重物放在地面上推动要省力得多，这说明用辊轴的滚动来代替箱底的滑动所受到的阻力要小得多。车辆采用车轮，机器中用滚动轴承，都是为了减少摩擦阻力，如图 2-35 所示。因此在工程中，为了提高效率，减轻劳动强度，常利用物体的滚动代替滑动。

如图 2-36(a) 所示，在水平面上有一车轮，重为 $\boldsymbol{G}$，半径为 R，在轮心 O 处施加一水平拉力 $\boldsymbol{F}$。主动力 $\boldsymbol{F}$ 与滑动摩擦力 $\boldsymbol{F}_f$ 组成一个力偶，它将驱使车轮转动，但是，实际上当力 $\boldsymbol{F}$ 小于某一极值时，车轮是平衡的。这是因为在车轮重力作用下，车轮和地面都会产生变形。由于变形，车轮与地面接触处的约束力形成一个平面任意力系，如图 2-36(b) 所示。将这组任意力系向点 A 简化，可得到一个力 $\boldsymbol{F}_R$ 和一个力偶 M_f。此力偶起着阻碍轮子滚动的作用，称为**滚动摩擦力偶**，如图 2-36(c) 所示。

力 $\boldsymbol{F}_R$ 可以分解为法向约束力 $\boldsymbol{F}'_N$ 和切向静摩擦力 $\boldsymbol{F}_s$。再将法向约束力 $\boldsymbol{F}'_N$ 和滚动摩擦

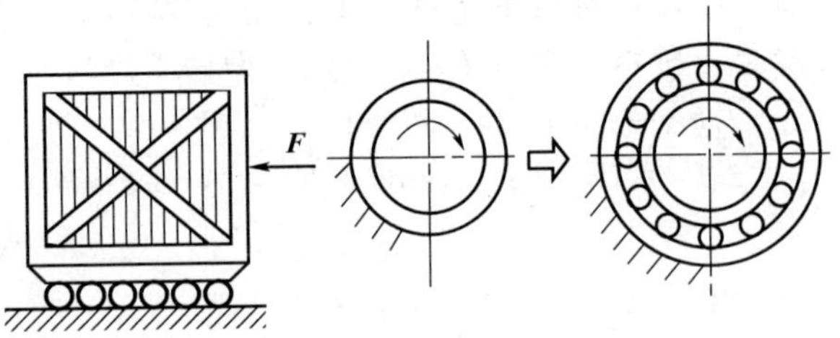

图 2-35

力偶 M_f 进一步按力的平移定理的逆运算进行合成，即可得到约束反力 $\boldsymbol{F}_N$，其作用线向滚动方向偏移一段距离 e，如图 2-36(d) 所示。当轮子处于滚动的临界状态时，偏移值 e 也增大到最大值 δ。实验表明，滚动摩擦力偶矩的最大值与两个相互接触物体间的法向约束力 $\boldsymbol{F}_N$ 成正比，即

$$M_{fmax}=e_{max}F_N=\delta F_N \tag{2-21}$$

比例常数 δ 称为**滚动摩擦因数**，它与相互接触物体的材料性质及接触面的硬度、湿度有关。一般情况下，材料硬些，受载后接触面的变形就小些，滚动摩擦因数 δ 也会小些。自行车轮胎气足时车胎变形小，便可减小滚动摩擦阻力，车子骑起来就省力些。

由图 2-36(c) 可以分别计算出使车轮滚动或滑动所需的水平力 $\boldsymbol{F}$。

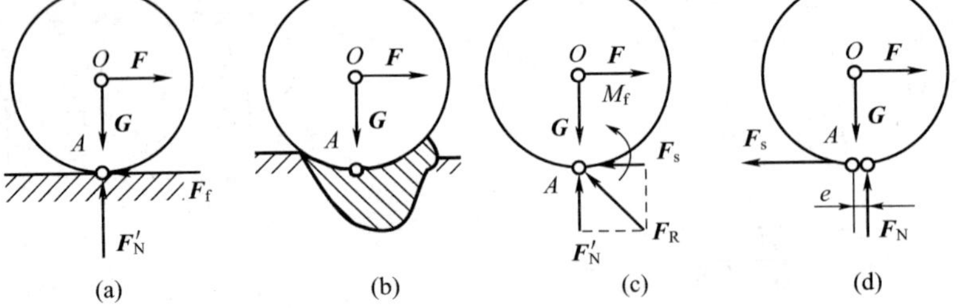

图 2-36

由平衡方程 $\sum M_A(\boldsymbol{F})=0$，得：$F_{滚}=\dfrac{M_{fmax}}{R}=\dfrac{\delta F_N}{R}=\dfrac{\delta}{R}G$

由平衡方程 $\sum F_x=0$，得：$F_{滑}=F_{max}=f_sF_N=f_sG$

一般情况下，有 $\dfrac{\delta}{R}\ll f_s$。

因而使车轮滚动比滑动省力。

思考题

2-1　试分析思考题 2-1 图中 $\boldsymbol{F}$ 在 x，y 方向或 x'、y'方向上的分力和投影，并进行比较。

2-2　思考题 2-2 图三铰拱架中，若将作用于构件 AC 上的力矩 M 搬移到构件 BC 上，分析 A、B、C 各处的约束力有没有改变？

2-3　思考题 2-3 图(a)、(b)、(c) 所示三种结构，构件自重不计，忽略摩擦，$\theta=60°$。如 B 处都作用有相同的水平力 $\boldsymbol{F}$，问铰链 A 处的约束力是否相同。作图表示其大小与方向。

2-4　摩擦力是未知的约束力，其大小和方向完全由平衡方程确定。这种说法是否正确？为什么？

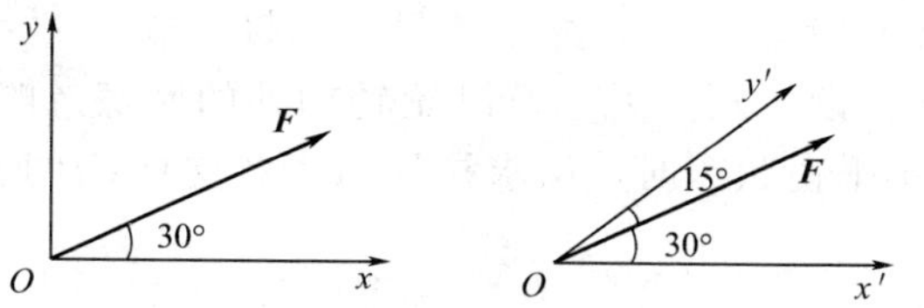

思考题 2-1 图

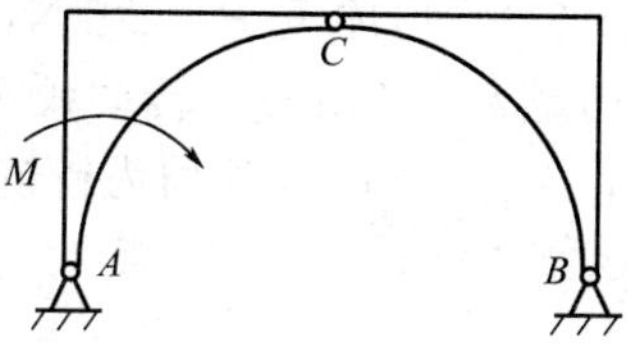

思考题 2-2 图

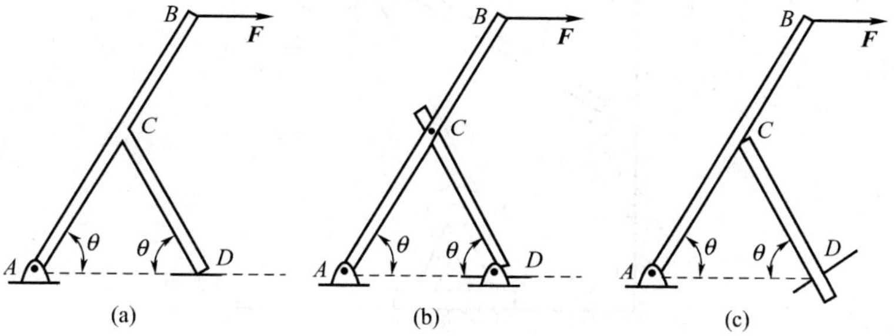

思考题 2-3 图

习题

2-1　五个力作用于一点 O，如习题 2-1 图。图中方格的边长为 10mm。试求此力系的合力。

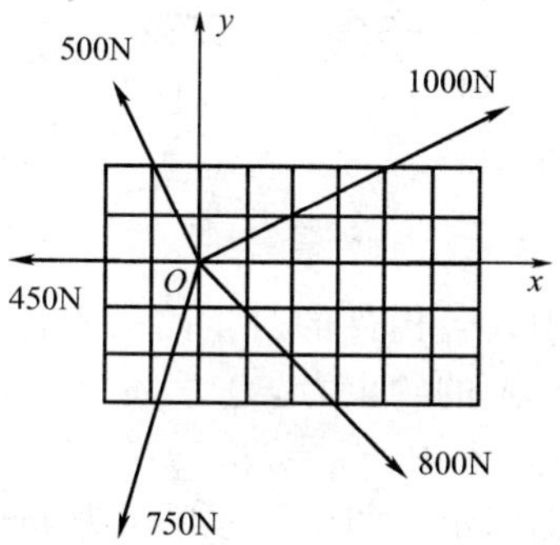

习题 2-1 图

2-2　计算习题 2-2 图中力 $\boldsymbol{F}$ 对 O 的矩。

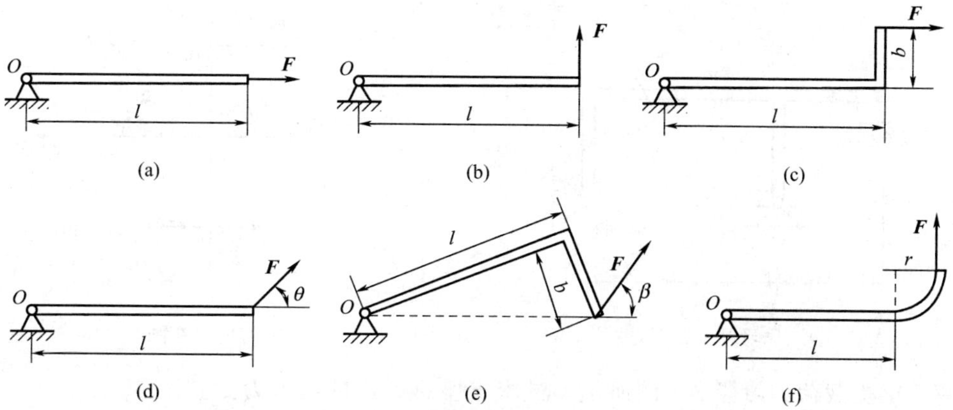

习题 2-2 图

2-3　物体重 $P=20\text{kN}$，用绳子挂在支架的滑轮 B 上，绳子的另一端接在铰车 D 上，如习题 2-3 图所示。转动铰车，物体便能升起，设滑轮的大小及滑轮转轴处的摩擦忽略不计，A、B、C 三处均为铰链连接。当物体处于平衡状态时，试求拉杆 AB 和支杆 CB 所受的力。

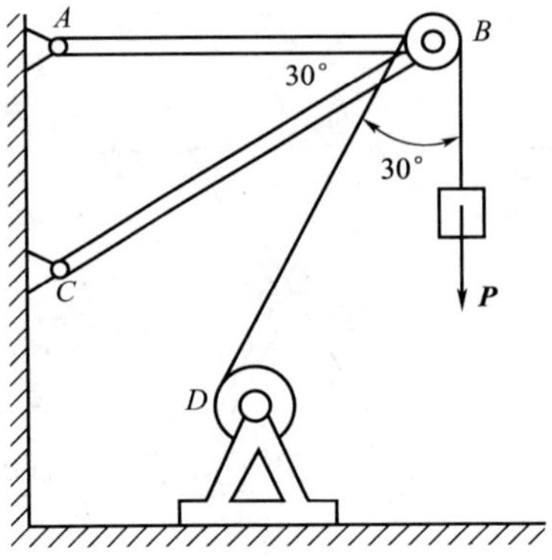

习题 2-3 图

2-4　已知梁 AB 上作用一力偶，力偶矩为 M，梁长为 l，梁重不计。求在习题 2-4 图(a)、(b) 两种情况下，支座 A 和 B 的约束力。

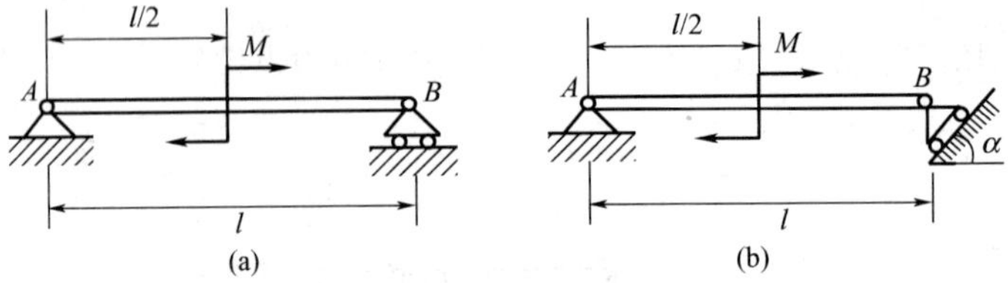

习题 2-4 图

2-5　在习题 2-5 图示结构中，各构件的自重略去不计，在构件 BC 上作用一力偶矩为 M 的力偶，各尺寸如图。求支座 A 的约束力。

2-6　习题 2-6 图所示平面力系中 $F_1=56.57\text{N}$，$F_2=80\text{N}$，$F_3=40\text{N}$，$F_4=110\text{N}$，$M=2000\text{N}\cdot\text{mm}$。各力作用线如图示，图中尺寸单位为 mm。试求：(1) 力系向 O 点简化的结果；(2) 力系的合力的大小、方向及合力作用线的位置。

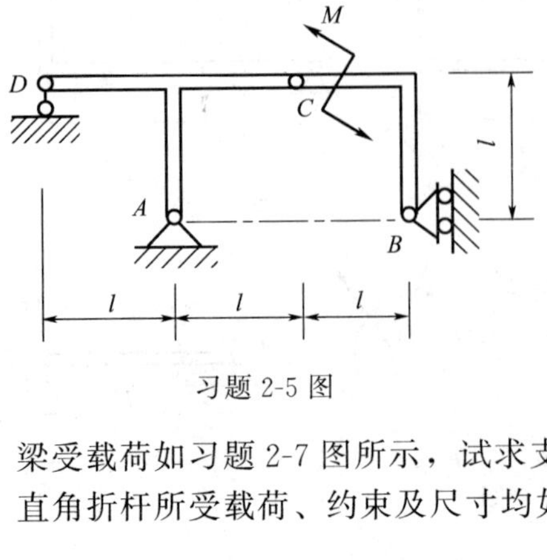

习题 2-5 图

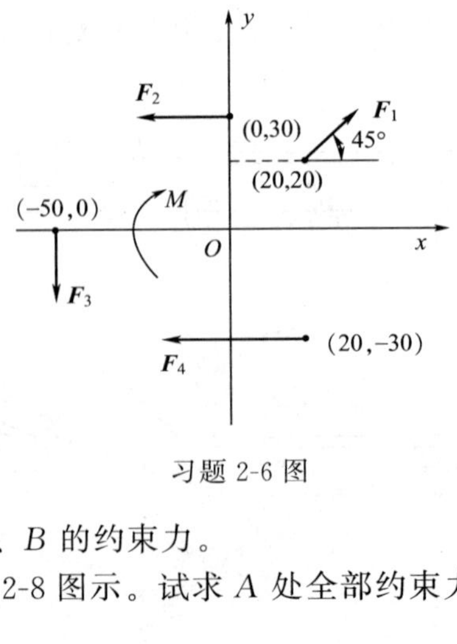

习题 2-6 图

2-7　梁受载荷如习题 2-7 图所示，试求支座 A、B 的约束力。

2-8　直角折杆所受载荷、约束及尺寸均如习题 2-8 图示。试求 A 处全部约束力。

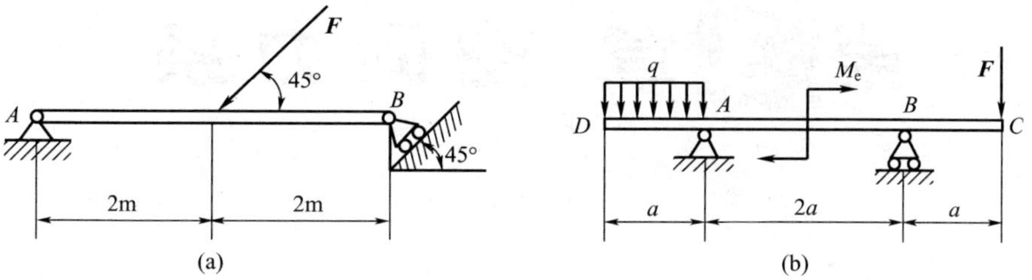

习题 2-7 图

2-9 结构受荷载如习题 2-9 图示，试求 A、B、C 处的约束力。

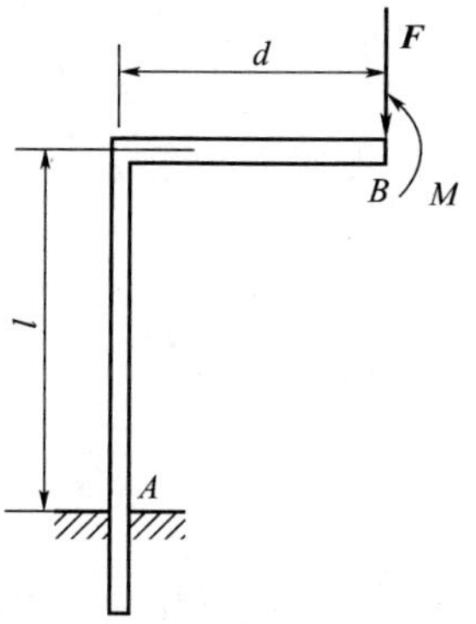

习题 2-8 图

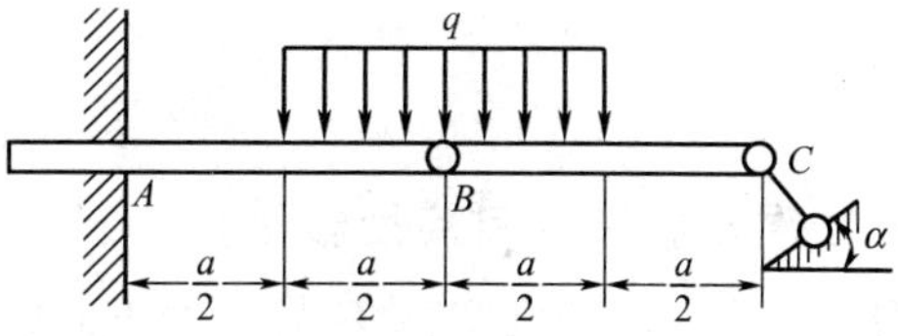

习题 2-9 图

2-10 露天厂房的牛腿柱之底部用混凝土砂浆与基础固结在一起，如习题 2-10 图。若已知吊车梁传来的铅垂力 $P=60\text{kN}$，风压集度 $q=2\text{kN/m}$，$e=0.7\text{m}$，$h=10\text{m}$。试求柱底部的约束力。

2-11 重为 $\boldsymbol{G}$ 的物体放在倾角为 α 的斜面上，物体与斜面间的摩擦角为 φ_m，如习题 2-11图所示。如在物体上作用力 F，此力与斜面的交角为 θ，求拉动物体时的 F 值，并问当角 θ 为何值时此力为极小。

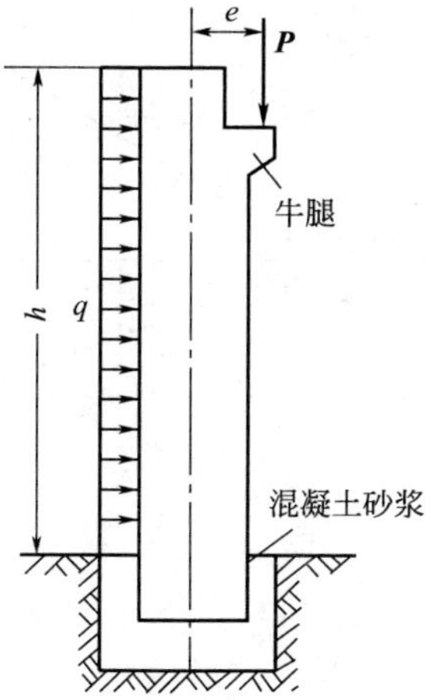

习题 2-10 图

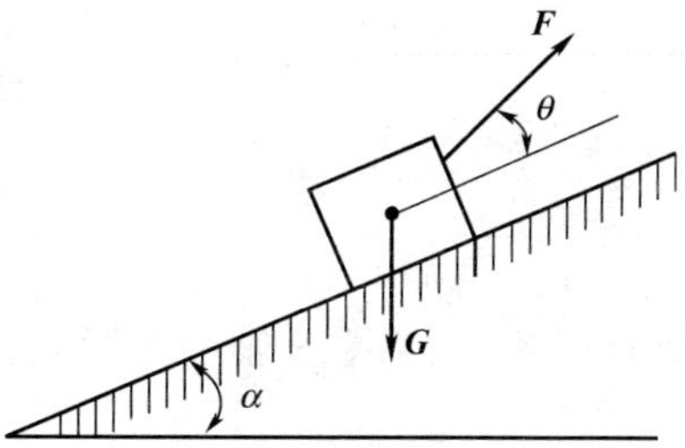

习题 2-11 图

第3章 空间力系

3.1 空间汇交力系

3.1.1 力在直角坐标轴上的投影

(1) 直接投影法

如图3-1所示，若已知力 $\boldsymbol{F}$ 与空间直角坐标系 $Oxyz$ 的三个轴正向的夹角 α、β、γ，则力 $\boldsymbol{F}$ 在 x、y、z 轴上的投影可直接求出，分别为

$$\begin{aligned} F_x &= F\cos\alpha \\ F_y &= F\cos\beta \\ F_z &= F\cos\gamma \end{aligned} \tag{3-1}$$

(2) 二次投影法（间接投影法）

如图3-2所示，若已知力 $\boldsymbol{F}$ 与 z 轴正向的夹角 γ 以及力 $\boldsymbol{F}$ 在 x、y 轴所在平面上的投影 $\boldsymbol{F}_{xy}$ 与 x 轴的夹角为 φ。此时，可以先求力 $\boldsymbol{F}$ 在 Oxy 平面上投影 $\boldsymbol{F}_{xy}$ 的大小，然后，再把 $\boldsymbol{F}_{xy}$ 投影到 x、y 轴上，从而得到力 $\boldsymbol{F}$ 在三个坐标轴上的投影分别为

$$\begin{aligned} F_x &= F_{xy}\cos\varphi = F\sin\gamma\cos\varphi \\ F_y &= F_{xy}\sin\varphi = F\sin\gamma\sin\varphi \\ F_z &= F\cos\gamma \end{aligned} \tag{3-2}$$

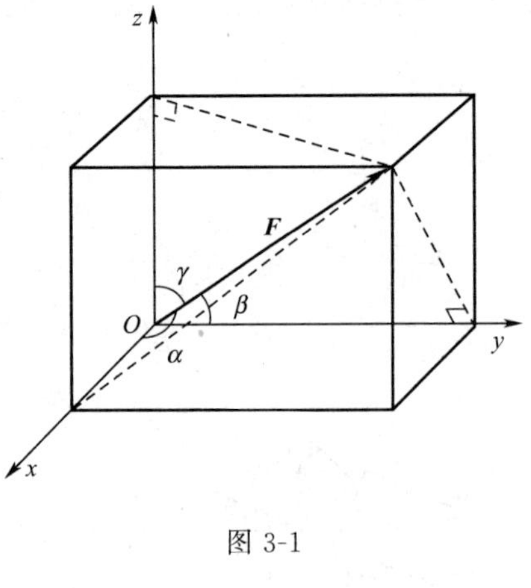

图3-1

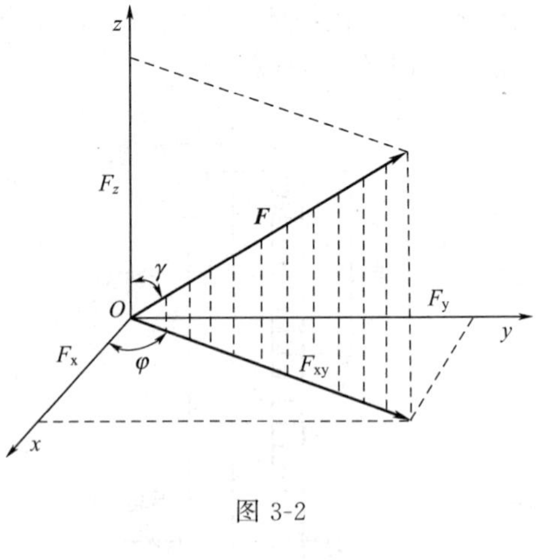

图3-2

反之，如果已知力 $\boldsymbol{F}$ 在 x、y、z 轴的投影 F_x、F_y、F_z，其力 $\boldsymbol{F}$ 的大小和方向余弦就可以确定：

$$F = \sqrt{F_x^2 + F_y^2 + F_z^2} \tag{3-3}$$

$$\cos(\boldsymbol{F},\boldsymbol{i}) = \frac{F_x}{F} \qquad \cos(\boldsymbol{F},\boldsymbol{j}) = \frac{F_y}{F} \qquad \cos(\boldsymbol{F},\boldsymbol{k}) = \frac{F_z}{F} \tag{3-4}$$

例 3-1 已知圆柱斜齿轮所受的啮合力 $F_n=1410\text{N}$，齿轮压力角 $\alpha=20°$，螺旋角 $\beta=25°$（图 3-3）。试计算斜齿轮所受的圆周力 F_t、轴向力 F_a 和径向力 F_r。

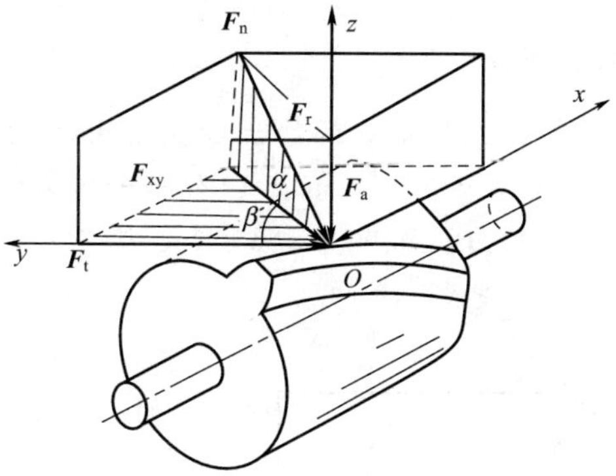

图 3-3

解： 取坐标系如图 3-3 所示，使 x、y、z 轴分别沿齿轮的轴向、圆周的切线方向和径向。先把啮合力 $\boldsymbol{F}_n$ 向 z 轴和 Oxy 坐标平面投影，得

$$F_z=-F_r=-F_n\sin\alpha=-1410\sin20°\text{N}=-482\text{N}$$

$$F_{xy}=F_n\cos\alpha=1410\cos20°\text{N}=1325\text{N}$$

然后把 $\boldsymbol{F}_{xy}$ 投影到 x、y 轴，得

$$F_x=F_a=-F_{xy}\sin\beta=-F_n\cos\alpha\sin\beta=-1410\cos20°\sin25°\text{N}$$
$$=-560\text{N}$$

$$F_y=F_t=-F_{xy}\cos\beta=-F_n\cos\alpha\cos\beta=1201\text{N}$$

3.1.2 空间汇交力系的合成与平衡

(1) 空间汇交力系的合成

某物体受到空间汇交力系 $\boldsymbol{F}_1$，$\boldsymbol{F}_2$，…，$\boldsymbol{F}_n$ 的作用，与研究平面汇交力系相似，依次应用三角形法则，最后合成为一个作用于汇交点的合力 $\boldsymbol{F}_R$

$$\boldsymbol{F}_R=\boldsymbol{F}_1+\boldsymbol{F}_2+\cdots+\boldsymbol{F}_n=\sum\boldsymbol{F} \tag{3-5}$$

根据合力投影定理，合力在 x、y、z 轴投影为

$$\begin{cases}F_{Rx}=F_{1x}+F_{2x}+\cdots+F_{nx}=\sum F_x\\F_{Ry}=F_{1y}+F_{2y}+\cdots+F_{ny}=\sum F_y\\F_{Rz}=F_{1z}+F_{2z}+\cdots+F_{nz}=\sum F_z\end{cases} \tag{3-6}$$

合力 $\boldsymbol{F}_R$ 的大小和方向余弦为

$$F_R=\sqrt{(\sum F_x)^2+(\sum F_y)^2+(\sum F_z)^2} \tag{3-7}$$

$$\cos(\boldsymbol{F},\boldsymbol{i})=\frac{\sum F_x}{F_R}\quad\cos(\boldsymbol{F},\boldsymbol{j})=\frac{\sum F_y}{F_R}\quad\cos(\boldsymbol{F},\boldsymbol{k})=\frac{\sum F_z}{F_R} \tag{3-8}$$

(2) 空间汇交力系的平衡条件及平衡方程

空间汇交力系合成为一个合力，因此空间汇交力系平衡的必要和充分条件为合力等于零，即

$$\boldsymbol{F}_R=0 \tag{3-9}$$

式(3-7) 可得

$$\begin{cases}\sum F_x=0\\ \sum F_y=0\\ \sum F_z=0\end{cases} \tag{3-10}$$

式(3-10) 为空间汇交力系的平衡方程。

例 3-2 有一空间支架固定在互相垂直的墙上。支架由垂直于两墙的铰接二力杆 OA、OB 和钢绳 OC 组成。已知 $\theta=30°$，$\varphi=60°$，在点 O 处吊一重力 $G=1.2\text{kN}$ 的重物，如图3-4(a) 所示。试求两杆和钢绳所受的力。图中 O、A、B、D 四点都在同一水平面上，杆和绳的重力略去不计。

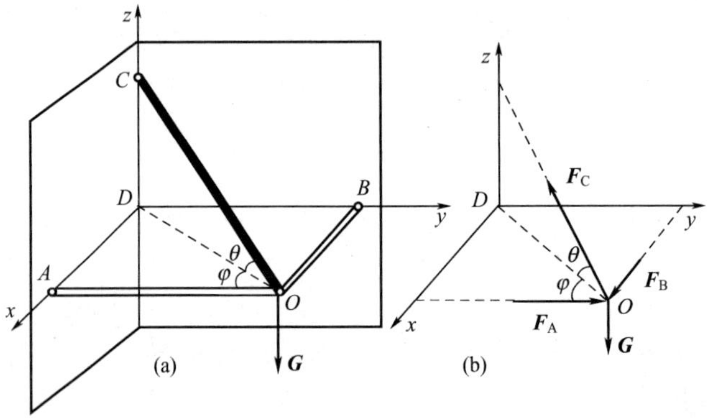

图 3-4

解：选取铰链 O 为研究对象，受力如图 3-4(b) 所示。建立直角坐标系 $Dxyz$，列平衡方程

$$\sum F_x=0 \qquad F_B-F\cos\theta\sin\varphi=0$$
$$\sum F_y=0 \qquad F_A-F\cos\theta\cos\varphi=0$$
$$\sum F_z=0 \qquad F_C\sin\theta-G=0$$

解上述方程得

$$F_C=G/\sin\theta=1.2/\sin30°\text{kN}=2.4\text{kN}$$
$$F_A=F\cos\theta\cos\varphi=2.4\cos30°\cos60°\text{kN}=1.04\text{kN}$$
$$F_B=F\cos\theta\sin\varphi=2.4\cos30°\sin60°\text{kN}=1.8\text{kN}$$

3.2 力对点之矩和力对轴之矩

3.2.1 力对点之矩

对于平面力系，力的作用线和矩心都位于同一平面内，因此力对点之矩以其大小和转向就可以表述。但是对于空间力系，力的作用线和矩心不位于同一平面内，力对点之矩取决于力矩的大小、转向、力与矩心所确定平面的方位这三个要素。因此，空间力对点之矩是矢量，如图 3-5 所示，用 $\boldsymbol{M}_O(\boldsymbol{F})$ 表示，定义为

$$\boldsymbol{M}_O(\boldsymbol{F})=\boldsymbol{r}\times\boldsymbol{F} \tag{3-11}$$

由力矩的定义可知：(1) 力矩的大小为矢量的模，即 $|\boldsymbol{M}_O(\boldsymbol{F})|=Fh$，$O$ 为矩心，h 为 O 点到力 $\boldsymbol{F}$ 作用线的垂直距离；(2) 矢量的指向按照右手螺旋法则来确定。

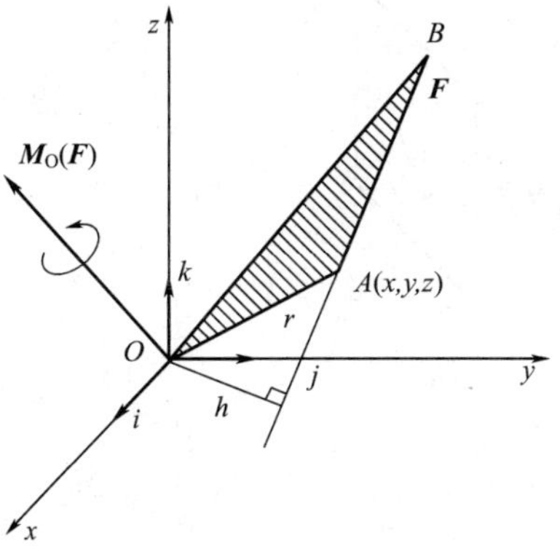

图 3-5

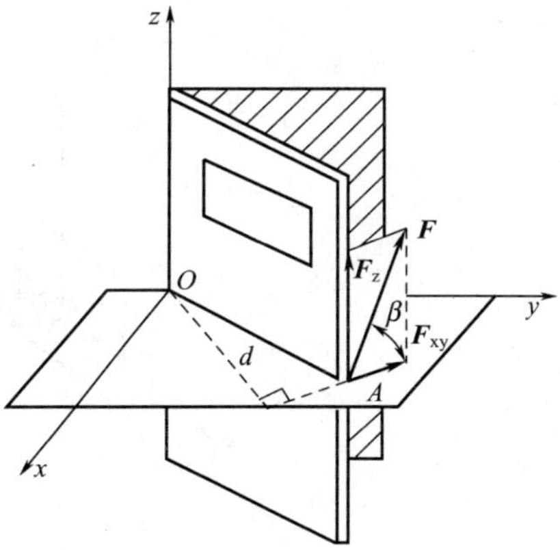

图 3-6

若以矩心 O 为原点，建立直角坐标系 $Oxyz$，力作用点 A 的坐标为（x，y，z），力在三个直角坐标轴上的投影为 F_x，F_y，F_z。式(3-11) 也可以表示为

$$\boldsymbol{M}_O(\boldsymbol{F})=(x\boldsymbol{i}+y\boldsymbol{j}+z\boldsymbol{k})\times(F_x\boldsymbol{i}+F_y\boldsymbol{j}+F_z\boldsymbol{k})$$

3.2.2 力对轴之矩

(1) 力对轴之矩的概念

在工程中，常遇到刚体绕定轴转动的情形。为了度量力对刚体的转动效应，引入力对轴之矩的概念。

现以关门动作为例说明，图 3-6 中，门的一边有固定轴 z，在 A 点作用一力 $\boldsymbol{F}$，为度量此力对刚体的转动效应，可将力 $\boldsymbol{F}$ 分解为两个互相垂直的两个分力：一个是与转轴平行的分力 $\boldsymbol{F}_z$，其大小 $F_z=F\sin\beta$，另一个是在与转轴 z 垂直平面上的分力 $\boldsymbol{F}_{xy}$，其大小 $F_{xy}=F\cos\beta$。由经验可知，$\boldsymbol{F}_z$ 不能使门绕 z 轴转动，分力 $\boldsymbol{F}_{xy}$ 能使门绕 z 轴转动。以 d 表示 xy 平面与 z 轴的交点 O 到分力 $\boldsymbol{F}_{xy}$ 作用线的垂直距离，则 $\boldsymbol{F}_{xy}$ 对 O 点之矩，就可以用来度量 $\boldsymbol{F}$ 对门绕 z 轴的转动作用，用 $M_z(\boldsymbol{F})$ 表示

$$M_z(\boldsymbol{F})=M_O(\boldsymbol{F}_{xy})=\pm F_{xy}d \tag{3-12}$$

力对轴之矩是代数量，其值等于此力在垂直该轴平面上的投影对该轴与此平面的交点之矩。力矩的正负代表其转动的方向。从该轴的正向看，逆时针方向转动为正，顺时针方向转动为负。当力的作用线与转轴平行时，或与转轴相交时，力对该轴之矩等于零。力对轴之矩的单位为 N·m 或 kN·m。

(2) 合力矩定理

设一空间力系 $\boldsymbol{F}_1$，$\boldsymbol{F}_2$，…，$\boldsymbol{F}_n$，其合力为 $\boldsymbol{F}_R$，则可证明合力对某轴之矩等于其各分力对同一轴之矩的代数和。可写成

$$M_z(\boldsymbol{F}_R)=\sum M_z(\boldsymbol{F}) \tag{3-13}$$

式(3-13) 常被用来计算空间力对轴求矩。

例 3-3 计算图 3-7 所示手摇曲柄 $\boldsymbol{F}$ 对 x、y、z 轴之矩。已知 $F=100\text{N}$，且力 $\boldsymbol{F}$ 平行于 Axy 平面，$\alpha=60°$，$AB=20\text{cm}$，$BC=40\text{cm}$，$CD=15\text{cm}$，A、B、C、D 处于同一水平面。

解： 力 $\boldsymbol{F}$ 平行于 Axy 平面，则有

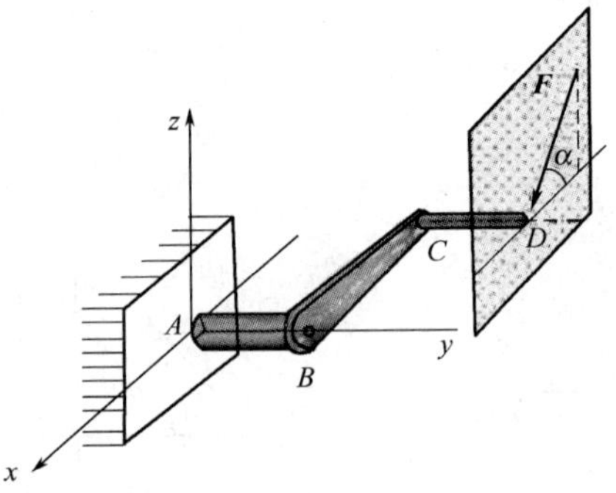

图 3-7

$$F_x=-F\cos\alpha \quad F_y=0 \quad F_z=-F\sin\alpha$$

力 $\boldsymbol{F}$ 对 x、y、z 各轴之矩为

$$M_x(\boldsymbol{F})=-F_z\times(AB+CD)=-100\sin 60^\circ\times 35\text{N}\cdot\text{cm}=-3031\text{N}\cdot\text{cm}$$

$$M_y(\boldsymbol{F})=-F_z\times BC=-100\sin 60^\circ\times 40\text{N}\cdot\text{cm}=-3464\text{N}\cdot\text{cm}$$

$$M_z(\boldsymbol{F})=-F_x\times(AB+CD)=-100\cos 60^\circ\times 35\text{N}\cdot\text{cm}=-1750\text{N}\cdot\text{cm}$$

3.2.3 力对点之矩与力对轴之矩关系

$$\begin{aligned}[\boldsymbol{M}_O(\boldsymbol{F})]_x&=M_x(\boldsymbol{F})\\ [\boldsymbol{M}_O(\boldsymbol{F})]_y&=M_y(\boldsymbol{F})\\ [\boldsymbol{M}_O(\boldsymbol{F})]_z&=M_z(\boldsymbol{F})\end{aligned} \tag{3-14}$$

上式表明：力对点之矩矢在通过该点的任意轴上的投影，等于此力对该轴之矩。

3.3 空间力偶

3.3.1 空间力偶　力偶矩矢

(1) 空间力偶矩矢

如图 3-8(a) 所示，空间力偶 ($\boldsymbol{F},\boldsymbol{F}'$) 对刚体的转动效应，用力偶中的两个力对空间任一点 O 之矩的矢量和来度量，则有

$$\boldsymbol{M}_O(\boldsymbol{F},\boldsymbol{F}')=\boldsymbol{M}_O(\boldsymbol{F})+\boldsymbol{M}_O(\boldsymbol{F}')=\boldsymbol{r}_A\times\boldsymbol{F}+\boldsymbol{r}_B\times\boldsymbol{F}'$$

由于 $\boldsymbol{F}=-\boldsymbol{F}'$，故

$$\boldsymbol{M}_O(\boldsymbol{F},\boldsymbol{F}')=(\boldsymbol{r}_A-\boldsymbol{r}_B)\times\boldsymbol{F}=\boldsymbol{r}_{AB}\times\boldsymbol{F}$$

计算表明，力偶对空间任一点 O 的力偶矩矢与矩心无关，是自由矢量，力偶矩矢记为 $\boldsymbol{M}(\boldsymbol{F},\boldsymbol{F}')$ 或 $\boldsymbol{M}$，如图 3-8(b) 所示。即

$$\boldsymbol{M}=\boldsymbol{r}_{AB}\times\boldsymbol{F} \tag{3-15}$$

由式(3-15) 可知，空间力偶对刚体的作用效果决定于下列三个因素：

① 力偶矩矢的大小为该矢量的模：$|\boldsymbol{M}|=|\boldsymbol{r}_{AB}\times\boldsymbol{F}|=Fd$，$d$ 为力偶两个力作用线之间的垂直距离，称为力偶臂；

② 力偶的转向；

③ 力偶的指向，服从右手螺旋法则，如图 3-8(c) 所示。

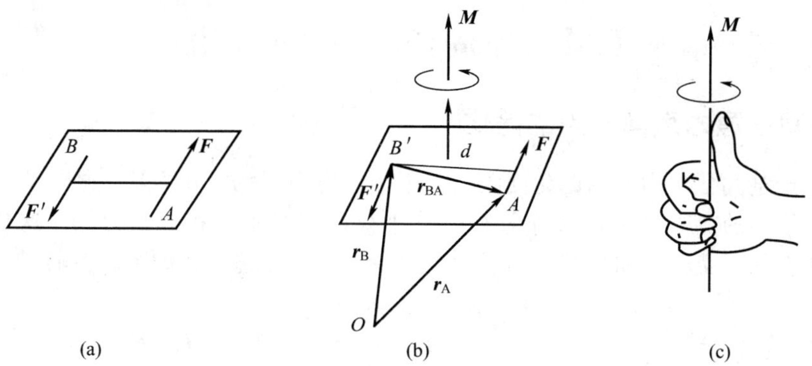

图 3-8

(2) 空间力偶的等效定理

空间力偶的等效条件可叙述为：作用于同一刚体上的两个空间力偶，如果其力偶矩矢相等，则它们彼此等效。

3.3.2 空间力偶系的合成与平衡

(1) 空间力偶系的合成

若干个空间分布的力偶组成空间力偶系，其合成为一个合力偶，合力偶矩矢等于各分力偶矩的矢量和，即

$$\boldsymbol{M}=\boldsymbol{M}_1+\boldsymbol{M}_2+\cdots+\boldsymbol{M}_n=\sum \boldsymbol{M}_i \tag{3-16}$$

其解析表达式为

$$\boldsymbol{M}=\boldsymbol{M}_{\mathrm{x}}\boldsymbol{i}+\boldsymbol{M}_{\mathrm{y}}\boldsymbol{j}+M_z\boldsymbol{k} \tag{3-17}$$

$$\begin{cases}M_{\mathrm{x}}=M_{1\mathrm{x}}+M_{2\mathrm{x}}+\cdots+M_{n\mathrm{x}}=\sum M_{i\mathrm{x}}\\ M_{\mathrm{y}}=M_{1\mathrm{y}}+M_{2\mathrm{y}}+\cdots+M_{n\mathrm{y}}=\sum M_{i\mathrm{y}}\\ M_{\mathrm{z}}=M_{1\mathrm{z}}+M_{2\mathrm{z}}+\cdots+M_{n\mathrm{z}}=\sum M_{i\mathrm{z}}\end{cases} \tag{3-18}$$

即合力偶矩矢在 x、y、z 轴上投影等于各分力偶矩矢在相应轴上投影的代数和。

如果已知各分力偶矩矢在各坐标轴的投影，也可计算合力偶矩矢的大小和方向余弦：

$$M=\sqrt{(\sum M_{i\mathrm{x}})^2+(\sum M_{i\mathrm{y}})^2+(\sum M_{i\mathrm{z}})^2} \tag{3-19}$$

$$\cos(\boldsymbol{M},\boldsymbol{i})=\frac{M_{\mathrm{x}}}{M},\ \cos(\boldsymbol{M},\boldsymbol{j})=\frac{M_{\mathrm{y}}}{M},\ \cos(\boldsymbol{M},\boldsymbol{k})=\frac{M_{\mathrm{z}}}{M} \tag{3-20}$$

(2) 空间力偶系的平衡条件

空间力偶系平衡的必要和充分条件是：该力偶系的合力偶矩矢等于零，亦即所有各分力偶矩的矢量和等于零，即

$$\sum \boldsymbol{M}_i=0 \tag{3-21}$$

欲使上式成立，必须同时满足

$$\sum M_{i\mathrm{x}}=0,\ \sum M_{i\mathrm{y}}=0,\ \sum M_{i\mathrm{z}}=0 \tag{3-22}$$

上式为空间力偶系的平衡方程。即空间力偶系平衡的必要和充分条件为：该力偶系中所有各力偶矩矢在三个坐标轴上投影的代数和分别等于零。上述三个独立的平衡方程可求解三个未知量。

3.4 空间任意力系的简化

3.4.1 空间任意力系向一点的简化

现在来讨论空间任意力系的简化问题。与平面任意力系的简化方法一样，应用力的平移定理，依次将力系中的各力向任取的简化中心 O 平移，同时附加相应的力偶。这样，原来的空间任意力系被空间汇交力系和空间力偶系两个简单力系等效替换，如图 3-9(a)、(b) 所示。

$$\boldsymbol{F}'_1=\boldsymbol{F}_1,\ \boldsymbol{F}'_2=\boldsymbol{F}_2,\cdots,\boldsymbol{F}'_n=\boldsymbol{F}_n$$

$$\boldsymbol{M}_1=\boldsymbol{M}_{\mathrm{O}}(\boldsymbol{F}_1),\boldsymbol{M}_2=\boldsymbol{M}_{\mathrm{O}}(\boldsymbol{F}_2),\cdots,\boldsymbol{M}_n=\boldsymbol{M}_{\mathrm{O}}(\boldsymbol{F}_n)$$

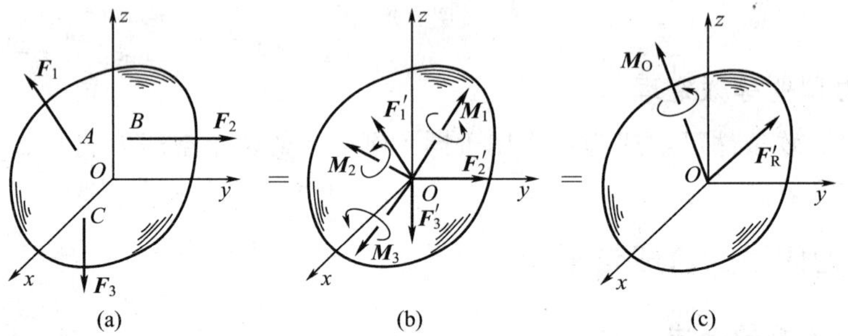

图 3-9

空间汇交力系可合成一力 $\boldsymbol{F}'_{\mathrm{R}}$，如图 3-9(c) 所示，此力的作用线通过点 O，称为原力系主矢，其大小和方向余弦由下式确定

$$\boldsymbol{F}'_{\mathrm{R}}=\sum\boldsymbol{F}'=\sum\boldsymbol{F}=\sum F_{\mathrm{x}}\boldsymbol{i}+\sum F_{\mathrm{y}}\boldsymbol{j}+\sum F_{\mathrm{z}}\boldsymbol{k}$$

$$F'_{\mathrm{R}}=\sqrt{(\sum F_{\mathrm{x}})^2+(\sum F_{\mathrm{y}})^2+(\sum F_{\mathrm{z}})^2} \tag{3-23}$$

$$\cos(\boldsymbol{F}'_{\mathrm{R}},\boldsymbol{i})=\frac{\sum F_{\mathrm{x}}}{F'_{\mathrm{R}}},\ \cos(\boldsymbol{F}'_{\mathrm{R}},\boldsymbol{j})=\frac{\sum F_{\mathrm{y}}}{F'_{\mathrm{R}}},\ \cos(\boldsymbol{F}'_{\mathrm{R}},\boldsymbol{j})=\frac{\sum F_{\mathrm{z}}}{F'_{\mathrm{R}}} \tag{3-24}$$

空间力偶系可合成为一力偶 $\boldsymbol{M}_{\mathrm{O}}$，如图 3-9(c) 所示，它等于各分力偶矩的矢量和，即等于原力系中各力对于点 O 之矩的矢量和，称为原力系对点 O 的主矩，其大小和方向余弦由下式确定

$$\boldsymbol{M}_{\mathrm{O}}=\sum\boldsymbol{M}_i=\sum\boldsymbol{M}_{\mathrm{O}}(\boldsymbol{F}_i)=\sum\boldsymbol{M}_{\mathrm{x}}(\boldsymbol{F}_i)\boldsymbol{i}+\sum\boldsymbol{M}_{\mathrm{y}}(\boldsymbol{F}_i)\boldsymbol{j}+\sum\boldsymbol{M}_{\mathrm{z}}(\boldsymbol{F}_i)\boldsymbol{k}$$

$$M_{\mathrm{O}}=\sqrt{[\sum M_{\mathrm{x}}(\boldsymbol{F}_i)]^2+[\sum M_{\mathrm{y}}(\boldsymbol{F}_i)]^2+[\sum M_{\mathrm{z}}(\boldsymbol{F}_i)]^2} \tag{3-25}$$

$$\cos(\boldsymbol{M}_{\mathrm{O}},\boldsymbol{i})=\frac{\sum M_{\mathrm{x}}(\boldsymbol{F})}{M_{\mathrm{O}}},\ \cos(\boldsymbol{M}_{\mathrm{O}},\boldsymbol{j})=\frac{\sum M_{\mathrm{y}}(\boldsymbol{F})}{M_{\mathrm{O}}},\ \cos(\boldsymbol{M}_{\mathrm{O}},\boldsymbol{k})=\frac{\sum M_{\mathrm{z}}(\boldsymbol{F})}{M_{\mathrm{O}}} \tag{3-26}$$

结论如下：空间任意力系向任一点简化，得到主矢和主矩。主矢等于原力系中各力的矢量和，作用线通过简化中心；主矩等于原力系中各力对简化中心之矩的矢量和。主矢与简化中心的位置无关，而主矩一般与简化中心的位置有关。

3.4.2 空间任意力系的简化结果讨论

空间任意力系向任一点简化可能出现下列四种情况，即：(1) $\boldsymbol{F}'_{\mathrm{R}}=0$，$\boldsymbol{M}_{\mathrm{O}}\neq0$；(2) $\boldsymbol{F}'_{\mathrm{R}}\neq0$，$\boldsymbol{M}_{\mathrm{O}}=0$；(3) $\boldsymbol{F}'_{\mathrm{R}}\neq0$，$\boldsymbol{M}_{\mathrm{O}}\neq0$；(4) $\boldsymbol{F}'_{\mathrm{R}}=0$，$\boldsymbol{M}_{\mathrm{O}}=0$。现分别加以讨论。

(1) 空间任意力系简化为一合力偶的情形

若空间任意力系向任一点简化结果是：主矢 $\boldsymbol{F}'_{\mathrm{R}}=0$，主矩 $\boldsymbol{M}_{\mathrm{O}}\neq0$，这时该力偶与原力

系等效，即为合力偶，合力偶矩矢等于原力系对简化中心的主矩，这种情况下，其大小与简化中心的位置无关。

(2) 空间任意力系简化为一合力的情形

若空间任意力系向任一点 O 简化结果是：主矢 $\boldsymbol{F}'_{\mathrm{R}} \neq 0$，而主矩 $\boldsymbol{M}_{\mathrm{O}}=0$，这时该力与原力系等效，即为合力，合力的作用线通过简化中心。

若空间任意力系向一点简化的结果：$\boldsymbol{F}'_{\mathrm{R}} \neq 0$，$\boldsymbol{M}_{\mathrm{O}} \neq 0$，且 $\boldsymbol{F}'_{\mathrm{R}} \perp \boldsymbol{M}_{\mathrm{O}}$，如图 3-10(a) 所示。这时，力 $\boldsymbol{F}'_{\mathrm{R}}$ 与力偶矩矢 $\boldsymbol{M}_{\mathrm{O}}$ 的力偶（$\boldsymbol{F}'_{\mathrm{R}}$，$\boldsymbol{F}_{\mathrm{R}}$）在同一平面内，且 $\boldsymbol{F}_{\mathrm{R}}=\boldsymbol{F}'_{\mathrm{R}}=-\boldsymbol{F}''_{\mathrm{R}}$，如图 3-10(b) 所示，进一步简化，得到作用于点 O' 的一个力 $\boldsymbol{F}_{\mathrm{R}}$，如图 3-10(c) 所示，此力 $\boldsymbol{F}_{\mathrm{R}}$ 即为原力系的合力，其大小和方向等于原力系的主矢，即 $\boldsymbol{F}_{\mathrm{R}}=\sum \boldsymbol{F}_i$；其作用线到简化中心 O 的距离为

$$d=\frac{|M_{\mathrm{O}}|}{F_{\mathrm{R}}} \tag{3-27}$$

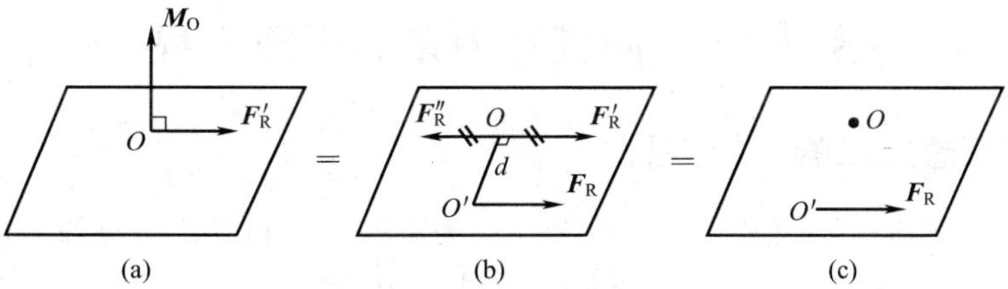

图 3-10

(3) 空间任意力系简化为力螺旋的情形

如果空间任意力系向一点简化后，主矢和主矩都不等于零，且 $\boldsymbol{F}'_{\mathrm{R}} \parallel \boldsymbol{M}_{\mathrm{O}}$，这种结果称为力螺旋。所谓力螺旋就是由一力和一力偶组成的力系，其中的力垂直于力偶的作用面。例如，钻孔时的钻头对工件的作用以及拧木螺钉时螺丝刀对螺钉的作用都是力螺旋。

力螺旋是由静力学的两个基本要素（力和力偶）组成的最简单的力系，不能再进一步简化。力偶的转向和力的指向符合右手螺旋规则的称为右螺旋，如图 3-11(a) 所示；反之称为左螺旋，如图 3-11(b) 所示。

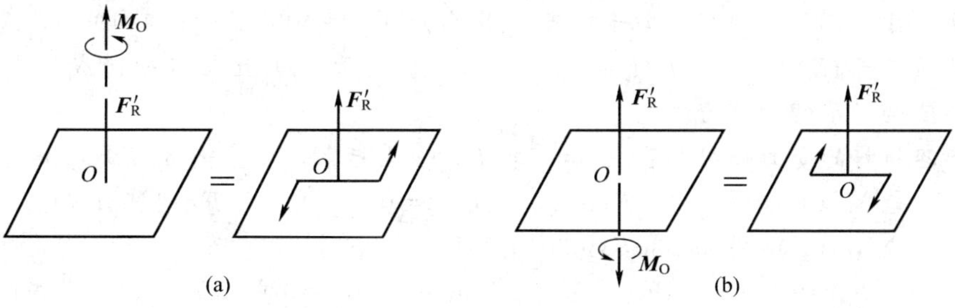

图 3-11

如果 $\boldsymbol{F}'_{\mathrm{R}} \neq 0$，$\boldsymbol{M}_{\mathrm{O}} \neq 0$，两者既不平行，又不垂直，如图 3-12(a) 所示。此时可将 $\boldsymbol{M}_{\mathrm{O}}$ 分解为两个分力偶 $\boldsymbol{M}''_{\mathrm{O}}$ 和 $\boldsymbol{M}'_{\mathrm{O}}$，且 $\boldsymbol{F}'_{\mathrm{R}} \perp \boldsymbol{M}''_{\mathrm{O}}$，$\boldsymbol{F}'_{\mathrm{R}} \parallel \boldsymbol{M}'_{\mathrm{O}}$，如图 3-12(b) 所示，则 $\boldsymbol{M}''_{\mathrm{O}}$ 和 $\boldsymbol{F}'_{\mathrm{R}}$ 可用作用于点 O' 的力 $\boldsymbol{F}_{\mathrm{R}}$ 来代替。由于力偶矩矢是自由矢量，故可将 $\boldsymbol{M}'_{\mathrm{O}}$ 平行移动，使之与 $\boldsymbol{F}_{\mathrm{R}}$ 共线。这样便得一力螺旋，力 $\boldsymbol{F}_{\mathrm{R}}$ 到简化中心 O 的距离为

$$d=\frac{|\boldsymbol{M}''_{\mathrm{O}}|}{\boldsymbol{F}'_{\mathrm{R}}}=\frac{M_{\mathrm{O}}\sin\theta}{\boldsymbol{F}'_{\mathrm{R}}} \tag{3-28}$$

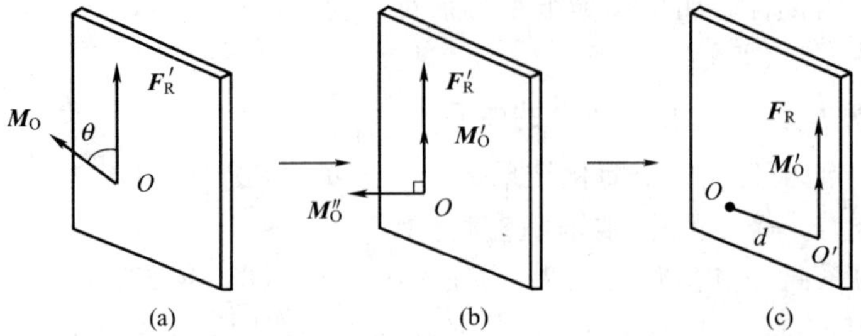

图 3-12

(4) 空间任意力系简化为平衡的情形

若空间任意力系向任一点简化结果是：主矢 $\boldsymbol{F}_R'=0$，主矩 $\boldsymbol{M}_O=0$，则空间任意力系平衡。

3.5 空间任意力系的平衡方程

3.5.1 空间任意力系的平衡方程

空间任意力系平衡的必要和充分条件为：该力系的主矢和对任一点的主矩都等于零，即

$$\boldsymbol{F}_R'=0, \boldsymbol{M}_O=0$$

根据式(3-23) 和式(3-25)，得到空间任意力系平衡方程

$$\begin{cases}\sum F_x=0, & \sum F_y=0 & \sum F_z=0 \\ \sum M_x(\boldsymbol{F})=0, & \sum M_y(\boldsymbol{F})=0, & \sum M_z(\boldsymbol{F})=0\end{cases} \tag{3-29}$$

即空间任意力系平衡的必要和充分条件为：各力在三个坐标轴上投影的代数和以及各力对三个坐标轴之矩的代数和都必须同时为零。

我们可以从空间任意力系的普遍平衡规律中导出空间平行力系、空间力偶系和空间汇交力系的平衡方程。

3.5.2 空间力系平衡问题举例

例 3-4 图 3-13 为一脚踏拉杆装置。若已知 $F_p=500\text{N}$，$AB=40\text{cm}$，$AC=CD=20\text{cm}$，CH 垂直于 CD，$HC=EH=10\text{cm}$，拉杆垂直于 EH 且与水平面成 30°。求拉杆的拉力和 A、B 两轴承的约束力。

解： 脚踏拉杆的受力如图 3-13 所示。取 $Bxyz$ 坐标系，列平衡方程式求解

$$\sum M_x(\boldsymbol{F})=0 \quad 10F\cos30°-20F_p=0 \quad F=1155(\text{N})$$

$$\sum M_y(\boldsymbol{F})=0 \quad 30F\sin30°+20F_p-40F_{Az}=0 \quad F_{Az}=683(\text{N})$$

$$\sum F_z=0 \quad F_{Az}+F_{Bz}-F\sin30°-F_p=0 \quad F_{Bz}=394.5(\text{N})$$

$$\sum M_z(\boldsymbol{F})=0 \quad 40F_{Ay}-30F\cos30°=0 \quad F_{Ay}=750(\text{N})$$

$$\sum F_y=0 \quad F_{Ay}+F_{By}-F\cos30°=0 \quad F_{By}=250(\text{N})$$

例 3-5 如图 3-14 所示，手摇钻由支点 B、钻头 A 和一个弯曲的手柄组成。当支点 B 处加压力 $\boldsymbol{F}_{Bx}$、$\boldsymbol{F}_{By}$、$\boldsymbol{F}_{Bz}$和手柄上加力 $\boldsymbol{F}$ 后，即可带动钻头绕 AB 转动而钻孔。已知 $F_{Bz}=50\text{N}$，$F=150\text{N}$，尺寸如图所示。求：(1) 钻头受到的阻抗力偶矩 M；(2) 材料给钻头的反力 $\boldsymbol{F}_{Ax}$、$\boldsymbol{F}_{Ay}$、$\boldsymbol{F}_{Az}$；(3) 压力 $\boldsymbol{F}_{Bx}$、$\boldsymbol{F}_{By}$的值。

解： 手摇钻受力情况如图 3-14 所示。

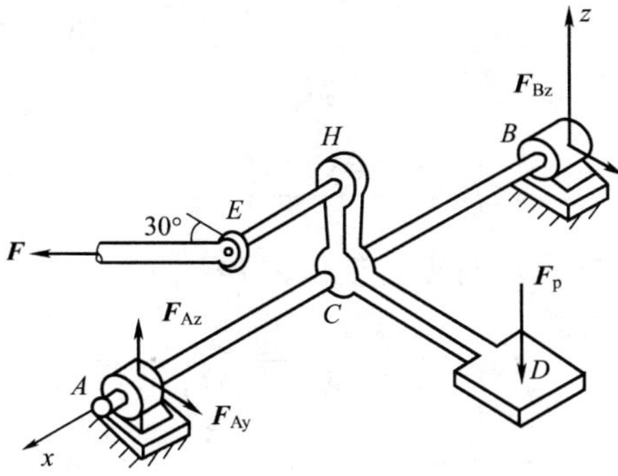

图 3-13

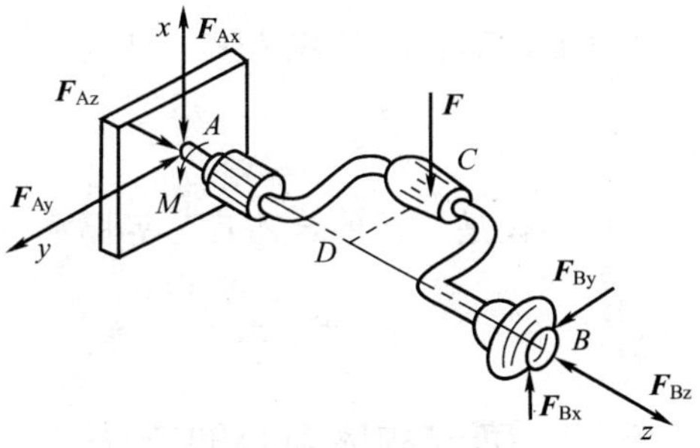

图 3-14

① 求钻头的阻抗力偶矩 M

$\sum M_z=0$　　$M-0.15F=0$　　$M=0.15F=22.5(\text{N}\cdot\text{m})$

② 计算 B 端压力

$\sum M_y=0$　　$0.4F_{Bx}-0.2F=0$　　$F_{Bx}=\dfrac{0.2F}{0.4}=75(\text{N})$

$\sum M_x=0$　　$0.4F_{By}=0$　　$F_{By}=0$

③ 计算 A 端压力

$\sum F_z=0$　　$F_{Bz}-F_{Az}=0$　　$F_{Az}=F_{Bz}=50(\text{N})$

$\sum F_y=0$　　$F_{By}-F_{Ay}=0$　　$F_{Ay}=F_{By}=0$

$\sum F_x=0$　　$F_{Bx}-F_{Ax}=0$　　$F_{Ax}=F_{Bx}=-75(\text{N})$

3.6 重　　心

3.6.1 重心的概念及其坐标公式

地球上的物体内各质点都受到地球的吸引力即重力作用，这些力可近似地看成一空间平行力系。该力系的合力 $\boldsymbol{G}$ 称为物体的重力。不论物体怎样放置，这些平行力的合力作用点总是一个确定点，该点称为**物体的重心**。

设一物体重力为 $\boldsymbol{G}$，重心为 $C(x_C、y_C、z_C)$，它由许多小块组成，其第 i 块 M 重力为 $\Delta\boldsymbol{G}_i$，其坐标为（x_i、y_i、z_i），如图 3-15 所示，根据合力矩定理，可得物体的重心坐标为

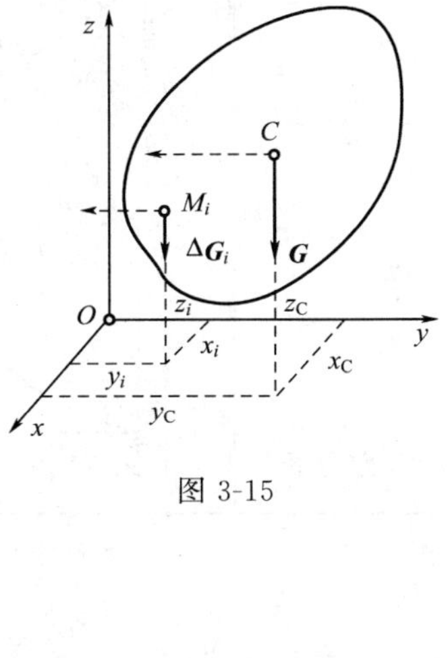

图 3-15

$$x_C=\frac{\sum(\Delta G_i)x_i}{G} \qquad y_C=\frac{\sum(\Delta G_i)y_i}{G} \qquad z_C=\frac{\sum(\Delta G_i)z_i}{G} \tag{3-30}$$

若物体是均质体，体积为 V，可得

$$x_C=\frac{\sum(\Delta V_i)x_i}{V} \qquad y_C=\frac{\sum(\Delta V_i)y_i}{V} \qquad z_C=\frac{\sum(\Delta V_i)z_i}{V} \tag{3-31}$$

若物体不仅是均质的，而且是等厚薄板，面积为 A，则其形心与重心重合，为

$$x_C=\frac{\sum(\Delta A_i)x_i}{A} \qquad y_C=\frac{\sum(\Delta A_i)y_i}{A} \qquad z_C=\frac{\sum(\Delta A_i)z_i}{A} \tag{3-32}$$

3.6.2 确定物体重心的方法

(1) 对称法

若均质物体具有对称面、对称轴或对称点，则物体的重心或形心一定在对称面、对称轴或对称点上。表 3-1 列出了几种常见简单图形的重心（形心）位置。

表 3-1 常见简单图形的重心（形心）位置

图形	重心位置	图形	重心位置
三角形 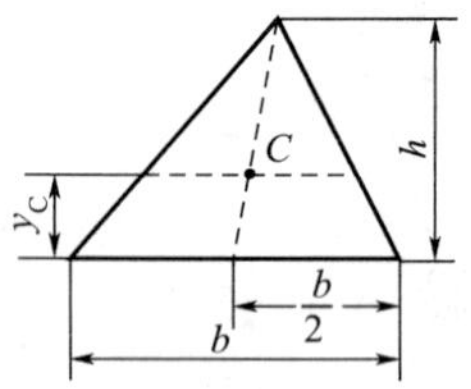 	在中线的交点 $y_C=\frac{1}{3}h$	梯形 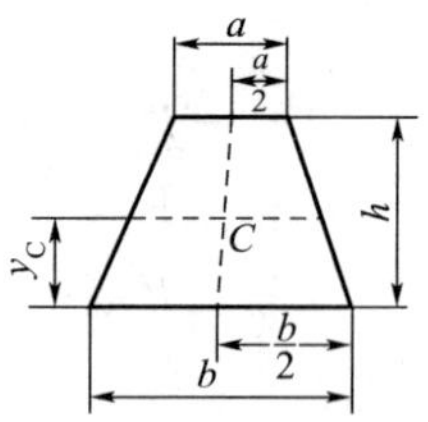 	$y_C=\frac{h(2a+b)}{3(a+b)}$
圆弧 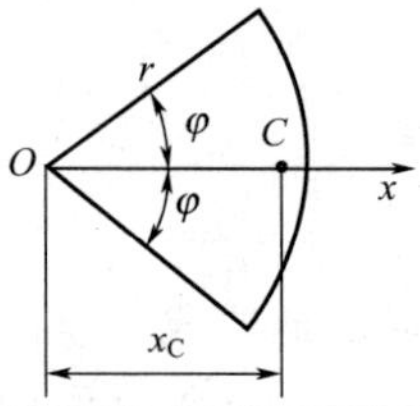 	$x_C=\frac{r\sin\varphi}{\varphi}$ 对于半圆弧 $x_C=\frac{2r}{\pi}$	弓形 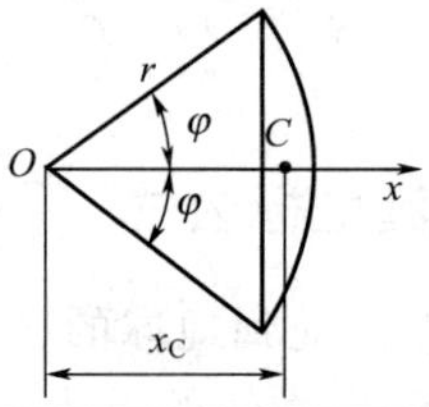 	$x_C=\frac{2}{3}\times\frac{r^3\sin^3\varphi}{A}$
扇形 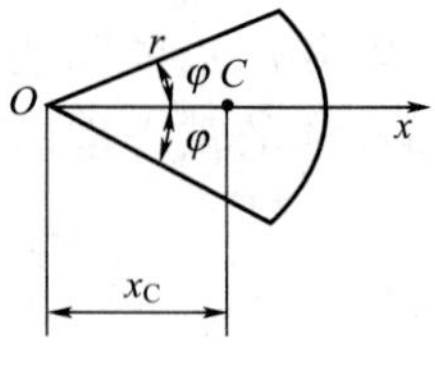 	$x_C=\frac{2}{3}\times\frac{r\sin\varphi}{\varphi}$ 对于半圆 $x_C=\frac{4r}{3\pi}$	部分圆环 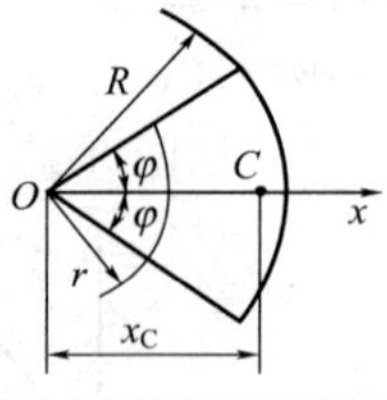 	$x_C=\frac{2}{3}\times\frac{R^3-r^3}{R^2-r^2}\times\frac{\sin\varphi}{\varphi}$
二次抛物线面 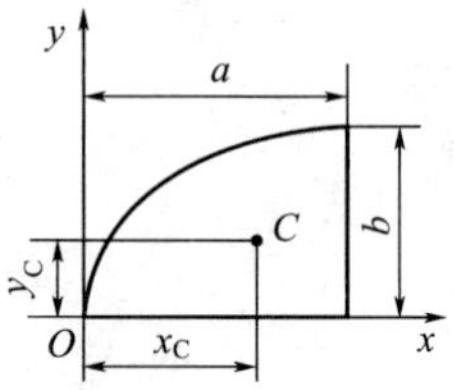 	$x_C=\frac{5}{8}a$ $y_C=\frac{2}{5}b$	二次抛物线面 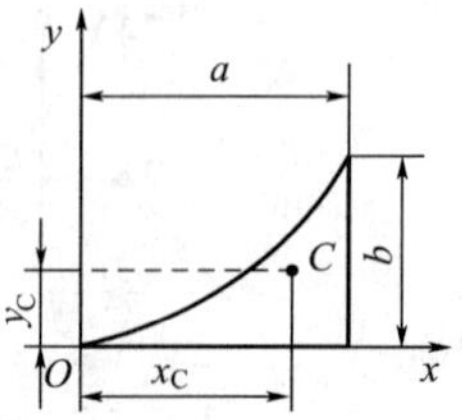 	$x_C=\frac{3}{4}a$ $y_C=\frac{3}{10}b$

(2) 积分法

在求基本规则物体的形心时，可将其分割成无限多块微小的物体。在此极限情况下式(3-30)可写成积分形式

$$x_C=\frac{\int_G x\,\mathrm{d}G}{G} \qquad y_C=\frac{\int_G y\,\mathrm{d}G}{G} \qquad z_C=\frac{\int_G z\,\mathrm{d}G}{G} \tag{3-33}$$

均质体、均质等厚薄板的形心公式可依此类推。此法称为积分法，它是计算物体重心及形心的基本方法。

(3) 组合法

机械或结构的构件往往是由几个简单的基本形体组合而成，每个基本形体的形心位置可以根据对称判断或查表获得，而整个形体的形心可用式(3-31)或式(3-32)求得。若某物体为一个基本形体挖去一部分后的残留体，则只需将被挖去的体积或面积看成负值，仍然可应用相同的方法求出形心。

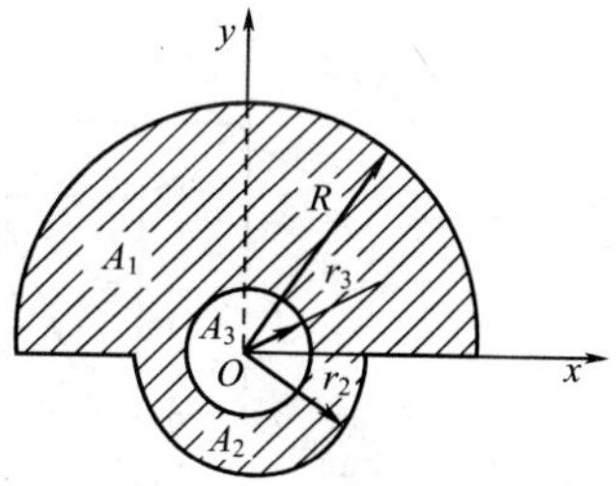

图 3-16

例 3-6 试求图 3-16 所示的打桩机中偏心块的形心。已知 $R=10\text{cm}$，$r_2=3\text{cm}$，$r_3=1.7\text{cm}$。

解：将偏心块看成由三部分组成：

① 半圆面 A_1，半径为 R，$A_1=157\text{cm}^2$，$y_1=4R/3\pi=4.24\text{cm}$。

② 半圆面 A_2，半径为 r_2，$A_2=14\text{cm}^2$，$y_2=-4r_2/3\pi=-1.27\text{cm}$。

③ 挖去圆面积 A_3，半径为 r_3，$A_3=-9.1\text{cm}^2$，$y_3=0$。

因为 y 轴为对称轴，形心 C 必在 y 轴上，所以 $x_C=0$，可得

$$y_C=\frac{\sum(\Delta A_i)y_i}{A}=\frac{A_1y_1+A_2y_2+A_3y_3}{A_1+A_2+A_3}$$
$$=\frac{157\text{cm}^2\times4.24\text{cm}-14\text{cm}^2\times1.27\text{cm}}{157\text{cm}^2+14\text{ cm}^2-9.1\text{ cm}^2}=4\text{cm}$$

思考题

3-1 空间一般力系向三个相互相交的坐标平面投影，得到三个平面一般力系，每个平面一般力系都有三个独立的平衡方程，这样力系就有九个平衡方程，那么能否求解九个未知量？为什么？

3-2 试问在下述情况下，空间平衡力系最多能有几个独立的平衡方程？为什么？

(1) 各力的作用线均与某直线垂直；

(2) 各力的作用线均与某直线相交；

(3) 各力的作用线均与某直线垂直且相交；

(4) 各力的作用线均与某一固定平面平行；

(5) 各力的作用线分别位于两个平行的平面内；

(6) 各力的作用线分别汇交于两个固定点；

(7) 各力的作用线分别通过不共线的三个点；

(8) 各力的作用线均平行于某一固定平面，且分别汇交于两个固定点；

(9) 各力的作用线均与某一直线相交，且分别汇交于此直线外的两个固定点；

(10) 由一组力螺旋构成，且各力螺旋的中心轴共面；

(11) 由一个平面任意力系与一个平行于此平面任意力系所在平面的空间平行力系组成；

(12) 由一个平面任意力系与一个力偶矩均平行于此平面任意力系所在平面的空间力偶系组成。

习题

3-1 如习题 3-1 图所示，边长为 a 的正六面体上沿对角线 AH 作用一力 $\boldsymbol{F}$。试求力 $\boldsymbol{F}$ 在三个坐标轴上的投影，力 $\boldsymbol{F}$ 对三个坐标轴之矩以及对点 O 之矩矢。

3-2 如习题 3-2 图所示，正方体的边长 $a=0.02\text{m}$，在顶点 A 沿对角线 AB 作用一力 $\boldsymbol{F}$，其大小为 $2000\sqrt{3}\text{N}$，求向 O 点简化的结果。

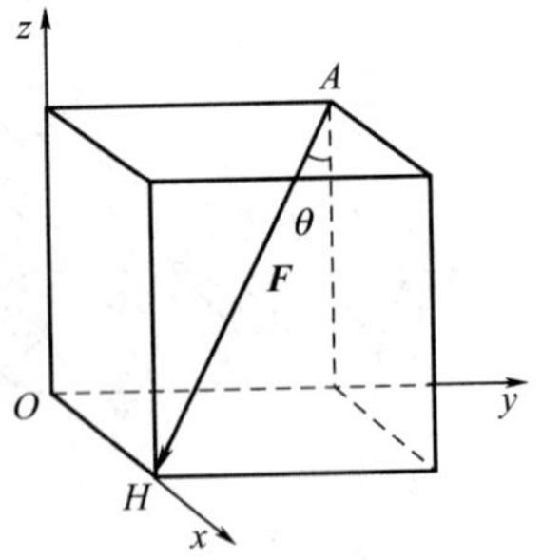

习题 3-1 图

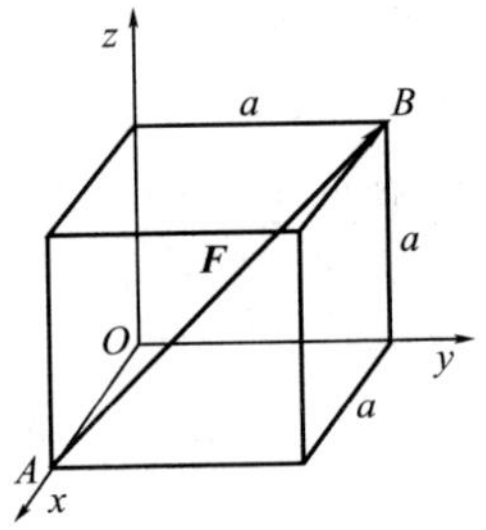

习题 3-2 图

3-3 已知在边长为 a 的正六面体上作用有力 $\boldsymbol{F}_1$、$\boldsymbol{F}_2$、$\boldsymbol{F}_3$，如习题 3-3 图所示。试计算各力在三个坐标轴上的投影。

3-4 力系中各力的作用线位置如习题 3-4 图所示。已知 $F_1=100\text{N}$、$F_2=300\text{N}$、$F_3=200\text{N}$，试求各力对三个坐标轴的力矩。

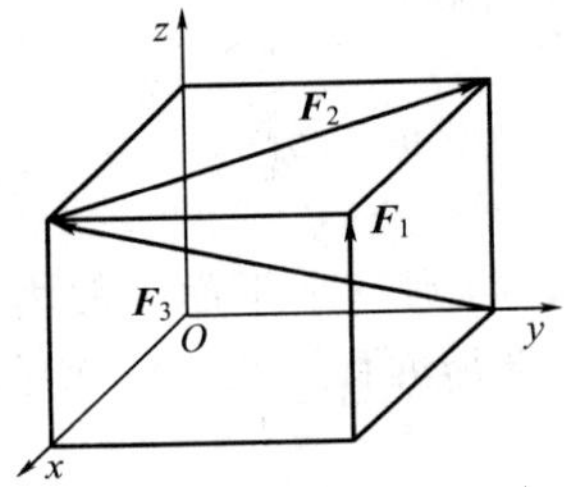

习题 3-3 图

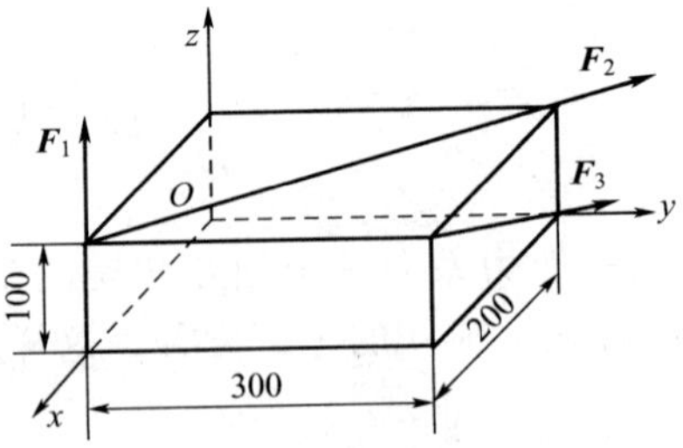

习题 3-4 图

3-5 水平盘的半径为 r，外缘 C 处作用有已知力 $\boldsymbol{F}$。力 $\boldsymbol{F}$ 位于 C 处垂直于圆盘的切平面内，且与 C 处圆盘切线夹角为 60°，其他尺寸如习题 3-5 图所示。求力 $\boldsymbol{F}$ 对 x、y、z 轴之矩。

3-6 空间构件由三根无重直杆组成，在 D 端用球铰链连接，如习题 3-6 图所示，A、B 和 C 端则用球铰链固定在水平地板上，如果挂在 D 端的物体重 $P=10\text{kN}$，求铰链 A、B 和 C 的约束力。

3-7 挂物架如习题 3-7 图所示，三杆件的重量不计，用球铰链链接于 O 点，平面 BOC

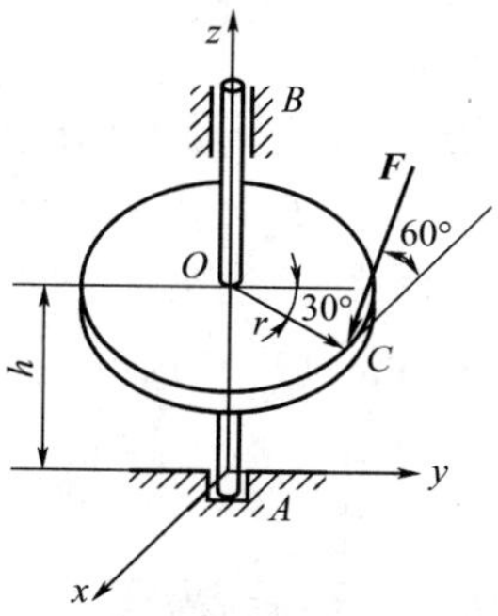

习题 3-5 图

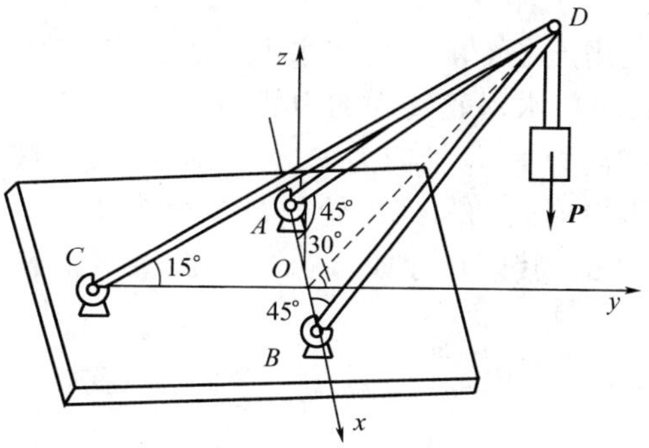

习题 3-6 图

是水平面，且 $OB=OC$，角度如图所示。若在 O 点挂一重物 G，重为 1000N，求三杆所受的力。

3-8 起重机装在三轮小车 ABC 上，如习题 3-8 图所示。机身重 $W=100\text{kN}$，重力作用线在平面 $LMNF$ 之内，至机身轴线 MN 的距离为 0.5m，已知 $AD=DB=1\text{m}$，$CD=1.5\text{m}$，$CM=1\text{m}$，重物 $W_1=30\text{kN}$，求当载重起重机的平面 LMN 平行于 AB 时，车轮对轨道的压力。

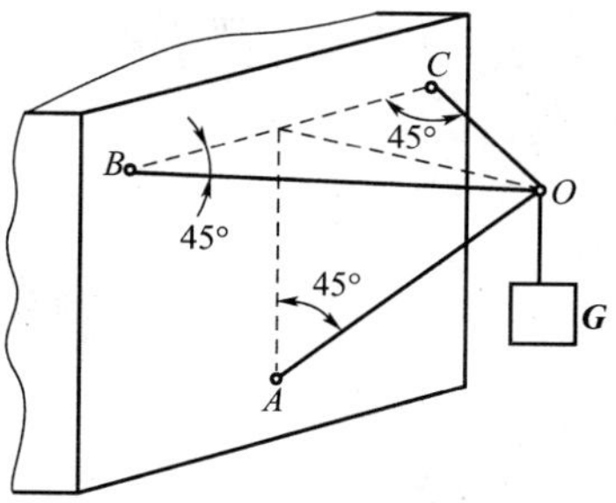

习题 3-7 图

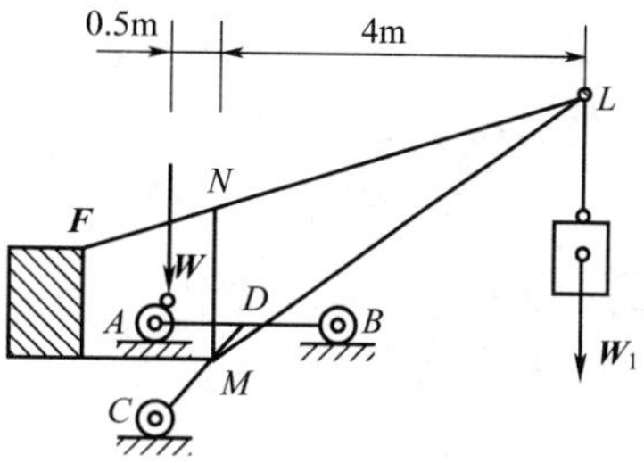

习题 3-8 图

3-9 水平轴上装有两个凸轮，凸轮上分别作用已知力 F_1，其大小为 800N，如习题 3-9 图所示。如轴平衡，求力 $\boldsymbol{F}$ 和轴承 A、B 处的约束力。

3-10 水平传动轴如习题 3-10 图所示。$r_1=20\text{cm}$，$r_2=25\text{cm}$，$a=b=50\text{cm}$，$c=100\text{cm}$，C 轮上的皮带是水平的，其拉力 $F_{T1}=2F_{t1}=5\text{kN}$，$D$ 轮上的皮带与铅垂线成角 $\alpha=30°$。其拉力为 $F_{T2}=2F_{t2}$。试求平衡时 F_{T2} 和 F_{t2} 的值及轴承 A 和 B 的约束力。

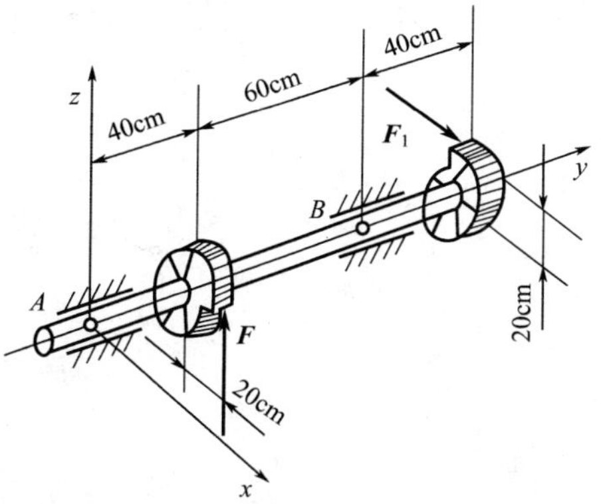

习题 3-9 图

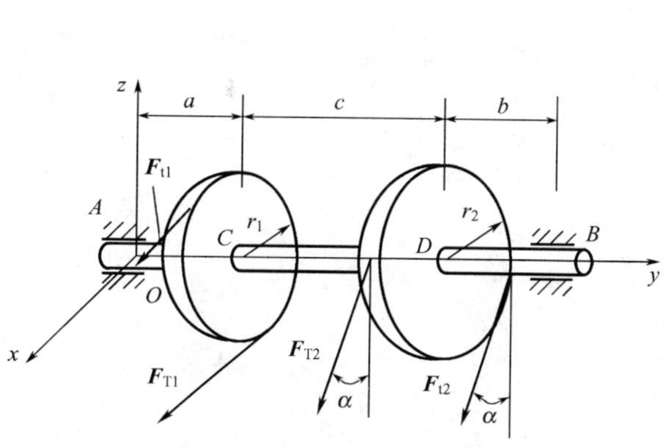

习题 3-10 图

3-11　习题 3-11 图所示均质长方形薄板重 $W=200\mathrm{N}$，用球铰链 A 和蝶形铰链 B 固定在墙上，并用绳子 CE 维持在水平位置。求绳子的拉力和支座约束力。

3-12　使水涡轮转动的力偶矩为 $M_z=1200\mathrm{N}\cdot\mathrm{m}$。在锥齿轮 B 处受到的力分解为三个分力：切向力 $\boldsymbol{F}_t$，轴向力 $\boldsymbol{F}_a$ 和径向力 $\boldsymbol{F}_r$。这些力的比例为 $F_t:F_a:F_r=1:0.32:0.17$。已知水涡轮连同轴和锥齿轮的总重量为 $P=12\mathrm{kN}$，其作用线沿轴 Cz，锥齿轮的平均半径 $OB=0.6\mathrm{m}$，其余尺寸如习题 3-12 图所示。求止推轴承 C 和轴承 A 的约束力。

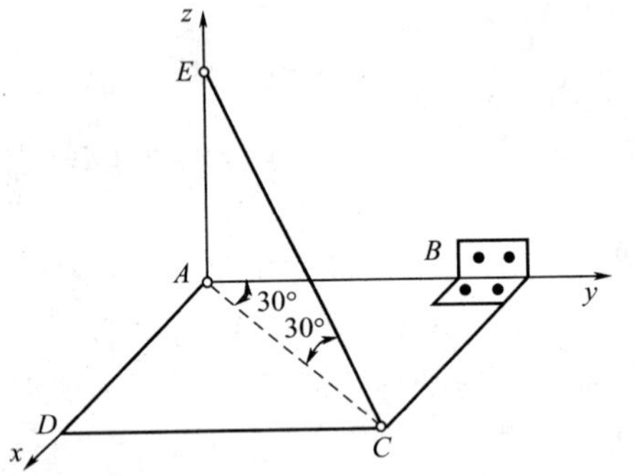

习题 3-11 图

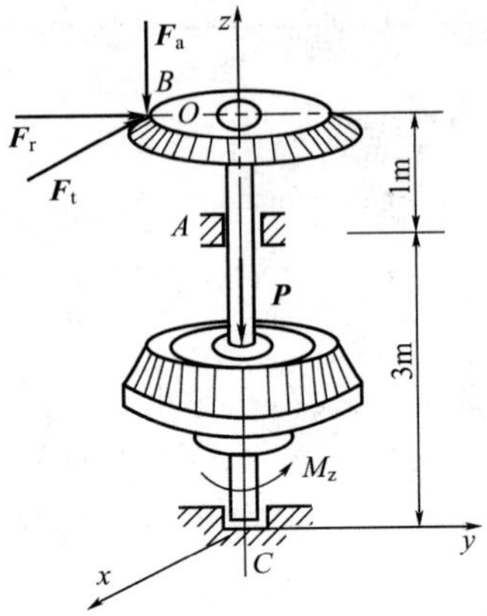

习题 3-12 图

第4章 运动学基础

研究点或刚体的运动必须选取某一个物体作为**参考体**，与参考体固连在一起的坐标系称为**参考系**。本章研究点和刚体的简单运动，即研究其相对某一个参考系的几何位置随时间变动的规律，包括其运动方程、运动轨迹、速度和加速度等。

4.1 点的运动

点的运动是研究一般物体运动的基础，研究点的运动，常用以下三种方法：

4.1.1 矢径法

(1) 点的运动方程

选取参考体上某确定点 O 为坐标原点，建立一直角坐标系 $Oxyz$，自点 O 向动点 M 作一矢量 $\boldsymbol{r}$，矢量 $\boldsymbol{r}$ 就称为动点 M 的矢径。动点 M 的矢径 $\boldsymbol{r}$ 随时间变化，而且是时间的单值连续函数，即

$$\boldsymbol{r}=\boldsymbol{r}(t) \tag{4-1}$$

上式称为以矢量形式表示的点的运动方程。动点 M 在运动过程中，以矢径 $\boldsymbol{r}$ 的末端描绘出一条连续曲线，这矢端曲线，就是动点 M 的运动轨迹，如图 4-1 所示。

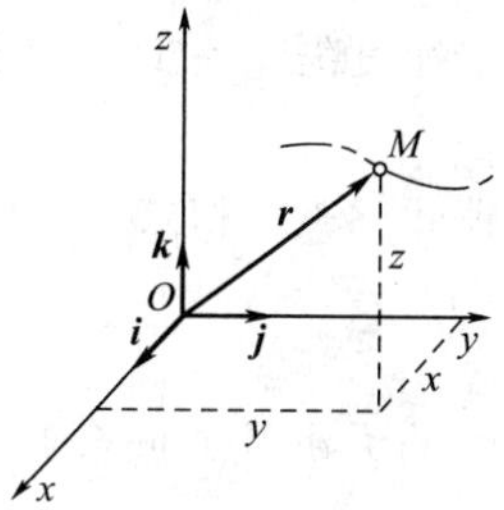

图 4-1

(2) 点的速度

动点的速度矢等于它的矢径对时间的一阶导数，即

$$\boldsymbol{v}=\frac{\mathrm{d}\boldsymbol{r}}{\mathrm{d}t} \tag{4-2}$$

动点的速度矢与运动轨迹相切，其方向与点运动的方向一致，如图 4-2(a) 所示。速度的大小，即速度矢 $\boldsymbol{v}$ 的模，表明点运动的快慢，在国际单位制中，速度 v 的单位为 m/s。

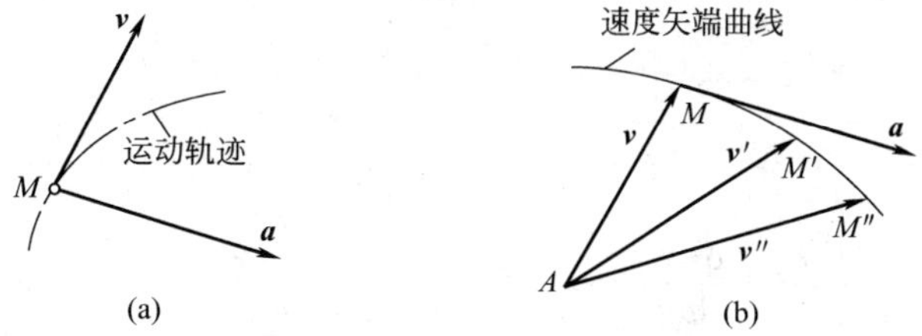

图 4-2

(3) 点的加速度

动点的加速度矢等于它的速度矢对时间的一阶导数，或等于矢径对时间的二阶导数，即

$$\boldsymbol{a}=\frac{\mathrm{d}\boldsymbol{v}}{\mathrm{d}t}=\frac{\mathrm{d}^2\boldsymbol{r}}{\mathrm{d}t^2} \tag{4-3}$$

点的加速度也是矢量，它表征了速度大小和方向的变化。

如在空间任取一点 A，把动点 M 在连续不同瞬时的速度矢 $\boldsymbol{v}$，$\boldsymbol{v}'$，$\boldsymbol{v}''$，…都平行地移到 A 点，连接各速度矢的端点 M，M'，M''，…，构成了一条连续曲线，称为**速度矢端曲线**，如图 4-2(b) 所示。动点 M 的加速度矢 $\boldsymbol{a}$ 的方向与速度矢端曲线在相应点的切线相平行。

4.1.2 直角坐标法

(1) 点的运动方程

如图 4-1 所示，动点 M 在某瞬时的空间位置可以用它的三个直角坐标 x、y、z 表示为

$$\boldsymbol{r}=x\boldsymbol{i}+y\boldsymbol{j}+z\boldsymbol{k} \tag{4-4}$$

式中 $\boldsymbol{i}$、$\boldsymbol{j}$、$\boldsymbol{k}$ 分别为沿 x、y、z 三个直角坐标轴正向的单位矢量，当点运动时，坐标 x、y、z 都是时间 t 的单值连续函数，即

$$x=f_1(t) \qquad y=f_2(t) \qquad z=f_3(t) \tag{4-5}$$

式(4-5) 称为动点 M 的直角坐标形式的运动方程。从式(4-5) 中消去时间 t，可得到动点 M 的轨迹方程：

$$f(x,y,z)=0$$

(2) 点的速度

将式(4-4) 代入式(4-2)，由于 $\boldsymbol{i}$、$\boldsymbol{j}$、$\boldsymbol{k}$ 是恒矢量，得

$$\boldsymbol{v}=\frac{\mathrm{d}\boldsymbol{r}}{\mathrm{d}t}=\frac{\mathrm{d}}{\mathrm{d}t}(x\boldsymbol{i}+y\boldsymbol{j}+z\boldsymbol{k})=\frac{\mathrm{d}x}{\mathrm{d}t}\boldsymbol{i}+\frac{\mathrm{d}y}{\mathrm{d}t}\boldsymbol{j}+\frac{\mathrm{d}z}{\mathrm{d}t}\boldsymbol{k} \tag{4-6}$$

速度矢 $\boldsymbol{v}$ 在直角坐标轴上的投影分别为 v_x、v_y、v_z，则

$$\boldsymbol{v}=v_x\boldsymbol{i}+v_y\boldsymbol{j}+v_z\boldsymbol{k} \tag{4-7}$$

比较式(4-6) 和式(4-7)，则

$$v_x=\frac{\mathrm{d}x}{\mathrm{d}t} \qquad v_y=\frac{\mathrm{d}y}{\mathrm{d}t} \qquad v_z=\frac{\mathrm{d}z}{\mathrm{d}t} \tag{4-8}$$

速度的大小及方向余弦为

$$\begin{cases} v=\sqrt{v_x^2+v_y^2+v_z^2}=\sqrt{\left(\dfrac{\mathrm{d}x}{\mathrm{d}t}\right)^2+\left(\dfrac{\mathrm{d}y}{\mathrm{d}t}\right)^2+\left(\dfrac{\mathrm{d}z}{\mathrm{d}t}\right)^2} \\ \cos(\boldsymbol{v},\boldsymbol{i})=\dfrac{v_x}{v}\cos(\boldsymbol{v},\boldsymbol{j})=\dfrac{v_y}{v}\cos(\boldsymbol{v},\boldsymbol{k})=\dfrac{v_z}{v} \end{cases} \tag{4-9}$$

(3) 点的加速度

将式(4-7) 及式(4-8) 代入式(4-3)，得

$$\begin{aligned} \boldsymbol{a}&=\frac{\mathrm{d}\boldsymbol{v}}{\mathrm{d}t}=\frac{\mathrm{d}}{\mathrm{d}t}(v_x\boldsymbol{i}+v_y\boldsymbol{j}+v_z\boldsymbol{k})=\frac{\mathrm{d}v_x}{\mathrm{d}t}\boldsymbol{i}+\frac{\mathrm{d}v_y}{\mathrm{d}t}\boldsymbol{j}+\frac{\mathrm{d}v_z}{\mathrm{d}t}\boldsymbol{k} \\ &=\frac{\mathrm{d}^2x}{\mathrm{d}t^2}\boldsymbol{i}+\frac{\mathrm{d}^2y}{\mathrm{d}t^2}\boldsymbol{j}+\frac{\mathrm{d}^2z}{\mathrm{d}t^2}\boldsymbol{k} \end{aligned} \tag{4-10}$$

加速度 $\boldsymbol{a}$ 在坐标轴上的投影分别为 a_x、a_y、a_z，则

$$\boldsymbol{a}=a_x\boldsymbol{i}+a_y\boldsymbol{j}+a_z\boldsymbol{k} \tag{4-11}$$

比较式(4-10) 和式(4-11)，得

$$a_x=\frac{\mathrm{d}v_x}{\mathrm{d}t}=\frac{\mathrm{d}^2x}{\mathrm{d}t^2} \quad a_y=\frac{\mathrm{d}v_y}{\mathrm{d}t}=\frac{\mathrm{d}^2y}{\mathrm{d}t^2} \quad a_z=\frac{\mathrm{d}v_z}{\mathrm{d}t}=\frac{\mathrm{d}^2z}{\mathrm{d}t^2} \tag{4-12}$$

加速度的大小及方向余弦为

$$\left\{\begin{aligned}&a=\sqrt{a_x^2+a_y^2+a_z^2}=\sqrt{\left(\frac{d^2x}{dt^2}\right)^2+\left(\frac{d^2y}{dt^2}\right)^2+\left(\frac{d^2z}{dt^2}\right)^2}\\&\cos(\boldsymbol{a},\boldsymbol{i})=\frac{a_x}{a},\cos(\boldsymbol{a},\boldsymbol{j})=\frac{a_y}{a},\cos(\boldsymbol{a},\boldsymbol{k})=\frac{a_z}{a}\end{aligned}\right. \tag{4-13}$$

例 4-1 如图 4-3 所示的椭圆规机构中，已知连杆 AB 的长为 l，连杆两端分别与滑块铰接，滑块可在两互相垂直的导轨内滑动，$\alpha=\omega t$（ω 为常数），$AM=2l/3$。求连杆上点 M 的运动方程、轨迹方程、速度和加速度。

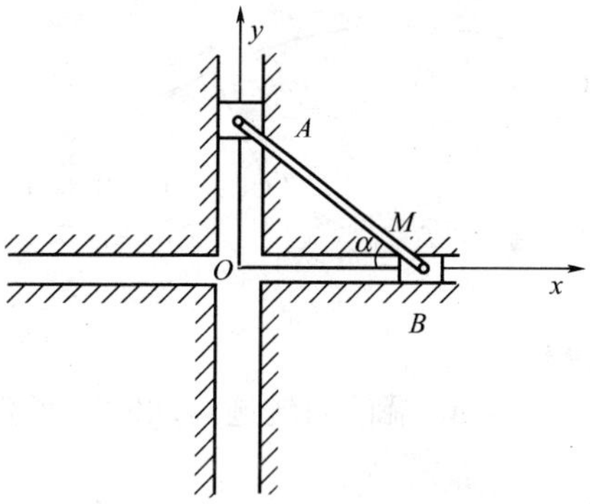

图 4-3

解： 以垂直导轨的交点 O 为原点，建立直角坐标系 $Oxyz$，动点 M 的坐标为 (x,y)，则

$$x=\frac{2}{3}l\cos\alpha$$

$$y=\frac{1}{3}l\sin\alpha$$

将 $\alpha=\omega t$ 代入上式，得点 M 的运动方程

$$x=\frac{2}{3}l\cos\omega t$$

$$y=\frac{1}{3}l\sin\omega t$$

从运动方程中消去时间 t，得到 M 的轨迹方程

$$\frac{x^2}{4}+y^2=\frac{l^2}{9}$$

为求点的速度，应将点的坐标对时间取一次导数。得

$$v_x=-\frac{2}{3}\omega l\sin\omega t \quad v_y=\frac{1}{3}\omega l\cos\omega t$$

故点 M 的速度大小为

$$v=\sqrt{v_x^2+v_y^2}=\sqrt{\left(-\frac{2}{3}\omega l\sin\omega t\right)^2+\left(\frac{1}{3}\omega l\cos\omega t\right)^2}=\frac{\omega l}{3}\sqrt{3\sin^2\omega t+1}$$

其方向余弦为

$$\cos(\boldsymbol{v},\boldsymbol{i})=\frac{v_x}{v}=-\frac{2\sin\omega t}{\sqrt{3\sin^2\omega t+1}}$$

$$\cos(\boldsymbol{v},\boldsymbol{j})=\frac{v_y}{v}=\frac{\cos\omega t}{\sqrt{3\sin^2\omega t+1}}$$

为求点的加速度，应将点的坐标对时间取二次导数。得

$$a_x=\frac{dv_x}{dt}=\frac{d^2x}{dt^2}=-\frac{2}{3}\omega^2l\cos\omega t \quad a_y=\frac{dv_y}{dt}=\frac{d^2y}{dt^2}=-\frac{1}{3}\omega^2l\sin\omega t$$

故点 M 的加速度大小为

$$a=\sqrt{a_x^2+a_y^2+a_z^2}=\sqrt{\left(-\frac{1}{3}\omega^2l\sin\omega t\right)^2+\left(-\frac{2}{3}\omega^2l\cos\omega t\right)^2}=\frac{\omega^2l}{3}\sqrt{3\cos^2\omega t+1}$$

其方向余弦为

$$\cos(\boldsymbol{a},\boldsymbol{i})=\frac{a_x}{a}=-\frac{2\cos\omega t}{\sqrt{3\cos^2\omega t+1}}$$

$$\cos(\boldsymbol{a},\boldsymbol{j})=\frac{a_y}{a}=-\frac{\sin\omega t}{\sqrt{3\cos^2\omega t+1}}$$

4.1.3 自然法

当点的运动轨迹已知时，可利用点的运动轨迹建立弧坐标及自然轴系，并用它们来描述和分析点的运动的方法称为**自然法**。

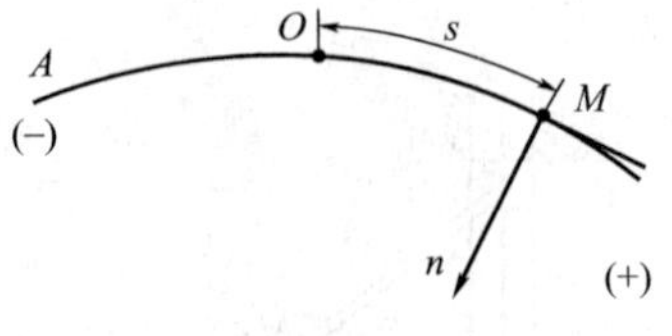

图 4-4

(1) 弧坐标

设动点 M 的运动轨迹为图 4-4 所示的曲线，则动点 M 在轨迹上的位置可以这样确定：在轨迹上任选一点 O 为参考点，并设 O 的某一侧为正向，动点 M 在轨迹上的位置由弧长 s 确定，它是一个代数量，称它为动点 M 在轨迹上的**弧坐标**。

当点 M 沿已知轨迹运动时，弧坐标 s 是时间 t 的单值连续函数，即

$$s=f(t) \tag{4-14}$$

式(4-14) 称为**以弧坐标表示的点的运动方程**。

(2) 自然轴系

如图 4-5 所示，在动点 M 的运动轨迹上取极为接近的两点 M 和 M_1，这两点的单位矢量分别为 $\boldsymbol{\tau}$ 和 $\boldsymbol{\tau}_1$，其指向与运动一致。将 $\boldsymbol{\tau}_1$ 平移至点 M，当 M_1 无线趋近点 M 时，由 $\boldsymbol{\tau}$ 和 $\boldsymbol{\tau}'_1$ 确定的极限平面称为**密切面**。过点 M 并与切线垂直的平面称为**法平面**。法平面与密切面的交线称为**主法线**，其单位矢量为 $\boldsymbol{n}$，指向曲线内凹一侧。在法平面内，过 M 且垂直于切线以及主法线的直线称为**副法线**，其单位矢量为 $\boldsymbol{b}$，指向与 $\boldsymbol{\tau}$、$\boldsymbol{n}$ 构成右手系，即

$$\boldsymbol{b}=\boldsymbol{\tau}\times\boldsymbol{n}$$

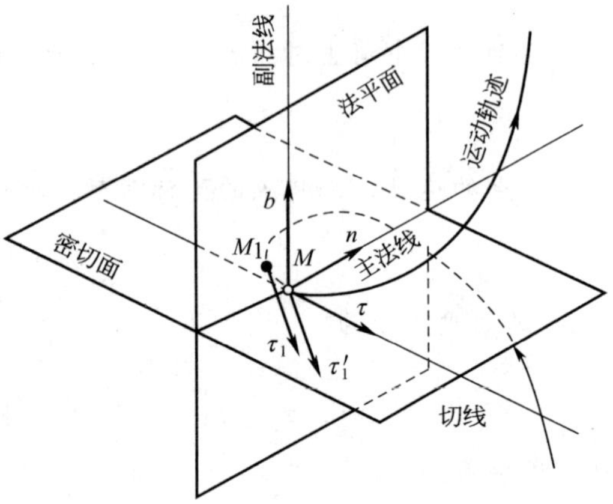

图 4-5

以动点 M 为原点，以切线、主法线和副法线为坐标轴组成的正交坐标系称为**自然轴系**。值得注意的是，随着动点 M 的运动，单位矢量 $\boldsymbol{\tau}$、$\boldsymbol{n}$ 和 $\boldsymbol{b}$ 的方向在变化，自然轴系是游动的坐标系。

(3) 点的速度

当点 M 沿已知轨迹运动时，点的速度大小等于动点的弧坐标对时间的一阶导数，即

$$v=\frac{ds}{dt} \tag{4-15}$$

当 $\frac{ds}{dt}>0$ 时，速度 $\boldsymbol{v}$ 与 $\boldsymbol{\tau}$ 同向；当 $\frac{ds}{dt}<0$ 时，速度 $\boldsymbol{v}$ 与 $\boldsymbol{\tau}$ 反向。如图 4-6 所示，速度是矢量，它的大小和方向可以用下面的矢量表示：

$$\boldsymbol{v}=\frac{ds}{dt}\boldsymbol{\tau} \tag{4-16}$$

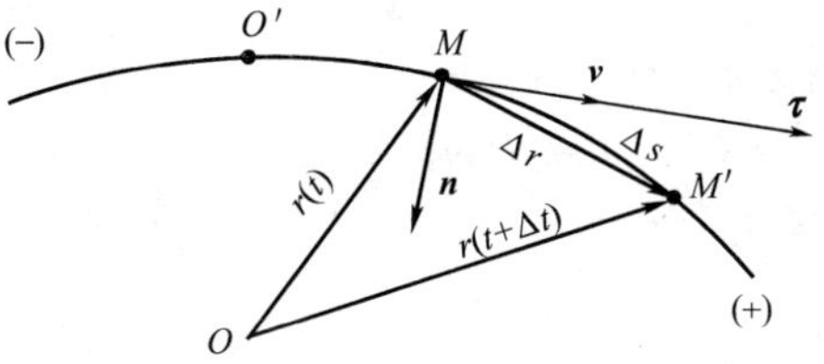

图 4-6

(4) 点的加速度

将式(4-16) 对时间取一阶导数，注意这里 $\boldsymbol{v}$，$\boldsymbol{\tau}$ 都是变量，得

$$\boldsymbol{a}=\frac{\mathrm{d}\boldsymbol{v}}{\mathrm{d}t}=\frac{\mathrm{d}v}{\mathrm{d}t}\boldsymbol{\tau}+v\frac{\mathrm{d}\boldsymbol{\tau}}{\mathrm{d}t} \tag{4-17}$$

上式右端两项都是矢量，第一项反映速度大小变化的加速度，记为 $\boldsymbol{a}_{\mathrm{t}}$，称为点的**切向加速度**；第二项反映速度方向变化的加速度，记为 $\boldsymbol{a}_{\mathrm{n}}$，称为点的**法向加速度**。

$$\boldsymbol{a}_{\mathrm{t}}=\frac{\mathrm{d}v}{\mathrm{d}t}\boldsymbol{\tau}=\frac{\mathrm{d}^2 s}{\mathrm{d}t^2}\boldsymbol{\tau} \tag{4-18}$$

$$\boldsymbol{a}_{\mathrm{n}}=v\frac{\mathrm{d}\boldsymbol{\tau}}{\mathrm{d}t}=v\times\frac{\mathrm{d}\boldsymbol{\tau}}{\mathrm{d}s}\times\frac{\mathrm{d}s}{\mathrm{d}t}=v^2\frac{\mathrm{d}\boldsymbol{\tau}}{\mathrm{d}s}=\frac{v^2}{\rho}\boldsymbol{n} \tag{4-19}$$

$$\left(\frac{\mathrm{d}\boldsymbol{\tau}}{\mathrm{d}s}=\frac{1}{\rho}\boldsymbol{n}\ \text{证明略}\right)$$

切向加速度反映点的速度值对时间的变化率，它的代数值等于速度的代数值对时间的一阶导数，或弧坐标对时间的二阶导数，它的方向沿轨迹切线。

法向加速度反映点的方向改变的快慢程度，它的大小等于点的速度平方除以曲率半径(ρ 代表曲线的曲率半径)，它的方向沿法线 $\boldsymbol{n}$ 的方向，指向曲率中心。

在自然轴系中，加速度 $\boldsymbol{a}$ 可表示为

$$\boldsymbol{a}=\boldsymbol{a}_{\mathrm{t}}+\boldsymbol{a}_{\mathrm{n}}=a_{\mathrm{t}}\boldsymbol{\tau}+a_{\mathrm{n}}\boldsymbol{n} \tag{4-20}$$

当速度 $\boldsymbol{v}$ 与切向加速度 $\boldsymbol{a}_{\mathrm{t}}$ 的指向相同时，速度的绝对值不断增加，动点作加速运动，如图 4-7(a) 所示；当速度 $\boldsymbol{v}$ 与切向加速度 $\boldsymbol{a}_{\mathrm{t}}$ 的指向相反时，速度的绝对值不断减小，动点作减速运动，如图 4-7(b) 所示。

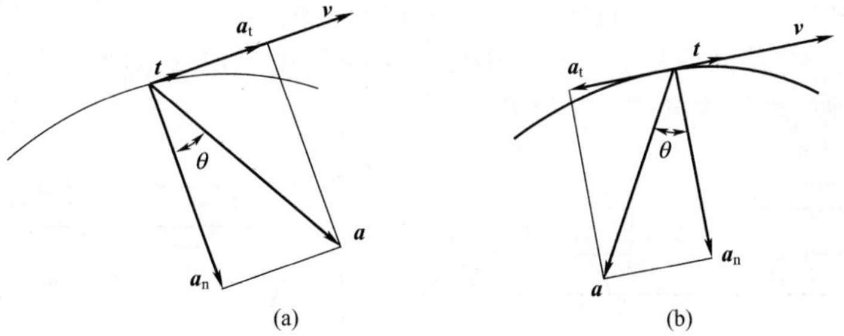

图 4-7

全加速度的大小可由下式求出

$$a=\sqrt{a_{\mathrm{t}}^2+a_{\mathrm{n}}^2} \tag{4-21}$$

它与法线间的夹角 θ 的正切为

$$\tan\theta=\frac{a_{\mathrm{t}}}{a_{\mathrm{n}}} \tag{4-22}$$

例 4-2 如图 4-8 所示，杆 AB 的 A 端铰接固定，环 M 将 AB 杆与半径为 R 的固定圆环套在一起，AB 与垂线 OO' 之间夹角为 $\varphi=\omega t$（ω 为常数），用自然法求套环 M 的运动方程、速度和加速度。

解： 以套环 M 为研究对象。由于套环 M 的运动轨迹已知，可用自然法求解。以圆环上

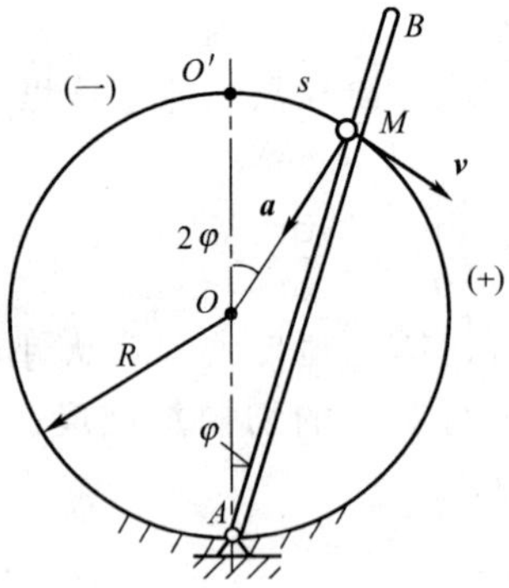

图 4-8

O'点为弧坐标原点，顺时针为弧坐标正向。

（1）建立点的运动方程

$$s=R(2\varphi)=2R\omega t$$

（2）求点 M 的速度

$$v=\frac{\mathrm{d}s}{\mathrm{d}t}=2R\omega$$

（3）求点 M 的加速度

切向加速度 $a_{\mathrm{t}}=\dfrac{\mathrm{d}v}{\mathrm{d}t}=\dfrac{\mathrm{d}}{\mathrm{d}t}(2R\omega)=0$

法向加速度 $a_{\mathrm{n}}=\dfrac{v^2}{\rho}=\dfrac{(2R\omega)^2}{R}=4R\omega^2$

全加速度 $a=\sqrt{a_{\mathrm{t}}^2+a_{\mathrm{n}}^2}=4R\omega^2$

其方向沿 MO 且指向 O，可知套环 M 沿固定圆环作匀速圆周运动。

4.2 刚体的基本运动

在研究点的运动学基础上，研究刚体的基本运动及其刚体上各点的运动。刚体有两种基本运动：刚体的平行移动和刚体的定轴转动。这是工程中最常见的运动，也是研究复杂运动的基础。

4.2.1 刚体的平行移动

（1）刚体平行移动

工程中某些刚体的运动，如直线轨道上车厢的运动、摆式输送机送料槽的运动等，如图 4-9 所示，它们有一个共同的特点，就是刚体在运动过程中，其上任一条直线始终与它的初始位置平行，这种运动称为刚体的**平行移动**，简称**平动**。

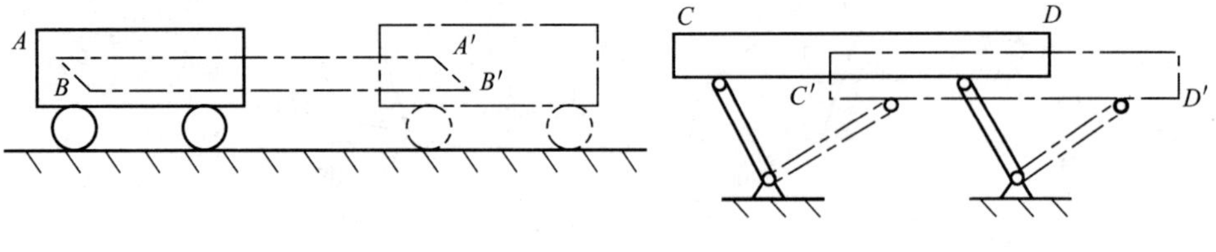

图 4-9

（2）刚体作平行移动时，其上各点的运动特征

在刚体上任取两点 A 和 B，作矢量$\overrightarrow{BA}$，如图 4-10 所示。当刚体平移时，线段 BA 的长度和方向都不改变，所以$\overrightarrow{BA}$是常矢量。刚体平移时，点的运动轨迹不一定是直线，也可能是曲线，刚体上各点的运动轨迹形状完全相同。

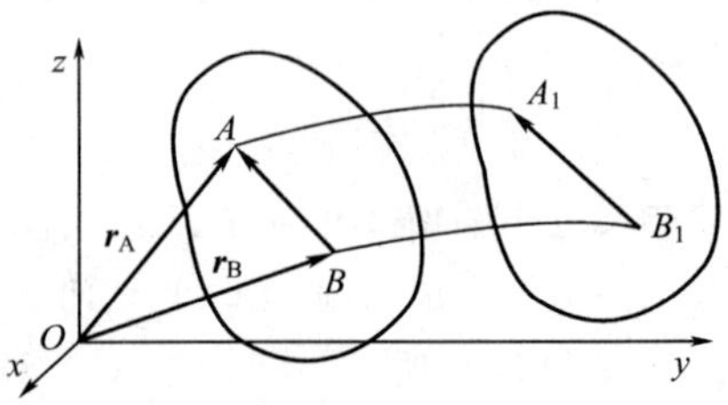

图 4-10

动点 A、B 的位置用矢径表示。由图 4-10 得

$$\boldsymbol{r}_{\mathrm{A}}=\boldsymbol{r}_{\mathrm{B}}+\overrightarrow{BA}$$

上式对时间求导，因为恒矢量$\overrightarrow{BA}$的导数等于零，

所以

$$\boldsymbol{v}_A = \boldsymbol{v}_B \qquad \boldsymbol{a}_A = \boldsymbol{a}_B \tag{4-23}$$

式中 $\boldsymbol{v}_A$、$\boldsymbol{a}_A$ 表示点 A 的速度和加速度，$\boldsymbol{v}_B$、$\boldsymbol{a}_B$ 表示点 B 的速度和加速度。因为点 A 和点 B 是任意选择的，因此可得结论：当刚体平行移动时，在每一瞬时，其上各点的轨迹形状相同；各点的速度矢相同，加速度矢也相同。

4.2.2 刚体绕定轴的转动

工程中最常见的齿轮、机床的主轴、电机的转子等，它们在运动过程中，都绕其内或其延伸部分的一条固定的轴线转动，这种运动称为**刚体绕定轴转动**，简称**刚体的转动**。

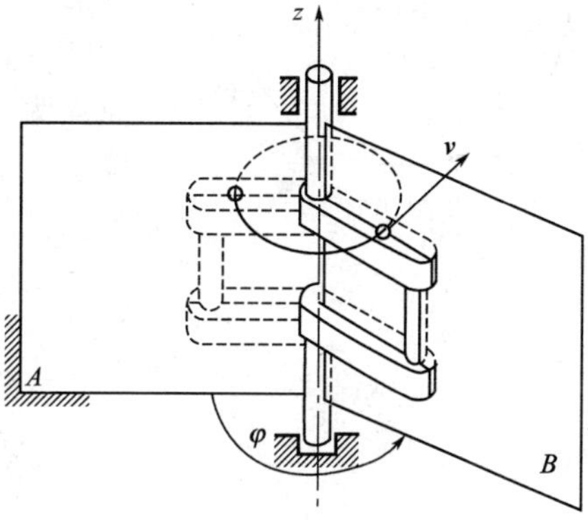

图 4-11

(1) 转动方程

如图 4-11 所示，为确定绕 z 轴转动刚体在空间的位置，通过转轴 z 作一个固定平面 A 为参考面，此外，通过轴线再作一动平面 B，这个平面与刚体固结。当刚体绕 z 轴转动的任一瞬时，刚体在空间的位置都可以用两个平面之间的夹角 φ 来表示，称为刚体的**转角**。当刚体转动时，转角 φ 是时间的单值连续函数，即

$$\varphi = f(t) \tag{4-24}$$

这个方程称为**刚体的转动方程**。转角 φ 是代数量，自 z 轴的正端往负端看，逆时针转动时转角为正；反之为负。转角 φ 的量纲用弧度（rad）表示。

(2) 角速度

转角 φ 对时间的一阶导数，称为刚体的**角速度**，并用字母 ω 表示，即

$$\omega = \frac{d\varphi}{dt} \tag{4-25}$$

角速度是代数量，表征刚体转动的快慢和转向，自 z 轴的正端往负端看，逆时针转动时角速度为正；反之为负。角速度 ω 的量纲用 rad/s（弧度/秒）表示。

工程上常用每分钟转过的圈数表示刚体转动的快慢，称为**转速**，用符号 n 表示，量纲为 r/min（转/分）。转速 n 与角速度 ω 的关系为

$$\omega = \frac{2\pi n}{60} = \frac{\pi n}{30}$$

(3) 角加速度

角速度 ω 对时间的一阶导数，称为刚体的**角加速度**，并用字母 α 表示，即

$$\alpha = \frac{d\omega}{dt} = \frac{d^2\varphi}{dt^2}$$

角加速度也是表征刚体角速度变化的快慢，如果 ω 与 α 同号，则转动是加速的；如果 ω 与 α 异号，则转动是减速的。角加速度 α 的量纲用 rad/s^2（弧度/秒^2）表示。

4.2.3 定轴转动刚体上点的速度与加速度

当刚体绕定轴转动时，刚体上除了转轴以外的各点都在垂直于转轴的平面内作圆周

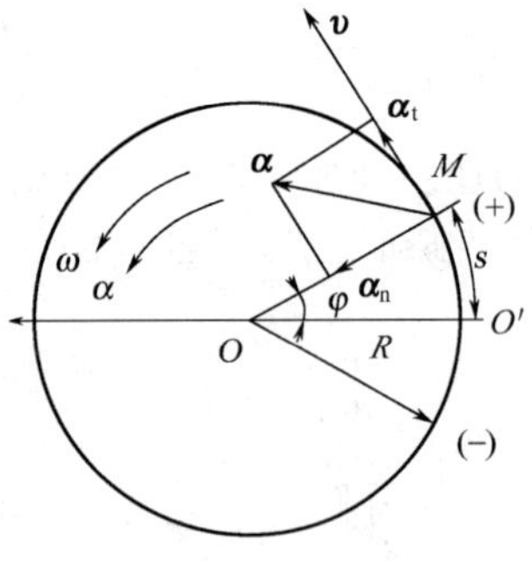

图 4-12

运动。圆心是该平面与转轴的交点，转动半径是各点到转轴的垂直距离，对此，应采用自然法研究刚体上各点的运动。

如图 4-12 所示，设定轴转动刚体的角速度为 ω、角加速度为 α，则距离转轴 O 为 R 的任一点 M 的运动轨迹是以 O 点为圆心，R 为半径的圆。在刚体转角 $\varphi=0$ 时，对应弧坐标的原点为 O'，以转角 φ 的正向为弧坐标 s 的正向，则用自然法确定点 M 的运动方程、速度、切向加速度、法向加速度分别为

$$s=R\varphi$$

$$v=\frac{\mathrm{d}s}{\mathrm{d}t}=R\ \frac{\mathrm{d}\varphi}{\mathrm{d}t}=R\omega$$

$$a_{\mathrm{t}}=\frac{\mathrm{d}v}{\mathrm{d}t}=R\ \frac{\mathrm{d}\omega}{\mathrm{d}t}=R\alpha$$

$$a_{\mathrm{n}}=\frac{v^2}{R}=R\omega^2$$

全加速度的大小和方向为

$$a=\sqrt{a_{\mathrm{t}}^2+a_{\mathrm{n}}^2}=R\sqrt{\alpha^2+\omega^4}$$

$$\tan\theta=\frac{|a_{\mathrm{t}}|}{a_{\mathrm{n}}}=\frac{|\alpha|}{\omega^2}$$

由以上分析可得如下结论：

① 转动刚体内任一点的速度大小等于刚体转动的角速度与该点到转轴的垂直距离的乘积，它的方向沿圆周的切线并指向转动一方，如图 4-13(a)、(b) 所示。

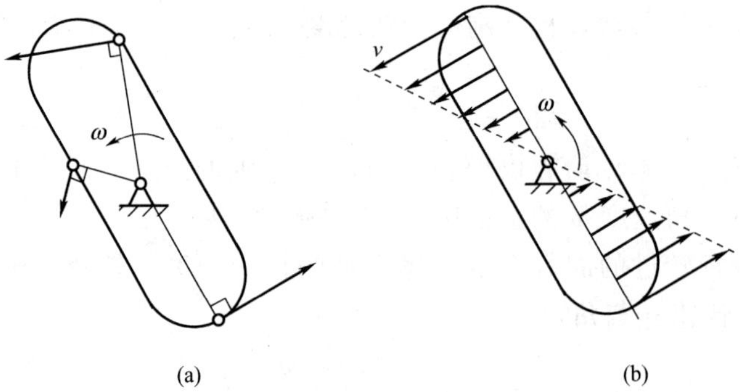

(a) (b)

图 4-13

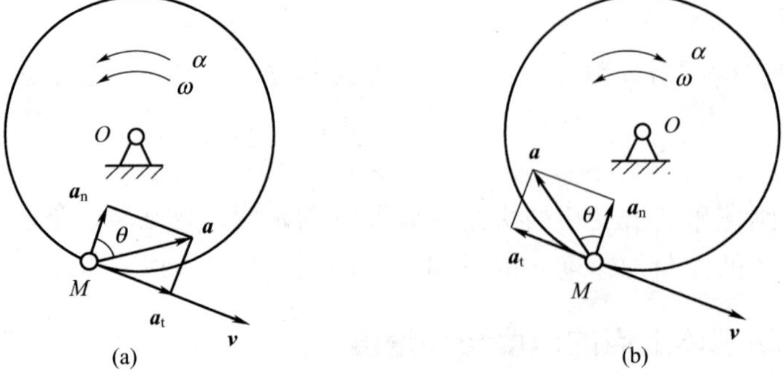

(a) (b)

图 4-14

② 转动刚体内任一点的切向加速度大小，等于刚体转动的角加速度与该点到转轴的垂直距离的乘积，它的方向沿圆周的切线方向。加速转动时，与角加速度的转向一致；反之相反，如图 4-14(a)、(b) 所示。

③ 转动刚体内任一点的法向加速度大小，等于刚体转动角速度的平方与该点到转轴的垂直距离的乘积，它的方向与速度垂直并指向转轴，如图 4-14(a)、(b) 所示。

④ 转动刚体内任一点的全加速度大小，与该点到转轴的垂直距离成正比，它的方向与半径的夹角都有相同的值，如图 4-15(a)、(b) 所示。

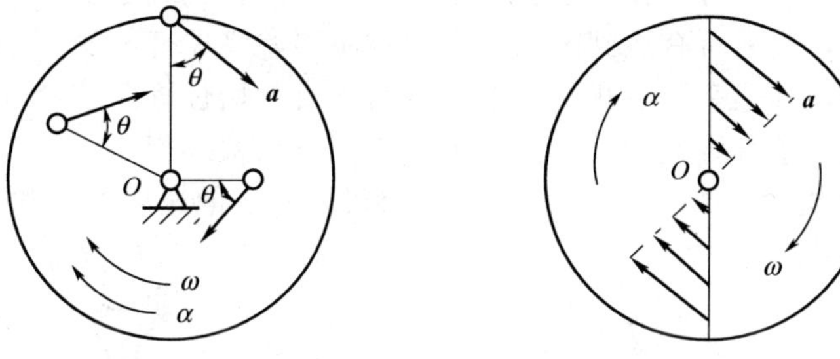

图 4-15

例 4-3 已知搅拌机的主动齿轮 O_1 以 $n=950\text{r/min}$ 的转速转动。搅杆 ABC 用销钉 A、B 与齿轮 O_2、O_3 相连，如图 4-16 所示。且 $AB=O_2O_3$，$O_3A=O_2B=0.25\text{m}$，各齿轮齿数为 $z_1=20$，$z_2=50$，$z_3=50$。求搅杆端点 C 的速度和轨迹。

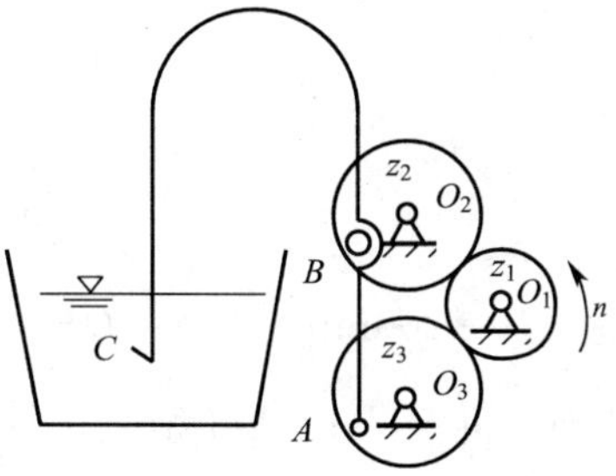

图 4-16

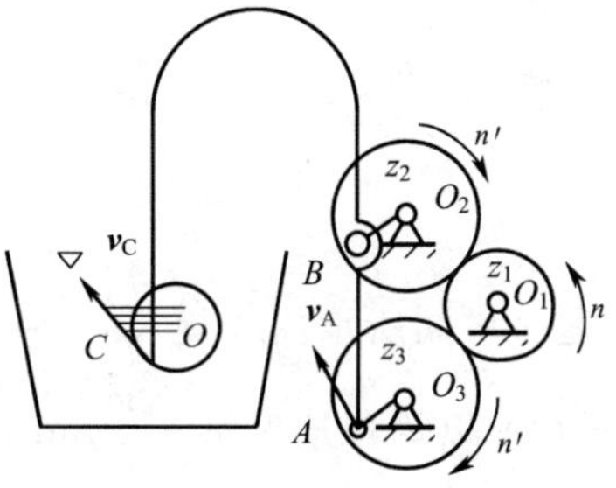

图 4-17

解： 如图 4-17 所示。因 O_3A 与 O_2B 平行且相等，故搅杆 ABC 作平动，$v_C=v_A$。又因 A 点是作定轴转动齿轮上的点，所以

$$v_C=v_A=\overline{O_3A}\omega_{O_3A}=\overline{O_3A}\frac{\pi n'}{30}=\overline{O_3A}\times\frac{\pi}{30}\times\frac{z_1}{z_3}n=9.948\text{m/s}$$

搅拌机作平动，端点 C 与 A 点具有相同的轨迹，是半径为 0.25m 的圆。

思考题

4-1　点做曲线运动时，点的位移、路程和弧坐标是否相同？

4-2　点沿曲线运动，如思考题 4-2 图中各点所给出的速度 $\boldsymbol{v}$，和加速度 $\boldsymbol{a}$ 哪些是可能的？哪些是不可能的？

4-3　满足下述哪些条件的刚体运动一定是平移？

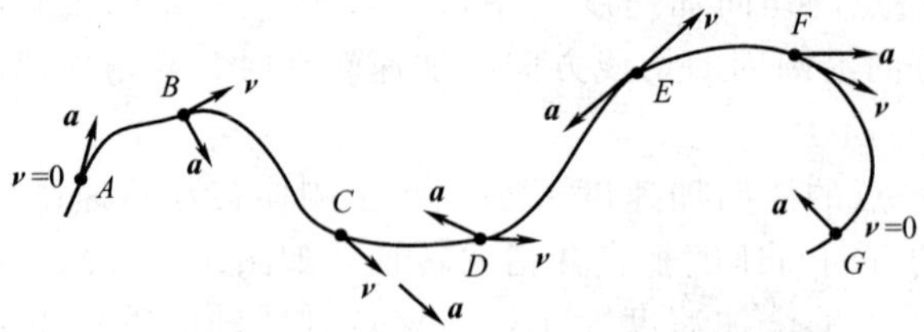

思考题 4-2 图

（1）刚体运动时，其上有不在一条直线上的三点始终作直线运动；
（2）刚体运动时，其上所有点到某固定平面的距离始终保持不变；
（3）刚体运动时，其上有两条相交直线始终与各自初始位置保持平行；
（4）其上有不在一条直线上的三点的速度大小、方向始终相同。

4-4　试画出思考题 4-4 图(a)、(b) 中标有字母的各点的速度方向和加速度方向。

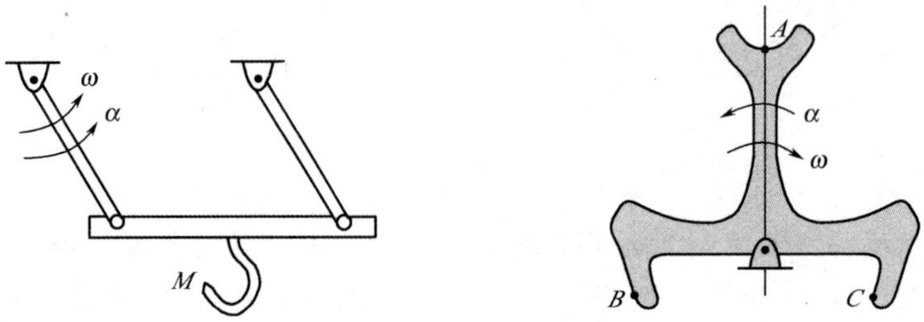

(a)　(b)

思考题 4-4 图

习　题

4-1　习题 4-1 图所示曲线规尺，各杆长为 $OA=AB=200\text{mm}$，$CD=DE=AC=AE=50\text{mm}$。如杆 OA 以等角速度 $\omega=\dfrac{\pi}{5}\text{rad/s}$ 绕 O 轴转动，并且当运动开始时，杆 OA 水平向右。求尺上点 D 的运动方程和轨迹。

4-2　如习题 4-2 图所示，AB 长为 l，以等角速度 ω 绕点 B 转动，其转动方程 $\varphi=\omega t$。而与杆连接的滑块 B 按规律 $s=a+b\sin\omega t$ 沿水平作谐振动，其中 a 和 b 均为常数，求 A 点的轨迹。

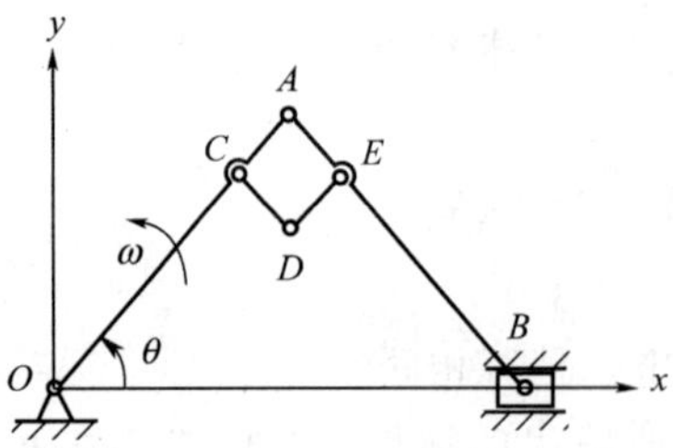

习题 4-1 图

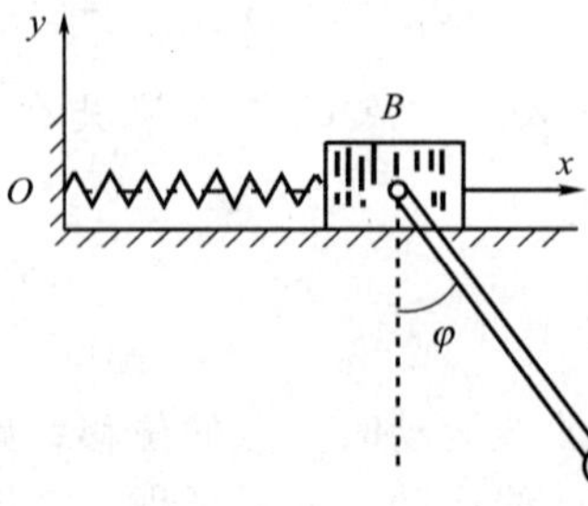

习题 4-2 图

4-3　如习题 4-3 图所示曲柄滑杆机构中，滑杆有一圆弧形滑道，其半径 $R=100$mm，圆心 O_1在导杆 BC 上。曲柄长 $OA=100$mm，以等角速度 $\omega=4$rad/s 绕轴 O 转动。求导杆 BC 的运动规律以及当轴柄与水平线间的交角 φ 为 30°时，导杆 BC 的速度和加速度。

4-4　习题 4-4 图所示为把工件送入干燥炉内的机构，叉杆 $OA=1.5$m 在铅垂面内转动，杆 $AB=0.8$m，A 端为铰链，B 端有放置工件的框架。在机构运动时，工件的速度恒为 0.05m/s，杆 AB 始终铅垂。设运动开始时，角 $\varphi=0$。求运动过程中角 φ 与时间的关系，以及点 B 的轨迹方程。

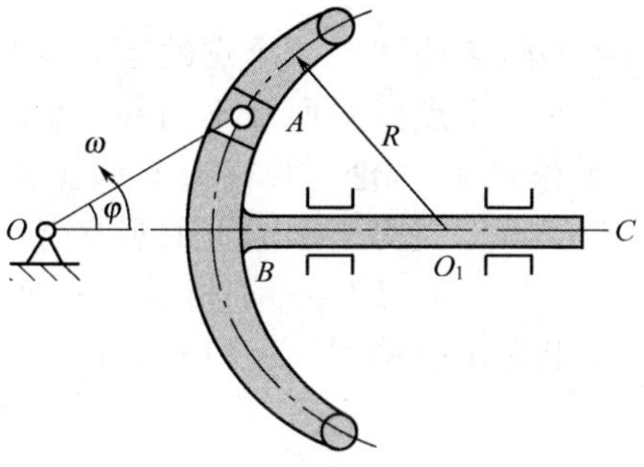

习题 4-3 图

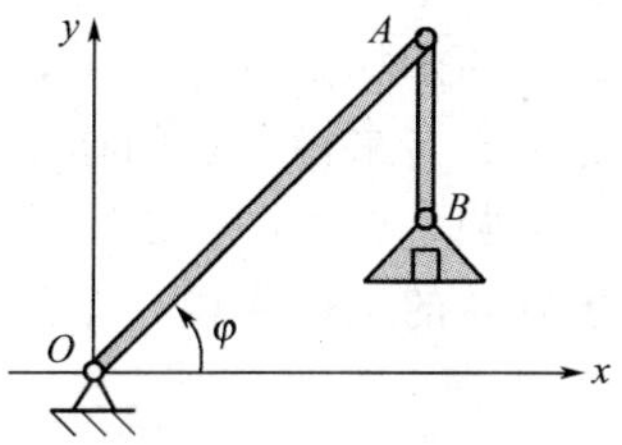

习题 4-4 图

第5章 点的合成运动

5.1 点的合成运动概念

在工程中，常常遇到在两个不同的参考系中同时来描述同一个点的运动情况，其中一个参考系相对于另一个参考系作一定的运动，显然同一个点针对两个不同参考系的运动是不同的但又是有关联的。如图 5-1 所示，沿直线轨道滚动的车轮，观察其轮缘上点 M 的运动，对于地面上的观察者来说，点的运动轨迹是旋轮线，但是对于车厢上的观察者来说，点的运动轨迹却是一个圆。又如图 5-2 所示，车床在工作时，车刀刀尖 M 相对于地面是直线运动；但是它相对于旋转的工件来说，车刀在工件表面上切出螺旋线，所以其运动是沿着圆柱面的螺旋线运动。

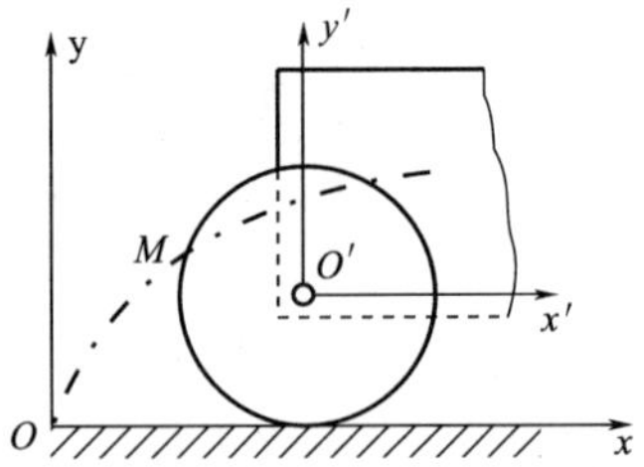

图 5-1

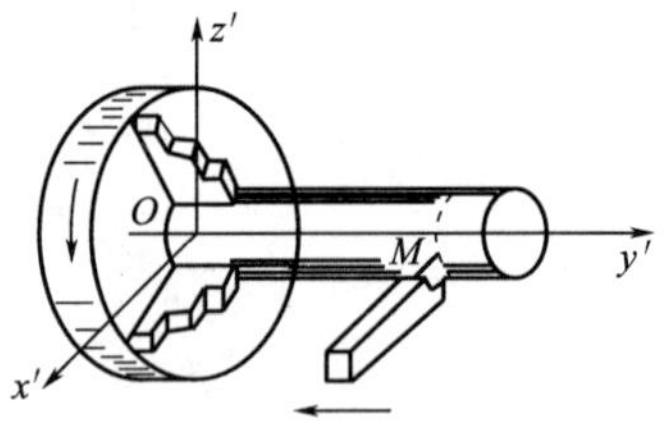

图 5-2

为了研究方便，将所研究的点 M 称为动点；把固定在地球上的参考系称为**定参考系**，简称为**定系**，以 $Oxyz$ 坐标系表示；把固定在其他相对于地球运动的参考体上的坐标系称为**动参考系**，简称为**动系**，以 $O'x'y'z'$ 坐标系表示。

为了区别动点对于不同参考系的运动，把运动分成三种：动点相对于定参考系的运动称为**绝对运动**；动点相对于动参考系的运动称为**相对运动**；而动参考系相对于定参考系的运动称为**牵连运动**。如图 5-1 所示，取轮缘上点 M 为动点，动参考系固定在车厢上，在地面上观察点 M 作的旋轮线运动是绝对运动，在车上观察点 M 作的圆周运动是相对运动，车厢相对于地面的平行移动是牵连运动。

动点在相对运动中轨迹、速度和加速度，称为**相对轨迹**、**相对速度**和**相对加速度**，相对速度和相对加速度分别用 $\boldsymbol{v}_r$ 和 $\boldsymbol{a}_r$ 表示。动点在绝对运动中轨迹、速度和加速度，称为**绝对轨迹**、**绝对速度**和**绝对加速度**，绝对速度和绝对加速度分别用 $\boldsymbol{v}_a$ 和 $\boldsymbol{a}_a$ 表示。

由于牵连运动是参考体的运动，也就是刚体的运动，除非动系作平动，否则其上各点的运动情况都不完全相同。因为动点与动参考系相关联的点是动参考系上与动点重合的那一点，此点称为牵连点，不同的运动瞬时牵连点是不同的，把牵连点的速度和加速度定义为动点**牵连速度**和**牵连加速度**，用 $\boldsymbol{v}_e$ 和 $\boldsymbol{a}_e$ 表示。

如图 5-3 所示，设水从喷管射出，喷管又绕 O 轴转动，转动角速度为 ω，角加速度为 α。将动参考系固定在喷管上，取水滴 M 为动点，喷管上与动点 M 重合的那一点（牵连点）的速度就是动点的牵连速度。牵连速度的大小为 $v_e = OM \times \omega$，其方向垂直于喷管，指向转动的一方。动点 M 的牵连加速度是牵连点的加速度 $\boldsymbol{a}_e$。动点的相对运动是水滴沿着水管的直线运动，其相对速度为 $\boldsymbol{v}_r$，相对加速度为 $\boldsymbol{a}_r$。

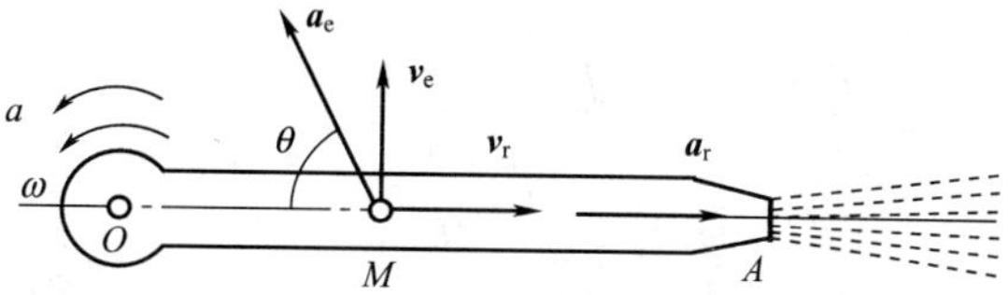

图 5-3

应当注意：动点的绝对运动和相对运动都是指点的运动，它可能是直线运动或者曲线运动；牵连运动则是参考体的运动，它可能作平移、转动或其他较复杂的运动。

如果没有牵连运动，则动点的相对运动就是它的绝对运动；如果没有相对运动，则动点随动参考系所作的运动就是它的绝对运动。由此可见，**动点的绝对运动可看成是动点的相对运动与动点随动参考系所作的牵连运动的合成**。因此，这类运动就称为**点的合成运动**或**复合运动**。

5.2 速度与加速度合成定理

下面讨论动点的绝对速度、相对速度和牵连速度三者之间的关系。

在图 5-4 中，$Oxyz$ 为定参考系，$O'x'y'z'$为动参考系。动点 M 在定系中的矢径为 $\boldsymbol{r}_M$，在动系中的矢径为 $\boldsymbol{r}'$，其坐标为（x'，y'，z'），动系坐标原点 O' 在定系中的矢径为 $\boldsymbol{r}_{O'}$，动系的三个单位矢量为 $\boldsymbol{i}'$、$\boldsymbol{j}'$、$\boldsymbol{k}'$。动系上与动点重合的点（即牵连点）记为 M'。有如下关系式：

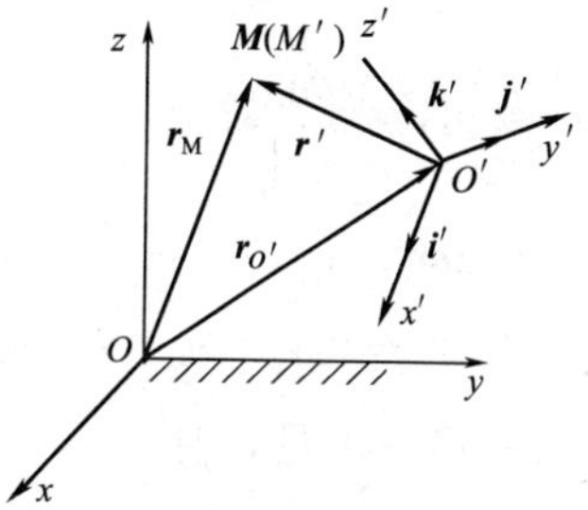

图 5-4

$$\boldsymbol{r}_M=\boldsymbol{r}'+\boldsymbol{r}_{O'}$$

$$\boldsymbol{r}'=x'\boldsymbol{i}'+y'\boldsymbol{j}'+z'\boldsymbol{k}'$$

在图示瞬时还有 $\boldsymbol{r}_M=\boldsymbol{r}_{M'}$

动点的绝对速度：

$$\boldsymbol{v}_a=\frac{d\boldsymbol{r}_M}{dt}=\frac{d\boldsymbol{r}_{O'}}{dt}+x'\frac{d\boldsymbol{i}'}{dt}+y'\frac{d\boldsymbol{j}'}{dt}+z'\frac{d\boldsymbol{k}'}{dt}+\frac{dx'}{dt}\boldsymbol{i}'+\frac{dy'}{dt}\boldsymbol{j}'+\frac{dz'}{dt}\boldsymbol{k}' \quad (1)$$

绝对速度是动点相对于定系的速度，它在动系上坐标 x'，y'，z'是时间的函数；同时动系上三个单位矢量 $\boldsymbol{i}'$、$\boldsymbol{j}'$、$\boldsymbol{k}'$也是时间的函数。

动点的相对速度：

$$\boldsymbol{v}_r=\frac{d\boldsymbol{r}'_M}{dt}=\frac{dx'}{dt}\boldsymbol{i}'+\frac{dy'}{dt}\boldsymbol{j}'+\frac{dz'}{dt}\boldsymbol{k}' \quad (2)$$

相对速度是动点相对于动系的速度，因此动系上三个单位矢量 $\boldsymbol{i}$、$\boldsymbol{j}'$、$\boldsymbol{k}'$是常矢量。

动点的牵连速度：

$$\boldsymbol{v}_e=\frac{d\boldsymbol{r}_{M'}}{dt}=\frac{d\boldsymbol{r}_{O'}}{dt}+x'\frac{d\boldsymbol{i}'}{dt}+y'\frac{d\boldsymbol{j}'}{dt}+z'\frac{d\boldsymbol{k}'}{dt} \quad (3)$$

牵连速度是牵连点 M'的速度，该点在动系上，因此它在动系上坐标 x'，y'，z'是常数。

将式(2)、式(3) 代入式(1) 得到：

$$\boldsymbol{v}_a=\boldsymbol{v}_e+\boldsymbol{v}_r \quad (5\text{-}1)$$

式(5-1) 称为点的**速度合成定理**：动点在某瞬时的绝对速度等于它在该瞬时的牵连速度与相对速度的矢量和。

下面讨论动点的绝对加速度、相对加速度和牵连加速度之间的关系。

动点的绝对加速度：

$$\boldsymbol{a}_a=\frac{d\boldsymbol{v}_a}{dt}=\left(\frac{d^2\boldsymbol{r}_{O'}}{dt^2}+x'\frac{d^2\boldsymbol{i}'}{dt^2}+y'\frac{d^2\boldsymbol{j}'}{dt^2}+z'\frac{d^2\boldsymbol{k}'}{dt^2}\right)+\left(\frac{d^2x'}{dt^2}\boldsymbol{i}'+\frac{d^2y'}{dt^2}\boldsymbol{j}'+\frac{d^2z'}{dt^2}\boldsymbol{k}'\right)$$

$$+2\left(\frac{dx'}{dt}\times\frac{d\boldsymbol{i}'}{dt}+\frac{dy'}{dt}\times\frac{d\boldsymbol{j}'}{dt}+\frac{dz'}{dt}\times\frac{d\boldsymbol{k}'}{dt}\right) \tag{4}$$

动点的相对加速度：

$$\boldsymbol{a}_r=\frac{d\boldsymbol{v}_r}{dt}=\frac{d^2x'}{dt^2}\boldsymbol{i}'+\frac{d^2y'}{dt^2}\boldsymbol{j}'+\frac{d^2z'}{dt^2}\boldsymbol{k}' \tag{5}$$

动点的牵连加速度：

$$\boldsymbol{a}_e=\frac{d\boldsymbol{v}_e}{dt}=\frac{d^2\boldsymbol{r}_{O'}}{dt^2}+x'\frac{d^2\boldsymbol{i}'}{dt^2}+y'\frac{d^2\boldsymbol{j}'}{dt^2}+z'\frac{d^2\boldsymbol{k}'}{dt^2} \tag{6}$$

将式(5)、式(6) 代入式(4) 得到

$$\boldsymbol{a}_a=\boldsymbol{a}_e+\boldsymbol{a}_r+2\left(\frac{dx'}{dt}\times\frac{d\boldsymbol{i}'}{dt}+\frac{dy'}{dt}\times\frac{d\boldsymbol{j}'}{dt}+\frac{dz'}{dt}\times\frac{d\boldsymbol{k}'}{dt}\right)$$

$$\frac{d\boldsymbol{i}'}{dt}=\boldsymbol{\omega}_e\times\boldsymbol{i}'\quad\frac{d\boldsymbol{j}'}{dt}=\boldsymbol{\omega}_e\times\boldsymbol{j}'\quad\frac{d\boldsymbol{k}'}{dt}=\boldsymbol{\omega}_e\times\boldsymbol{k}'\text{（推导略）}$$

$\boldsymbol{\omega}_e$ 为牵连运动的角速度，也就是动系作定轴转动的角速度。

$$2\left(\frac{dx'}{dt}\times\frac{d\boldsymbol{i}'}{dt}+\frac{dy'}{dt}\times\frac{d\boldsymbol{j}'}{dt}+\frac{dz'}{dt}\times\frac{d\boldsymbol{k}'}{dt}\right)=2\left(\frac{dx'}{dt}\boldsymbol{\omega}_e\times\boldsymbol{i}'+\frac{dy'}{dt}\boldsymbol{\omega}_e\times\boldsymbol{j}'+\frac{dz'}{dt}\boldsymbol{\omega}_e\times\boldsymbol{k}'\right)$$

$$=2\boldsymbol{\omega}_e\times\left(\frac{dx'}{dt}\boldsymbol{i}'+\frac{dy'}{dt}\boldsymbol{j}'+\frac{dz'}{dt}\boldsymbol{k}'\right)$$

$$=2\boldsymbol{\omega}_e\times\boldsymbol{v}_r$$

令 $\boldsymbol{a}_C=2\boldsymbol{\omega}_e\times\boldsymbol{v}_r$，$\boldsymbol{a}_C$ 称为动点的**科氏加速度**，其等于动系角速度与点的相对速度的矢积的两倍。于是，有

$$\boldsymbol{a}_a=\boldsymbol{a}_e+\boldsymbol{a}_r+\boldsymbol{a}_C \tag{5-2}$$

式(5-2) 称为点的**加速度合成定理**：动点在某瞬时的绝对加速度等于它在该瞬时的牵连加速度、相对加速度与科氏加速度的矢量和。

根据矢积运算法则，$\boldsymbol{a}_C$ 的大小为 $|2\boldsymbol{\omega}_e\times\boldsymbol{v}_r|=2\omega_e v_r\sin\theta$，$\theta$ 为 $\boldsymbol{\omega}_e$ 与 $\boldsymbol{v}_r$ 两矢量间的最小夹角，$\boldsymbol{\omega}_e$ 的矢量方向按右手法则确定，如图 5-5(a) 所示；$\boldsymbol{a}_C$ 垂直于 $\boldsymbol{\omega}_e$ 与 $\boldsymbol{v}_r$，指向按右手法则确定，如图 5-5(b) 所示。

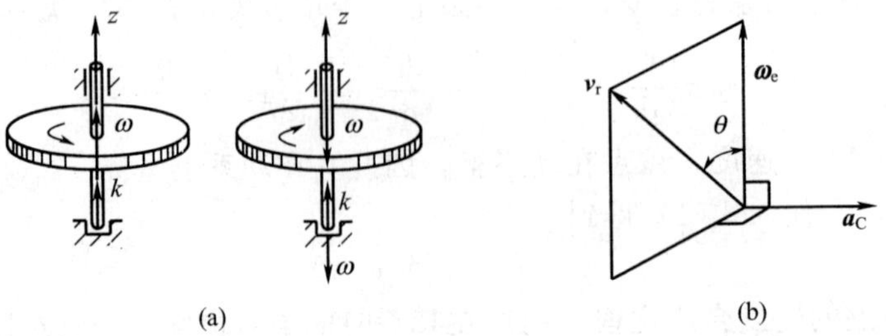

图 5-5

工程常见的平面机构中，$\boldsymbol{\omega}_e$ 是与 $\boldsymbol{v}_r$ 垂直的，因此有 $a_c=2\omega_e v_r$。

当牵连运动为平动时，$\omega_e=0$，所以 $a_c=0$，因此有

$$\boldsymbol{a}_a=\boldsymbol{a}_e+\boldsymbol{a}_r \tag{5-3}$$

这表明，当牵连运动为平动时，动点在某瞬时的绝对加速度等于它在该瞬时的牵连加速度与相对加速度的矢量和。

例 5-1 如图 5-6(a) 所示为桥式起重机，重物以匀速度 $\boldsymbol{u}$ 上升，行车以匀速度 $\boldsymbol{v}$ 在静止桥架上向右运动，求重物对地面的速度。

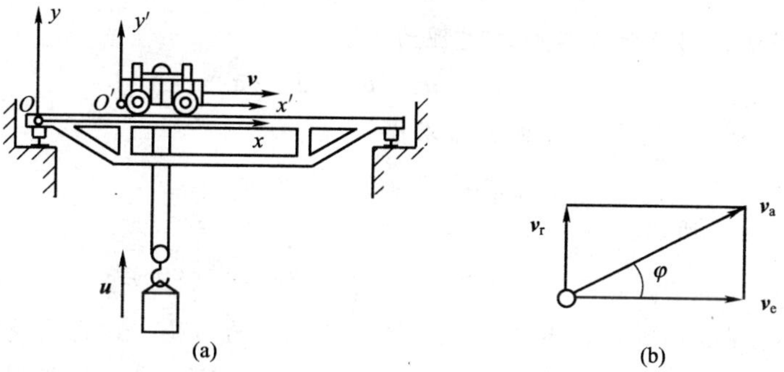

图 5-6

解： 在本题中应选取重物作为研究的动点，把动参考系 $O'x'y'z'$ 固定在行车上。动点的相对运动是铅垂方向的匀速直线运动，$\boldsymbol{v}_r=\boldsymbol{u}$；动点的牵连运动是行车匀速直线向右平移，$\boldsymbol{v}_e=\boldsymbol{v}$；动点的绝对运动是相对地面的运动。

根据速度合成定理 $\boldsymbol{v}_a=\boldsymbol{v}_e+\boldsymbol{v}_r$，可作出速度平行四边形，由图 5-6(b) 可知重物对地面的速度 $\boldsymbol{v}_a$ 的大小为

$$v_a=\sqrt{v_r^2+v_e^2}=\sqrt{u^2+v^2}$$

其方向与水平线成 φ 角，φ 角的数值为

$$\varphi=\arctan\frac{u}{v}$$

例 5-2 曲柄 OA 以匀角速度 ω 绕 O 轴转动，通过滑块 A 带动 T 字形导杆 BC 在水平槽内作往复直线运动，$OA=r$，求在图 5-7(a) 所示位置时，T 字形导杆 BC 的速度及加速度。

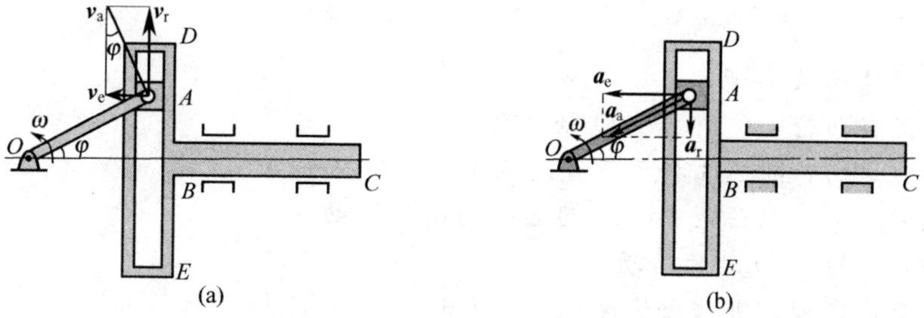

图 5-7

解：

动点：滑块 A

动系：T 字形导杆 BC

动点的绝对运动：滑块 A 随曲柄 OA 绕 O 轴转动

动点的相对运动：滑块 A 在 T 字形导杆 BC 槽内上下作往复直线运动

牵连运动：T 字形导杆 BC 在水平槽内作往复直线运动

根据速度合成定理，可作出速度平行四边形，如图 5-7（a）所示

$$\boldsymbol{v}_a = \boldsymbol{v}_e + \boldsymbol{v}_r$$
$$v_a = \omega OA = \omega r$$

由几何关系求得

$$v_e = v_a \sin\varphi = \omega r \sin\varphi$$

因为动系作平行移动，因此加速度合成定理为

$$\boldsymbol{a}_a = \boldsymbol{a}_e + \boldsymbol{a}_r \quad \boldsymbol{a}_a^n = \boldsymbol{a}_e + \boldsymbol{a}_r$$

如图 5-7(b) 所示，$a_a^n = \omega^2 r$，由几何关系求得

$$a_e = a_a^n \cos\varphi = \omega^2 r \cos\varphi$$

由于动系作平行移动，所以

$$v_{BC} = v_e = \omega r \sin\varphi \quad a_{BC} = a_e = \omega^2 r \cos\varphi$$

例 5-3 如图 5-8(a) 所示，半径为 R、偏心距为 e 的凸轮，以匀角速度 ω 绕 O 轴转动，杆 AB 能在滑槽中上下平动，杆的端点 A 始终与凸轮接触，图示位置时，OAB 成一条直线。求该瞬时杆 AB 的速度及加速度。

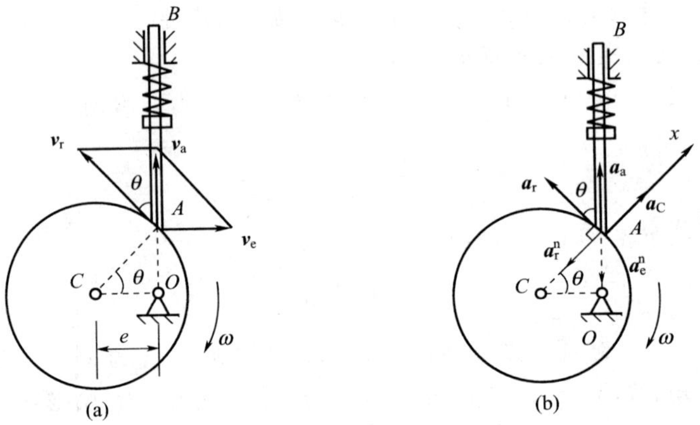

图 5-8

解：

动点：杆 AB 的 A 端点

动系：固定在凸轮上，随其绕 O 轴转动

动点的绝对运动：随 AB 杆上下直线运动

动点的相对运动：以凸轮中心 C 为圆心的圆周运动

牵连运动：凸轮绕 O 轴的转动

根据速度合成定理，可作出速度平行四边形，如图 5-8(a) 所示

$$\boldsymbol{v}_a = \boldsymbol{v}_e + \boldsymbol{v}_r$$
$$v_e = \omega OA$$

由几何关系求得杆 AB 的绝对速度为

$$v_a = v_e \cot\theta = \omega \times OA \times \frac{e}{OA} = \omega e \quad v_r = \frac{v_a}{\cos\theta} = \frac{\omega e R}{e} = \omega R$$

因为动系作转动，因此加速度合成定理为

$$\boldsymbol{a}_{a}=\boldsymbol{a}_{e}+\boldsymbol{a}_{r}+\boldsymbol{a}_{C}=\boldsymbol{a}_{e}^{n}+\boldsymbol{a}_{e}^{t}+\boldsymbol{a}_{r}+\boldsymbol{a}_{C}$$

如图 5-8(b) 所示，$a_{e}^{n}=\omega^{2}\times OA=\omega^{2}\sqrt{R^{2}-e^{2}}$，$a_{e}^{t}=0$，$a_{r}^{n}=\dfrac{v_{r}^{2}}{R}=\omega^{2}R$

$a_{C}=2\omega v_{r}=2\omega^{2}R$，为了求 a_{a}，应将加速度合成公式向 x 轴投影

$a_{ax}=a_{ex}^{n}+a_{ex}^{t}+a_{rx}^{n}+a_{rx}^{t}+a_{Cx}$

$a_{a}\sin\theta=-a_{e}^{n}\sin\theta-a_{r}^{n}+a_{C}$　　又 $\sin\theta=\dfrac{\sqrt{R^{2}-e^{2}}}{R}$

$a_{a}=\dfrac{1}{\sin\theta}\left(-a_{e}^{n}\sin\theta-a_{r}^{n}+a_{C}\right)=\dfrac{e^{2}\omega^{2}}{\sqrt{R^{2}-e^{2}}}$

杆 AB 作平行移动，故

$a_{AB}=a_{a}=\dfrac{e^{2}\omega^{2}}{\sqrt{R^{2}-e^{2}}}$

例 5-4　如图 5-9(a) 所示的曲柄摇杆机构中，曲柄 $OA=r$，以匀角速度 ω 绕 O 轴转动，通过套筒 A 带动摇杆 O_1B 绕 O_1 往复摆动，两轴间距离 $OO_1=l$。当曲柄水平时，摇杆与垂线 OO_1 之间的夹角为 φ。求图示曲柄在水平位置时，摇杆 O_1B 的角速度和角加速度。

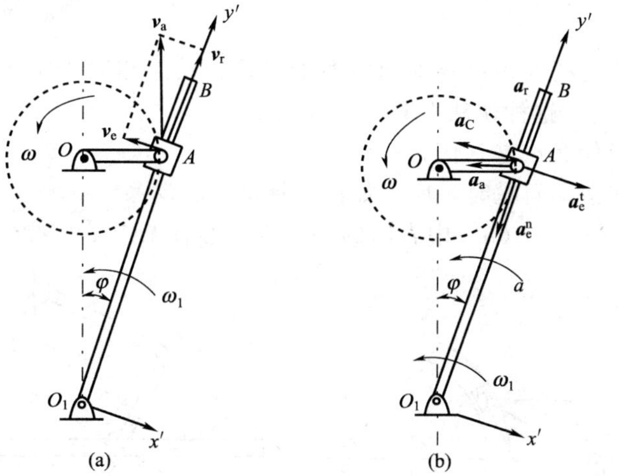

图 5-9

解：

动点：套筒 A

动参：固定在摇杆 O_1B 上

动点 A 的绝对运动：绕 O 轴的转动

动点 A 的相对运动：沿摇杆 O_1B 的直线运动

牵连运动：摇杆 O_1B 的 O_1 绕定轴转动

根据速度合成定理，可作出速度平行四边形，如图 5-9(a) 所示

$\boldsymbol{v}_{a}=\boldsymbol{v}_{e}+\boldsymbol{v}_{r}$

$v_{a}=r\omega$

$v_{e}=v_{a}\sin\varphi=r\omega_{1}\sin\varphi$　　$v_{r}=v_{a}\cos\varphi=r\omega\cos\varphi$

因为 $v_{e}=O_{1}A\times\omega_{1}$

则 $\omega_1=\dfrac{v_e}{O_1A}=\dfrac{r\omega\sin\varphi}{\sqrt{l^2+r^2}}=\dfrac{r^2\omega}{l^2+r^2}$ （逆时针方向）

因为动系作转动，因此加速度合成定理为

$$\boldsymbol{a}_a=\boldsymbol{a}_e+\boldsymbol{a}_r+\boldsymbol{a}_C$$

$$\boldsymbol{a}_a^n+\boldsymbol{a}_a^t=\boldsymbol{a}_e^n+\boldsymbol{a}_e^t+\boldsymbol{a}_r+\boldsymbol{a}_C$$

如图 5-9（b）所示，$a_a^n=\omega^2 r$，$a_a^t=0$，$a_e^n=\omega_1^2\times O_1A=\dfrac{r^4\omega^2}{(l^2+r^2)^{\frac{3}{2}}}$，$a_C=2\omega v_r=\dfrac{2\omega^2 r^3 l}{(l^2+r^2)^{\frac{3}{2}}}$

为了求 a_e^t，应将加速度合成公式向 O_1x' 轴投影

$a_{ax'}^n+a_{ax'}^t=a_{ex'}^n+a_{ex'}^t+a_{rx}{}'+a_{Cx'}$

$-a_a\cos\varphi=a_e^t-a_{Cx'}$　又 $a_e^t=\alpha\times O_1A$

摇杆 O_1B 的角加速度

$\alpha=\dfrac{a_e^t}{O_1A}=-\dfrac{rl(l^2-r^2)}{(l^2+r^2)^2}\omega^2$（负号表示图示转向与实际相反）

思考题

5-1　何为点的牵连速度和牵连加速度？如果说：动系相对于定系的速度和加速度就是牵连速度和牵连加速度。这种说法对吗？为什么？

5-2　牵连点是指什么？它有什么特点？

5-3　在求解合成运动问题时，应该如何选择动点、动系？

5-4　思考题 5-4 图(a)、(b) 中表示的速度四边形有无错误？错在哪里？

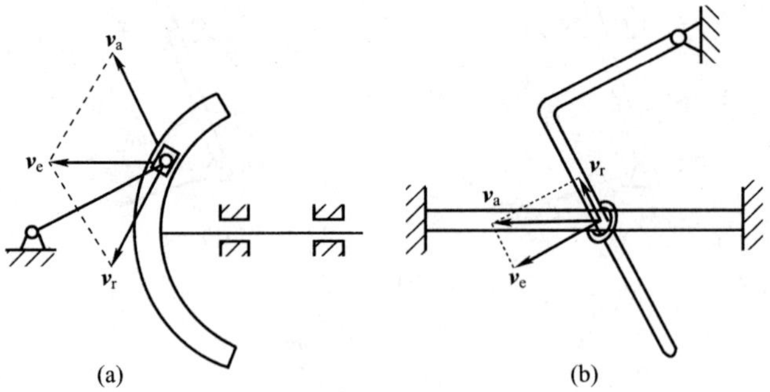

思考题 5-4 图

习题

5-1　在习题 5-1 图(a)、(b) 所示的两种机构中，已知 $O_1O_2=a=200$mm，$\omega_1=3$rad/s。求图示位置时杆 O_2A 的角速度。

5-2　习题 5-2 图示曲柄滑道机构，长 $OA=r$ 的曲柄，以匀角速度 ω 绕 O 轴转动，装在水平杆 BC 上的滑槽 DE 与水平线成 60°角，求当曲柄与水平线的夹角 φ 分别为 0°、30°、60°时杆 BC 的速度。

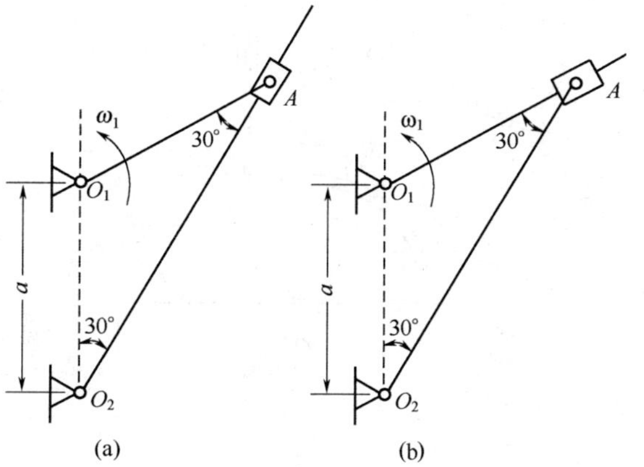

习题 5-1 图

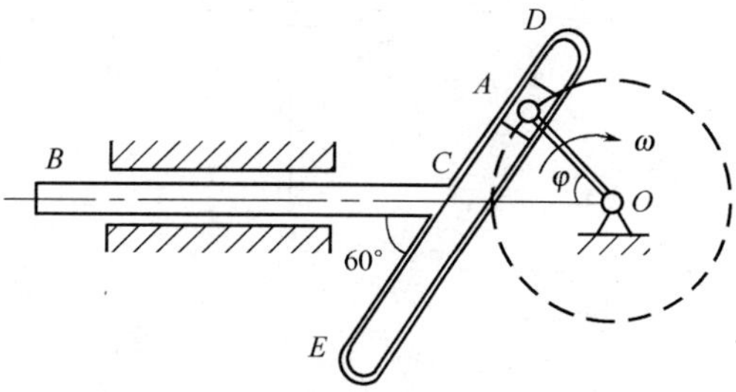

习题 5-2 图

5-3　在习题 5-3 图示平面机构中，已知 T 形杆 BC 沿铅垂线运动，直杆 OA 与套筒 A 相连，以匀角速度 ω 绕 O 轴转动，$OA=L$，图示瞬时 $\theta=30°$。试求图示位置时 T 形杆 BC 的速度和加速度。

5-4　在习题 5-4 图示机构中，曲柄 $OA=40\text{cm}$，绕 O 轴逆时针方向转动，从而带动导杆 BCD 沿铅直方向运动，当 OA 与水平线夹角 $\theta=30°$时，$\omega=0.5\text{rad/s}$，求该瞬时导杆 BCD 的速度和加速度。

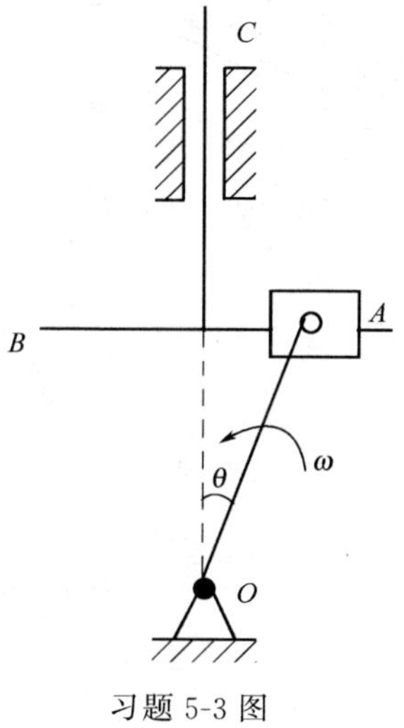

习题 5-3 图

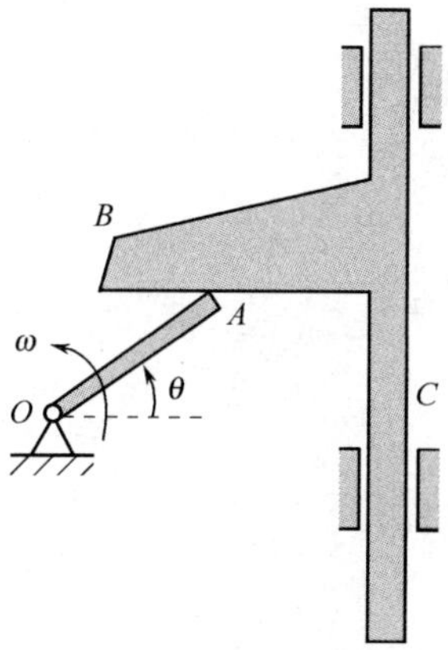

习题 5-4 图

5-5　习题 5-5 图示铰链四边形机构中，$O_1A=O_2B=100\text{mm}$，又 $O_1O_2=AB$，杆 O_1A 以等角速度$\omega=2\text{rad/s}$ 绕轴 O_1 转动。杆 AB 上有一套筒 C，此套筒与杆 CD 相铰接。机构的各部件都在同一铅直面内。求当 $\varphi=60°$时杆 CD 的速度和加速度。

5-6　在习题 5-6 图示平面机构中，已知半圆曲杆 CD 以等速度 v 运动，半径为 R，图示瞬时$\angle AOD=60°$。试求：图示位置时 AB 杆的速度和加速度。

5-7　习题 5-7 图中摇杆滑道机构的曲柄 OA 长 L，以匀角速度 ω_0 绕 O 轴转动，已知在图示位置 $OA\perp OO_1$，$AB=2L$，求此瞬时 BC 杆的速度。

5-8　习题 5-8 图示直角曲杆 OBC 绕 O 轴转动，使套在其上的小环 M 沿固定直杆 OA 滑动。已知：$OB=0.1\text{m}$，OB 与 BC 垂直，曲杆的角速度 $\omega=0.5\text{rad/s}$，角加速度为零。求当 $\varphi=60°$ 时，小环 M 的速度和加速度。

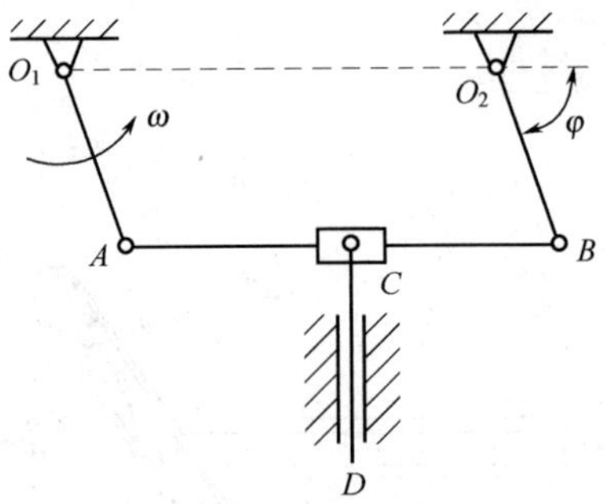

习题 5-5 图

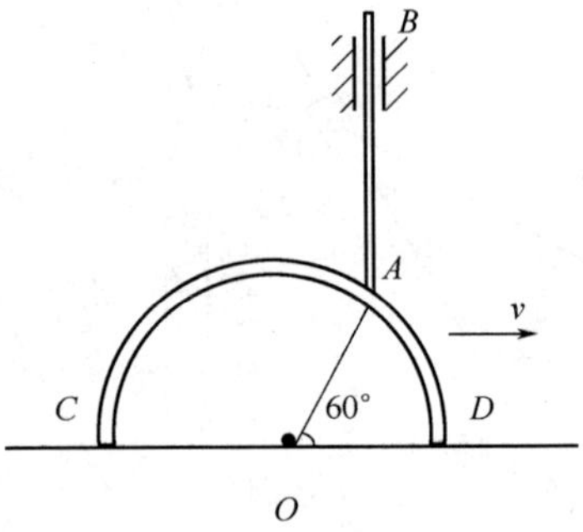

习题 5-6 图

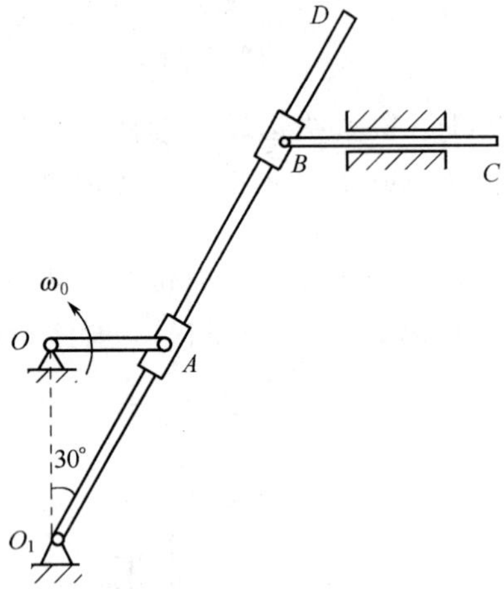

习题 5-7 图

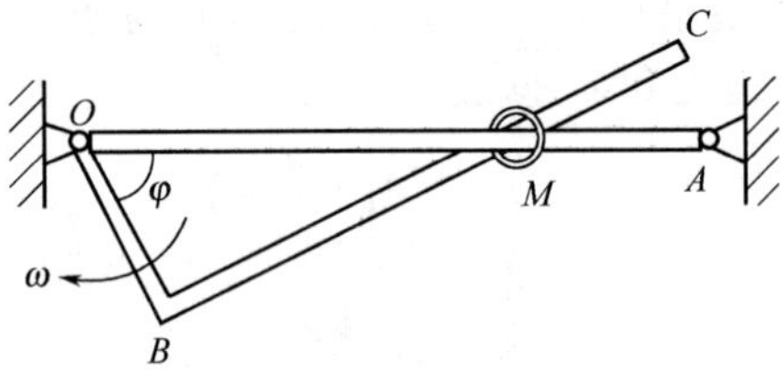

习题 5-8 图

第 6 章 刚体的平面运动

6.1 刚体平面运动的概念

6.1.1 平面运动简化成平面图形运动

工程中有很多刚体的运动，例如行星齿轮机构中动齿轮 A 的运动（图 6-1）、曲柄连杆机构中连杆 AB 的运动（图 6-2），以及沿直线轨道滚动的轮子的运动等等，这些刚体的运动既不是平动，又不是绕定轴的转动，但是它们有一个共同的特点，即在运动过程中，刚体上的任一点与某一固定平面始终保持相等的距离，这种运动称为刚体的平面运动。

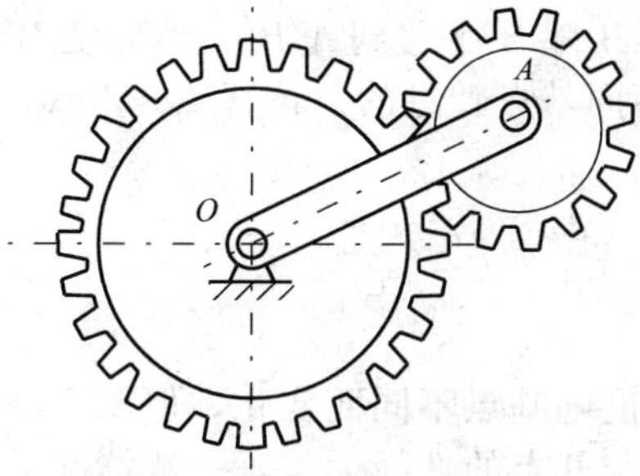

图 6-1

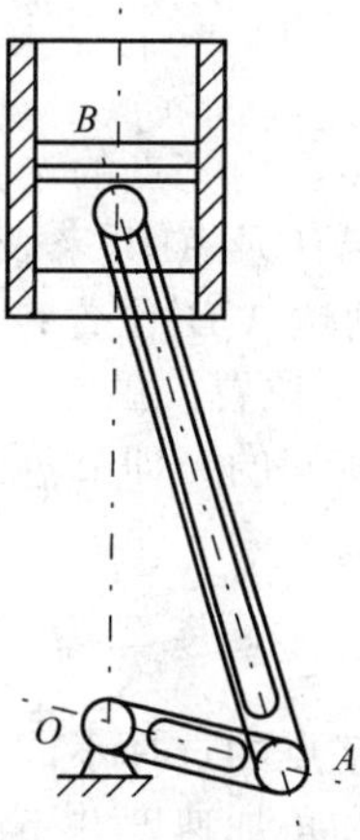

图 6-2

可以看出：当刚体作平面运动时，刚体上的任一点都在某一平面内运动。根据这个特点，可以把所研究的刚体平面运动问题简化。

设平面Ⅰ为一个固定的平面，然后作另一个平面Ⅱ与平面Ⅰ平行并与刚体相交形成一个平面图形 S，如图 6-3 所示。当刚体运动时，平面图形 S 始终保持在平面Ⅱ内。如在刚体内任取与图形 S 垂直的直线 A_1A_2，显然直线 A_1A_2 的运动是平动，直线上各点都具有相同的运动，那么直线 A_1A_2 与图形的交点 A 的运动即可代表直线 A_1A_2 的运动，刚体由无数条与 A_1A_2 平行的直线所组成，它们与平面Ⅱ相交形成平面图形 S，因此平面图形 S 的运动即可代表整个刚体的运动。于是得到结论：**刚体平面运动可以简化为平面图形在其本身平面内的运动来研究**。

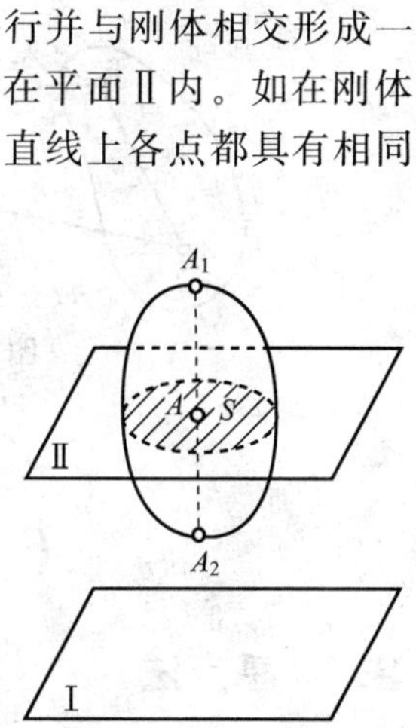

图 6-3

6.1.2 平面运动的分解

如图 6-4 所示，如能确定平面图形上任取的一条线段 $O'M$ 的位置，那么平面图形的位置就确定了。线段 $O'M$ 的位置可以由点 O' 的两个坐标 $x_{O'}$、$y_{O'}$ 及该线段与 x 轴的夹角 φ 来确定。点 O' 称为基点。当平面图形运动时，O'的坐标 $x_{O'}$、$y_{O'}$及角 φ 都将随时间而改变，它们可以表示为时间 t 的单值连续函数

$$x_{O'}=f_1(t) \quad y_{O'}=f_2(t) \quad \varphi=f_3(t) \tag{6-1}$$

若这些函数是已知的，则平面图形在每一瞬时 t 的位置就可以确定。式(6-1) 称为**刚体的平面运动方程**。

由式(6-1) 可见，平面图形的运动方程可由两部分组成：一部分是平面图形随基点 O'的运动方程 $x_{O'}=f_1(t)$、$y_{O'}=f_2(t)$ 的平移；另一部分是平面图形绕基点 O'转角为 $\varphi=f_3(t)$ 的转动。这样**平面图形 *S* 的平面运动可以视为随基点的平动和绕基点的转动**，如图 6-5 所示。

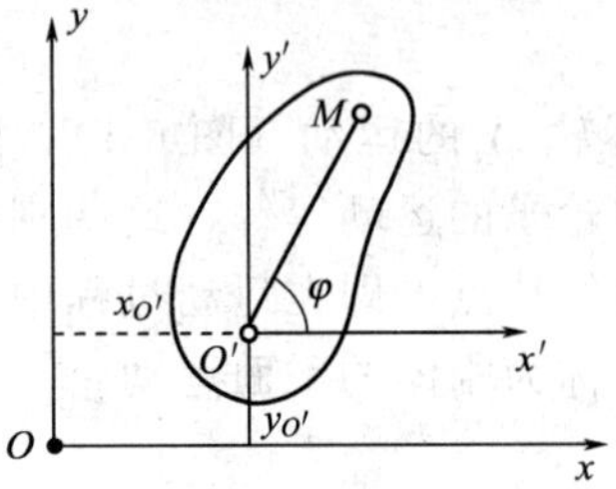

图 6-4

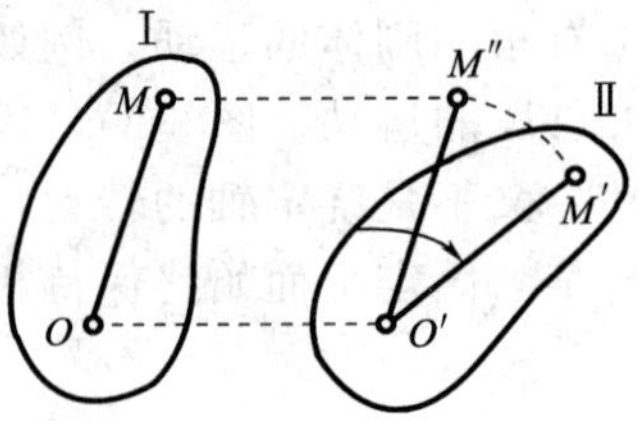

图 6-5

平面图形内基点的选择是任意的。如图 6-6 所示，设平面图形由位置Ⅰ运动到位置Ⅱ，可由直线 AB 及 $A'B'$来表示。若选择 A 为基点，直线 AB 随 A 平移到 $A'B''$，然后绕 A'转过 $\Delta\varphi$ 角到达 $A'B'$位置；若选择 B 为基点，直线 AB 随 B 平移到 $A''B'$，然后绕 B'转过 $\Delta\varphi'$ 角到达 $A'B'$位置。虽然，选择的基点不同，但绕不同基点转过的角位移 $\Delta\varphi$ 和 $\Delta\varphi'$的大小及转向总是相同的，即 $\Delta\varphi=\Delta\varphi'$。由于

$$\omega=\frac{d\varphi}{dt} \quad \omega'=\frac{d\varphi'}{dt} \quad 及 \quad \alpha=\frac{d\omega}{dt} \quad \alpha'=\frac{d\omega'}{dt}$$

则

$$\omega=\omega' \quad \alpha=\alpha'$$

故知基点的选择不同，图形平动的速度和加速度随基点不同而变化，但图形绕基点转动的角速度和角加速度并不随基点的不同而变化，它与基点的选择无关，一般情况下，选择运动状态已知的点为基点。这就是说：在任一瞬时，图形绕其平面内任何点转动的角速度及角加速度都相同，并将这角速度及角加速度称为平面图形的**角速度及角加速度**。

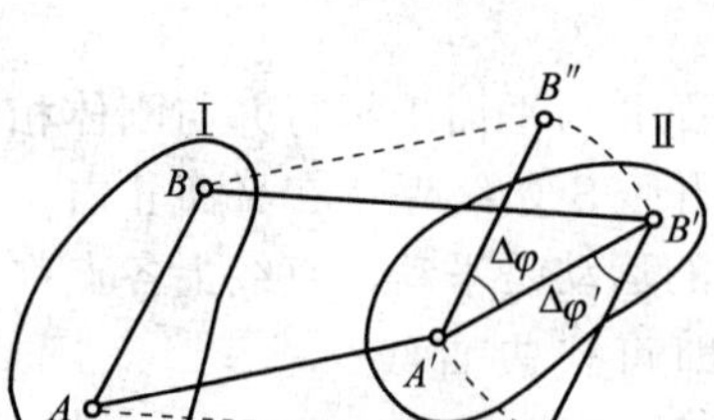

图 6-6

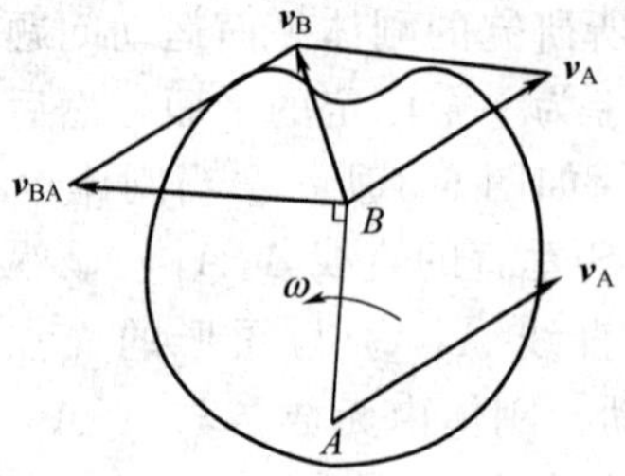

图 6-7

6.2 平面图形上各点的速度分析

6.2.1 基点法

设已知在某一瞬时平面图形内某一点 A 的速度为 $\boldsymbol{v}_A$，平面图形的角速度为 ω，如图 6-7

所示。现求平面图形内任一点 B 的速度 $\boldsymbol{v}_B$。取 A 为基点，平面图形的运动可以看成随基点 A 的平动（牵连运动）和绕基点 A 的转动（相对运动）的合成。因此，应用速度合成定理求点 B 的速度，即

$$\boldsymbol{v}_B=\boldsymbol{v}_a=\boldsymbol{v}_e+\boldsymbol{v}_r \tag{1}$$

因为 B 的牵连速度为随基点 A 的平动，故 $\boldsymbol{v}_e=\boldsymbol{v}_A$ (2)

因为 B 的相对速度为绕基点 A 的转动，故 $\boldsymbol{v}_r=\boldsymbol{v}_{BA}=\omega\times AB$ (3)

把式(2) 和式(3) 代入式(1) 得 $\boldsymbol{v}_B=\boldsymbol{v}_A+\boldsymbol{v}_{BA}$ (6-2)

这就是说：**平面图形上任一点的速度等于基点的速度与该点绕基点转动速度的矢量和，这就是基点法。**

例 6-1 如图 6-8 所示，椭圆规尺的 A 端以速度 $\boldsymbol{v}_A$ 沿 x 轴的负向运动，$AB=l$。求 B 端的速度以及尺 AB 的角速度。

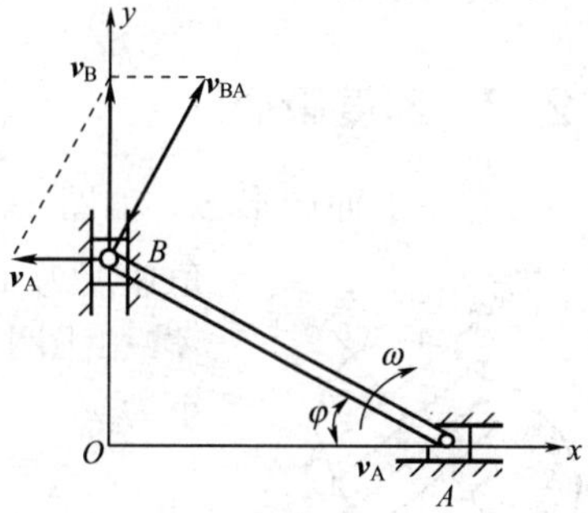

图 6-8

解： 椭圆规尺 AB 作平面运动，选择 A 点为基点，因此

$$\boldsymbol{v}_B=\boldsymbol{v}_A+\boldsymbol{v}_{BA}$$

$\boldsymbol{v}_A$ 的大小和方向以及 $\boldsymbol{v}_B$ 的方向已知。由图中的几何关系得

$$v_B=v_A\cot\varphi$$

$$v_{BA}=\frac{v_A}{\sin\varphi}$$

又 $v_{BA}=\omega\times AB$，ω 是尺 AB 的角速度，由此，得

$$\omega=\frac{v_{AB}}{AB}=\frac{v_{AB}}{l}=\frac{v_A}{l\sin\varphi}$$

6.2.2 速度投影法

根据基点法可知，同一平面图形上任意两点的速度总存在如下关系

$$\boldsymbol{v}_B=\boldsymbol{v}_A+\boldsymbol{v}_{BA}$$

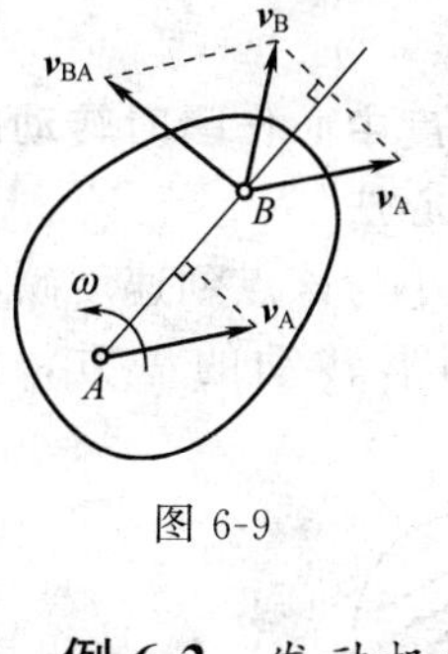

图 6-9

将上式投影到直线 AB 上，如图 6-9 所示，得

$$(\boldsymbol{v}_B)_{AB}=(\boldsymbol{v}_A)_{AB}+(\boldsymbol{v}_{BA})_{AB}$$

因为 $\boldsymbol{v}_{BA}$ 垂直于 AB，故 $(\boldsymbol{v}_{BA})_{AB}=0$

$$(\boldsymbol{v}_B)_{AB}=(\boldsymbol{v}_A)_{AB} \tag{6-3}$$

这就是速度投影定理：**同一平面图形上任意两点的速度在其连线上的投影相等。**

例 6-2 发动机的曲柄连杆机构如图 6-10 所示。曲柄 OA 长为 $r=200\text{mm}$，以角速度 $\omega=2\text{rad/s}$ 绕点 O 转动，连杆 AB 长为 $l=990\text{mm}$。试求当 $\angle OAB=90°$ 时，滑块 B 的速度。

解： 连杆 AB 作平面运动，选连杆 AB 为研究对象。由于连杆 AB 上 A 点的速度 $\boldsymbol{v}_A$ 的大小和方向及 $\boldsymbol{v}_B$ 的方向已知，选择 A 点为基点。根据速度投影定理

$$(\boldsymbol{v}_B)_{AB}=(\boldsymbol{v}_A)_{AB}$$

$$v_B\cos\theta=v_A\cos0°$$

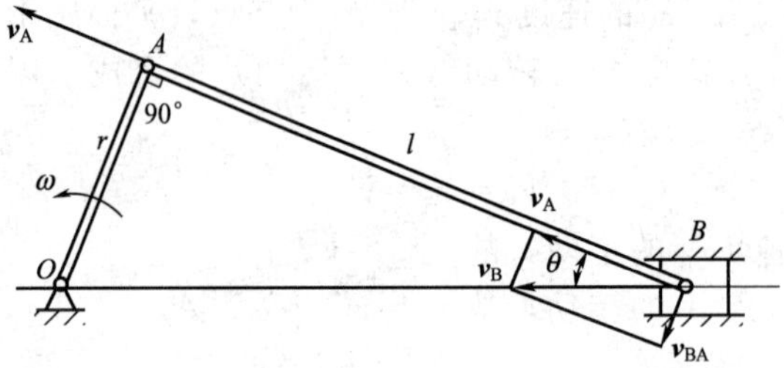

图 6-10

$$v_B=\frac{v_A}{\cos\theta}=\frac{v_A\sqrt{r^2+l^2}}{l}=408\text{mm/s}$$

速度投影定理能求出平面图形内任一点的速度，但是不能求出平面图形运动的角速度。

6.2.3 速度瞬心法

设有一平面图形 S，如图 6-11 所示。取图形上的点 A 为基点，它的速度为 $\boldsymbol{v}_A$，图形的角速度为 ω。过 A 作垂直于 $\boldsymbol{v}_A$ 的垂线 AN，在 AN 垂线上任取一点 M，由图中看出，$\boldsymbol{v}_A$ 和 $\boldsymbol{v}_{MA}$ 在同一直线上，而方向相反，故 $\boldsymbol{v}_M$ 的大小为

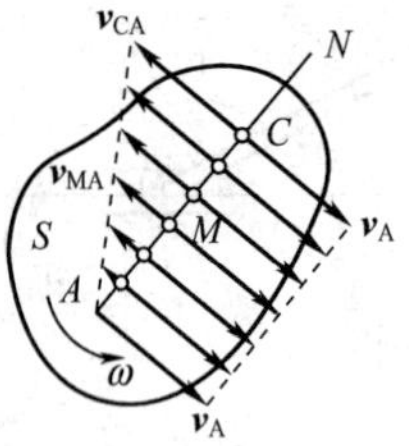

图 6-11

$$v_M=v_A-\omega\times AM$$

由上式可知，随点 M 在垂线 AN 上的位置不同，$\boldsymbol{v}_M$ 的大小也不同，因此总可以找到一点 C，这点的瞬时速度等于零。

$$\boldsymbol{v}_C=v_A-\omega\times AC=0$$

在某一瞬时，当平面图形的角速度不等于零时，平面图形存在唯一的速度等于零的点，该点称为平面图形的**瞬时速度中心**，简称为**速度瞬心**。选取速度瞬心 C 为基点，如图 6-12 所示，平面图形中 A、B、D 等各点的速度为

$$v_A=v_C+v_{AC}=v_{AC}=\omega\times AC$$
$$v_B=v_C+v_{BC}=v_{BC}=\omega\times BC$$
$$v_D=v_C+v_{DC}=v_{DC}=\omega\times DC$$

由此得出结论：**平面图形内任一点的速度等于该点随图形绕瞬时速度中心作瞬时转动的速度**。应用瞬心求平面图形内各点速度的方法称为**速度瞬心法**，简称**瞬心法**。

由于平面图形绕任一点转动的角速度都相等，图形内各点速度的大小与该点到速度瞬心的距离成正比，速度的方向垂直于该点到速度瞬心的连线，指向图形转动的一方，如图 6-13所示。于是，平面图形的运动可看成绕速度瞬心的瞬时转动。

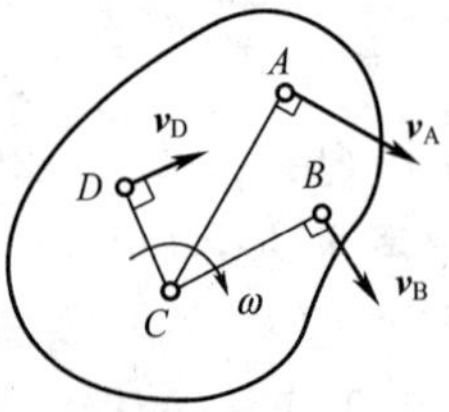

图 6-12

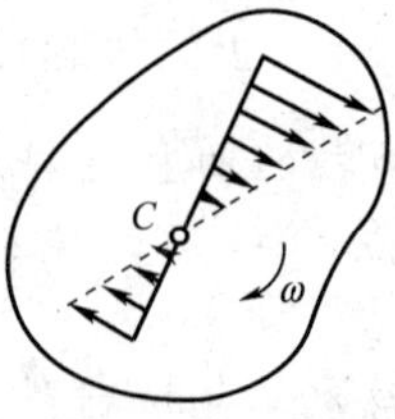

图 6-13

下面为确定速度瞬心位置常用的几种方法：

① 平面图形沿一固定面作纯滚动时，它与固定面的接触点即为该瞬时平面图形的速度

瞬心，如图 6-14 所示。

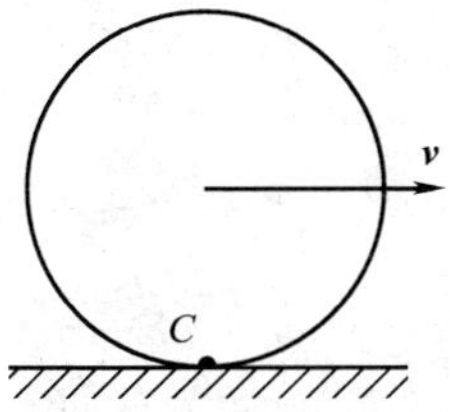

图 6-14

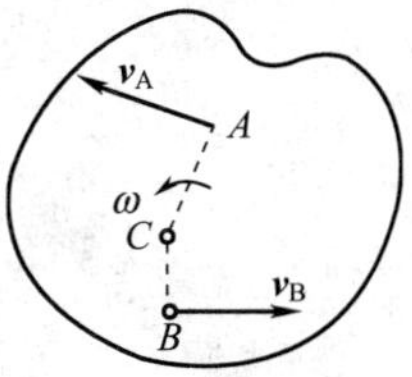

图 6-15

② 若平面图形内任意两点的速度方向已知，分别通过这两点作速度的垂线，交点即为速度瞬心，如图 6-15 所示。

③ 若已知平面图形内两点 A 和 B 的速度相互平行，且垂直于两点的连线 AB，则速度瞬心 C 必在这两点连线 AB 与速度矢 $\boldsymbol{v}_A$ 和 $\boldsymbol{v}_B$ 端点连线的交点上，如图 6-16 所示。

④ 若平面图形内任意两点的速度平行，且大小相等，则速度瞬心的位置将趋于无穷远。在该瞬时，图形上各点的速度分布如同图形作平动的情形一样，故称**瞬时平动**，如图 6-17(a)、(b) 所示。必须注意，此瞬时各点的速度虽然相同，但加速度一般不同。

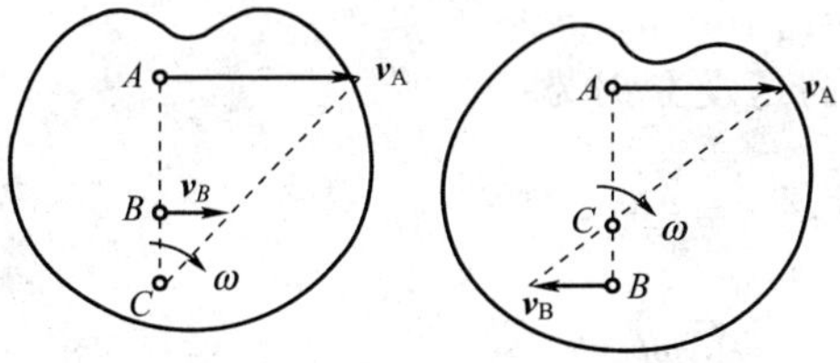

图 6-16

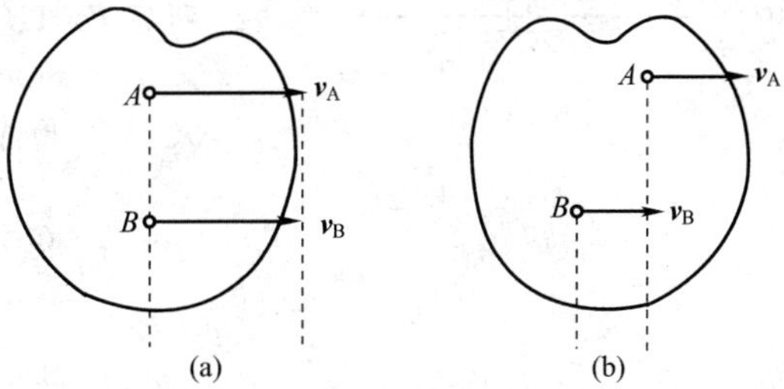

图 6-17

例 6-3 车厢的轮子沿直线轨道滚动而无滑动，如图 6-18 所示。已知车轮中心 O 的速度为 $\boldsymbol{v}_O$，半径 R 和 r 都是已知的。求轮上 A_1、A_2、A_3、A_4 各点的速度，其中 A_2、O、A_4 三点在同一水平线上，A_1、O、A_3 三点在同一铅直线上。

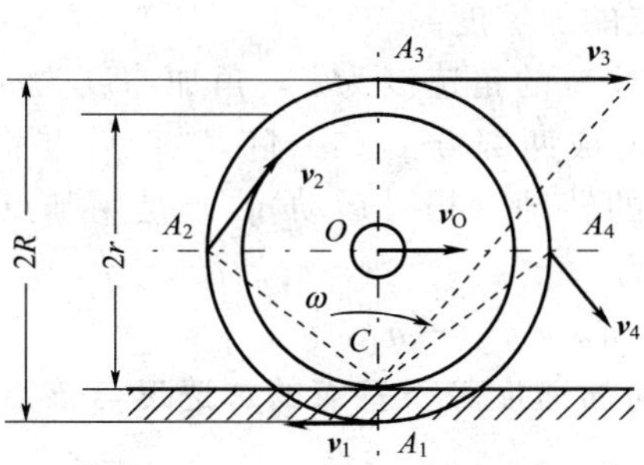

图 6-18

解： 因为车轮只滚动无滑动，故车轮与轨道的接触点 C 就是车轮的速度瞬心。令 ω 为车轮绕速度瞬心转动的角速度，因 $v_O = r\omega$，从而求得车轮的角速度的转向如图 6-18 所示，大小为

$$\omega = \frac{v_O}{r}$$

各点的速度分别为

$$v_1=A_1C\times\omega=\frac{R-r}{r}v_O$$

$$v_2=A_2C\times\omega=\frac{\sqrt{R^2+r^2}}{r}v_O$$

$$v_3=A_3C\times\omega=\frac{R+r}{r}v_O$$

$$v_4=A_4C\times\omega=\frac{\sqrt{R^2+r^2}}{r}v_O$$

这些速度的方向分别垂直于 A_1C、A_2C、A_3C 和 A_4C，指向如图 6-18 所示。

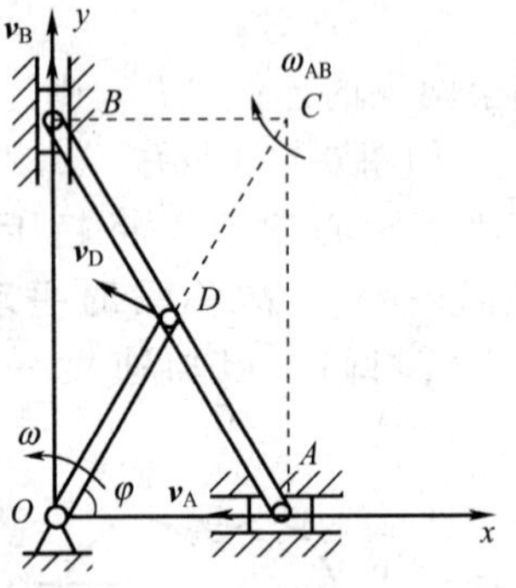

图 6-19

例 6-4 如图 6-19 所示，在椭圆规机构中，曲柄 OD 以匀角速度 ω 绕 O 轴转动，$OD=AD=BD=l$。求当 $\varphi=60^\circ$ 时，尺 AB 的角速度以及 A 和 B 的速度。

解： 分别作 A 和 B 两点速度的垂线，两条直线的交点 C 就是尺 AB 的速度瞬心，角速度为 ω_{AB}

研究曲柄 OD，D 点速度为 $v_D=\omega\times OD=\omega l$

研究尺 AB，D 点速度为 $v_D=\omega_{AB}\times CD=\omega_{AB}l$

尺 AB 的角速度 ω_{AB} 为 $\omega_{AB}=\omega$

尺 AB 上 A 和 B 的速度分别为

$$v_A=\omega_{AB}\times CA=\omega l\cos 60^\circ=\frac{\omega l}{2}$$

$$v_B=\omega_{AB}CB=\omega l\sin 60^\circ=\frac{\sqrt{3}\omega l}{2}$$

6.3 平面图形上各点的加速度分析

现在讨论平面图形内各点的加速度。

如图 6-20 所示，平面图形 S 的角速度为 ω，角加速度为 α，其上 A 点的加速度为 $\boldsymbol{a}_A$。由于平面图形 S 的运动可分解成两部分：(1) 随基点 A 的平行移动（牵连运动）；(2) 绕基点 A 的转动（相对运动）。于是用基点法求平面图形上任一点 B 的加速度为

$$\boldsymbol{a}_B=\boldsymbol{a}_A+\boldsymbol{a}_{BA}^t+\boldsymbol{a}_{BA}^n \tag{6-4}$$

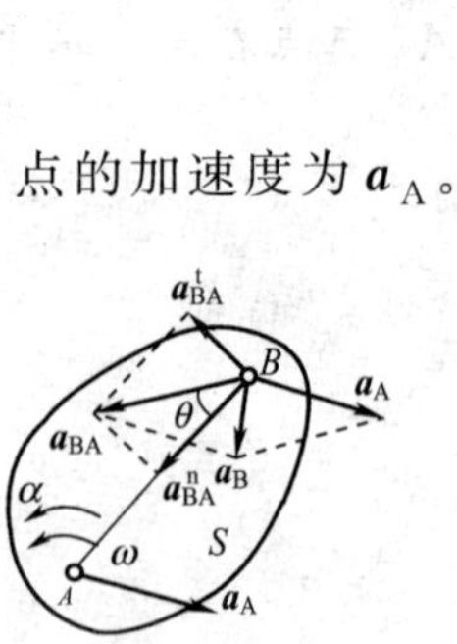

图 6-20

即：**平面图形上任一点的加速度等于基点的加速度与该点绕基点转动加速度的矢量和。**

其中：$a_{BA}^t=AB\times\alpha$　$a_{BA}^n=AB\times\omega^2$

通常将式 (6-4) 向两个正交的坐标轴投影，得到两个代数方程，用以求解两个未知量。

例 6-5 如图 6-21(a) 所示车轮沿直线滚动。已知车轮半径为 R，中心 O 的速度和加速度为 $\boldsymbol{v}_O$ 和 $\boldsymbol{a}_O$。设车轮与地面接触无相对滑动。求车轮上速度瞬心的加速度。

解： 车轮与地面接触无相对滑动，作纯滚动，接触点 C 为速度瞬心，如图 6-21(b) 所示，车轮的角速度为

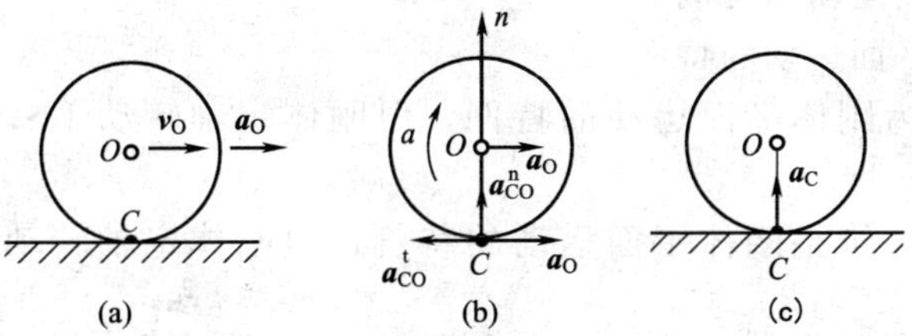

图 6-21

$$\omega=\frac{v_O}{R}$$

车轮中心 O 点的运动轨迹为直线，故 $\frac{dv_O}{dt}=a_O$，如图 6-21(c) 所示，因此车轮的角加速度 α 为

$$\alpha=\frac{d\omega}{dt}=\frac{d}{dt}\left(\frac{v_O}{R}\right)=\frac{1}{R}\times\frac{dv_O}{dt}=\frac{a_O}{R}$$

车轮作平面运动。取轮心 O 点为基点，求速度瞬心 C 点的加速度

$$\boldsymbol{a}_C=\boldsymbol{a}_O+\boldsymbol{a}^t_{CO}+\boldsymbol{a}^n_{CO}$$

式中：$a^t_{CO}=R\alpha$，$a^n_{CO}=R\omega^2=\frac{v_O^2}{R}$，它们的方向如图 6-21(b) 所示。

由于 $a_O=-a^t_{CO}$，于是有

$$a_C=a^n_{CO}$$

由此可知，速度瞬心 C 的加速度不等于零，而是指向轮心 O 点，如图 6-21(c) 所示。

例 6-6 求例 6-4 中，当 $\varphi=60°$ 时，尺 AB 的角加速度以及 A 点的加速度。

解： 如图 6-22 所示，取图形 AB 上的 D 点为基点，点 A 的加速度为

$$\boldsymbol{a}_A=\boldsymbol{a}_D+\boldsymbol{a}^t_{AD}+\boldsymbol{a}^n_{AD}$$

已知 $a_D=a^n_D=\omega^2 l$　$a^n_{AD}=\omega_{AB}{}^2 l=\omega^2 l$

取 ξ 轴垂直于 $\boldsymbol{a}^t_{AD}$，取 η 轴垂直于 $\boldsymbol{a}_A$，ξ 轴和 η 轴的正向如图 6-22 所示。将矢量式分别在 ξ 轴和 η 轴上的投影，得

$$a_A\cos\varphi=a_D\cos(\pi-2\varphi)-a^n_{AD}$$

$$0=-a_D\sin\varphi+a^t_{AD}\cos\varphi+a^n_{AD}\sin\varphi$$

解得　$a_A=-\omega^2 l$　（实际方向与假设相反）

$a^t_{AD}=0$

$a_{AB}=0$

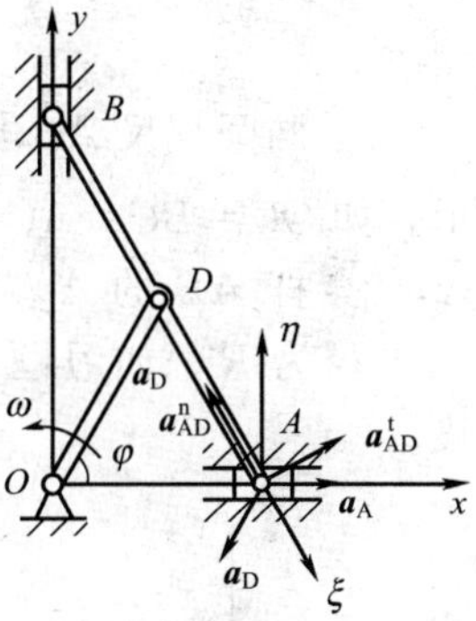

图 6-22

思考题

6-1　叙述什么是刚体的平面运动？它有什么运动特点？

6-2　刚体的平面运动可看成是平移和定轴转动组合而成。平移和定轴转动这两种刚体的基本运动，以下哪个最能说明它们之间的关系？

（1）都是刚体平面运动的特例；

（2）都不是刚体平面运动的特例；

（3）刚体平移必为刚体平面运动的特例，但刚体定轴转动不一定是刚体平面运动的特例；

（4）刚体平移不一定是刚体平面运动的特例，但刚体定轴转动必为刚体平面运动的特例。

6-3 建立刚体平面运动的运动方程时，是否可以任意选取基点？

6-4 正方形平面图形（a）、（b）上四点 A，B，C，D（思考题 6-4 图）的速度方向可能是这样的吗？如果（b）图中 45°都变为 60°呢？根据是什么？

6-5 如思考题 6-5 图所示，O_1A 杆的角速度为 ω_1，板 ABC 和杆 O_1A 铰接。问图中 O_1A 和 AC 上各点的速度分布规律对不对？

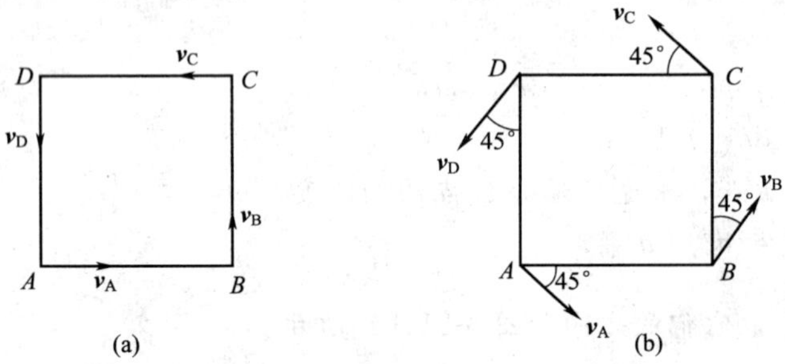

思考题 6-4 图

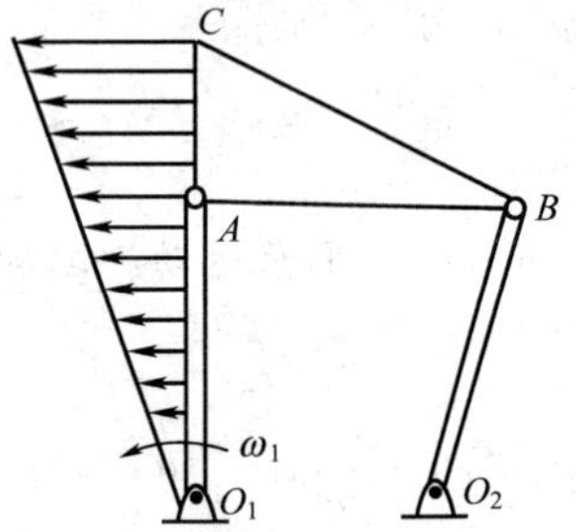

思考题 6-5 图

习题

6-1 椭圆规尺 AB 由曲柄 OC 带动，曲柄以角速度 ω_0 绕轴 O 匀速转动，如习题 6-1 图所示。如 $OC=BC=AC=r$，并取 C 为基点，求椭圆规尺 AB 的平面运动方程。

6-2 杆 AB 的 A 端沿水平线以等速度 v 运动，运动时杆恒与一半圆周相切，半圆周的半径为 R，如习题 6-2 图所示。如杆与水平线间的交角为 θ，试以角 θ 表示杆的角速度。

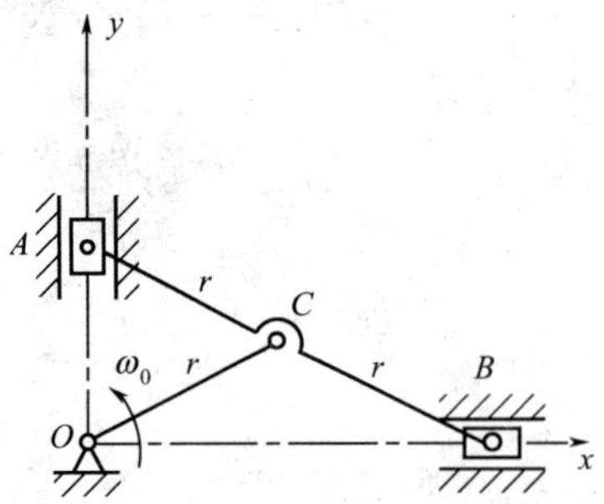

习题 6-1 图

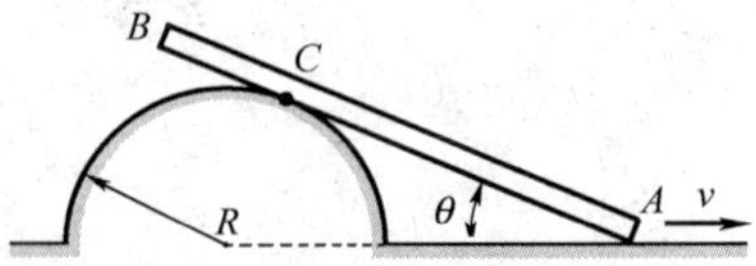

习题 6-2 图

6-3 如习题 6-3 图所示，在筛动机构中，筛子的摆动是由曲柄连杆机构所带动。已知曲柄 OA 的转速 $n=40\text{r/min}$，$OA=r=0.3\text{m}$。当筛子 BC 运动到与点 O 在同一水平线上时，$\angle BAO=90°$。求此瞬时筛子 BC 的速度。

6-4　习题 6-4 图示机构中，已知 $OA=r$，且 $OA=AB=BC$，$OA\perp AB$，OA 杆以匀角速度 ω 转动，求：机构在图示位置时 B 点的速度和杆 AB 的角速度。

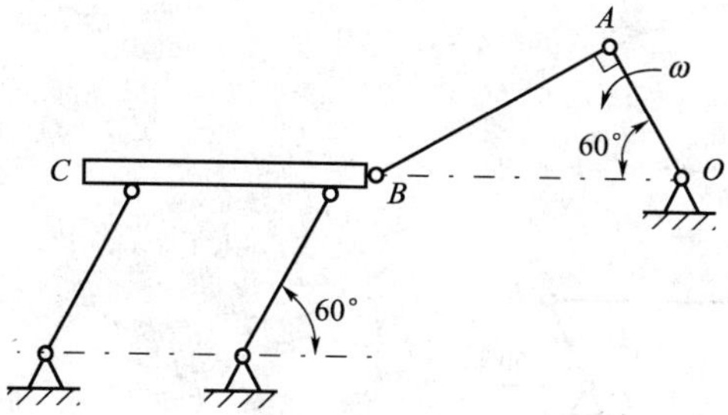

习题 6-3 图

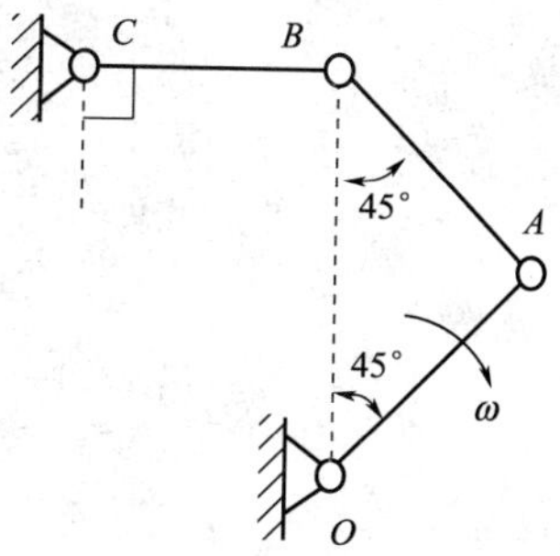

习题 6-4 图

6-5　习题 6-5 图示曲柄连杆机构中，曲柄 OA 绕 O 轴匀速转动，其角速度为 ω_0。在某瞬时曲柄与水平线间成 60°角，而连杆 AB 水平。滑块 B 在与水平线成 60°角的滑槽内滑动。如 $OA=r$，求在该瞬时滑块 B 的速度。

6-6　习题 6-6 图示曲柄连杆机构中，曲柄 OA 绕 O 轴匀速转动，其角速度为 ω_0。在某瞬时曲柄与水平线间成 60°角，而连杆 AB 和曲柄 OA 垂直。滑块 B 在圆形槽内滑动，此时半径 O_1B 与连杆 AB 间成 30°。如 $OA=r$，$AB=2\sqrt{3}r$，求在该瞬时，滑块 B 的速度。

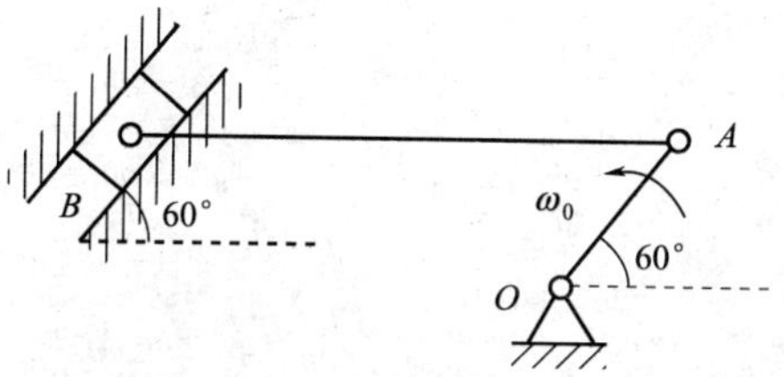

习题 6-5 图

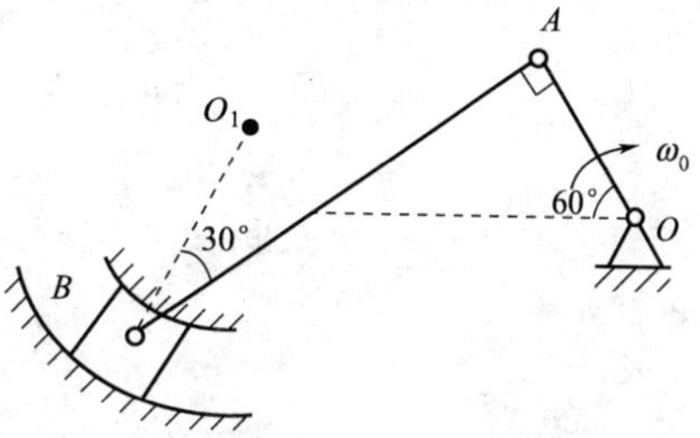

习题 6-6 图

6-7　习题 6-7 图中曲柄 $OA=2R$，以匀角速度 ω 转动。$AB=2R$，轮 B 半径 R，在地面作纯滚动。求图示位置，轮 B 的角速度及点 N 的速度。

6-8　图示机构中，△OAB 板由铰链分别和 AC、BD 杆连接，如习题 6-8 图所示。已知：$OA=AC=BD=L$，$OB=1.5L$，OAB 板以匀角速度 ω 转动。求：机构在图示位置时 D 点的速度和 AC 杆的角速度。

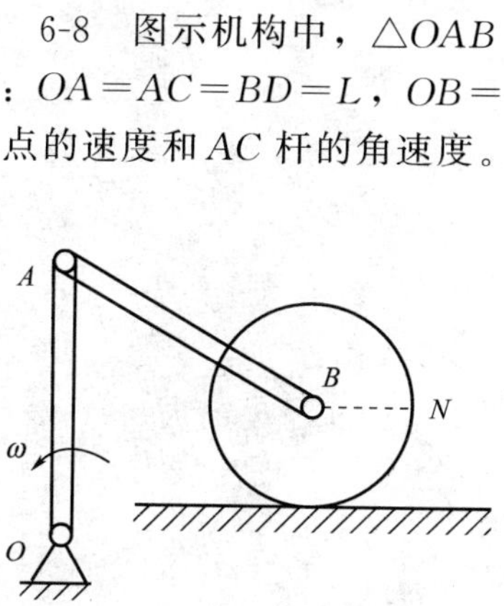

习题 6-7 图

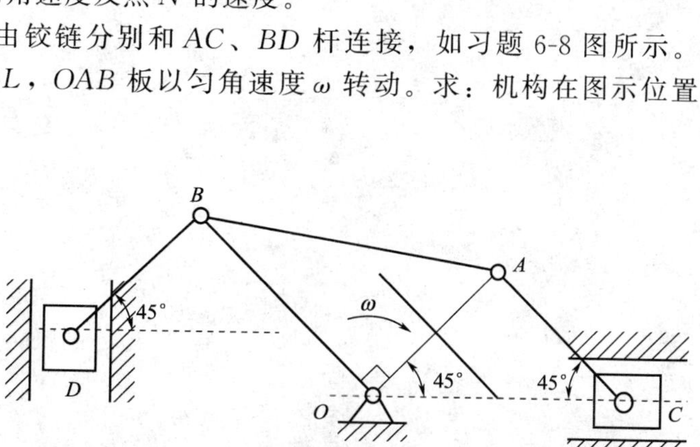

习题 6-8 图

6-9 在习题 6-9 图示机构中，曲柄 OA 长为 r，绕轴 O 以等角速度 ω 转动，$AB=6r$，$BC=3\sqrt{3}r$。求图示位置时，滑块 C 的速度和加速度。

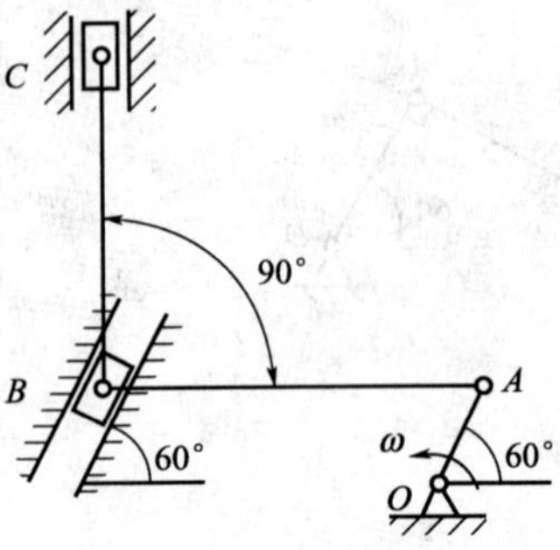

习题 6-9 图

第 7 章　质点动力学基本方程

7.1　质点的动力学基本方程

在经典力学范围内，质点的质量是常量，质点的质量 m 与加速度 $\boldsymbol{a}$ 的乘积，等于作用于质点上的力 $\boldsymbol{F}$，加速度的方向与力的方向相同。即

$$\boldsymbol{F}=m\boldsymbol{a} \tag{7-1}$$

式(7-1) 的数学表达式，**是质点的动力学基本方程**。质点的质量越大，其运动状态越不容易改变，也就是质点的惯性越大，**质量是质点惯性的度量**。

当质点受到 n 个力 $\boldsymbol{F}_1$，$\boldsymbol{F}_2$，…，$\boldsymbol{F}_n$ 作用时，式(7-1) 中力 $\boldsymbol{F}$ 应为原力系中各分力的矢量和，即有

$$m\boldsymbol{a}=\sum \boldsymbol{F}_i \quad 或 \quad m\frac{\mathrm{d}^2\boldsymbol{r}}{\mathrm{d}t^2}=\sum \boldsymbol{F}_i \tag{7-2}$$

式(7-2) 是矢量形式的质点运动微分方程。在解决实际问题中，往往应用它的投影形式。

(1) 质点运动微分方程在直角坐标轴上的投影

设矢径 $\boldsymbol{r}$ 在直角坐标轴上的投影分别为 x、y、z，力 $\boldsymbol{F}_i$ 在轴上的投影分别为 F_{ix}、F_{iy}、F_{iz}，则式(7-2) 在直角坐标轴上的投影形式为

$$m\frac{\mathrm{d}^2x}{\mathrm{d}t^2}=\sum F_{ix} \quad m\frac{\mathrm{d}^2y}{\mathrm{d}t^2}=\sum F_{iy} \quad m\frac{\mathrm{d}^2z}{\mathrm{d}t^2}=\sum F_{iz} \tag{7-3}$$

(2) 质点运动微分方程在自然轴上的投影

$$ma_{\mathrm{t}}=m\frac{\mathrm{d}v}{\mathrm{d}t}=\sum F_{i\mathrm{t}} \qquad ma_{\mathrm{n}}=m\frac{v^2}{\rho}=\sum F_{i\mathrm{n}} \quad ma_{\mathrm{b}}=\sum F_{i\mathrm{b}} \tag{7-4}$$

式(7-4) 中，$F_{i\mathrm{t}}$、$F_{i\mathrm{n}}$、$F_{i\mathrm{b}}$分别是作用于质点的各力在切线、主法线和副法线上的投影，如图 7-1 所示，ρ 为质点运动轨迹的曲率半径。

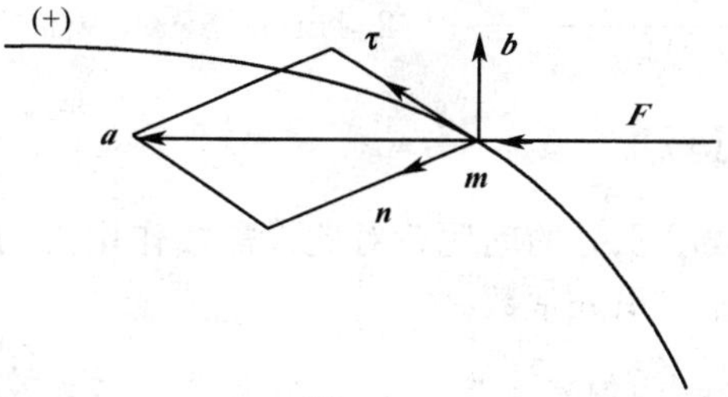

图 7-1

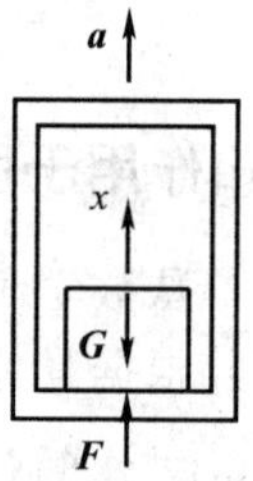

图 7-2

7.2　质点动力学的两类问题

7.2.1　已知质点的运动，求作用于质点的力

这类问题比较简单，例如已知质点的运动方程，只需求两次导数得到质点的加速度，代

入质点的运动微分方程中，即可求解。

例 7-1 升降台以匀加速度 $\boldsymbol{a}$ 上升，台面上放置一重力为 $\boldsymbol{G}$ 的物体，如图 7-2 所示，求重物对台面的压力。

解： 取重物为研究对象，受到重力 $\boldsymbol{G}$ 以及台面对它的法向约束力 $\boldsymbol{F}$ 两力作用，如图 7-2 所示。取图示坐标轴 x，由动力学基本方程可得

$$F-G=\frac{G}{g}a$$

所以

$$F=G\left(1+\frac{a}{g}\right)$$

依据作用与反作用定理，重物对台面的压力为：$G\left(1+\frac{a}{g}\right)$。它由两部分组成：一部分是重物的重力 G；另一部分是 $G\frac{a}{g}$，它由物体作加速运动而产生，称为附加动压力。

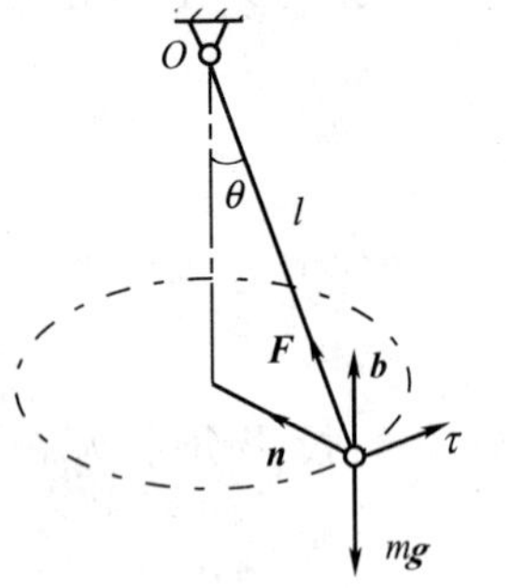

图 7-3

例 7-2 一圆锥摆，如图 7-3 所示，质量 $m=0.1\text{kg}$ 的小球系于长 $l=0.3\text{m}$ 的绳子上，绳子的另一端系在固定点 O，并与铅直线成 $\theta=60°$ 角。如小球在水平面内作匀速圆周运动，求小球的速度 $\boldsymbol{v}$ 与绳的拉力 $\boldsymbol{F}_\text{T}$ 的大小。

解： 以小球为研究的质点，作用于质点的力有重力 $m\boldsymbol{g}$ 和绳的拉力 $\boldsymbol{F}_\text{T}$，如图 7-3 所示。选取在自然轴投影的运动微分方程，得

$$ma_\text{n}=\sum F_{i\text{n}} \qquad m\frac{v^2}{\rho}=F\sin\theta$$

$$ma_\text{b}=\sum F_{i\text{b}}=0 \qquad 0=F\cos\theta-mg$$

因 $\rho=l\sin\theta$，于是解得

$$F_\text{T}=\frac{mg}{\cos\theta}=\frac{0.1\text{kg}\times 9.8\text{m/s}^2}{\frac{1}{2}}=1.96\text{N}$$

$$v=\sqrt{\frac{Fl\sin^2\theta}{m}}=\sqrt{\frac{1.96\text{N}\times 0.3\text{m}\times\left(\frac{\sqrt{3}}{2}\right)^2}{0.1\text{kg}}}=2.1\text{m/s}$$

7.2.2 已知作用于质点的力，求质点的运动

这类问题，从数学角度看，是解微分方程或求积分的问题，对此，需按作用力的函数规律进行积分，并根据具体问题的运动初始条件确定积分常数。

例 7-3 如图 7-4 所示，从某处抛射一物体，已知初速度为 $\boldsymbol{v}_0$，抛射角即初速度对水平线的仰角为 θ；如不计空气阻力，求物体在重力 $\boldsymbol{G}$ 单独作用下的运动规律。

解： 将抛射体视为质点，以初始位置为坐标原点 O，x 轴沿水平方向，y 轴沿垂直方向，并使初速度 v_0 在坐标平面 Oxy 内，如图 7-4 所示。这样，确定运动的初始条件为 $t=0$，$x_0=y_0=0$，$v_{0\text{x}}=v_0\cos\theta$，$v_{0\text{y}}=v_0\sin\theta$。

在任意位置进行受力分析，物体仅受重力 $\boldsymbol{G}$ 作用。应用式（7-3）得

$$\frac{G}{g}\times\frac{\text{d}^2x}{\text{d}t^2}=0 \quad \frac{G}{g}\times\frac{\text{d}^2y}{\text{d}t^2}=-G$$

一次积分得 $\frac{dx}{dt}=C_1 \quad \frac{dy}{dt}=-gt+C_2$

二次积分得 $x=C_1t+C_3 \qquad y=-\frac{1}{2}gt^2+C_2t+C_4$

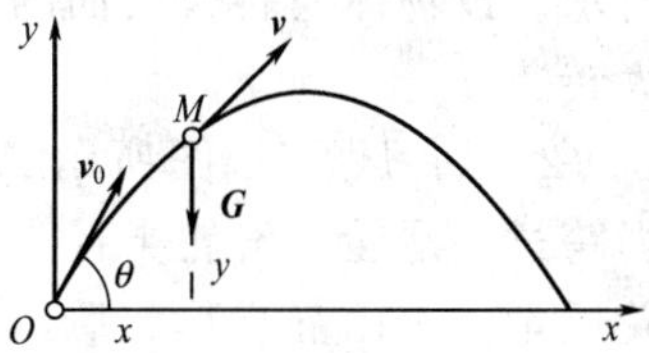

图 7-4

式中 C_1、C_2、C_3、C_4 为积分常数，由运动初始条件确定，得 $C_1=v_0\cos\theta$，$C_2=v_0\sin\theta$，$C_3=C_4=0$。于是物体的运动方程为

$$x=v_0t\cos\theta \qquad y=v_0t\sin\theta-\frac{1}{2}gt^2$$

由以上两式消去时间 t，即为抛射体的轨迹方程

$$y=x\tan\theta-\frac{gx^2}{2v_0^2\cos^2\theta}$$

由此可知，物体的轨迹是一抛物线。

思考题

7-1 三个质量相同的质点，在某瞬时的速度分别如思考题 7-1 图所示，若它们作用了大小、方向相同的力 $\boldsymbol{F}$，问质点的运动情况是否相同？

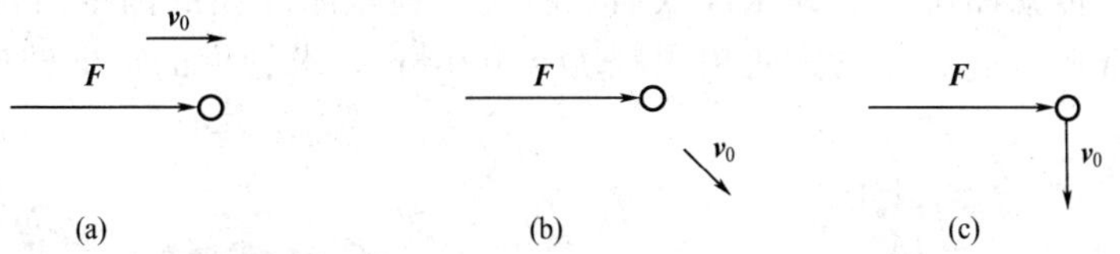

思考题 7-1 图

7-2 如思考题 7-2 图所示，绳拉力 $F=2\text{kN}$，物块Ⅱ重 1kN，物块Ⅰ重 2kN。若滑轮质量不计，问在图(a)、(b) 两种情况下，重物Ⅱ的加速度是否相同？两根绳中的张力是否相同？

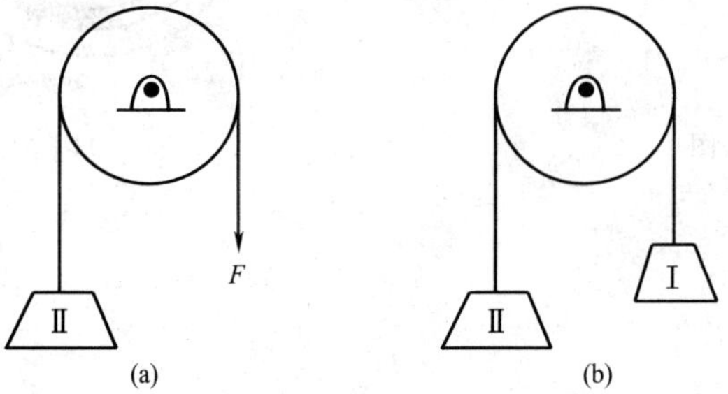

思考题 7-2 图

7-3 有人说，质点的运动方向就是作用于质点上的合力方向。对吗？为什么？

习 题

7-1 质量为 m 的物体放在匀速转动的水平转台上，它与转轴的距离为 r，如习题 7-1

图所示。设物体与转台表面的摩擦因数为 f，求当物体不致因转台旋转而滑出时，水平台的最大转速 n。

7-2　如习题 7-2 图所示 A、B 两物体的质量分别为 m_1 与 m_2，两者间用一绳子连接，此绳跨过一滑轮，滑轮半径为 r。如在开始时，两物体的高度差为 h，而且 $m_1 > m_2$，不计滑轮质量。求由静止释放后，两物体达到相同的高度时所需的时间。

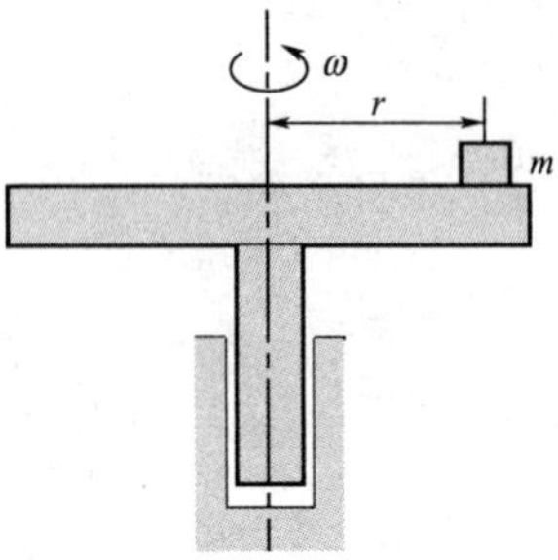

习题 7-1 图

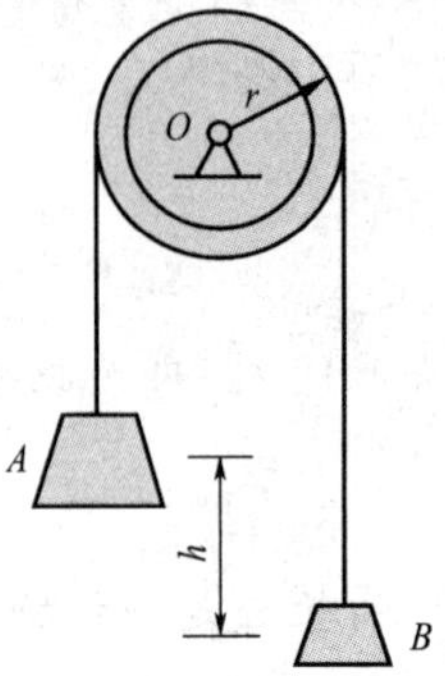

习题 7-2 图

7-3　铅垂发射的火箭由雷达跟踪，如习题 7-3 图所示。当 $r = 10000m$，$\theta = 60°$，$\dot{\theta} = 0.02\text{rad/s}$，且 $\ddot{\theta} = 0.003\text{rad/s}^2$ 时，火箭的质量为 5000kg。求此时的喷射反推力 $\boldsymbol{F}$。

7-4　在习题 7-4 图所示离心浇注装置中，电动机带动支承轮 A、B 作同向转动，管模放在两轮上靠摩擦传动而旋转。铁水浇入后，将均匀地紧贴管模的内壁而自动成型，从而可得到质量密实的管形铸件。如已知管模内径 $D = 400\text{mm}$，求管模的最低转速 n。

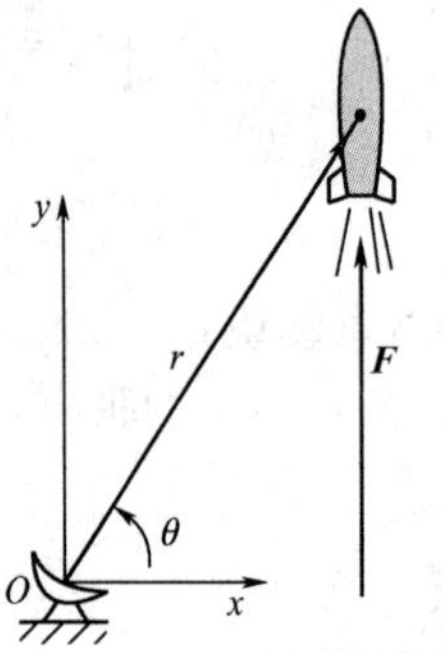

习题 7-3 图

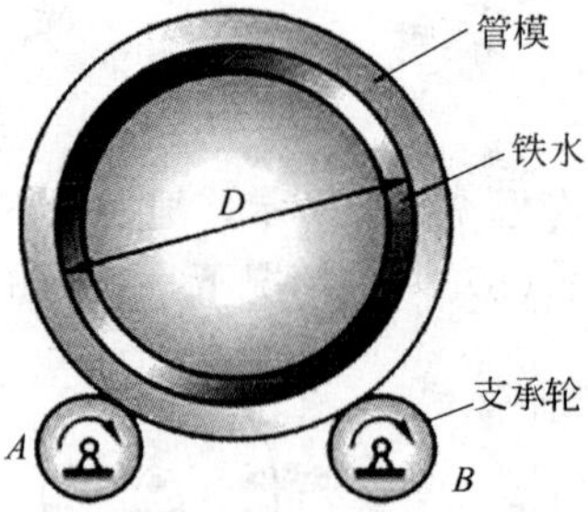

习题 7-4 图

第 8 章 动力学普遍定理

8.1 动量定理

8.1.1 动量

质点的质量与其速度的乘积 mv 称为质点的动量。动量是矢量，它的方向与质点的速度方向相同，量纲为 kg·m/s。

质点系内各质点动量的矢量和称为质点系的动量，用表示 $\boldsymbol{p}$

$$\boldsymbol{p}=\sum m_i \boldsymbol{v}_i$$

质点系中第 i 个质点的质量为 m_i，速度为 $\boldsymbol{v}_i$，矢径为 $\boldsymbol{r}_i$；质点系的质量为 m，质心 C 的矢径为 $\boldsymbol{r}_C$，$m\boldsymbol{r}_C=\sum m_i \boldsymbol{r}_i$，质心 C 速度为 $\boldsymbol{v}_C=\dfrac{d\boldsymbol{r}_C}{dt}$，则有

$$\sum m_i \boldsymbol{v}_i=\sum m_i \frac{d\boldsymbol{r}_i}{dt}=\frac{d}{dt}\sum m_i \boldsymbol{r}_i=\frac{d}{dt}(m\boldsymbol{r}_C)=m\boldsymbol{v}_C$$

于是得出结论

$$\boldsymbol{p}=m\boldsymbol{v}_C \tag{8-1}$$

式(8-1) 表明，质点系的动量等于质心的速度与质点系的质量的乘积，方向与质心速度方向相同。

刚体是由无限多个质点组成的特殊质点系，对于均质刚体，质心是刚体内某一确定的位置也就是几何中心。例如，长为 l，质量为 m 的均质细长杆件，在平面内绕 O 点转动，角速度为 ω，如图 8-1 所示，细杆质心在几何中心 C 处，其速度为 $v_C=\dfrac{l}{2}\omega$，杆件的动量大小为 mv_C，方向与 $\boldsymbol{v}_C$ 相同。

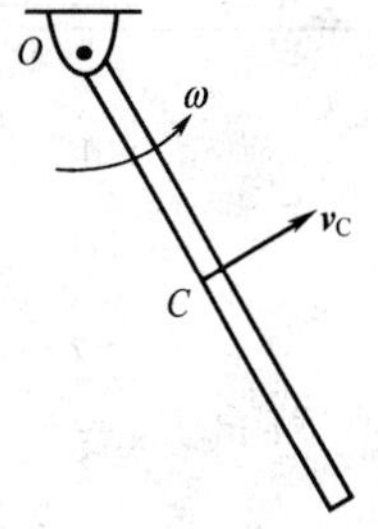

图 8-1

8.1.2 动量定理

(1) 质点的动量定理

根据质点动力学基本方程 $m\boldsymbol{a}=\boldsymbol{F}$，有

$$\frac{d(m\boldsymbol{v})}{dt}=\boldsymbol{F} \tag{8-2}$$

式(8-2) 是**质点动量定理的微分形式**，即质点的动量对时间的一阶导数等于作用于质点上的力。

(2) 质点系的动量定理

设质点系有 n 个质点，第 i 个质点的质量为 m_i，速度为 $\boldsymbol{v}_i$，该质点受到的外力为 $\boldsymbol{F}_i^{(e)}$，内力为 $\boldsymbol{F}_i^{(i)}$。根据质点的动量定理有

$$\frac{d(m_i \boldsymbol{v}_i)}{dt}=\boldsymbol{F}_i^{(e)}+\boldsymbol{F}_i^{(i)}$$

则有 $\dfrac{\mathrm{d}\boldsymbol{p}}{\mathrm{d}t}=\dfrac{\sum \mathrm{d}(m_i\boldsymbol{v}_i)}{\mathrm{d}t}=\sum \boldsymbol{F}_i^{(e)}+\sum \boldsymbol{F}_i^{(i)}$

因为质点系内质点相互作用的内力总是大小相等、方向相反而且成对出现，互相抵消，即$\sum \boldsymbol{F}_i^{(i)}=0$，所以

$$\frac{\mathrm{d}\boldsymbol{p}}{\mathrm{d}t}=\frac{\sum \mathrm{d}(m_i\boldsymbol{v}_i)}{\mathrm{d}t}=\sum \boldsymbol{F}_i^{(e)} \tag{8-3}$$

式(8-3)是质点系动量定理的微分形式，即质点系的动量对时间的导数等于作用于质点系上的外力的矢量和。质点系动量定理的矢量式在直角坐标系的投影式为

$$\frac{\mathrm{d}p_x}{\mathrm{d}t}=\sum F_x^{(e)}\quad \frac{\mathrm{d}p_y}{\mathrm{d}t}=\sum F_y^{(e)}\quad \frac{\mathrm{d}p_z}{\mathrm{d}t}=\sum F_z^{(e)} \tag{8-4}$$

例 8-1 电动机的外壳固定在水平基础上，定子和机壳的质量为 m_1，质心在 O_1 点，转子的质量为 m_2，质心在 O_2 点，如图 8-2 所示。转子的质心与定子的质心的距离为 e。已知转子匀速转动，角速度为 ω，初始时，O_1O_2 铅直，有 $\varphi=\omega t$。求基础的水平及铅直约束力。

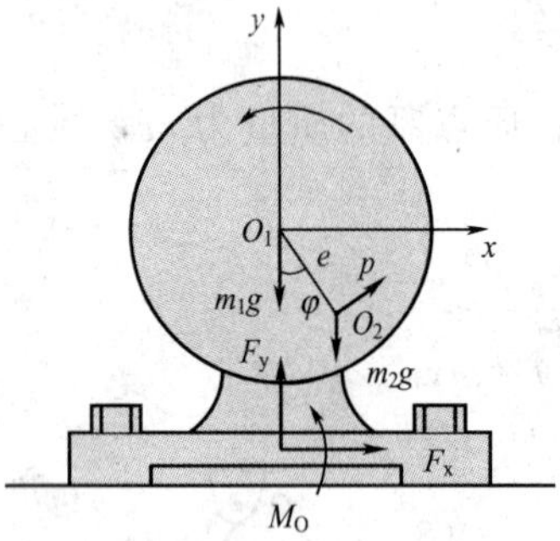

图 8-2

解： 取整体为研究对象，受力分析如图 8-2 所示，主动力有 m_1g、m_2g，约束力有 F_x、F_y 和 M_O。定子和机壳不动，质点系的动量就是转子的动量，其大小为 $p=m_2\omega e$

由 (8-4) 动量定理的投影式得

$$\frac{\mathrm{d}p_x}{\mathrm{d}t}=F_x\quad \frac{\mathrm{d}p_y}{\mathrm{d}t}=F_y-m_1g-m_2g$$

而 $p_x=m_2\omega e\cos\omega t\quad p_y=m_2\omega e\sin\omega t$

解出 $F_x=-m_2\omega^2e\sin\omega t\quad F_y=(m_1+m_2)g+m_2\omega^2e\cos\omega t$

8.1.3 质心运动定理

质点系的动量为 $\boldsymbol{p}=m\boldsymbol{v}_C$，则有：$\dfrac{\mathrm{d}\boldsymbol{p}}{\mathrm{d}t}=\dfrac{\mathrm{d}(m\boldsymbol{v}_C)}{\mathrm{d}t}=m\boldsymbol{a}_C$；又：$\dfrac{\mathrm{d}\boldsymbol{p}}{\mathrm{d}t}=\sum \boldsymbol{F}_i^{(e)}$，所以得出

$$m\boldsymbol{a}_C=\sum \boldsymbol{F}_i^{(e)} \tag{8-5}$$

式(8-5)中 $\boldsymbol{a}_C$ 为质心加速度。上式表明，质点系的质量与质心加速度的乘积等于作用于质点系外力的矢量和。这种规律称之为**质心运动定理**。

质心运动定理在直角坐标系的投影式为

$$ma_{Cx}=\sum F_{ix}^{(e)}\quad ma_{Cy}=\sum F_{iy}^{(e)}\quad ma_{Cz}=\sum F_{iz}^{(e)} \tag{8-6}$$

质心运动定理在自然轴系的投影式为

$$ma_{Cn}=\sum F_{in}^{(e)}\quad ma_{Ct}=\sum F_{it}^{(e)}\quad ma_{Cb}=\sum F_{ib}^{(e)} \tag{8-7}$$

例 8-2 用质心运动定理求例 8-1 中，基础的水平及铅直约束力。

解： 以 O_1 为原点建立直角坐标系，质点系的质心 C 坐标为

$$x_C=\frac{m_1x_1+m_2x_2}{m_1+m_2}=\frac{m_2e\sin\omega t}{m_1+m_2}\quad y_C=\frac{m_1y_1+m_2y_2}{m_1+m_2}=-\frac{m_2e\cos\omega t}{m_1+m_2}$$

质点系的质心加速度 $\boldsymbol{a}_C$ 在坐标轴上的投影为

$$a_{Cx}=\frac{d^2x_C}{dt^2}=-\frac{m_2\omega^2e\sin\omega t}{m_1+m_2}\quad a_{Cy}=\frac{d^2y_C}{dt^2}=\frac{m_2\omega^2e\cos\omega t}{m_1+m_2}$$

由式(8-6) 得

$$(m_1+m_2)a_{Cx}=F_x\quad (m_1+m_2)a_{Cy}=-(m_1+m_2)g+Fy$$

解出 $F_x=-m_2\omega^2e\sin\omega t\quad F_y=(m_1+m_2)g+m_2\omega^2e\cos\omega t$

8.2 动量矩定理

8.2.1 动量矩

(1) 质点的动量矩

如图 8-3 所示，质点 Q 的动量 $m\boldsymbol{v}$ 对点 O 取矩，定义为质点对点 O 的动量矩，用 $\boldsymbol{M}_O(m\boldsymbol{v})$表示；质点 Q 的动量 $m\boldsymbol{v}$ 在 Oxy 平面上的投影$(m\boldsymbol{v})_{xy}$对点 O 的矩，定义为质点对 z 轴的动量矩，用 $\boldsymbol{M}_z(mv)$ 表示。

$$\boldsymbol{M}_O(m\boldsymbol{v})=\boldsymbol{r}\times m\boldsymbol{v}\quad \boldsymbol{M}_z(m\boldsymbol{v})=M_O(m\boldsymbol{v})_{xy}$$

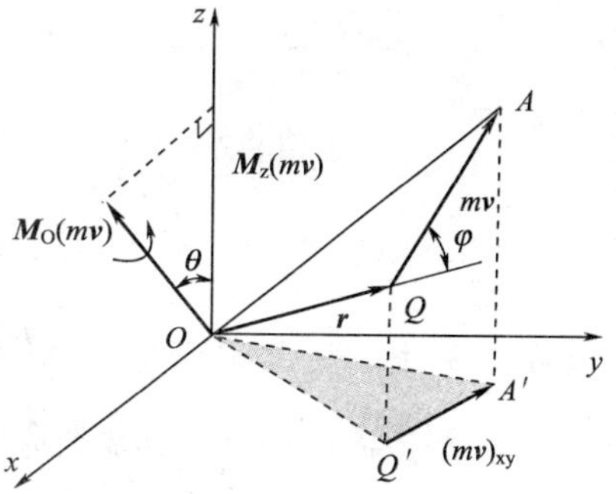

图 8-3

(2) 质点系的动量矩

质点系对点 O 的动量矩等于各质点对同一点 O 的动量矩的矢量和；质点系对某轴的动量矩等于各质点对同一轴的动量矩的代数和，即

$$\boldsymbol{L}_O=\sum\boldsymbol{M}_O(m_i\boldsymbol{v}_i)\quad L_z=\sum M_z(m_iv_i)$$

质点系对某点 O 的动量矩在通过该点的 z 轴上的投影等于质点系对于该轴的动量矩，即

$$(\boldsymbol{L}_O)_z=L_z$$

(3) 刚体简单运动时的动量矩计算

刚体平移时，可将全部质量集中于质心，作为一个质点计算其动量矩。

刚体绕定轴的转动是工程中最常见的一种运动情况。如图 8-4 所示，刚体绕 z 轴转动，它对转轴的动量矩为

$$L_z=\sum M_z(m_iv_i)=\sum m_iv_ir_i=\sum m_i\omega r_ir_i=\omega\sum m_ir_i^2$$

令 $J_z=\sum m_ir_i^2$，称为刚体对 z 轴转动惯量，量纲为 $kg\cdot m^2$。于是得

$$L_z=J_z\omega \tag{8-8}$$

即绕定轴转动刚体对其转轴的动量矩等于刚体对转轴的转动惯量与转动角速度的乘积。

(4) 刚体对轴的转动惯量

刚体对 z 轴的转动惯量 $J_z=\sum m_ir_i^2$ 是刚体转动惯性大小的度量。转动惯量的大小不仅与质量大小有关，而且与质量的分布情况有关。

在工程中，常常根据工作需要来选定转动惯量的大小。例如往复式活塞发动机、冲床和剪床等机器常在转轴上安装一个大飞轮，并使飞轮的质量大部分分布在轮缘，如图 8-5 所示，这样的飞轮转动惯量大，机器受到冲击时，可以保持比较平稳的运转状态。又如，仪表中的某些零件必须具有较高的灵敏度，因此这些零件的转动惯量必须尽可能地小，因此，这些零件用轻金属制成，并且尽量减少体积。

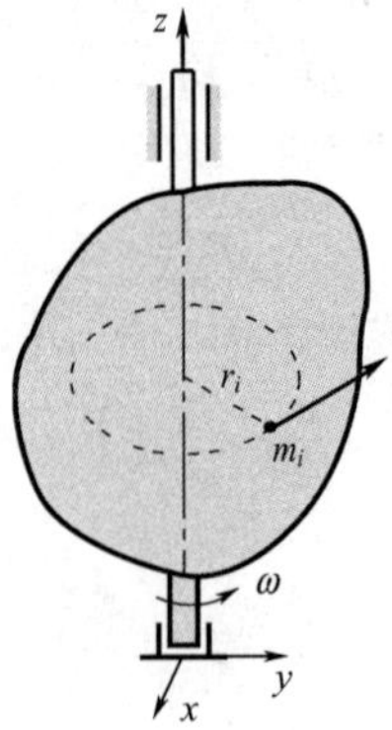

图 8-4

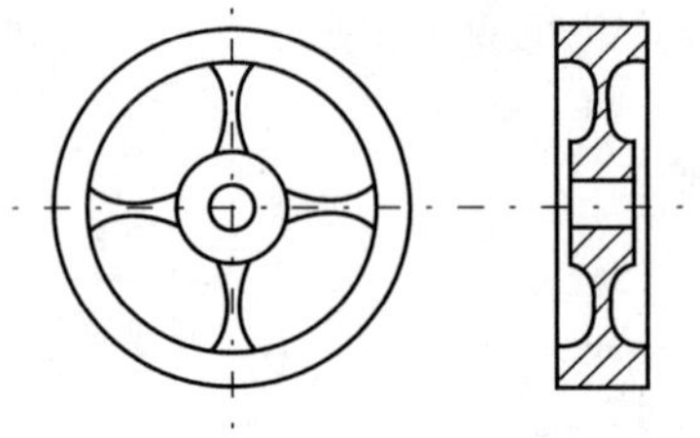

图 8-5

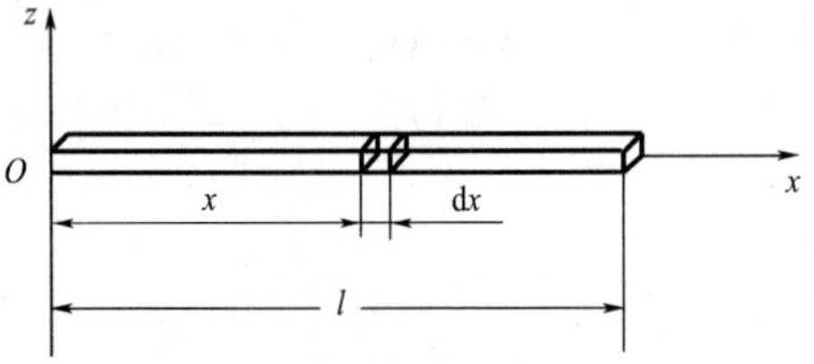

图 8-6

利用转动惯量的定义 $J_z=\sum m_i r_i^2$ 可计算形状规则、质量均匀的刚体的转动惯量。

例 8-3 均质细直杆，杆长为 l，质量为 m（图 8-6），求对于 z 轴的转动惯量。

解： 取杆上一微段 dx，其质量 $dm=\frac{m}{l}dx$，则此杆对于 z 轴的转动惯量为

$$J_z=\int_0^l (dm \times x^2)=\int_0^l \left(\frac{m}{l}dx \times x^2\right)=\frac{ml^3}{3}$$

同样方法，计算薄圆环（图 8-7）对于中心轴的转动惯量为 $J_z=mR^2$；均质圆板（图 8-8）对于中心轴的转动惯量为 $J_O=\frac{1}{2}mR^2$。

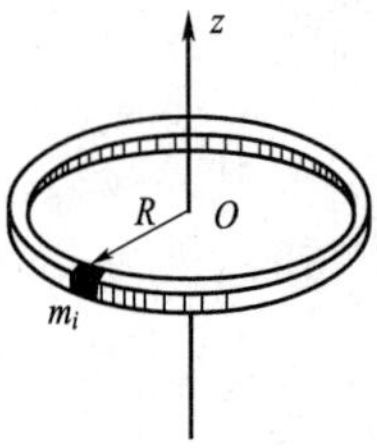

图 8-7

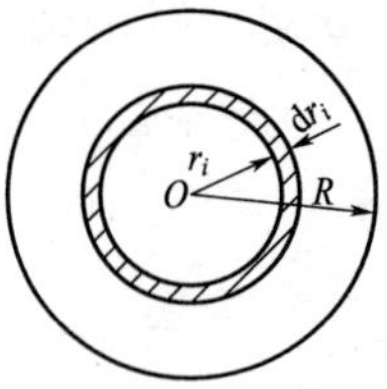

图 8-8

在机械工程手册中，列出了简单几何形状或几何形状已经标准化的零件的惯性半径（惯性半径定义为 $\rho_z=\sqrt{\frac{J_z}{m}}$）和转动惯量，以供工程技术人员查阅。表 8-1 列出一些常见均质物体的转动惯量和惯性半径供应用。

表 8-1 简单几何形状的均质物体转动惯量和惯性半径

物体形状	转动惯量	惯性半径
细直杆 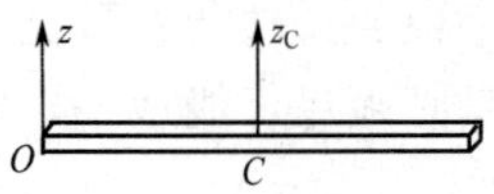	$J_{zC}=\frac{m}{12}l^2$ $J_z=\frac{m}{3}l^2$	$\rho_{zC}=\frac{l}{2\sqrt{3}}$ $\rho_z=\frac{l}{\sqrt{3}}$

续表

物体形状	转动惯量	惯性半径
薄壁圆筒 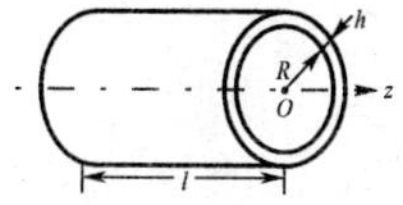	$J_z=mR^2$	$\rho_z=R$
圆柱 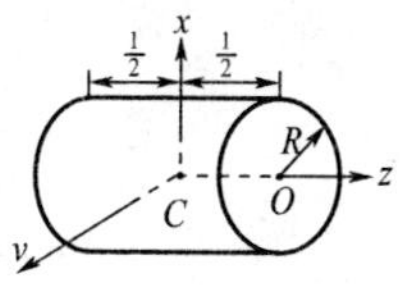	$J_z=\frac{1}{2}mR^2$	$\rho_z=\frac{R}{\sqrt{2}}$
空心圆柱 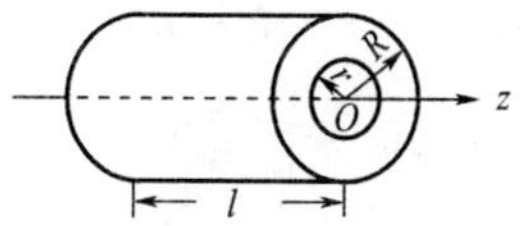	$J_z=\frac{m}{2}(R^2+r^2)$	$\rho_z=\sqrt{\frac{1}{2}(R^2+r^2)}$
薄壁空心球 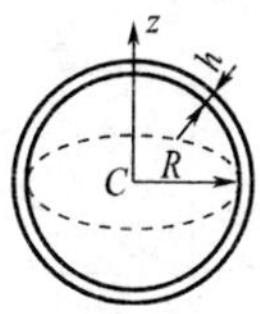	$J_z=\frac{3}{2}mR^2$	$\rho_z=\sqrt{\frac{2}{3}}R$
实心球 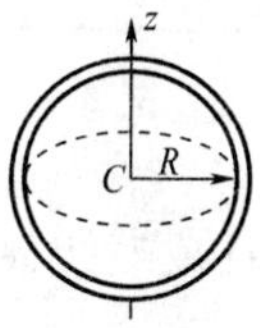	$J_z=\frac{2}{5}mR^2$	$\rho_z=\sqrt{\frac{2}{5}}R$
圆锥体 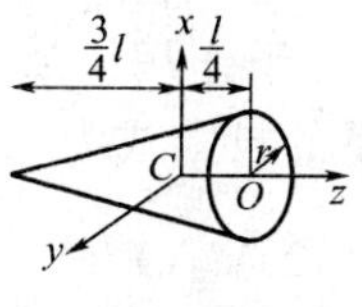	$J_z=\frac{3}{10}mr^2$	$\rho_z=\sqrt{\frac{3}{10}}r$

表 8-1 仅给出了刚体对通过质心轴的转动惯量。在工程中，有时需要确定刚体对于不通过质心轴的转动惯量，就要利用如下的平行移轴定理：

刚体对于任一轴的转动惯量 J_z，等于刚体对于通过质心、并与该轴平行的轴的转动惯量 J_{z_C}，加上刚体的质量 m 与两轴间距离 d 平方的乘积，即

$$J_z=J_{z_C}+md^2 \tag{8-9}$$

例 8-4 质量为 m、长度为 l 的均质细直杆如图 8-9 所示，求此杆对于垂直于杆轴且通

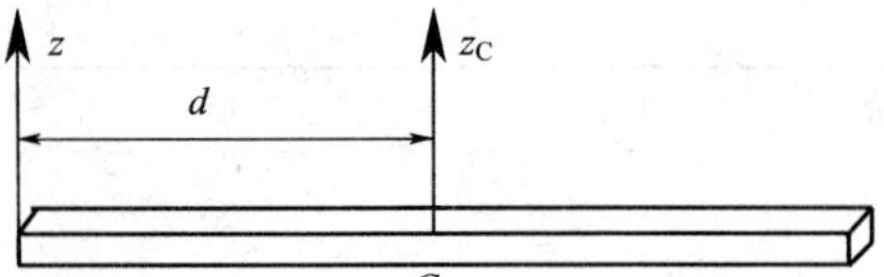

图 8-9

过质心 z_C 的轴的转动惯量。

解： 均质细直杆对于杆端点 O 且与杆垂直的 z 轴的转动惯量为 $J_z=\frac{1}{3}ml^2$，两轴之间的距离为 d，应用平行移轴定理

$$J_z=J_{z_C}+md^2$$

$$J_{z_C}=J_z-md^2=J_z-m\left(\frac{l}{2}\right)^2=\frac{1}{12}ml^2$$

8.2.2 动量矩定理

(1) 质点的动量矩定理

质点 Q 对定点 O 点的动量矩为 $\boldsymbol{M}_O(m\boldsymbol{v})=\boldsymbol{r}\times m\boldsymbol{v}$，将其对时间取一次导数，得

$$\frac{d}{dt}\boldsymbol{M}_O(m\boldsymbol{v})=\frac{d}{dt}(\boldsymbol{r}\times m\boldsymbol{v})=\frac{d\boldsymbol{r}}{dt}\times m\boldsymbol{v}+\boldsymbol{r}\times\frac{d}{dt}(m\boldsymbol{v})=\boldsymbol{v}\times m\boldsymbol{v}+\boldsymbol{r}\times\boldsymbol{F}=\boldsymbol{r}\times\boldsymbol{F}$$

即

$$\frac{d}{dt}\boldsymbol{M}_O(m\boldsymbol{v})=\boldsymbol{M}_O(\boldsymbol{F}) \tag{8-10}$$

质点的动量矩定理：质点对某定点的动量矩对时间取一次导数，等于作用力对同一点的矩，如图 8-10 所示。

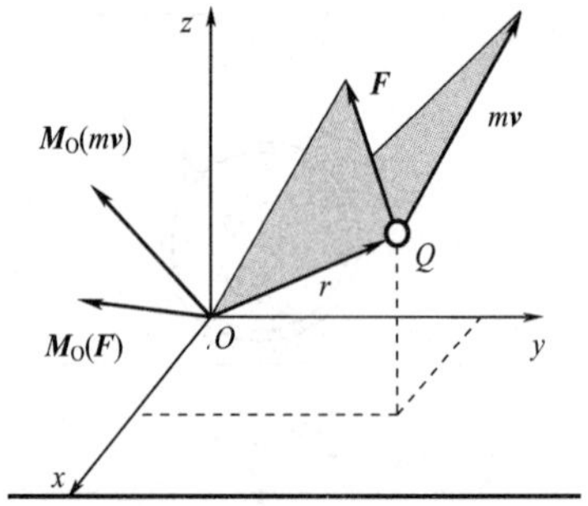

图 8-10

(2) 质点系的动量矩定理

设质点系有 n 个质点，第 i 个质点的质量为 m_i，速度为 $\boldsymbol{v}_i$，该质点受到的外力为 $\boldsymbol{F}_i^{(e)}$，内力为 $\boldsymbol{F}_i^{(i)}$。根据质点的动量矩定理有

$$\frac{d}{dt}\boldsymbol{M}_O(m_i\boldsymbol{v}_i)=\boldsymbol{M}_O(\boldsymbol{F}_i^{(e)})+\boldsymbol{M}_O(\boldsymbol{F}_i^{(i)})$$

对于质点系 $\sum\frac{d}{dt}\boldsymbol{M}_O(m_i\boldsymbol{v}_i)=\sum\boldsymbol{M}_O(\boldsymbol{F}_i^{(e)})+\sum\boldsymbol{M}_O(\boldsymbol{F}_i^{(i)})$

因为质点系内质点相互作用的内力总是大小相等、方向相反而且成对出现，互相抵消，即 $\sum\boldsymbol{M}_O(\boldsymbol{F}_i^{(i)})=0$，所以

$$\frac{d}{dt}\boldsymbol{L}_O=\sum\boldsymbol{M}_O(\boldsymbol{F}_i^{(e)}) \tag{8-11}$$

式(8-11) 为质点系动量矩定理，即质点系的动量矩对时间的导数等于作用于质点系上的所有外力对同一点的矩的矢量和。动量矩定理的矢量式在直角坐标系的投影式为

$$\frac{d}{dt}L_x=\sum\boldsymbol{M}_x(\boldsymbol{F}_i^{(e)})\quad \frac{d}{dt}L_y=\sum\boldsymbol{M}_y(\boldsymbol{F}_i^{(e)})\quad \frac{d}{dt}L_z=\sum M_z(\boldsymbol{F}_i^{(e)}) \tag{8-12}$$

上述的动量矩定理只适用于固定点或固定轴。对于一般的动点或动轴，动量矩定理具有较复杂的形式。然而，对于相对于质心或通过质心的动轴，动量矩定理仍保持其简单的形式

$$\frac{d}{dt}\boldsymbol{L}_C=\sum\boldsymbol{M}_C(\boldsymbol{F}_i^{(e)}) \tag{8-13}$$

例 8-5 高炉运送矿石用的卷扬机，如图 8-11 所示。已知鼓轮的半径为 R，转动惯量为 J，作用在鼓轮上的力偶矩为 M。小车和矿石总质量为 m，轨道的倾角为 θ。设绳子的质量

和各处摩擦均忽略不计，求小车的加速度 a。

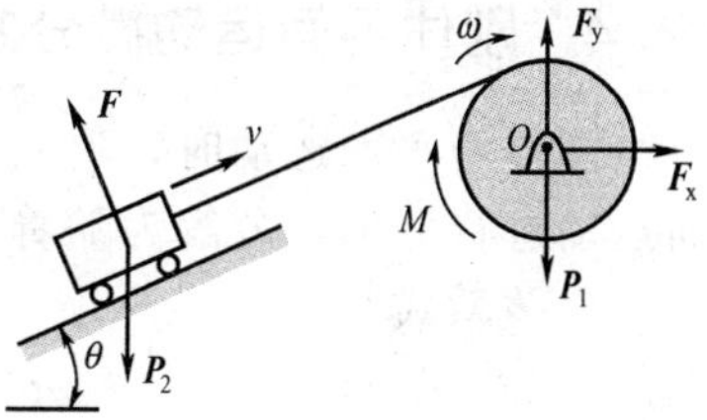

图 8-11

解：取小车和鼓轮组成质点系，视小车为质点。以顺时针为正，其对轴 O 的动量矩为

$$L_O = J\omega + mvR$$

作用于质点系上的主动力有力偶 M、重力 $\boldsymbol{P}_1$ 和 $\boldsymbol{P}_2$，约束力有轴承 O 的约束力 $\boldsymbol{F}_x$、$\boldsymbol{F}_y$ 和轨道对小车的约束力 $\boldsymbol{F}_N$。

$$\sum M_O(\boldsymbol{F}_i^{(e)}) = M - mg\sin\theta \times R$$

由质点系对轴 O 的动量矩定理，有

$$\frac{\mathrm{d}L_O}{\mathrm{d}t} = \sum M_O(\boldsymbol{F}_i^{(e)})$$

$$\frac{\mathrm{d}}{\mathrm{d}t}(J\omega + mvR) = M - mg\sin\theta \times R$$

又因为 $\omega = \dfrac{v}{R}$，$\dfrac{\mathrm{d}v}{\mathrm{d}t} = a$，于是得

$$a = \frac{MR - mgR^2\sin\theta}{J + mR^2}$$

8.2.3 刚体绕定轴转动微分方程

设定轴转动刚体上作用有主动力 $\boldsymbol{F}_1$，$\boldsymbol{F}_2$，…，$\boldsymbol{F}_n$ 和轴承约束力 $\boldsymbol{F}_{N1}$，$\boldsymbol{F}_{N2}$，如图 8-12 所示，刚体相对于 z 轴的转动惯量为 J_z，角速度为 ω，角加速度为 α。如果不计轴承中的摩擦，轴承约束力对于 z 轴的力矩等于零，根据质点系对于 z 轴的动量矩定理有

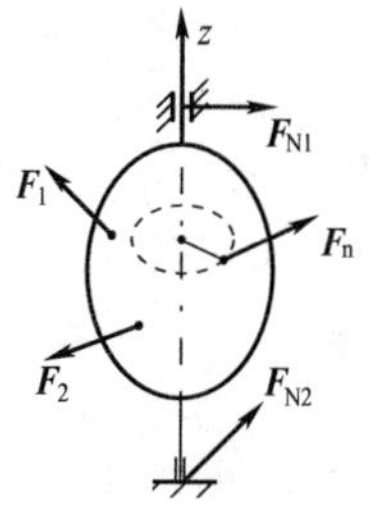

图 8-12

$$\frac{\mathrm{d}L_z}{\mathrm{d}t} = \frac{\mathrm{d}}{\mathrm{d}t}(J_z\omega) = \sum M_z(\boldsymbol{F}_i^{(e)})$$

$$J_z\frac{\mathrm{d}\omega}{\mathrm{d}t} = \sum M_z(\boldsymbol{F}_i^{(e)}) \tag{8-14}$$

上式也可以写成

$$J_z\alpha = \sum M_z(\boldsymbol{F}_i^{(e)}) \tag{8-15}$$

式(8-15) 称为**刚体绕定轴转动微分方程**。

例 8-6 如图 8-13 所示，已知滑轮半径为 R，转动惯量为 J，带动滑轮的胶带拉力为 $\boldsymbol{F}_1$，$\boldsymbol{F}_2$。不计轴承摩擦，求滑轮的角加速度 α。

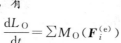

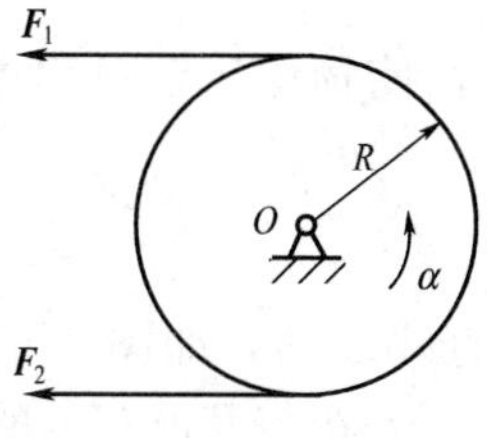

图 8-13

解：根据刚体绕定轴转动微分方程有

$$J_z\alpha = (F_1 - F_2)R$$

于是得

$$\alpha = \frac{(F_1 - F_2)R}{J}$$

8.2.4 刚体平面运动微分方程

当刚体作平面运动时，建立运动与力之间关系的动力学关系式很复杂。因此，把刚体的平面运动进行分解，分解为随着质心的平行移动和绕着质心的转动。这样，就可以建立以下的动力学关系式

$$m\boldsymbol{a}_C=\sum \boldsymbol{F}_i^{(e)} \quad J_C\alpha=\sum M_C(\boldsymbol{F}_i^{(e)}) \tag{8-16}$$

式(8-16) 称为刚体的**平面运动微分方程**。值得注意的是，C 点必须是质心。其在直角坐标系和自然轴系上的投影式分别为

$$\begin{cases} ma_{Cx}=\sum F_x \\ ma_{Cy}=\sum F_y \\ J_C\alpha=\sum M_C(\boldsymbol{F}_i^{(e)}) \end{cases} \tag{8-17}$$

$$\begin{cases} ma_C^t=\sum F_t \\ ma_C^n=\sum F_n \\ J_C\alpha=\sum M_C(\boldsymbol{F}_i^{(e)}) \end{cases} \tag{8-18}$$

例 8-7 半径为 r、质量为 m 的均质圆轮沿着水平直线纯滚动，如图 8-14 所示。设圆轮的惯性半径为 ρ_C，作用于圆轮的力偶矩为 M。求轮心的速度 a_C。

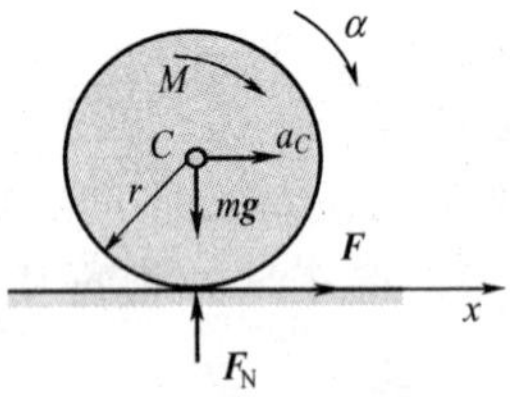

图 8-14

解： 列刚体平面运动的微分方程

$$\begin{cases} ma_{Cx}=\sum F_x \\ ma_{Cy}=\sum F_y \\ J_C=\sum M_C(\boldsymbol{F}_i^{(e)}) \end{cases} \qquad \begin{cases} ma_{Cx}=F \\ ma_{Cy}=F_N-mg \\ m\rho_C^2\times\alpha=M-Fr \end{cases}$$

圆轮的轮心运动轨迹为直线，则有 $a_{Cy}=0$，则有 $a_C=a_{Cx}=r\alpha$，解以上方程得

$$a_C=\frac{Mr}{m(\rho_C^2+r^2)}$$

8.3 动能定理

8.3.1 力的功

作用在物体上力的功，表征了力在使物体运动过程中，对物体积累作用的效果可以引起物体能量的改变和转化。

(1) 常力在直线运动中作的功

设质点 M 在常力 $\boldsymbol{F}$ 的作用下沿直线运动，如图 8-15 所示。若质点由 M_1 处移至 M_2 的路程为 s，那么 $\boldsymbol{F}$ 在位移方向的投影 $F\cos\theta$ 与其路程 s 的乘积，称为力 $\boldsymbol{F}$ 在路程 s 中所作的功，以 W 表示，即

$$W=Fs\cos\theta \tag{8-19}$$

功是代数量，可正、可负也可为零。在国际单位制中，功的量纲为 J（焦耳）。

(2) 变力在曲线路程上作的功

质点 M 在变力 $\boldsymbol{F}$ 作用下沿曲线运动，如图 8-16 所示。力 $\boldsymbol{F}$ 在无限小位移 $\mathrm{d}\boldsymbol{r}$ 中可视为

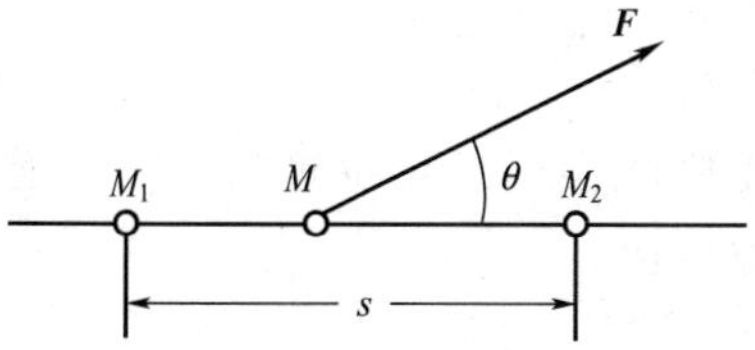

图 8-15

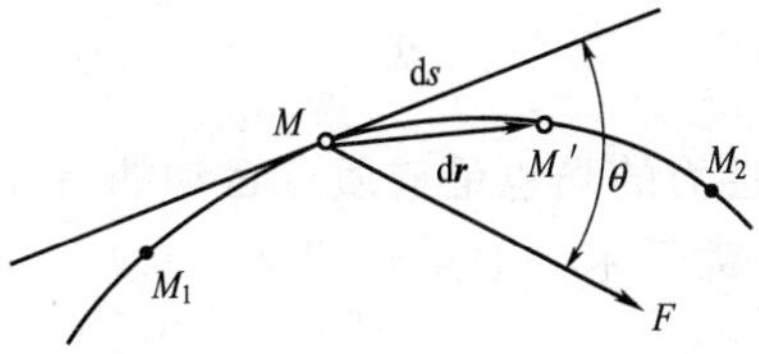

图 8-16

常力，在位移 d$\boldsymbol{r}$ 中的路程 ds 为可视为直线。d$\boldsymbol{r}$ 沿质点 M 的切线方向，d$\boldsymbol{r}$ 是矢量，ds 是标量，但 $|\mathrm{d}\boldsymbol{r}|=|\mathrm{d}s|$。在位移 d$\boldsymbol{r}$ 中所作的微功，称为力 $\boldsymbol{F}$ 作的元功，用 δW 表示

$$\delta W=F\cos\theta\cdot \mathrm{d}s=\boldsymbol{F}\cdot \mathrm{d}\boldsymbol{r} \tag{8-20}$$

力在全路程上所作的功等于元功之和，即

$$W=\int_{M_1}^{M_2}\boldsymbol{F}\cdot \mathrm{d}\boldsymbol{r} \tag{8-21}$$

式中，θ 为力 $\boldsymbol{F}$ 与轨迹切线之间的夹角。

在直角坐标系中，$\boldsymbol{F}$ 和 d$\boldsymbol{r}$ 可以写成

$$\boldsymbol{F}=F_x\boldsymbol{i}+F_y\boldsymbol{j}+F_z\boldsymbol{k},\ \mathrm{d}\boldsymbol{r}=\mathrm{d}x\boldsymbol{i}+\mathrm{d}y\boldsymbol{j}+\mathrm{d}z\boldsymbol{k}$$

将以上两式代入式(8-21)，得到质点 M 从 M_1 运动到 M_2 的过程中作用力所作的功的另一种表达形式

$$W_{12}=\int_{M_1}^{M_2}(F_x\mathrm{d}x+F_y\mathrm{d}y+F_z\mathrm{d}z) \tag{8-22}$$

(3) 几种常见力所作的功

① 重力的功

设质量为 m 的质点 M，由 $M_1(x_1,y_1,z_1)$ 处沿曲线运动至 $M_2(x_2,y_2,z_2)$ 处，质点的重力为 $\boldsymbol{P}=m\boldsymbol{g}$，其在直角坐标轴上的投影分别为 $F_x=0$，$F_y=0$，$F_z=-mg$，如图 8-17 所示，应用式(8-22)中，得

$$W_{12}=\int_{z_1}^{z_2}-mg\,\mathrm{d}z=mg(z_1-z_2) \tag{8-23}$$

这就表明，**重力所作的功等于质点的重量与起止位置之间的高度差的乘积，而与质点运动的路径无关**。当质点位置降低时，功为正值；升高时，功为负值。

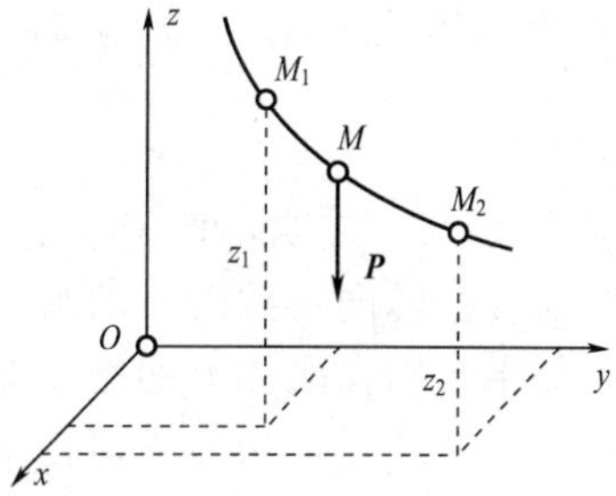

图 8-17

对于质点系，设质点 i 的质量为 m_i，运动始末的高度差为 $(z_{i1}-z_{i2})$，则全部重力所作的功之和为

$$\sum W_{12}=\sum m_i g(z_{i1}-z_{i2})$$

质点系的质量为 m，质心 C 运动始末的高度差为 $(z_{C1}-z_{C2})$，则有

$$\sum W_{12}=mg(z_{C1}-z_{C2})$$

质心下降，重力作正功；质心上移，重力作负功；质点系重力作功仍与质心的运动轨迹形状无关。

② 弹性力的功

设质点 M 与弹簧联结，如图 8-18 所示，弹簧的自然长度为 l_0，刚度系数为 k。根据胡克定律，取弹簧在自然长度位置时质点 M 为坐标轴的原点 O，弹性力 $F=-kx$，其方向指

向坐标原点 O，与变形方向相反。因此当质点 M 由弹簧变形量为 δ_1 处运动至变形量为 δ_2 处时，弹性力的功应用式（8-22），由于 $F_y=0$，$F_z=0$，故

$$W_{12}=\int_{\delta_1}^{\delta_2}F_x\mathrm{d}x=\int_{\delta_1}^{\delta_2}-kx\mathrm{d}x=\frac{k}{2}(\delta_1^2-\delta_2^2) \tag{8-24}$$

可见，**弹性力的功也是与质点运动的路径无关，而只取决于起止位置时弹簧的变形量**。当初变形量 δ_1 大于末变形量 δ_2 时，功为正值；反之为负值。

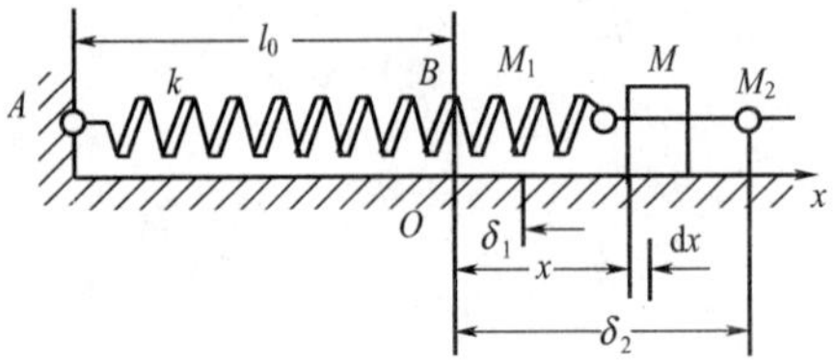

图 8-18

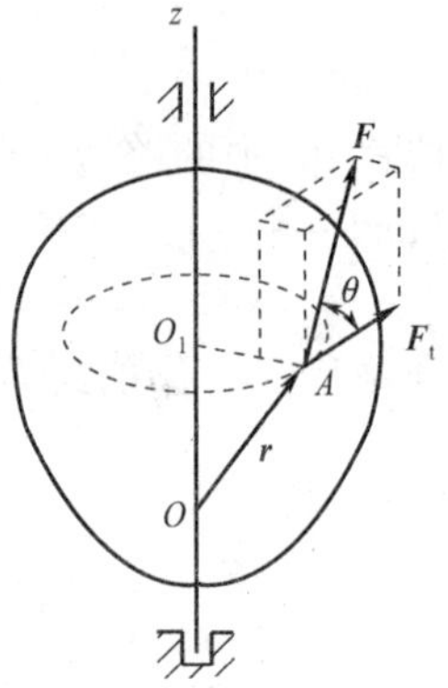

图 8-19

③ 定轴转动刚体上力的功

设力 $\boldsymbol{F}$ 与其作用点 A 处的运动轨迹的切线之间的夹角为 θ，如图 8-19 所示，则力 $\boldsymbol{F}$ 在切线上的投影 $F_t=F\cos\theta$；当刚体绕定轴转动时，角位移 $\mathrm{d}\varphi$ 与弧长 $\mathrm{d}s$ 的关系为 $\mathrm{d}s=R\mathrm{d}\varphi$，$R$ 为力作用点 A 到轴的垂直距离。力的元功为

$$\delta W=F\cdot\mathrm{d}r=F\mathrm{d}r\cos\theta=F_t\mathrm{d}s=F_tR\mathrm{d}\varphi$$

式中，乘积 F_tR 是 F_t 对 z 轴的矩，$M_z=F_tR$，则有

$$\delta W=M_z\mathrm{d}\varphi \tag{8-25}$$

力 $\boldsymbol{F}$ 在刚体从角 φ_1 到 φ_2 转动过程中作的功为

$$W_{12}=\int_{\varphi_1}^{\varphi_2}\delta W=\int_{\varphi_1}^{\varphi_2}M_z\mathrm{d}\varphi \tag{8-26}$$

式(8-26) 表明：作用于定轴转动刚体上作用力的功，等于力矩与转角大小的乘积。当力矩与转角转向一致时，功为正值；反之为负值。

如果作用在刚体上的是力偶，其所作的功，等于力偶矩与转角大小的乘积。当力偶矩与转角转向一致时，功为正值；反之为负值。

8.3.2 质点和质点系的动能

物体由于机械运动所具有的能量称为动能。

(1) 质点的动能

设质点的质量为 m，速度为 v，则质点的动能为

$$T=\frac{1}{2}mv^2 \tag{8-27}$$

动能是一个正值的代数量，其量纲为 J（焦耳），与功的量纲相同。

(2) 质点系的动能

质点系内各质点的动能的代数和称为**质点系的动能**，即

$$T=\sum\frac{1}{2}m_iv_i^2$$

(3) 刚体的动能

刚体是由无数个质点组成的质点系。由于它的运动形式不同，其动能的计算公式亦不同，现计算如下：

① 刚体作平动时的动能　刚体作平动时，其体内各质点的速度都相同，以质心速度 v_C 为代表，则刚体作平动时的动能为

$$T=\sum\frac{1}{2}m_iv_i^2=\frac{1}{2}v_C^2\sum m_i=\frac{1}{2}mv_C^2 \tag{8-28}$$

式中，$m=\sum m_i$，是刚体的质量。因此，**平动刚体的动能相当于刚体质量集中到其质心的动能。**

② 刚体绕定轴转动时的动能　设刚体绕定轴 z 转动，某瞬时的角速度为 ω，如图 8-20 所示。若刚体内任一质点的质量为 m_i，离 z 轴的距离为 r_i，速度为 $v_i=r_i\omega$，则刚体绕定轴转动时的动能为

$$T=\sum\frac{1}{2}m_iv_i^2=\frac{1}{2}(\sum m_ir_i^2)\omega^2=\frac{1}{2}J_z\omega^2 \tag{8-29}$$

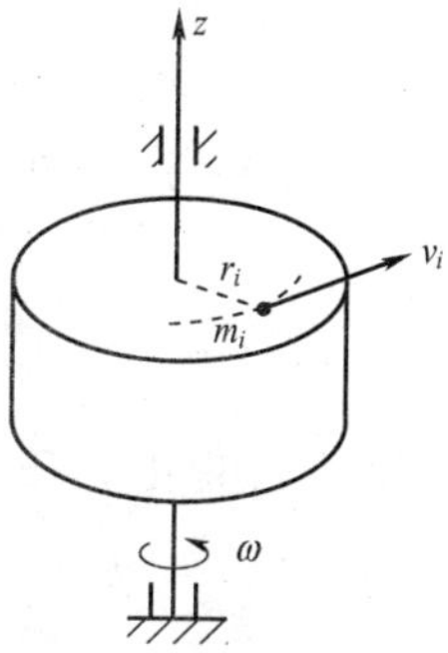

图 8-20

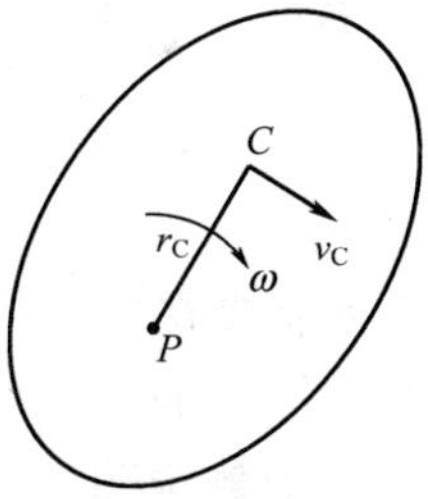

图 8-21

$J_z=\sum m_ir_i^2$ 是刚体对于 z 轴的转动惯量。**转动刚体的动能等于刚体对于转轴的转动惯量与角速度平方乘积的一半。**

③ 刚体作平面运动时的动能　设平面运动刚体的质量为 m，在某瞬时的速度瞬心为 P，质心为 C，角速度为 ω，如图 8-21 所示。此时刚体的平面运动可以看成是绕瞬心轴的瞬时转动，则刚体的动能为

$$T=\frac{1}{2}J_P\omega^2$$

式中，J_P 是刚体对通过瞬心并与运动平面垂直的轴的转动惯量。

根据计算转动惯量的平行轴定理有：$J_P=J_C+mr_C^2$，于是

$$T=\frac{1}{2}J_P\omega^2=\frac{1}{2}(J_C+mr_C^2)\omega^2=\frac{1}{2}J_C\omega^2+\frac{1}{2}m(r_C\omega)^2=\frac{1}{2}J_C\omega^2+\frac{1}{2}mv_C^2 \tag{8-30}$$

式(8-29) 表明：**刚体作平面运动时的动能，等于刚体随质心作平动时的动能与相对质心转动的动能之和。**

例 8-8　滚子 A 的质量为 m，沿倾角为 α 的斜面作纯滚动，滚子借绳子跨过滑轮 B 连

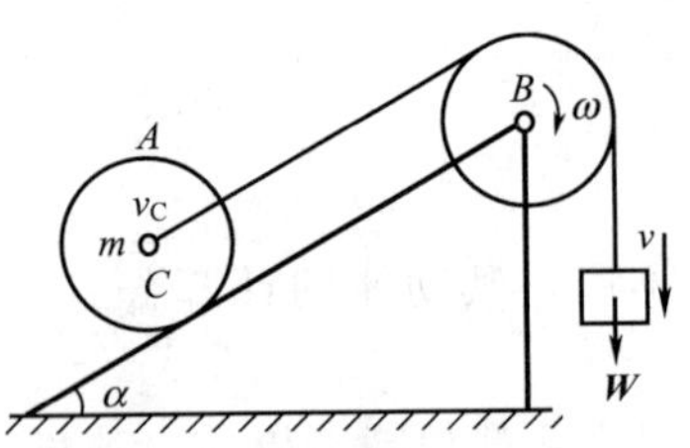

图 8-22

接质量为 m_1 的物体，如图 8-22 所示。滚子与滑轮质量相等，半径相同，皆为均质圆盘。此瞬时物体的速度为 v，绳子不可伸长，质量不计，求系统的动能。

解： 取系统为研究对象，其中物体作平动，滑轮作定轴转动，滚子作平面运动，系统的动能为

$$T=\frac{1}{2}m_1v^2+\frac{1}{2}J_B\omega^2+\frac{1}{2}mv_C^2+\frac{1}{2}J_C\omega^2$$

根据运动学关系，有 $v_C=v$，$v_C=r\omega$，代入上式得

$$T=\frac{1}{2}m_1v^2+\frac{1}{2}\times\frac{1}{2}mr^2\frac{v^2}{r^2}+\frac{1}{2}mv^2+\frac{1}{2}\times\frac{1}{2}mr^2\frac{v^2}{r^2}=\left(\frac{1}{2}m_1+m\right)v^2$$

8.3.3 动能定理

(1) 质点的动能定理

质点运动微分方程的矢量形式 $m\boldsymbol{a}=m\dfrac{\mathrm{d}\boldsymbol{v}}{\mathrm{d}t}=\boldsymbol{F}$

在方程两边点乘 $\mathrm{d}\boldsymbol{r}$，得 $m\dfrac{\mathrm{d}\boldsymbol{v}}{\mathrm{d}t}\cdot\mathrm{d}\boldsymbol{r}=m\boldsymbol{v}\cdot\mathrm{d}\boldsymbol{v}=\boldsymbol{F}\cdot\mathrm{d}\boldsymbol{r}$

得

$$\mathrm{d}\left(\frac{1}{2}mv^2\right)=\delta W \tag{8-31}$$

式(8-30) 称为**质点的动能定理的微分形式**，即质点的动能的增量等于作用在质点上力的元功。

对上式积分得

$$\frac{1}{2}mv_2^2-\frac{1}{2}mv_1^2=W_{12} \tag{8-32}$$

式(8-31) 称为**质点的动能定理的积分形式**，即在质点运动的某个过程中，质点的动能的改变量等于作用在质点上力的功。

(2) 质点系的动能定理

设质点系有 n 个质点，任取一质点的质量为 m_i，速度为 v_i，对于该质点

$$\mathrm{d}\left(\frac{1}{2}m_iv_i^2\right)=\delta W_i$$

对于整个质点系

$$\mathrm{d}\sum\frac{1}{2}m_iv_i^2=\sum\delta W_i$$

质点系的动能 $T=\sum\frac{1}{2}m_iv_i^2$，上式可写成

$$\mathrm{d}T=\sum\delta W_i \tag{8-33}$$

式(8-32) 称为**质点系的动能定理的微分形式**，即质点系的动能的增量等于作用在质点上全部力所作的元功的代数和。

对上式积分得

$$T_2-T_1=\sum W_{12} \tag{8-34}$$

式(8-33) 称为**质点系的动能定理的积分形式**，即在质点系运动的某个过程中，质点系的动能的改变量等于作用在质点系上的全部力的所作功之和。

(3) 理想约束及内力作功

作用在质点系上的全部力既包括外力也包括内力。在某些情形下，内力虽然等值反向，

但**内力所作功的和并不一定等于零**。例如，由两个相互吸引的质点 M_1 和 M_2 组成的质点系，两质点相互作用的力 $\boldsymbol{F}_{12}$ 和 $\boldsymbol{F}_{21}$ 是一对内力，如图 8-23 所示，且 $\boldsymbol{F}_{21}=-\boldsymbol{F}_{12}$，但是当两质点相互趋近或离开时，两内力功的和并不等于零。

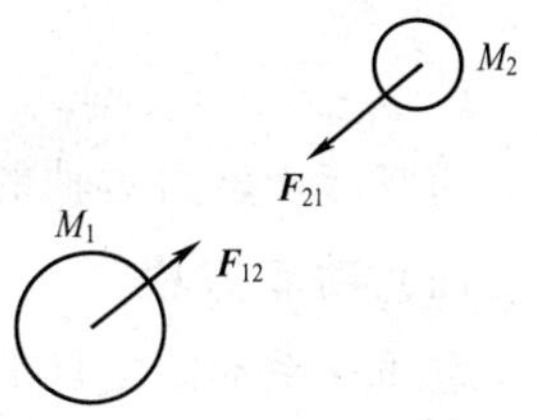

图 8-23

但是，对于刚体来说，因为刚体上任意两点的距离保持不变，其中一力作正功，另一力作负功，这一对内力功之和等于零。于是得出结论：**刚体内力所作的功之和等于零**。

若将作用于刚体上的外力分为主动力和约束反力，因为在许多情况下约束力不作功或作功的代数和等于零，合乎这个条件的约束称为**理想约束**。现将常见的一些理想约束介绍如下：①光滑接触面约束；②轴承约束；③柔性体约束；④光滑铰链约束；⑤固定端约束；⑥对于有摩擦的问题，滑动摩擦力视为主动力，作负功；但是当刚体在固定面上作纯滚动时，摩擦力不做功。

例 8-9 滚子、滑轮和重物组成的系统，见例 8-8。求系统由静止开始到重物下降 h 高度时的速度和加速度。

解： 系统受到的主动力只有物体的重力；约束力有滑轮 B 处的铰链约束、斜面对滚子的法向力及摩擦力，滚子作纯滚动，在理想约束情况下，约束力作功为零，系统只有重物及滚子的重力作功，总功为

$$\sum W_{12}=m_1gh-mgh\sin\alpha$$

系统的动能改变

$$T_2-T_1=\left(\frac{1}{2}m_1+m\right)v^2$$

根据质点系的动能定理 $T_2-T_1=\sum W_{12}$，有

$$\left(\frac{1}{2}m_1+m\right)v^2=m_1gh-mgh\sin\alpha$$

解得

$$v=\sqrt{\frac{2gh(m_1-mg\sin\alpha)}{m_1+2m}}$$

求重物的加速度，可对式：$\left(\frac{1}{2}m_1+m\right)v^2=m_1gh-mgh\sin\alpha$ 两边时间求一阶导数，得

$$\left(\frac{1}{2}m_1+m\right)2va=(m_1g-mg\sin\alpha)v$$

解得

$$a=\frac{m_1-mg\sin\alpha}{m_1+2m}$$

8.3.4 功率及功率方程

(1) 功率

在工程中，需要知道一部机器单位时间内能作多少功。单位时间内，力所作的功称为功率，以 P 表示，量纲为 W、kW。功率的表达式

$$P=\frac{\mathrm{d}W}{\mathrm{d}t}=\frac{\boldsymbol{F}\cdot\mathrm{d}\boldsymbol{r}}{\mathrm{d}t}=\boldsymbol{F}\cdot\boldsymbol{v}=F_{\mathrm{t}}v$$

即，功率等于切向力与力的作用点速度的乘积。

作用在转动刚体上力的功率为

$$P=\frac{\mathrm{d}W}{\mathrm{d}t}=\frac{\mathrm{d}(M_z\mathrm{d}\varphi)}{\mathrm{d}t}=M_z\omega$$

即，功率等于该力对轴的矩与刚体角速度的乘积。

(2) 功率方程

取质点系动能定理的微分形式，两端除以 $\mathrm{d}t$，得

$$\frac{\mathrm{d}T}{\mathrm{d}t}=\frac{\sum\delta W_i}{\mathrm{d}t}=\sum P_i \tag{8-35}$$

质点系动能对时间的一阶导数等于作用于质点系的所有力的功率的代数和，称之为**功率方程**。

例 8-10 滚子、滑轮和重物组成的系统，见例 8-8。用功率方程计算重物下降 h 高度时的加速度 a。

解： 质点系的动能为 $T=\left(\frac{1}{2}m_1+m\right)v^2$，则

$$\frac{\mathrm{d}T}{\mathrm{d}t}=(m_1+2m)va$$

质点系的功率的代数和 $\sum P_i=(mg-m_1g\sin\varphi)v$

根据功率方程 $\frac{\mathrm{d}T}{\mathrm{d}t}=\sum P_i$，有

$$(m_1+2m)va=(mg-m_1g\sin\alpha)v$$

$$a=\frac{m_1-mg\sin\alpha}{m_1+2m}$$

思考题

8-1 求思考题 8-1 图所示均质物体的动量。设各物体的质量皆为 m。

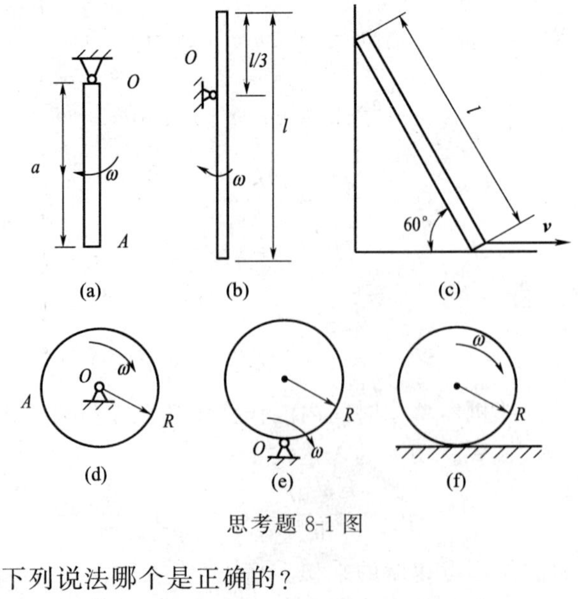

思考题 8-1 图

8-2 关于动量的下列说法哪个是正确的？

(1) 质点系的动量必大于其中单个质点的动量；

(2) 质点系内各质点的动量均为零，则质点系的动量必为零；

(3) 质点系内各质点的动量皆不为零，则质点系的动量必不为零；

(4) 质点系的动量的大小等于其各个质点的动量的大小之和。

8-3 如思考题 8-3 图中，均质杆 AB 长 l，如图铅垂地立在光滑水平面上，若杆受一微小扰动，从铅垂位置无初速地倒下，其质心 C 点的运动轨迹是什么形状？轨迹方程是什么？

8-4 求思考题 8-1 图(a)、(b)、(d)、(e)、(f) 中物体对转轴 O 的动量矩。各物体的质量皆为 m。

8-5 思考题 8-5 图示均质圆盘重 P，半径为 r，圆心为 C，绕偏心轴 O 以角速度 ω 转动，偏心距 $OC=e$，该圆盘对定轴 O 的动量矩是多少？

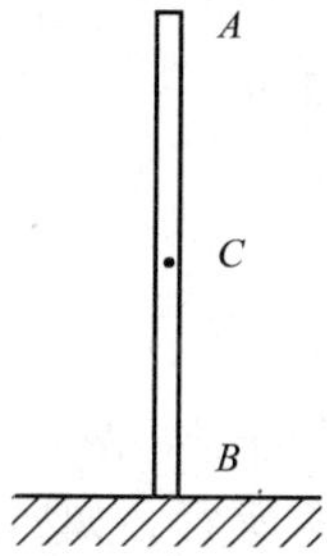

思考题 8-3 图

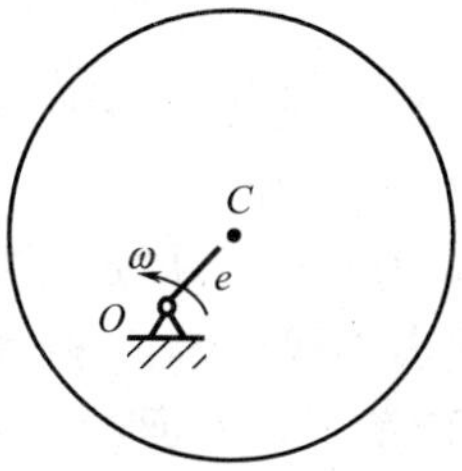

思考题 8-5 图

8-6 思考题 8-6 图示系统中，已知鼓轮以 ω 的角速度绕 O 轴转动，其大、小半径分别为 R、r，对 O 轴的转动惯量为 J_O；物块 A、B 的质量分别为 m_A 和 m_B；则系统对 O 轴的动量矩是多少？

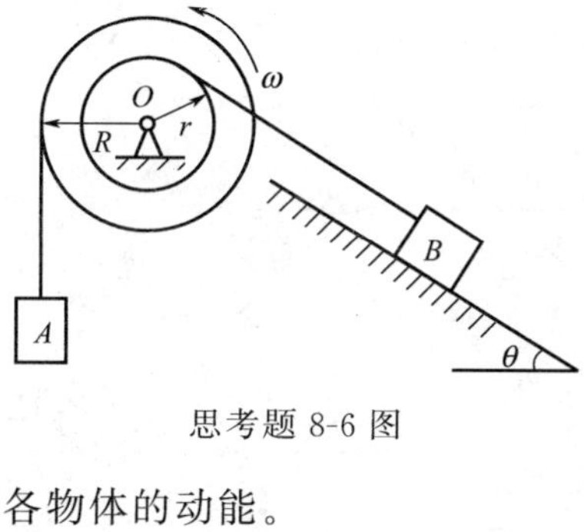

思考题 8-6 图

8-7 计算思考题 8-1 图中各物体的动能。

8-8 什么叫理想约束？摩擦力一定作功吗？摩擦力可能作正功吗？举例说明。

习题

8-1 汽车以 36km/h 的速度在水平直道上行驶。设车轮在制动后立即停止转动。问车轮对地面的动滑动摩擦因数 f 应为多大方能使汽车在制动后 6s 停止。

8-2 如习题 8-2 图所示椭圆规尺 AB 的质量为 $2m_1$，曲柄 OC 的质量为 m_1，滑块 A 和 B 的质量均为 m_2，已知 $l=CB=AC=OC$。曲柄和尺的质心分别在其中点上；曲柄绕 O 轴转动的角速度 ω 为常量。当开始时，曲柄水平向右，求此时质点系的动量。

8-3 在习题 8-3 图示曲柄滑杆机构中，曲柄以等角速度 ω 绕 O 轴转动。开始时，曲柄 OA 水平向右。已知：曲柄的质量为 m_1，滑块 A 的质量为 m_2，滑杆的质量为 m_3，曲柄的

质心在 OA 的中点，$OA=l$；滑杆的质心在 C 点。试求：（1）机构质量中心的运动方程；（2）作用在轴 O 处的最大水平约束力。

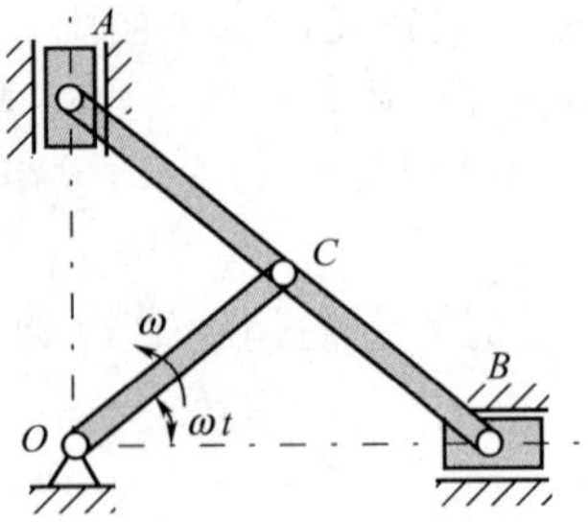

习题 8-2 图

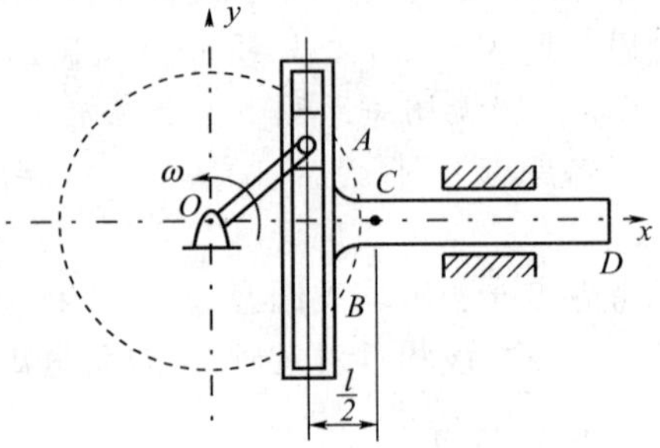

习题 8-3 图

8-4　质量为 m 的点在平面 Oxy 内运动，其运动方程为

$$x=a\cos\omega t,\ y=b\sin 2\omega t$$

其中 a，b 和 ω 为常量。求质点对原点 O 的动量矩。

8-5　均质实心圆柱体 A 和薄铁环 B 的质量均为 m，半径都等于 r，两者用杆 AB 铰接，无滑动地沿斜面滚下，斜面与水平面间的夹角为 θ，如习题 8-5 图所示。如 AB 杆的质量忽略不计，试求杆 AB 的加速度和杆的内力。

8-6　均质轮 B 与杆 AB 质量均为 m，可绕水平轴 A 转动，如习题 8-6 图所示。已知杆 AB 和轮直径长均为 l。摩擦不计，A 端用光滑铰链与支座固定，初始时杆 AB 水平，杆和轮静止。（1）当 A 端与轮固结成一体时，求 AB 转过 90°时的角速度；（2）当 A 端与轮心光滑铰接时，求 AB 转过 90°时的角速度；（3）求两种情况下 B 处的约束力。

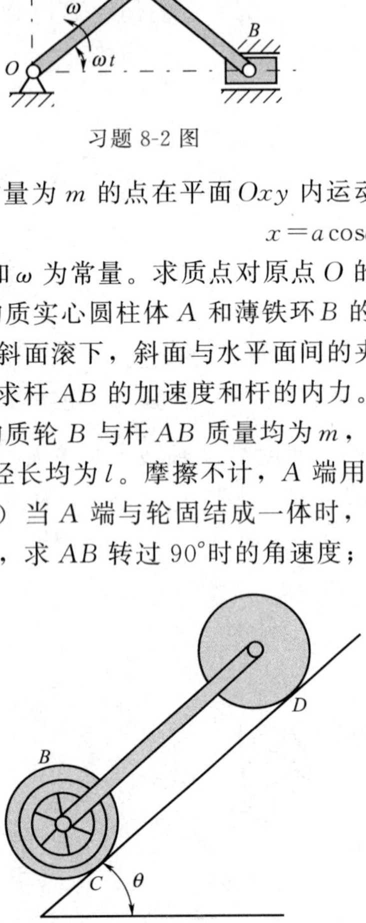

习题 8-5 图

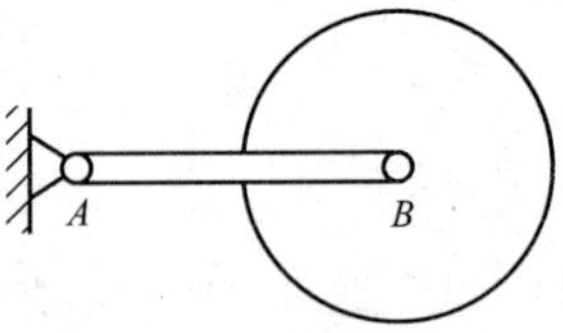

习题 8-6 图

8-7　习题 8-7 图中，圆盘的半径 $r=0.5\text{m}$，可绕水平轴 O 转动。在绕过圆盘的绳上吊有两物块 A，B，质量分别为 $m_A=3\text{kg}$，$m_B=2\text{kg}$。绳与盘之间无相对滑动。在圆盘上作用一力偶，力偶矩按 $M=4\varphi$ 的规律变化（M 以 N·m 计）。试求由 $\varphi=0$ 到 $\varphi=2\pi$ 时，力偶 M 与物块 A、B 的重力所做的功之总和。

8-8　习题 8-8 图中，均质滑轮重 Q，半径为 R，可绕定轴 O 转动，在滑轮上绕一柔软的绳子，其另一端系一重为 Q 的小车 A，如图所示，小车 A 和斜面间摩擦忽略不计。求：小车 A 由静止释放后，因重力作用下降了 s 时的速度、加速度。

8-9　习题 8-9 图中物块 A 和 B 的质量分别为 m_1、m_2，且 $m=m_1=2m_2$，分别系在绳索的两端，绳跨过一定滑轮，如图。滑轮的质量为 m，并可看成是半径为 r 的均质圆盘。假设不计绳的质量和轴承摩擦，绳与滑轮之间无相对滑动，试求物块 A 下降 h 时的速度和

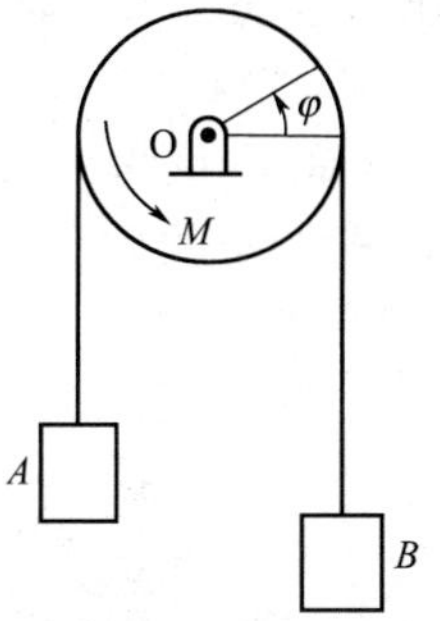

习题 8-7 图

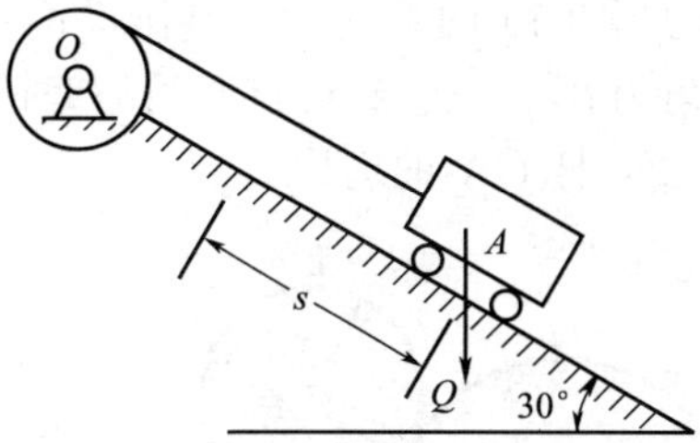

习题 8-8 图

加速度。

8-10　均质滑轮 B 无重，半径为 R，可绕定轴 O 转动，在滑轮上绕一柔软的绳子，其一端系一重为 Q 的重物 A，如习题 8-10 图所示，另一端系一重为 Q 的均质圆轮 C，轮 C 在斜面上做纯滚动，斜面倾角 $\beta=30°$，系统初始静止。求：重物 A 向下移动 s 时轮心 C 的速度、加速度。

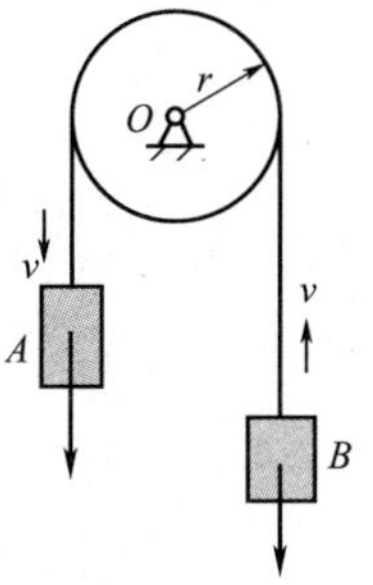

习题 8-9 图

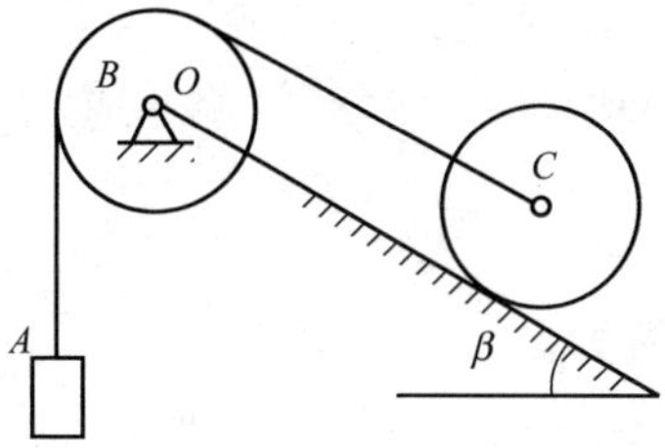

习题 8-10 图

8-11　习题 8-11 图示系统，均质轮 C 质量为 m_1，半径为 R_1，沿水平面作纯滚动，均质轮 O 的质量为 m_2，半径为 R_2，绕轴 O 作定轴转动。物块 B 的质量为 m_3，绳 AE 段水平。系统初始静止，忽略绳的质量，考虑重力作用，绳和轮之间无相对滑动。求物块 B 的加速度。

8-12　力偶矩 M 为常量，作用在绞车的鼓轮上，使轮转动，如习题 8-12 图所示。轮的半径为 r，质量为 m_1，缠绕在鼓轮上的绳子系一质量为 m_2 的重物，使其沿倾角为 θ 的斜面上升。重物与斜面间的滑动摩擦因数为 f，绳子质量不计，鼓轮可视为均质圆柱。在开始时，此系统处于静止。求鼓轮转过 φ 角时的角速度和角加速度。

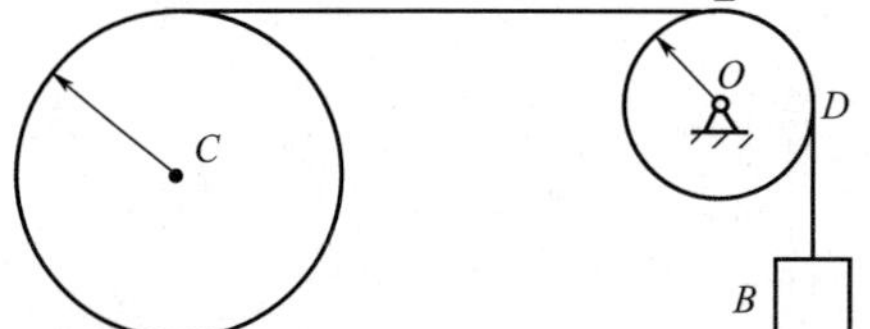

习题 8-11 图

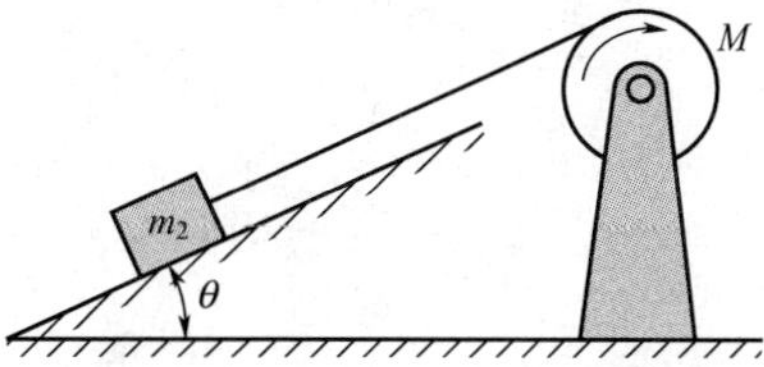

习题 8-12 图

8-13　周转齿轮传动机构放在水平面内，如习题 8-13 图所示，已知动齿轮半径为 r，质量为 m_1，可看成为均质圆盘；曲柄 OA，质量为 m_2，可看成为均质杆；定齿轮半径为 R。

在曲柄上作用一不变的力偶，其矩为 M，使此机构由静止开始运动。求曲柄转过 φ 角后的角速度和角加速度。

8-14　在习题 8-14 图系统中，纯滚动的均质圆轮与物块 A 的质量均为 m。圆轮的半径为 r，斜面倾角为 θ，物块 A 与斜面间的摩擦因数为 f。不计杆 OA 的质量。试求：(1) O 点的加速度；(2) 杆 OA 的内力。

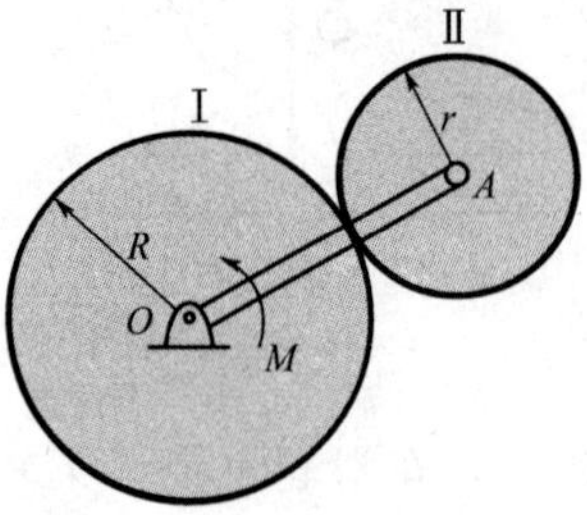

习题 8-13 图

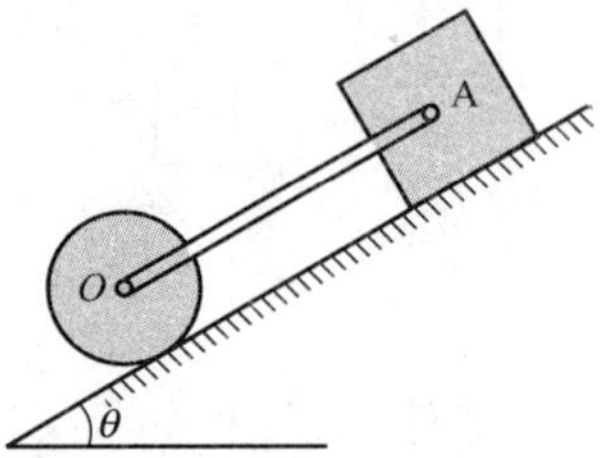

习题 8-14 图

第 9 章 达朗贝尔原理

达朗贝尔原理应用静力学中研究平衡问题的方法来研究解决动力学问题。

9.1 质点的达朗贝尔原理

设一质点的质量为 m，加速度为 $\boldsymbol{a}$，作用于质点上的主动力为 $\boldsymbol{F}$，约束力为 $\boldsymbol{F}_{\mathrm{N}}$，如图 9-1 所示，根据牛顿第二定律，有

$$m\boldsymbol{a}=\boldsymbol{F}+\boldsymbol{F}_{\mathrm{N}} \quad \boldsymbol{F}+\boldsymbol{F}_{\mathrm{N}}-m\boldsymbol{a}=0$$

令
$$\boldsymbol{F}_{\mathrm{I}}=-m\boldsymbol{a} \tag{9-1}$$

则有
$$\boldsymbol{F}+\boldsymbol{F}_{\mathrm{N}}+\boldsymbol{F}_{\mathrm{I}}=0 \tag{9-2}$$

称 $\boldsymbol{F}_{\mathrm{I}}$ 为质点的**惯性力**。作用在质点上的主动力 $\boldsymbol{F}$、约束力 $\boldsymbol{F}_{\mathrm{N}}$ 和虚加上的惯性力 $\boldsymbol{F}_{\mathrm{I}}$ 在形式上组成平衡力系。这种处理动力学问题的方法，称为**质点的达朗贝尔原理**。

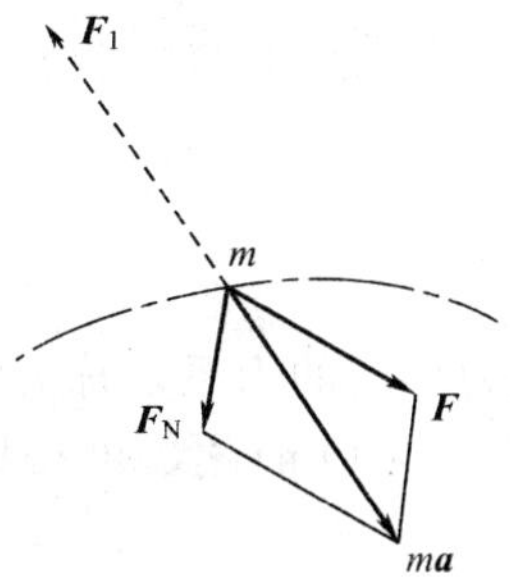

图 9-1

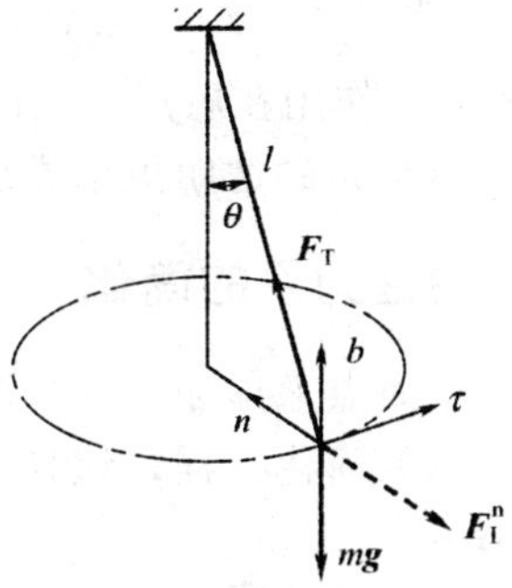

图 9-2

例 9-1 用达朗贝尔原理求解例 7-2。

解： 以小球为研究的质点，其受重力（主动力）$m\boldsymbol{g}$ 与绳的拉力（约束力）$\boldsymbol{F}_{\mathrm{T}}$。质点作匀速圆周运动，只有法向加速度，虚加上法向惯性力 $\boldsymbol{F}_{\mathrm{I}}^{\mathrm{n}}$，如图 9-2 所示。

且
$$F_{\mathrm{I}}^{\mathrm{n}}=ma_{\mathrm{n}}=m\frac{v^2}{l\sin\theta}$$

根据质点的达朗贝尔原理，这三个力在形式上组成平衡力系

$$m\boldsymbol{g}+\boldsymbol{F}_{\mathrm{I}}+\boldsymbol{F}_{\mathrm{I}}^{\mathrm{n}}=0$$

将上式投影到图 9-2 所示的自然轴上，有

$$\sum F_{\mathrm{b}i}=0 \qquad F_{\mathrm{T}}\cos\theta-mg=0$$
$$\sum F_{\mathrm{n}}=0 \qquad F_{\mathrm{T}}\sin\theta-F_{\mathrm{I}}^{\mathrm{n}}=0$$

解得

$$F_{\mathrm{T}}=\frac{mg}{\cos\theta}=\frac{0.1\mathrm{kg}\times 9.8\mathrm{m/s^2}}{\frac{1}{2}}=1.96\mathrm{N}$$

$$v=\sqrt{\frac{F_{\mathrm{T}}l\sin^2\theta}{m}}=\sqrt{\frac{1.96\mathrm{N}\times0.3\mathrm{m}\times(\frac{\sqrt{3}}{2})^2}{0.1\mathrm{kg}}}=2.1\mathrm{m/s}$$

9.2 质点系的达朗贝尔原理

9.2.1 质点系的达朗贝尔原理

设质点系由 n 个质点组成，取其中质点 i 的质量为 m_i，加速度为 $\boldsymbol{a}_i$，作用在该质点上的力有外力 $\boldsymbol{F}_i^{(e)}$，内力 $\boldsymbol{F}_i^{(i)}$，虚加上的惯性力为 $\boldsymbol{F}_{\mathrm{I}i}$。作用在质点系上的外力、内力以及虚加上惯性力构成空间任意力系。由静力学可知，空间任意力系平衡条件是力系的主矢和对于任一点的主矩等于零，即

$$\begin{cases}\sum\boldsymbol{F}_i^{(e)}+\sum\boldsymbol{F}_i^{(i)}+\sum\boldsymbol{F}_{\mathrm{I}i}=0\\\sum M_{\mathrm{O}}(\boldsymbol{F}_{\mathrm{I}i})+\sum M_{O}(\boldsymbol{F}_i^{(i)})+\sum M_{\mathrm{O}}(\boldsymbol{F}_i^{(e)})=0\end{cases}$$

由于质点系的内力总是成对存在，且等值、反向、共线，因此有 $\sum\boldsymbol{F}_i^{(i)}=0$ 和 $\sum M_{\mathrm{O}}(\boldsymbol{F}_i^{(i)})=0$，于是有

$$\begin{cases}\sum\boldsymbol{F}_i^{(e)}+\sum\boldsymbol{F}_i^{(i)}=0\\\sum M_{\mathrm{O}}(\boldsymbol{F}_i^{(e)})+\sum M_{\mathrm{O}}(\boldsymbol{F}_i^{(i)})=0\end{cases}\tag{9-3}$$

式(9-3) 表明：作用在质点系上的所有外力与虚加在每个质点上的惯性力在形式上组成平衡力系。这是**质点系的达朗贝尔原理**。

9.2.2 刚体惯性力系的简化

质点系内每个质点上虚加上各自的惯性力，这些惯性力形成的力系，称为**惯性力系**。与静力学中任意力系的简化一样，惯性力系向作用面内任选一点 O 简化，可得惯性力系的主矢 $\boldsymbol{F}_{\mathrm{IR}}$ 和主矩 $\boldsymbol{M}_{\mathrm{IO}}$。

由式(9-3) 中第一式与质心运动定理，得

$$\boldsymbol{F}_{\mathrm{IR}}=\sum\boldsymbol{F}_{\mathrm{I}}^{(i)}=\sum-\boldsymbol{F}_{\mathrm{I}}^{(e)}=-m\boldsymbol{a}_{\mathrm{C}}\tag{9-4}$$

此式对质点系作任何运动均适用，包括刚体的平行移动、定轴转动和平面运动。

下面讨论惯性力系的主矩的简化。

(1) 刚体作平动

刚体作平动时，任一质点的加速度 $\boldsymbol{a}_i$ 与质心的加速度 $\boldsymbol{a}_{\mathrm{C}}$ 相同，有 $\boldsymbol{a}_i=\boldsymbol{a}_{\mathrm{C}}$，刚体惯性力系分布如图 9-3 所示，任选一点 O 为简化中心，主矩 $\boldsymbol{M}_{\mathrm{IO}}$ 为

$$\begin{aligned}\boldsymbol{M}_{\mathrm{IO}}&=\sum M_{\mathrm{O}}(\boldsymbol{F}_i^{(i)})=\sum\boldsymbol{r}_i\times\boldsymbol{F}_{\mathrm{I}i}=\sum\boldsymbol{r}_i\times(-m_i\boldsymbol{a}_i)\\&=-\sum m_i\boldsymbol{r}_i\times\boldsymbol{a}_{\mathrm{C}}\\&=-m\boldsymbol{r}_{\mathrm{C}}\times\boldsymbol{a}_{\mathrm{C}}\end{aligned}$$

式中，m 为质点系的质量；$\boldsymbol{r}_{\mathrm{C}}$ 为质心 C 到简化中心 O 的矢径；主矩 $\boldsymbol{M}_{\mathrm{IO}}$ 一般不为零。若选质心 C 为简化中心，$\boldsymbol{r}_{\mathrm{C}}=0$，则有对质心 C 的主矩

$$\boldsymbol{M}_{\mathrm{IC}}=0$$

因此有结论：平移刚体的惯性力系若选择质心作为简化中心可以简化为通过质心的合力，其大小等于刚体的质量与加速度的乘积，合力的方向与加速度方向相反。

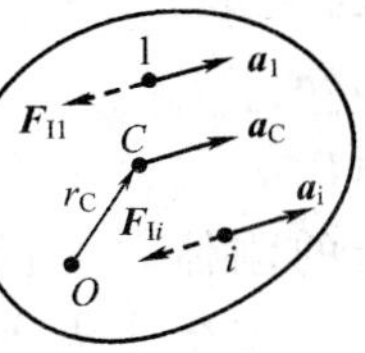

图 9-3

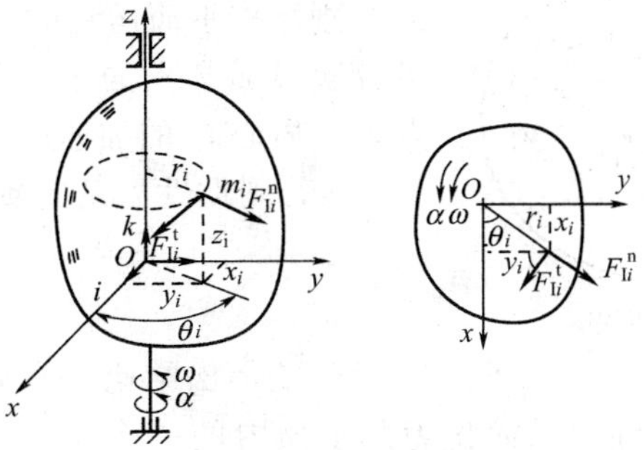

图 9-4

(2) 刚体作定轴转动

仅讨论刚体具有质量对称平面，且绕垂直于此平面的轴转动的情形。刚体内的任一质点的惯性力如图 9-4 所示，将该平面与转轴的交点作为简化中心，则惯性力系主矩为

$$M_{IO}=-\sum M_O(F_{Ii}^t)=\sum -m_i r_i \alpha r_i=-\sum m_i r_i^2\alpha=-J_O\alpha \tag{9-5}$$

上式表明，刚体作定轴转动时，选择质量对称面与转轴的交点 O 作为简化中心，惯性力系向 O 点简化得到主矢和主矩，主矢为 $\boldsymbol{F}_{IR}=-m\boldsymbol{a}_C$，主矩为 $M_{IO}=-J_O\alpha$。

于是得出结论：惯性主矢等于刚体的质量与质心加速度的乘积，方向与质心加速度方向相反；惯性主矩等于刚体对转轴的转动惯量与角加速度的乘积，转向与角加速度相反。

显然：①若转轴通过质心 C，则主矢为零，此时惯性力系简化为一合力偶；②若刚体匀速转动，则主矩为零，此时惯性力系简化为通过 O 的一个合力；③若转轴通过质心 C，刚体匀速转动，则主矢和主矩都为零，惯性力系是平衡力系。

例 9-2 如图 9-5(a) 所示均质杆的质量为 m，长为 l，绕定轴 O 转动的角速度为 ω，角加速度为 α。求惯性力系向点 O 简化的结果。

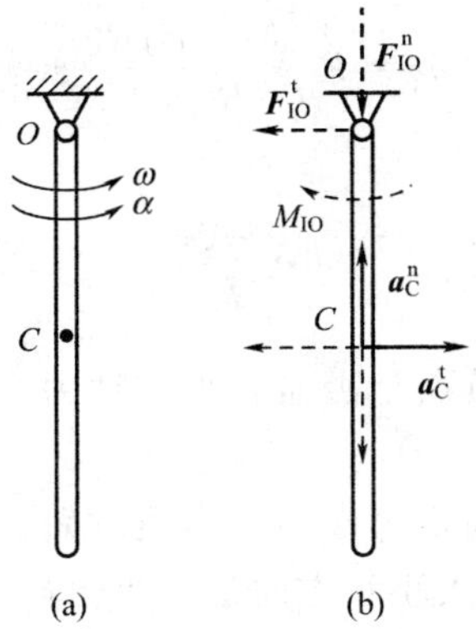

图 9-5

解： 该杆作定轴转动，惯性力系向点 O 简化的主矢、主矩大小为

$$F_{IO}^t=ma_C^t=m\ \frac{l}{2}\alpha,\ F_{IO}^n=ma_C^n=m\ \frac{l}{2}\omega^2,\ M_{IO}=J_O\alpha=\frac{1}{3}ml\alpha$$

方向和转向如图 9-5(b) 所示。

(3) 刚体作平面运动

工程中，作平面运动的刚体常常有质量对称平面，且平行于此平面运动，现在仅讨论这种情况下惯性力系的简化。

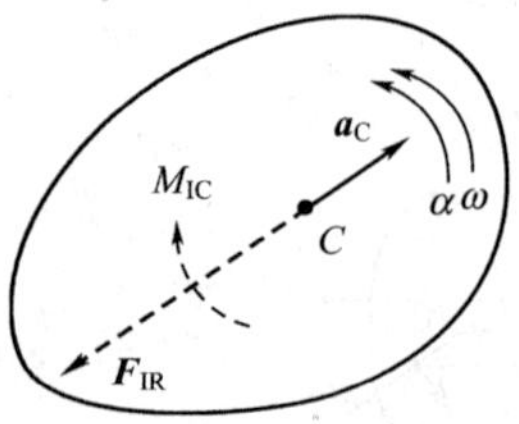

图 9-6

刚体作平面运动时，如图 9-6 所示。该平面图形的平面运动可分解成随基点的平动与绕基点转动的合成。现取质心 C 为基点，设质心 C 的加速度为 a_C，绕质心转动的角速度为 ω，角加速度为 α，则惯性力系向质心 C 简化的主矢和主矩分别为

$$\begin{cases} \boldsymbol{F}_{IR} = -m\boldsymbol{a}_C \\ M_{IC} = -J_C\alpha \end{cases} \tag{9-6}$$

于是得出结论：有质量对称面的刚体，平行于此平面运动时，刚体的惯性力系简化为此平面内的一个主矢和一个主矩。这个主矢等于刚体的质量与质心加速度的乘积，方向与质心加速度方向相反，作用线通过质心；这个主矩等于刚体对通过质心且垂直于质量对称面的轴的转动惯量与角加速度的乘积，转向与角加速度相反。

例 9-3 圆轮沿水平直线轨道作纯滚动而不滑动，如图 9-7 所示。设轮重 $\boldsymbol{G}$、半径为 R，该轮轴的惯性半径为 ρ，车身的作用力可简化为作用在质心 C 的力 $\boldsymbol{F}_1$、$\boldsymbol{F}_2$ 及驱动力偶矩 M，不计滚动摩擦的影响，求轮心的加速度。

解： 以圆轮为研究对象。作用在轮上的主动力有 $\boldsymbol{G}$，车身的作用力 $\boldsymbol{F}_1$、$\boldsymbol{F}_2$ 及驱动力偶矩 M；约束力有轨道的圆轮法向约束力 $\boldsymbol{F}_N$ 和切向摩擦力 $\boldsymbol{F}$；惯性力系简化为力 $\boldsymbol{F}_I$ 及力偶矩为 $\boldsymbol{M}_{IC}$ 的力偶，方向如图 9-7 所示。依据达朗贝尔原理，列平衡方程

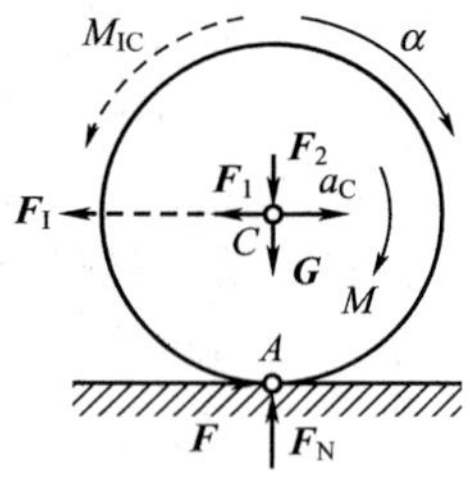

图 9-7

$$\sum M_A(\boldsymbol{F})=0 \quad (F_1+F_I)R-M+M_{IC}=0$$

又 $$F_I=\frac{G}{g}a_C,\ M_{IC}=J_C\alpha=\frac{G}{g}\rho^2\alpha,\ a_C=R\alpha$$

所以 $$\left(F_1+\frac{G}{g}a_C\right)R-M+\frac{G}{g}\rho^2\alpha=0$$

可以求得 $$a_C=R\frac{M-F_1R}{G(R^2+\rho^2)}g$$

思考题

9-1 应用动静法时对静止的质点是否需要加惯性力？对运动着的质点是否都需要加惯性力？

9-2 质点在空中运动，只受到重力作用，当质点做自由落体运动、质点被上抛、质点从楼顶水平弹出时，质点惯性力的大小和方向是否相同？

9-3 如思考题 9-3 图所示，均质滑轮对轴 O 的转动惯量为 J_O，重物质量为 m，拉力为 $\boldsymbol{F}$，绳与轮间不打滑。当重物以等速 v 上升和下降，以加速度 $\boldsymbol{a}$ 上升和下降时，轮两边绳的拉力是否相同？

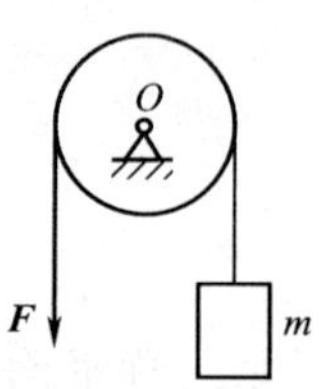

思考题 9-3 图

习题

9-1　图示汽车总质量为 m，以加速度 $\boldsymbol{a}$ 作水平直线运动。汽车质心 G 离地面的高度为 h，汽车的前后轴到通过质心垂线的距离分别等于 c 和 b。求其前后轮的正压力；又，汽车应如何行驶能使前后轮的压力相等？

9-2　轮轴质心位于 O 处，对轴 O 的转动惯量为 J_O。在轮轴上系有两个质量分别为 m_1 和 m_2 的物体。若此轮轴以顺时针转向转动，求轮轴的角加速度 α 和轴承 O 的附加动约束力。

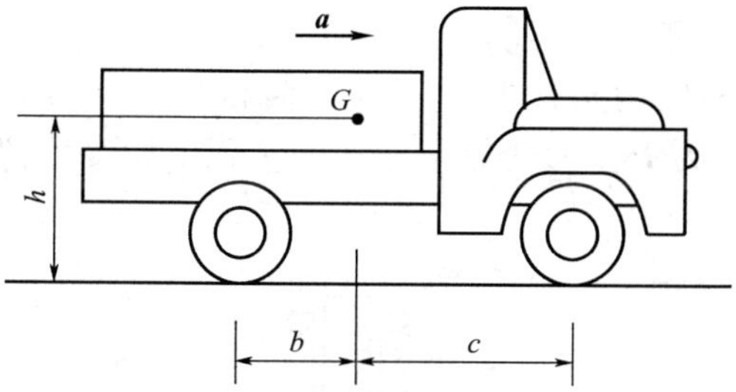

习题 9-1 图

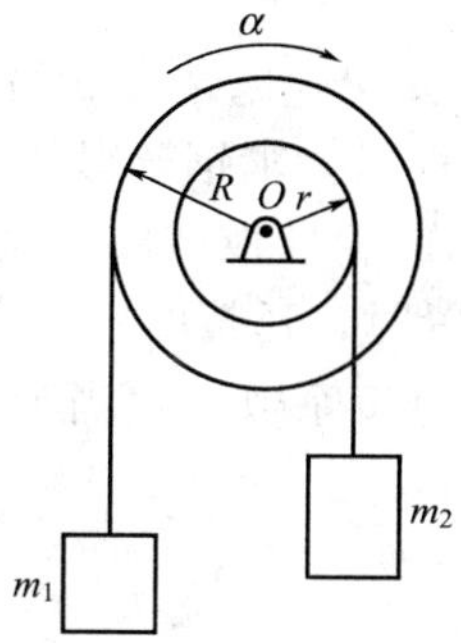

习题 9-2 图

9-3　质量为 m_1 的物体 A 下落时，带动质量为 m_2 的均质圆盘 B 转动。若不计支架和绳子的重量及轴上的摩擦，$BC=l$，盘 B 的半径为 R，求固定端 C 的约束力。

9-4　图示曲柄 OA 质量为 m_1，长为 r，以等角速度 ω 绕水平轴 O 逆时针方向转动。曲柄的 A 端推动水平板 B，使质量为 m_2 的滑杆 C 沿铅垂方向运动。忽略摩擦，求当曲柄与水平方向夹角 $\theta=30°$时的力偶 M 及轴承 O 的约束力。

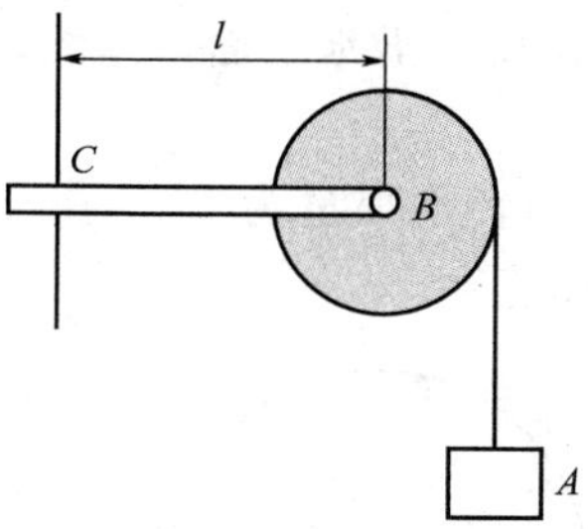

习题 9-3 图

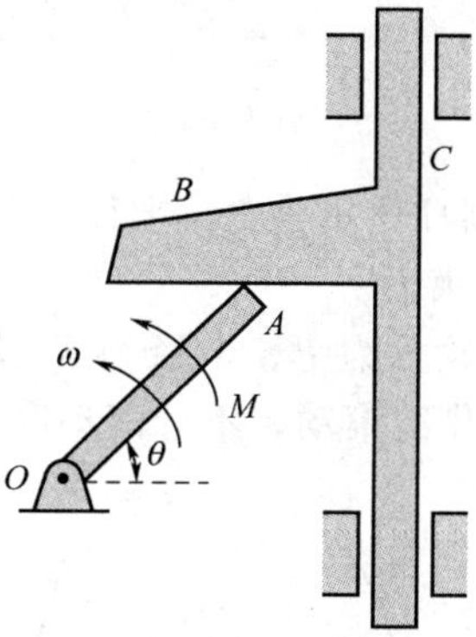

习题 9-4 图

9-5　曲柄摇杆机构的曲柄 OA 长为 r，质量为 m，在力偶 M（随时间而变化）驱动下以匀角速度 ω_O 转动，并通过滑块 A 带动摇杆 BD 运动。OB 铅垂，BD 可视为质量为 $8m$ 的均质等直杆，长为 $3r$。不计滑块 A 的质量和各处摩擦；图示瞬时，OA 水平，$\theta=30°$。求此时驱动力偶矩 M 和 O 处的约束力。

9-6　提升矿石用的传送带与水平成倾角 θ。设传送带以匀角速度 a 运动，为保持矿石不在带上滑动，求所需的摩擦因数。

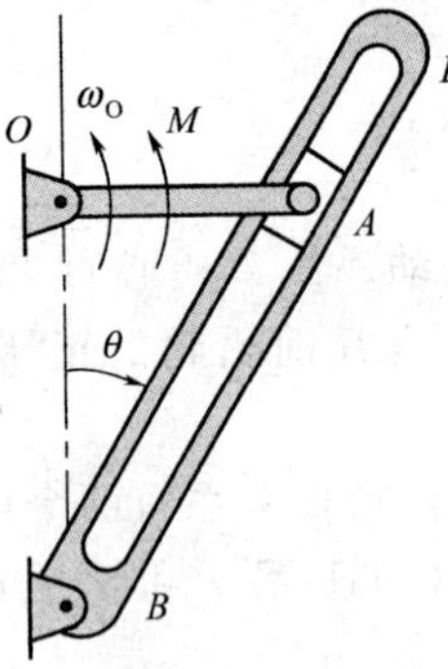

习题 9-5 图

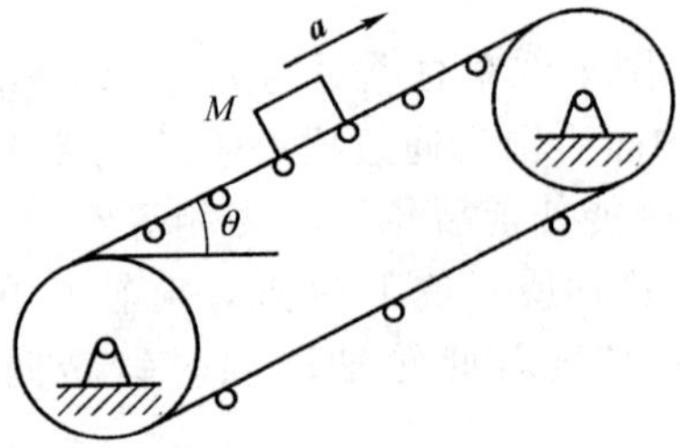

习题 9-6 图

9-7　矿车重 $\boldsymbol{P}$，以速度 v 沿倾角为 θ 的斜坡匀速下降，摩擦因数为 f，尺寸如图；不计轮对轴的转动惯量，求钢丝绳的拉力。

9-8　图示凸轮导板结构，偏心轮绕 O 轴以匀角速度 ω 转动，偏心距 $OA=e$，当导板 CD 在最低位置时，弹簧的压缩为 b，导板重为 $\boldsymbol{P}$。为使导板在运动过程中始终不离开偏心轮，则弹簧的刚度系数 k 应当为多少？

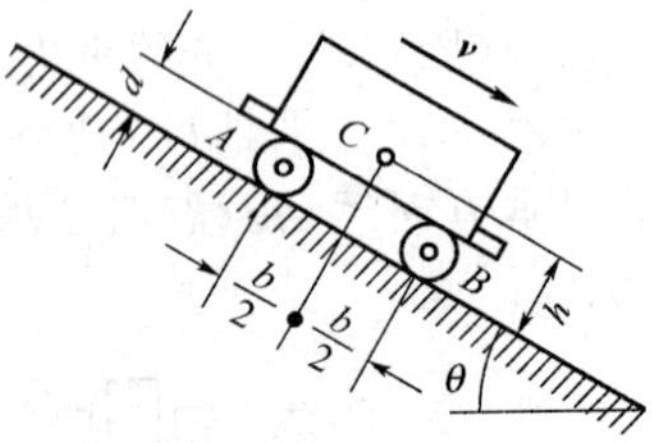

习题 9-7 图

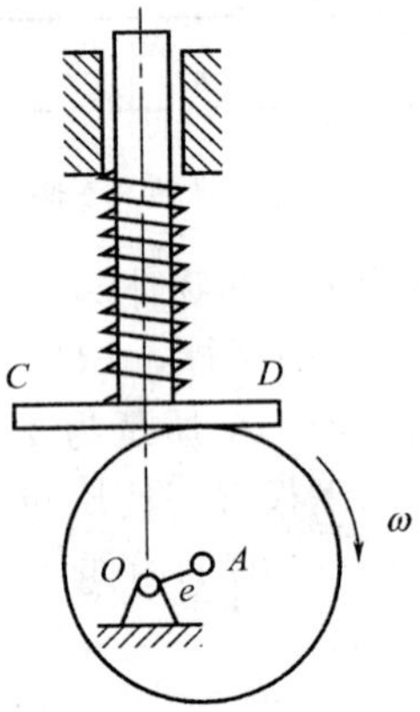

习题 9-8 图

9-9　均质圆柱体重为 $\boldsymbol{P}$、半径为 R，在常力 $\boldsymbol{F}_{\mathrm{T}}$ 作用下沿水平面作纯滚动，求轮心的加速度及地面的约束力。

9-10　绕线轮重为 $\boldsymbol{P}$、半径为 R 及 r，对质心 C 的转动惯量为 J_C，在与水平成 θ 角的常力 $\boldsymbol{F}_{\mathrm{T}}$ 作用下作纯滚动，不计滚动摩阻，求轮心的加速度。

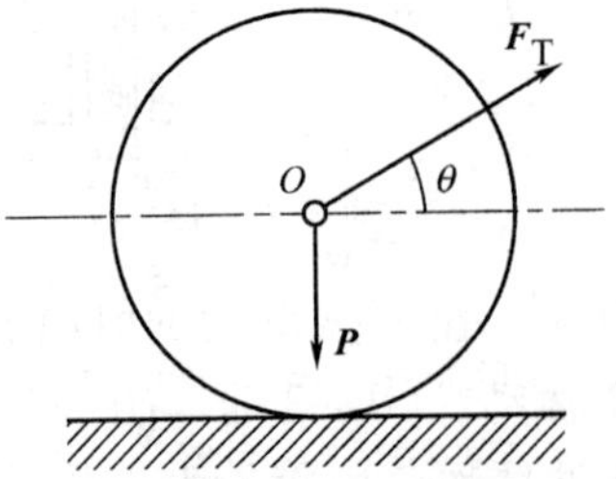

习题 9-9 图

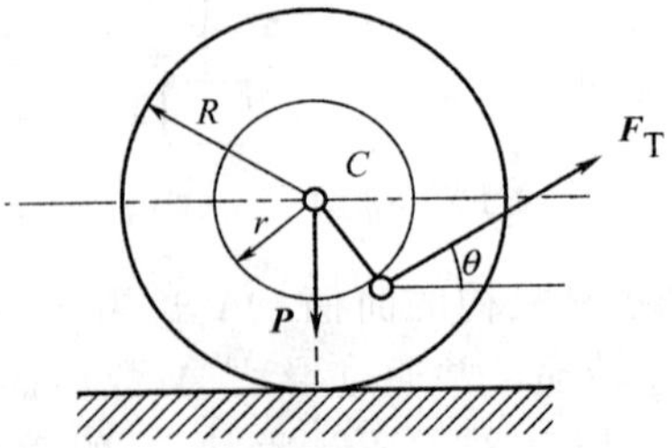

习题 9-10 图

9-11　重为 $\boldsymbol{P}_1$ 的重物 A 沿斜面 D 下降，同时借绕过滑轮 C 的绳使重为 P_2 的重物 B 上升。斜面与水平面成 θ 角；不计滑轮和绳的质量及摩擦，求斜面 D 给地板 E 凸出部分的水平压力。

9-12　鼓轮的大半径为 R，小半径为 r，总重量为 $\boldsymbol{P}$，小轮的边缘上作用有两个水平力 $\boldsymbol{F}_1$ 和 $\boldsymbol{F}_2$。设鼓轮对其中心 O 的转动惯量为 J_O，且在地面上作纯滚动，求轮心 O 的加速度 a_O 以及地面的摩擦力 $\boldsymbol{F}_f$（不计滚动摩阻）。

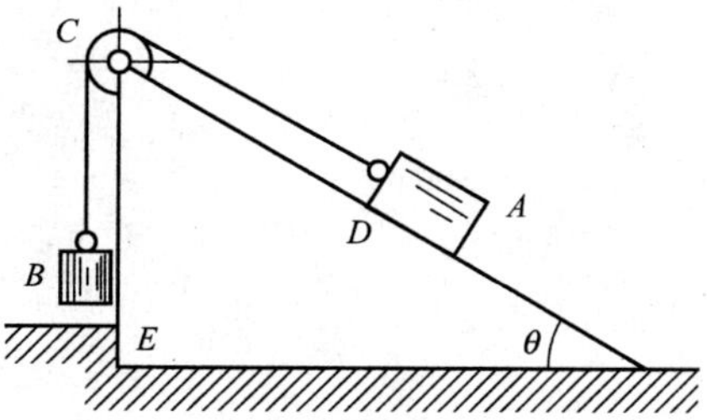

习题 9-11 图

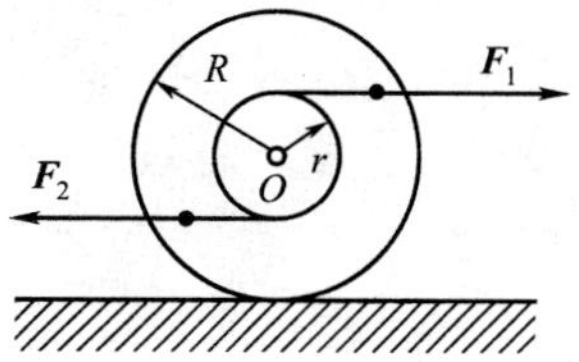

习题 9-12 图

第2篇　材料力学

第10章 绪 论

10.1 材料力学的任务

理论力学把研究对象理想化为刚体。事实上，机械或工程结构的各组成部分，即构件在受到载荷作用时，固体的形状和尺寸都会发生变化，称为变形。在材料力学中，以变形的固体构件为研究对象，为确保构件在规定载荷作用下能正常的工作，其必须满足以下要求：

① 足够的强度，即有足够的抵抗破坏的能力；

② 足够的刚度，即有足够的抵抗变形的能力；

③ 足够的稳定性，即有足够的保持其原有平衡状态的能力。

构件的强度、刚度和稳定性不仅与构件材料的材质有关，也与构件的截面形状和尺寸有关。同时构件的横截面尺寸的大小、形状的不同以及构件的材质好坏直接影响到构件加工成本。

材料力学的任务就是：保证构件在规定载荷作用下能正常工作的同时，还要考虑经济成本，优化地为构件选择合适的材料、确定合理的截面形状和尺寸，提供必要的理论基础和计算方法。

对具体构件，上述三项要求往往有所侧重，例如储气罐不能爆炸，主要保证强度；车床主轴变形过大将影响加工精度，主要保证刚度；受压的活塞杆保证不能压弯，则应该主要保持其稳定性。

10.2 变形固体的基本假设和基本变形

变形的固体，其形状有杆、板、壳和块四类。材料力学研究长度远大于横截面尺寸的固体构件，称为杆件。杆件各横截面形心的连线称为轴线。轴线是曲线的杆件称为曲杆，轴线是直线的杆件称为直杆。各横截面相同的直杆称为等截面直杆，简称等直杆。而且材料力学研究的杆件中，大部分是等截面的直杆。

材料力学对变形固体作如下假设：①连续均匀性假设，即认为构成变形固体的物质无空隙地充满了固体的几何空间，且各部分的力学性能完全相同；②各向同性假设，即认为变形固体沿各个方向的力学性能是相同的；③小变形假设，指构件的变形量远小于其原始尺寸的变形，因此，在分析构件的平衡和运动时，可忽略其变形量，仍按原始尺寸进行计算，也称为原始尺寸原则。

杆件受外载荷作用时，变形是多种多样的。其基本形式有：

① 轴向拉伸（或压缩） 杆件在大小相等、方向相反、作用线与轴线重合的一对力作用下变形表现为长度的伸长或缩短，如图 10-1(a) 所示。

② 剪切 作用于杆件的是一对垂直于杆件轴线的横向力，它们的大小相等、方向相反且作用线很靠近，变形表现为杆件两部分沿外力方向发生错动，如图 10-1(b) 所示。

③ 扭转 在垂直于杆件轴线的两个平面内，分别作用有力偶矩的绝对值相等、转向相

反的两个力偶，变形表现为任意两个横截面发生绕轴线的相对转动，如图 10-1(c) 所示。

④ 弯曲　在包含杆件轴线的纵向对称面内，作用有力偶矩的绝对值相等、转向相反的一对力偶，或作用有与轴线垂直的横向力，变形表现为轴线由直线变成曲线，如图 10-1(d) 所示。

实际构件的变形往往是复杂的，可看成是上述四种基本变形的组合。

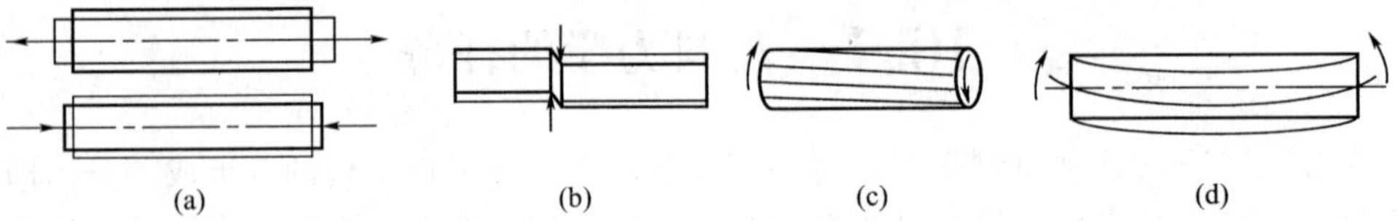

图 10-1

10.3　内力、应力和截面法

构件工作时承受的载荷、自重和约束力均属外力，在外力作用下会产生变形，构件内部各部分之间的相对位置发生了改变，其内部相互作用力也随之改变。这种由外力作用产生变形，引起的构件内部相互作用的力的改变而产生的附加内力，称为材料力学的内力。它的大小以及在构件内部的分布规律随外力的改变而变化，并与构件的强度、刚度和稳定性密切相关。当内力的大小超过一定限度时，构件将不能正常工作。内力分析是材料力学的基础。

通常采用截面法求构件的内力。如图 10-2 所示，为了显示出某截面内力，就用假想的截面 m-m 将构件截开，分成 A、B 两部分，可取 A 部分为研究对象而弃去 B 部分，也可取 B 部分为研究对象而弃去 A 部分。在截面 m-m 处用内力代替弃去部分对保留部分的作用，这就是材料力学的内力。无论取哪个部分为研究对象，其在外力和内力作用下都是保持平衡的。根据作用力和反作用力定理，A、B 两部分在截面 m-m 上相互作用的内力，必然大小相等、方向相反。在截面 m-m 上每一点都有内力，在截面上形成一个内力系，将内力系向截面上的任一点简化，简化结果为一个内力与一个内力偶。

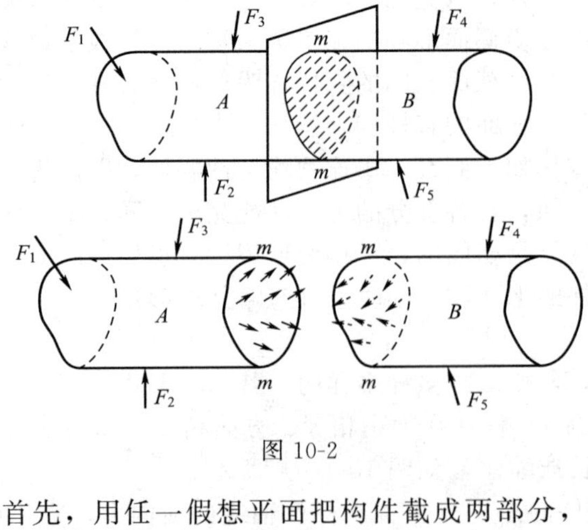

图 10-2

截面法可归纳为：首先，用任一假想平面把构件截成两部分，并取任一部分为研究对象；其次，在截面上用内力代替弃去的另一部分对它的作用；最后，根据研究对象在外力和内力作用下的平衡条件，建立平衡方程来求解内力。

例 10-1 小型压力机的框架如图 10-3(a) 所示。在力 $\boldsymbol{F}$ 作用下，试求立柱横截面 m-m 上的内力。

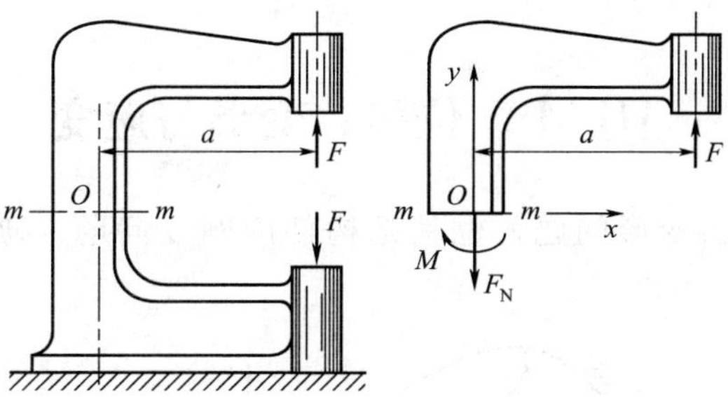

(a) (b)

图 10-3

解： 用截面 m-m 假想地把框架分成两部分，并取出截面 m-m 以上部分作为研究对象，如图 10-3(b) 所示。将截面 m-m 上分布的内力系向截面形心 O 点简化，得到内力 F_N 和内力偶 M，它们与外力共同作用使研究对象保持平衡。列平衡方程

$$\sum F_y=0 \qquad F-F_N=0$$
$$\sum M_O=0 \qquad Fa-M=0$$

求出横截面 m-m 上的内力为

$$F_N=F \quad M=Fa$$

当所求值为负值时，说明实际指向或转向与假设相反。

确定了构件某截面内力后，还不能解决其强度等问题。比如，用同一材料制成而横截面积不同的两杆件，在相同拉力的作用下，虽然用截面法求得两杆内力相同，但随着拉力的增大，横截面小的杆件必然先被拉断。这说明，杆件的强度不仅与内力的大小有关，而且还与横截面面积的大小有关。为此，引入应力的概念。

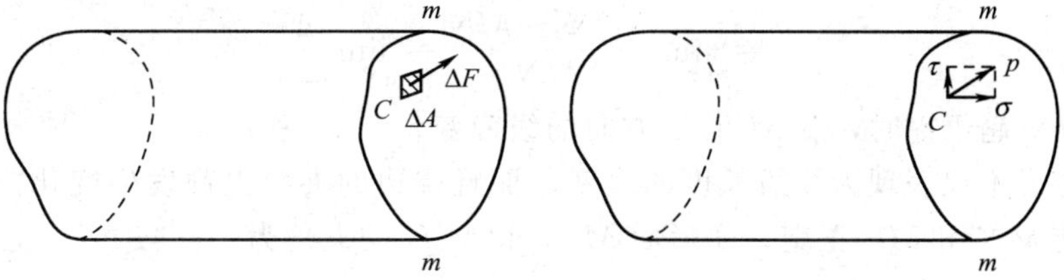

(a) (b)

图 10-4

在截面 m-m 上围绕 C 点取微小面积 ΔA，如图 10-4(a) 所示，设 ΔA 上内力的合力为 ΔF。令

$$p_m=\frac{\Delta F}{\Delta A} \tag{10-1}$$

p_m 称为 ΔA 上的平均应力，应力是矢量，其方向与 ΔF 相同。它代表了在 ΔA 内，内力分布的平均集度。当 ΔA 趋于零时，p_m 的大小和方向都将趋于某极限值。得到

$$p=\lim_{\Delta A\to 0} p_m=\lim_{\Delta A\to 0}\frac{\Delta F}{\Delta A} \tag{10-2}$$

p 称为 C 点的应力。它是截面 m-m 上分布内力系在 C 点的集度。p 是一个矢量，通常

把应力 p 分解为垂直于截面的正应力 σ 和切于截面的切应力 τ，如图 10-4（b）所示，应力常用的量纲为 MPa，$1\text{MPa}=1\times10^6\text{Pa}$。

10.4 位移、变形与应变

材料力学讨论固体的变形问题，也就是构件的刚度问题，研究变形与内力的分布的关系。

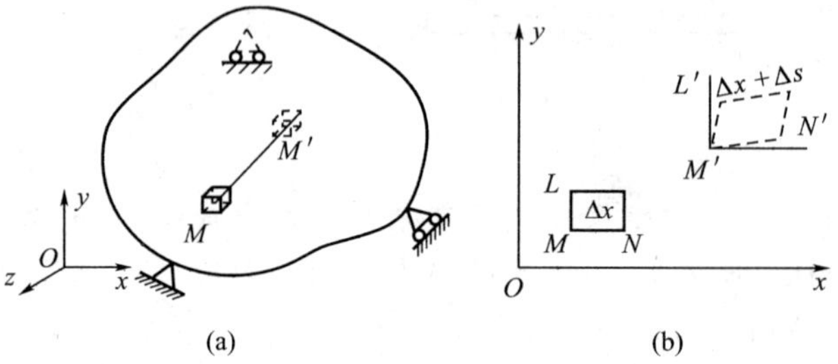

图 10-5

图 10-5(a) 中，在固体内任取一点 M，并在 M 点附近取边长为 Δx、Δy、Δz 的微小六面体。由于约束，在外力作用下 M 点没有刚性位移，但 M 点由于变形位移到 M'，M'点附近的微小六面体的边长和棱边的夹角也都发生变化，如虚线所示。把上述变形前、后的微小六面体投影在 xy 平面，放大后，如图 10-5（b）所示。变形前 MN 的长度为 Δx，变形后 M 和 N 分别位移到 M'和 N'。$M'N'$的长度为 $\Delta x+\Delta s$，如图 10-5(b) 所示。

$$\varepsilon_m=\frac{M'N'-MN}{MN}=\frac{\Delta s}{\Delta x} \tag{10-3}$$

ε_m 表示 MN 每单位长度的平均伸长或缩短，称为平均应变。

$$\varepsilon=\lim_{MN\to0}\frac{M'N'-MN}{MN}=\lim_{MN\to0}\frac{\Delta s}{\Delta x} \tag{10-4}$$

ε 表示 MN 趋于零时，点 M 沿 x 方向的**线应变**。

固体的变形不仅表现为线段长度的改变，而且棱边的夹角也都发生变化。如图 10-5(b) 所示，变形前 MN 和 ML 正交，变形后 $M'N'$ 和 $M'L'$的夹角为$\angle L'M'N'$，上述角度变化的极限值

$$\gamma=\lim_{\substack{MN\to0\\ML\to0}}\left(\frac{\pi}{2}-\angle L'M'N'\right) \tag{10-5}$$

γ 称为 M 点在 xy 平面内的切应变或角应变。线应变 ε 和切应变 γ 是度量一点处变形程度的两个基本量，线应变 ε 量纲为一，γ 量纲为 rad。

例 10-2 两边固定的薄板如图 10-6 所示。变形后 ab 和 ad 两边保持为直线。a 点沿铅垂方向向下位移 0.025mm。试求 ab 边的平均应变和 ab、ad 两边夹角的变化。

解： 由式(10-3)，ab 边的平均应变为

$$\varepsilon_m=\frac{a'b'-ab}{ab}=\frac{0.025\text{mm}}{200\text{mm}}=1.25\times10^{-4}$$

变形后 ab 和 ad 两边夹角变化为

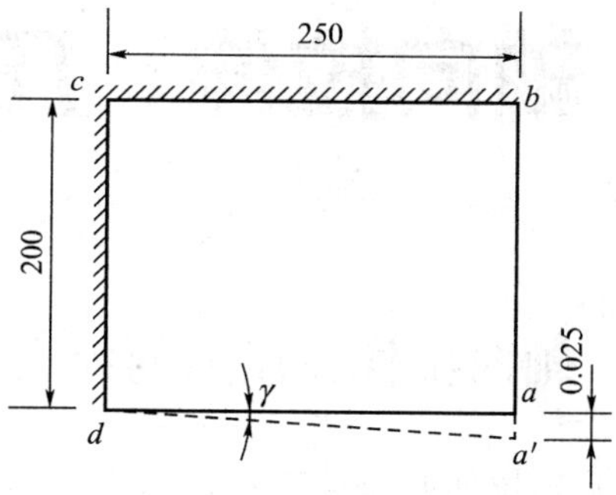

图 10-6

$$\gamma=\frac{\pi}{2}-\angle ba'd$$

由于 γ 非常小，显然有

$$\gamma \approx \tan\gamma=\frac{0.025\text{mm}}{250\text{mm}}=1.0\times10^{-4}\text{rad}$$

思考题

10-1　何谓构件的强度、刚度、稳定性？材料力学的任务是什么？

10-2　强度与刚度有何区别？

10-3　什么是弹性变形？什么是塑性变形？

10-4　材料力学中关于变形固体的基本假设是什么内容，为什么这样假设？

10-5　应力的国际单位是 N/m^2 即 Pa（帕）。工程中常用 MPa（兆帕）或 GPa（吉帕）。下面做以下单位换算：1GPa=________ Pa，1MPa=________ Pa。

10-6　材料力学主要研究哪四种基本变形？试着叙述各个基本变形的受力情况和变形情况。

习 题

10-1　简易吊车如习题 10-1 图所示。试求截面 1-1、2-2 和 3-3 上的内力。

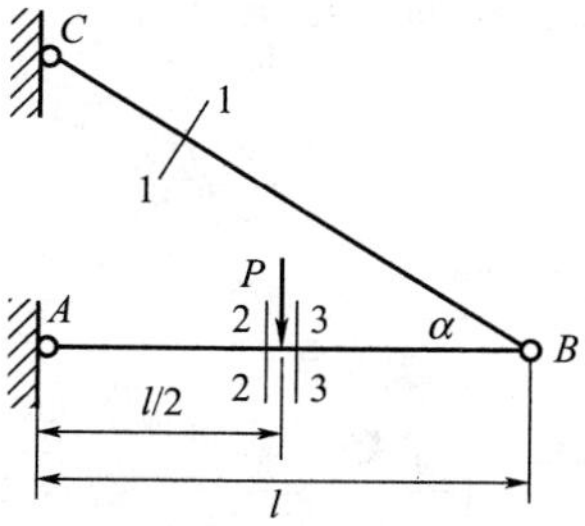

习题 10-1 图

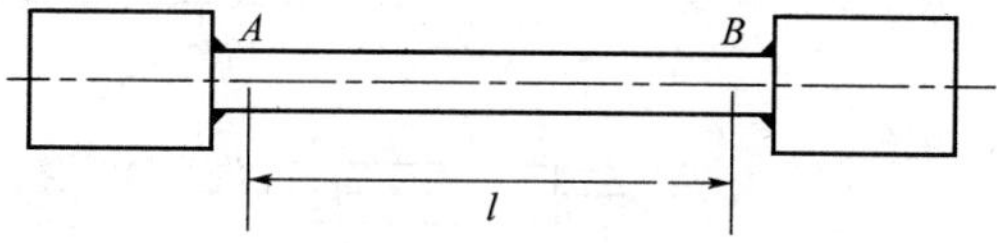

习题 10-2 图

10-2　拉伸试件 A、B 两点的距离 l 称为标距，如习题 10-2 图所示。受拉力作用后，用引伸仪量出 l 的增量为 $\Delta l=5\times10^{-2}$mm。若 l 的原长为 $l=100$mm。试求 A、B 两点间的平均应变。

第11章 轴向拉伸、压缩与剪切

11.1 轴向拉伸、压缩的内力和应力

工程实际中，有许多构件受到拉伸和压缩变形，如图 11-1 所示，连接钢板的螺栓，在钢板力作用下，沿其轴向发生伸长；如图 11-2 所示，托架的撑杆 CD 在外力作用下，沿其轴向发生缩短。

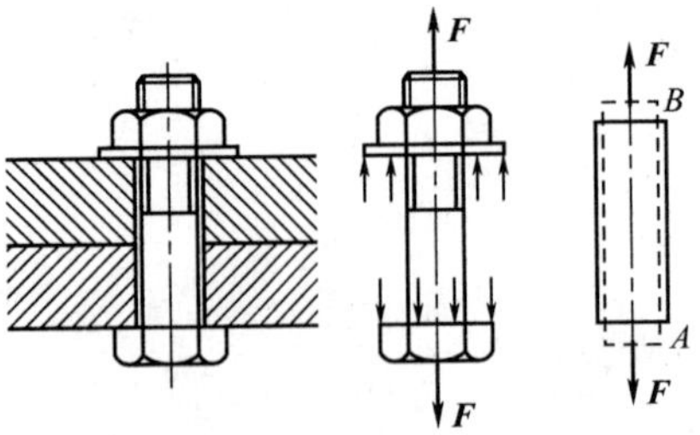

图 11-1

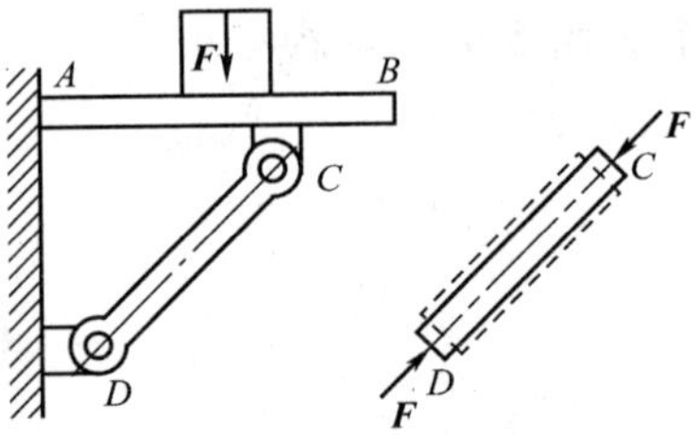

图 11-2

这些变形杆件虽然外形不同，加载方式也不同，但它们都有共同的特点，它们所受到的外力或外力的合力，其作用线与杆的轴线重合，杆件产生沿轴向的伸长或缩短变形，这类变形称为轴向拉伸或压缩变形，这类杆件称为拉杆（或压杆）。

11.1.1 轴力和轴力图

现在以如图 11-3(a) 所示的两端受拉力 F 作用的拉杆为例，求杆内任一截面 $m\text{-}m$ 的内力，可假想用与杆件垂直的平面在横截面 $m\text{-}m$ 处将杆件截成两部分。杆件左右两段在截面 $m\text{-}m$ 上相互作用的内力是一个分布力系，其合力为 F_N，如图 11-3(b) 所示。由左段（或右段）的平衡方程

$$\sum F_x=0 \qquad F_N=F$$

由于内力 F_N 的作用线必通过杆的轴线，故称之为轴力。对轴力正负有符号规定，即杆件受拉时，轴力为正；受压时，轴力为负。

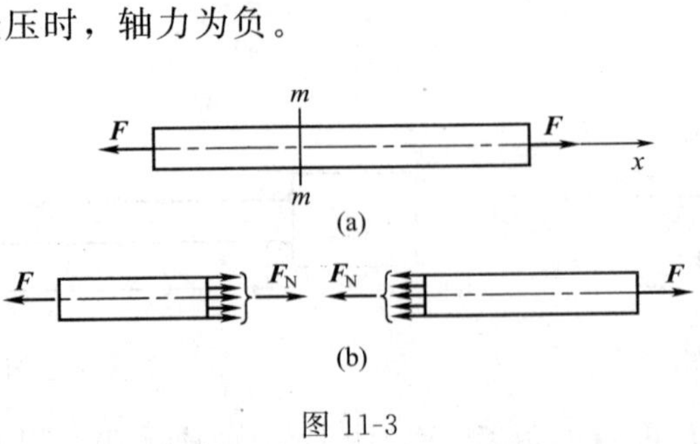

图 11-3

若沿杆件轴线作用的外力多于两个，则在杆不同位置的截面上的轴力将不相同。绘制出轴力沿杆轴线变化的函数图，称为**轴力图**。

例 11-1 试画出阶梯杆的轴力图。自重不计，所受外力如图 11-4(a) 所示。

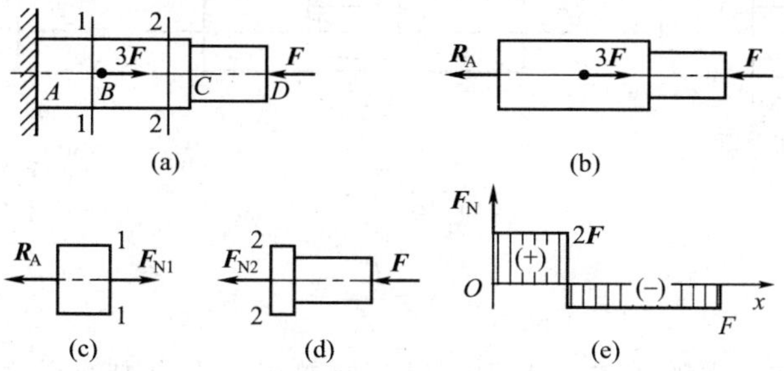

图 11-4

解： ① 如图 11-4(b) 所示，计算 A 端的约束力 R_A，列平衡方程

$$\sum F_x=0, \quad 3F-F-R_A=0$$

得

$$R_A=2F$$

② 分段计算轴力。

由于在横截面 B 上作用有外力 $3F$，故将杆分为 AB 和 BD 两段。用假想截面在 AB 段内任一截面 1-1 处将杆截开，取左段为研究对象，如图 11-4(c) 所示，建立平衡方程

$$\sum F_x=0, \quad F_{N1}-R_A=0$$

得

$$F_{N1}=R_A=2F$$

同理，用假想截面在 BD 段内任一截面 2-2 处将杆截开，取右段为研究对象，如图 11-4 (d) 所示，建立平衡方程

$$\sum F_x=0, \quad F_{N2}+F=0$$

得

$$F_{N2}=-F$$

式中，F_{N2} 为负值，说明 BD 段各截面上轴力的实际方向与图中假设的方向相反，应为压力。

③ 画轴力图，如图 11-4(e) 所示。

11.1.2 横截面和斜截面上的应力

在材料相同情况下，拉（压）杆的强度，不仅与外力作用后产生内力大小有关，还与横截面面积有关，也就是与内力的分布集即应力有关，所以必须进一步讨论应力问题。

欲求横截面上的应力，必须分析轴力在横截面上的分布规律。常用实验的方法观察杆件受力后的变形情况。

取一等截面直杆，在杆上画两条与杆轴线垂直的横向线 ab 和 cd，并在 ab 和 cd 之间画与杆轴线平行的纵向线，如图 11-5(a) 所示，然后沿杆的轴线方向作用拉力 F，使杆件产生拉伸变形。此时可以观察到：①横向线 ab 和 cd 仍为直线，只是沿轴线发生了平移，仍垂直于杆的轴线；②各纵向线发生伸长，且伸长量相同，如图 11-5(b) 所示。

根据上述现象可作如下假设：变形前的横截面，变形后仍为平面，仅沿轴线发生了相对平移，并仍与杆的轴线垂直，这个假设称为**平面假设**。设想杆件是由无数条纵向纤维组成的，根据平面假设，在任意两个横截面之间所有纵向纤维的伸长量相同，即变形相同。由材料的均匀连续性假设，可以推断出应力在横截面上的分布是均匀的，即横截面上各点处的应力大小相等，方向沿杆的轴线方向，垂直于横截面，为正应力，如图 11-5(c) 所示。其计算为

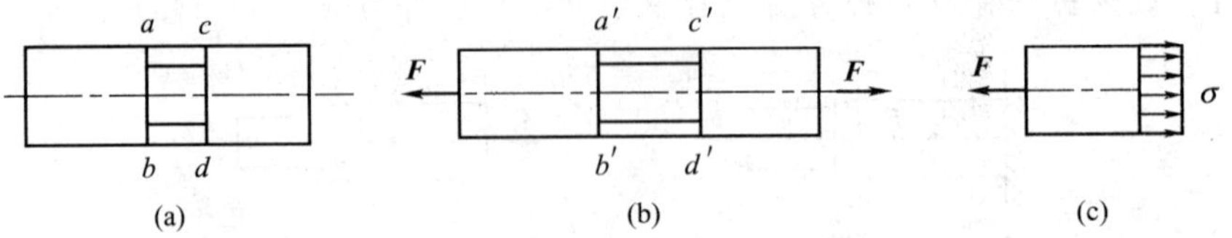

图 11-5

$$\sigma=\frac{F_{\mathrm{N}}}{A} \tag{11-1}$$

式中，F_{N} 为横截面上的轴力；A 为杆横截面面积，正应力的正负号与轴力正负号的规定相同，即拉应力为正，压应力为负。

例 11-2 如图 11-6（a）所示，一变截面直杆横截面为圆形，$d_1=200\mathrm{mm}$，$d_2=150\mathrm{mm}$。承受轴向载荷 $F_1=30\mathrm{kN}$ 和 $F_2=100\mathrm{kN}$ 的作用。试求各段横截面上的正应力。

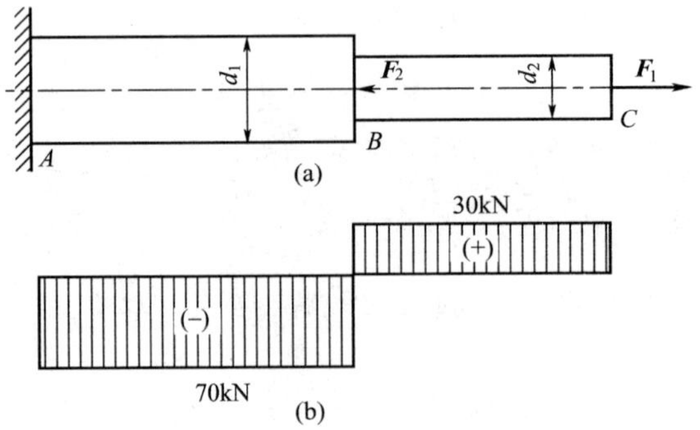

图 11-6

解：①计算轴力 AB 段和 BC 段横截面上的轴力分别为

$$F_{\mathrm{NAB}}=-70\mathrm{kN}$$

$$F_{\mathrm{NBC}}=30\mathrm{kN}$$

② 求横截面面积

$$A_{\mathrm{AB}}=\frac{\pi d_1^2}{4}=\frac{3.14\times0.2^2}{4}=3.14\times10^{-2}(\mathrm{m}^2)$$

$$A_{\mathrm{BC}}=\frac{\pi d_2^2}{4}=\frac{3.14\times0.15^2}{4}=1.77\times10^{-2}(\mathrm{m}^2)$$

③ 计算各段正应力

$$\sigma_{\mathrm{AB}}=\frac{F_{\mathrm{NAB}}}{A_{\mathrm{AB}}}=-\frac{70\times10^3}{3.14\times10^4\times10^{-6}}\times10^{-6}=-2.23(\mathrm{MPa})$$

$$\sigma_{\mathrm{BC}}=\frac{F_{\mathrm{NBC}}}{A_{\mathrm{BC}}}=\frac{30\times10^3}{1.77\times10^4\times10^{-6}}\times10^{-6}=1.69(\mathrm{MPa})$$

负号表示 AB 段上的应力为压应力。

轴向拉（压）杆的破坏有时并不是沿着横截面，例如铸铁压缩时沿着大致 45° 的斜截面发生破坏，因此有必要研究拉（压）杆斜截面上的应力。如图 11-7(a) 所示的拉杆受到力 F 的作用，横截面面积为 A，任意斜截面 $k-k'$ 与横截面交角为 α。如图 11-7(b) 所示，用截面法可得斜截面的内力为

$$F_\alpha=F$$

斜截面的应力也视为均匀分布，如图 11-7(b) 所示，其值为

$$p_\alpha=\frac{F_\alpha}{A_\alpha}=\frac{F}{A/\cos\alpha}=\frac{F}{A}\cos\alpha=\sigma\cos\alpha \tag{11-2}$$

式(11-2) 中，σ 为横截面上的正应力。

将斜截面上的应力 p_α 分解为斜截面上的正应力 σ_α 和斜截面上的切应力 τ_α，如图 11-7 (c) 所示，由几何关系得

$$\begin{cases}\sigma_\alpha=p_\alpha\cos\alpha=\sigma\cos^2\alpha\\ \tau_\alpha=p_\alpha\sin\alpha=\dfrac{\sigma}{2}\sin2\alpha\end{cases} \tag{11-3}$$

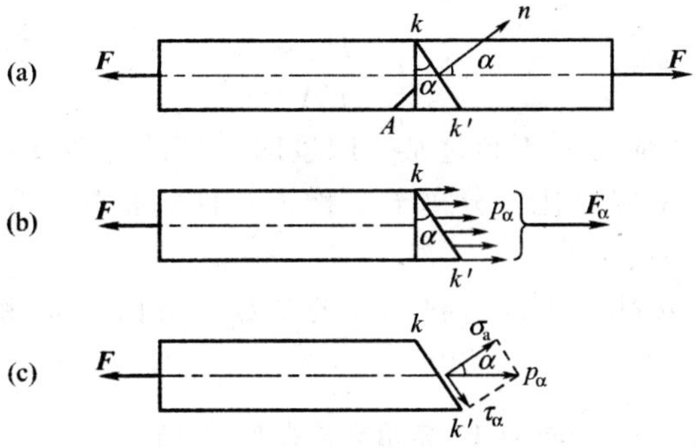

图 11-7

从式(11-3) 可以看出：当 $\alpha=0°$时，横截面上的正应力达到最大值；当 $\alpha=45°$时，该斜截面上的切应力达到最大值；当 $\alpha=90°$时，平行于杆轴线的平面上，既无正应力也无切应力。

$$\sigma_{0°}=\sigma_{\max}=\sigma \qquad \tau_{45°}=\tau_{\max}=\frac{\sigma}{2} \qquad \sigma_{90°}=\tau_{90°}=0$$

11.2 杆件轴向拉伸或压缩的变形

如图 11-8 所示，设 l 和 d 为等直杆变形前的轴向和横向尺寸，承受轴向拉力 F 后，l_1 和 d_1 为直杆变形后的尺寸，则杆的轴向和横向的绝对变形分别为

$$\Delta l=l_1-l \qquad \Delta d=d_1-d$$

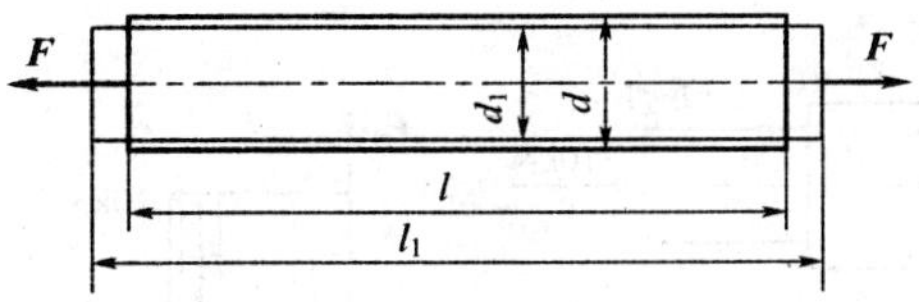

图 11-8

为了消除杆件原尺寸对变形大小的影响，用单位长度的变形量来衡量杆件的变形程度，即绝对变形除以原尺寸，称为线应变。杆件轴向的线应变用 ε 表示；杆件横向的线应变用 ε′ 表示。线应变表示的是杆件的相对变形，它是一个无量纲的量。

$$\varepsilon=\frac{\Delta l}{l} \qquad \varepsilon'=\frac{\Delta d}{d}$$

实验表明，当应力不超过某一限度时，横向线应变 ε' 和纵向线应变 ε 之间存在正比关系，且符号相反，即

$$\varepsilon' = -\mu\varepsilon \tag{11-4}$$

式(11-4) 中，比例常数 μ 称为材料的横向变形系数，或称泊松比，与杆件的材料有关。

实验也表明，当杆的横截面上正应力 σ 不超过某一极限值时，应力与应变成正比，这就是胡克定律，写成

$$\sigma = E\varepsilon \tag{11-5}$$

式(11-5) 中 E 称为材料的弹性模量，常见量纲为 GPa。因为 $\sigma=\dfrac{F_{\rm N}}{A}$，$\varepsilon=\dfrac{\Delta l}{l}$，因此胡克定律也可以写成另外一种表达形式

$$\Delta l = \frac{F_{\rm N} l}{EA} \tag{11-6}$$

简述为：当杆件横截面上正应力 σ 不超过某一限度时，杆的绝对变形 Δl 与轴力 $F_{\rm N}$ 和杆长 l 成正比，而与横截面面积 A 成反比。分母 EA 称为杆件的抗拉（压）刚度，它表示杆件抵抗（拉伸或压缩）变形能力的大小。

弹性模量 E 和泊松比 μ 都是表征材料弹性的常数，可由实验测定。几种常用材料的 E 和 μ 值如表 11-1 所示。

表 11-1　常用材料的 E、μ 值

材料名称	E/GPa	μ
碳钢	196～216	0.24～0.28
合金钢	186～206	0.25～0.30
灰铸铁	78.5～157	0.23～0.27
铜及铜合金	72.6～128	0.31～0.42
铝合金	70	0.33

例 11-3　如图 11-9(a) 所示的阶梯杆，已知横截面面积 $A_{\rm AB}=A_{\rm BC}=500{\rm mm}^2$，$A_{\rm CD}=300{\rm mm}^2$，材料的弹性模量 $E=200{\rm GPa}$。试求杆的总伸长量。

解： ① 作轴力图。用截面法求得 CD 段和 BC 段的轴力 $F_{\rm NCD}=F_{\rm NBC}=-10{\rm kN}$，$AB$ 段的轴力为 $F_{\rm NAB}=20{\rm kN}$。画出杆的轴力图如图 11-9(b) 所示。

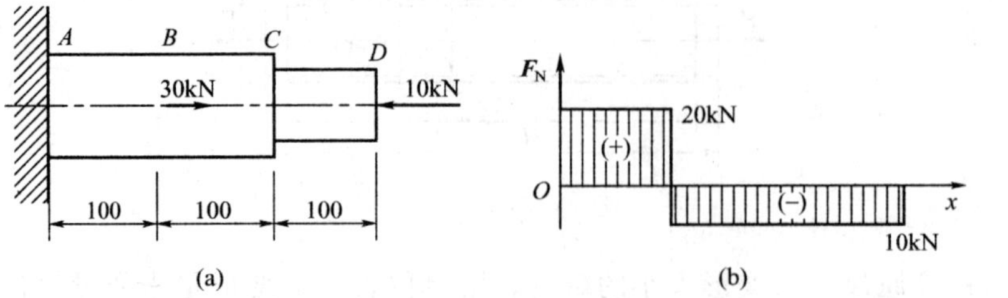

图 11-9

② 应用胡克定律分别求各段杆的变形量

$$\Delta l_{\rm AB} = \frac{F_{\rm NAB} l_{\rm AB}}{EA_{\rm AB}} = \frac{20\times10^3{\rm N}\times100{\rm mm}}{200\times10^3{\rm MPa}\times500{\rm mm}^2} = 0.02{\rm mm}$$

$$\Delta l_{BC}=\frac{F_{NBC}l_{BC}}{EA_{BC}}=\frac{-10\times10^3\text{N}\times100\text{mm}}{200\times10^3\text{MPa}\times500\text{mm}^2}=-0.01\text{mm}$$

$$\Delta l_{CD}=\frac{F_{NCD}l_{CD}}{EA_{CD}}=\frac{-10\times10^3\text{N}\times100\text{mm}}{200\times10^3\text{MPa}\times300\text{mm}^2}=-0.0167\text{mm}$$

③ 杆的总变形量等于各段变形量的代数和，即

$$\Delta l=\Delta l_{AB}+\Delta l_{BC}+\Delta l_{CD}=(0.02-0.01-0.00167)\text{mm}=-0.0067\text{mm}$$

计算的结果为负，说明杆的总变形为缩短。

11.3 材料拉伸与压缩时的力学性能

11.3.1 材料拉伸时的力学性能

构件的强度问题，不仅与应力有关，还与材料本身的力学性能有关。材料在外载荷作用下，在破坏、变形等方面所表现出来的性能，称为**材料力学性能**，也称材料的机械性能。它是强度计算和刚度计算的依据。材料的力学性能是通过实验确定的。

现在讨论在常温和静载条件下材料的力学性能。所谓常温是指室温，静载是指平稳缓慢的加载方式。

试验前，把进行试验的材料加工成标准的光滑小试样（图 11-10）。在试样上取长为 l 的一段作为试验段，l 称为**标距**，一般选用长比例试样，即 $l=10d$。

常用工程材料的品种很多，现以低碳钢和铸铁为主要代表，介绍材料拉伸时的主要力学性能。

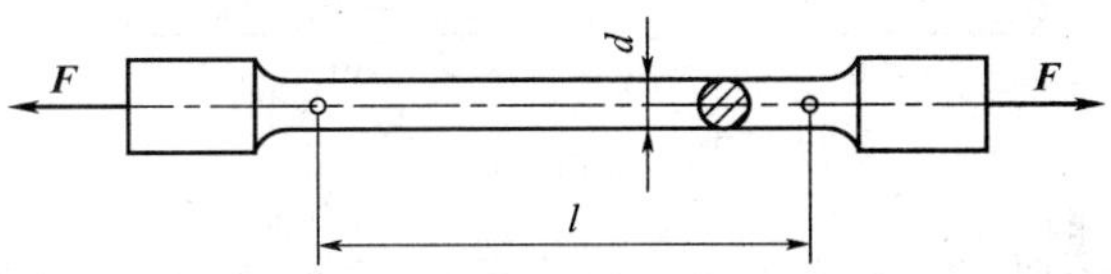

图 11-10

(1) 低碳钢拉伸时的力学性能

拉伸实验在万能实验机上进行。试件装夹好后，开动机器加载。试件受到由零逐渐增加的拉力 F 的作用，同时发生伸长变形，加载一直进行到试件断裂为止。把实验过程中对应的 F 和 Δl 绘制成曲线，称为 F-Δl 曲线，也称拉伸图，如图 11-11(a) 所示。一般实验机均可绘出 F-Δl 曲线。为了消除试件尺寸的影响，将载荷 F 除以试件原来的横截面面积 A，得到应力 σ；将变形 Δl 除以试件原长 l，得到应变 ε，这样的曲线称为应力-应变曲线（σ-ε 曲线）。σ-ε 曲线的形状与 F-Δl 曲线相似，如图 11-11(b) 所示。

低碳钢是工程上广泛使用的金属材料，它在拉伸时表现出来的力学性能具有典型性。低碳钢拉伸时的 σ-ε 曲线如图 11-11(b) 所示。由图可见，低碳钢整个拉伸过程大致可以分成四个阶段。

① 线弹性阶段　图中 OA 为直线段，说明该段内应力和应变成正比，即满足胡克定律 $\sigma=E\varepsilon$。直线部分的最高点 A 所对应的应力值 σ_p 称为比例极限。低碳钢的比例极限 $\sigma_p=190\sim200\text{MPa}$。图中倾角 α 的正切值 $\tan\alpha=\dfrac{\sigma}{\varepsilon}=E$，即为材料的弹性模量。

当应力超过比例极限后，图中的 AA' 段已不是直线，胡克定律不再适用。但在应力值

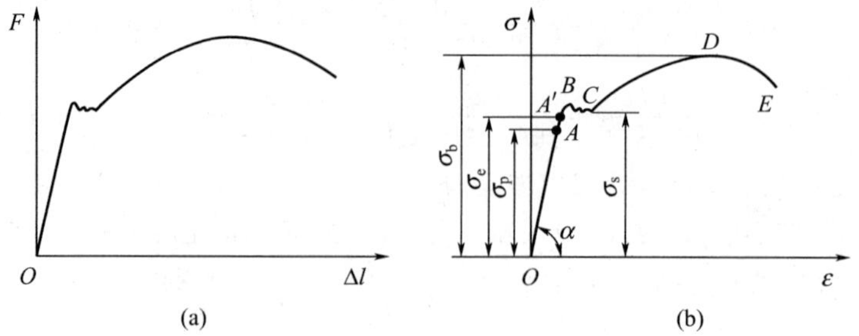

图 11-11

不超过 A' 点所对应的应力 σ_e 时，如将外力卸去，试件的变形会随之全部消失，这种变形即为弹性变形，σ_e 称为弹性极限。比例极限和弹性极限的概念不同，但实际上 A 点和 A' 点非常接近，统称为弹性极限。工程上对两者不作严格区分。

② 屈服阶段　当应力超过弹性极限 σ_e 后，图 11-11(b) 上出现接近水平的小锯齿形波动段 BC，说明此时应力虽有小的波动，但基本保持不变，而应变却迅速增加，材料暂时失去了抵抗变形的能力。这种应力变化不大而变形显著增加的现象称为材料的屈服。BC 段对应的过程称为屈服阶段。屈服阶段的最低应力值 σ_s 称为材料的屈服极限。低碳钢的 $\sigma_s=220\sim240$MPa。在屈服阶段，光滑试件的表面出现了与其轴线成 45°的条纹，如图 11-12(a) 所示，称为滑移线。这个阶段的变形不会随外载荷的卸去而消失，表明材料在屈服阶段已开始产生塑性变形。工程上不允许构件产生过大的塑性变形，所以屈服极限 σ_s 是衡量材料强度的重要指标。

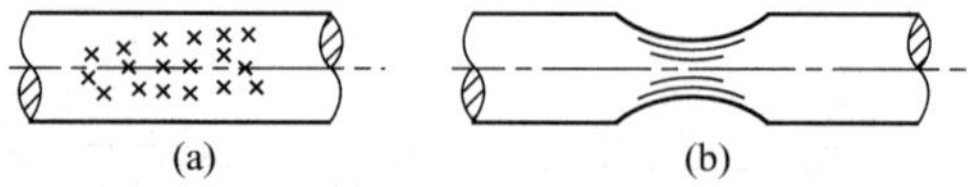

图 11-12

③ 强化阶段　屈服阶段后，材料抵抗变形的能力有所恢复，在图上表现为 σ-ε 曲线自 C 点开始又继续上升，直到最高点 D 为止。这种材料又恢复抵抗变形能力的现象称为材料的强化；CD 段对应的过程称为材料的强化阶段。曲线最高点 D 所对应的应力值用 σ_b 表示，称为材料的强度极限，它是材料所能承受的最大应力。强度极限是衡量材料强度的另一重要指标。低碳钢的强度极限 $\sigma_b=370\sim460$MPa。

④ 局部颈缩阶段　应力达到强度极限后，在试件较薄弱的横截面处发生急剧的局部收缩，出现缩颈现象，如图 11-12(b) 所示。缩颈处的横截面面积迅速减小，所需拉力也相应降低，最终导致试件断裂。这一阶段称为缩颈阶段，在 σ-ε 曲线上为一段下降曲线 DE。

⑤ 伸长率和断面收缩率　试件拉断后，弹性变形消失，但塑性变形仍保留下来。工程中用试件拉断后残留的塑性变形来表示材料的塑性性能。常用的塑性指标有两个：

伸长率 δ
$$\delta=\frac{l_1-l}{l}\times100\% \tag{11-7}$$

断面收缩率 ψ
$$\psi=\frac{A-A_1}{A}\times100\% \tag{11-8}$$

式中，l 是标距原长；l_1 是拉断后标距的长度；A 为试件原横截面面积；A_1 为断裂后缩颈处的最小横截面面积，如图 11-13 所示。

工程上通常把 $\delta\geqslant5\%$ 的材料称为塑性材料，如钢材、铜和铝等；把 $\delta<5\%$ 的材料称为

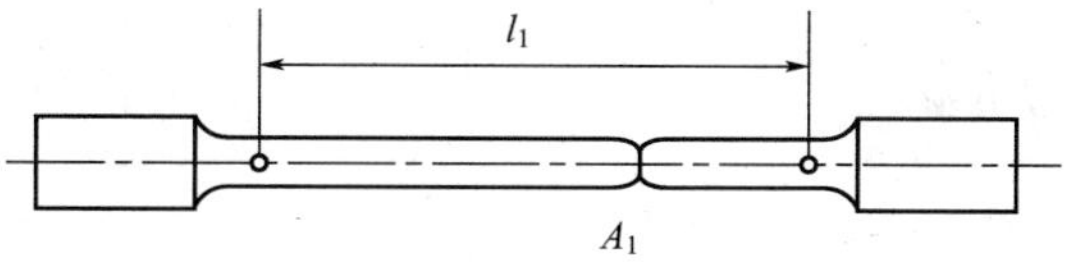

图 11-13

脆性材料，如铸铁、砖石、混凝土等。低碳钢的伸长率为 20%～30%，断面收缩率为 60%～70%，故低碳钢是很好的塑性材料。

(2) 其他材料拉伸时的力学性能

图 11-14 所示为锰钢、硬铝、退火球墨铸铁和 45 钢的 σ-ε 曲线。这些材料都是塑性材料。但前三种材料没有明显的屈服阶段。对于没有明显屈服点应力的塑性材料，工程上规定，以产生 0.2%的塑性应变时所对应的应力值为材料的名义屈服极限，用 $\sigma_{0.2}$ 表示，如图 11-15 所示。

(3) 铸铁拉伸时的力学性能

图 11-16 所示为灰铸铁拉伸时的应力-应变曲线。由图可见，σ-ε 曲线没有明显的直线部分，既无屈服阶段，也无缩颈现象。它表明应力与应变不符合胡克定律，但在应力较小时近似符合胡克定律。铸铁的伸长率 δ 通常只有 0.5%～0.6%，是典型的脆性材料。抗拉强度 σ_b 是脆性材料唯一的强度指标。

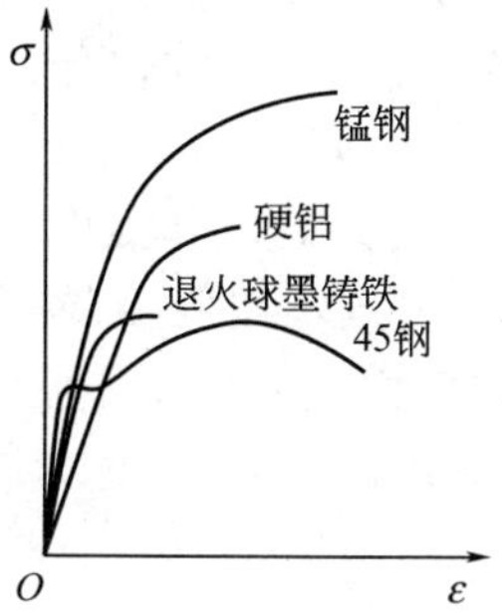

图 11-14

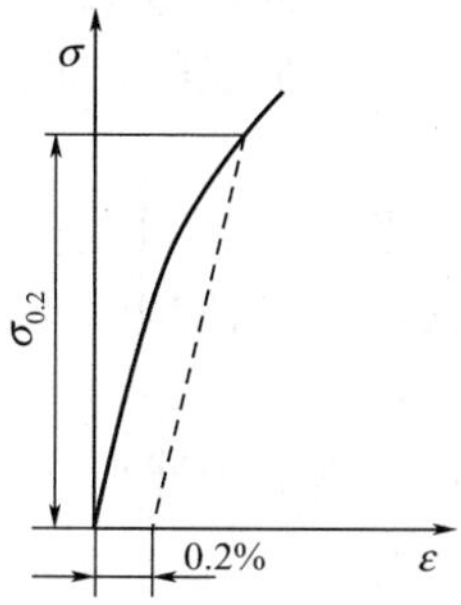

图 11-15

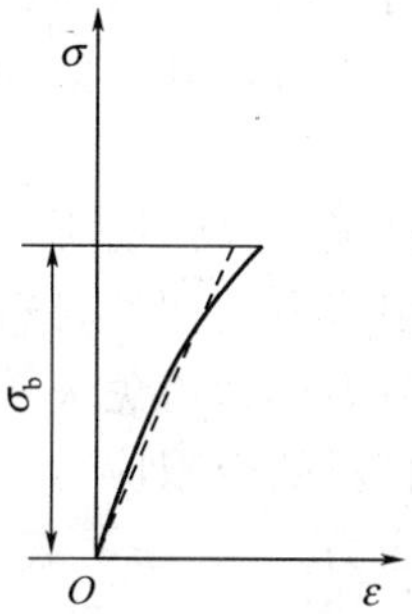

图 11-16

11.3.2 材料压缩时的力学性能

金属材料的压缩试件一般做成短圆柱体，其高度为直径 d 的 1.5～3 倍，以免试验时被压弯；非金属材料，如混凝土等，常采用立方体形状的试样。

低碳钢压缩时的 σ-ε 曲线如图 11-17 所示，虚线是拉伸时的 σ-ε 曲线。可以看出，在弹性阶段和屈服阶段两曲线是重合的。这表明，低碳钢在压缩时的比例极限 σ_p、弹性极限 σ_e、弹性模量 E 和屈服极限 σ_s 等都与拉伸时基本相同。进入强化阶段后，两曲线分离，压缩曲线上升，这是因为超过屈服点后，低碳钢在压缩过程中不会发生断裂，只是受压面积不断增大，所以低碳钢的压缩强度极限无法测定。

铸铁压缩时的 σ-ε 曲线如图 11-18 所示，虚线为拉伸时的 σ-ε 曲线。可以看出，铸铁压缩时的 σ-ε 曲线也没有直线部分，因此压缩时在应力很小的情况下也是近似服从胡克定律的。铸铁压缩时的抗压强度比拉伸时的抗拉强度高出 4～5 倍。对于其他脆性材料，如砖石、混凝土等，其抗压能力也显著高于抗拉能力。一般脆性材料价格较便宜，因此工程上常用脆

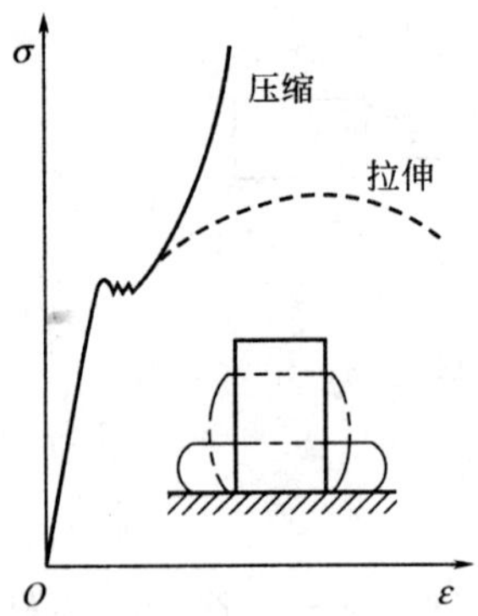

图 11-17

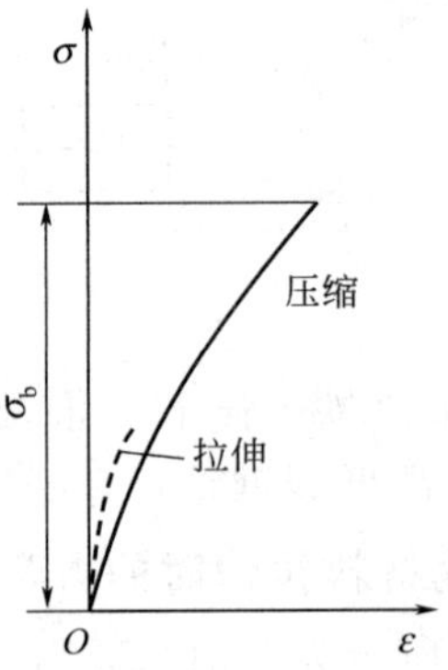

图 11-18

性材料做承压构件。

11.4 失效、安全因数和强度计算

组成机械或工程结构的构件，如果在规定载荷下不能正常工作，统称为失效。例如，脆性材料的拉杆，当受到的拉力过大时，杆件会突然的断裂，这是强度不足引起的失效；加工工件时，由于车床主轴变形过大，而不能保证加工精度，这是刚度不足造成的失效；又如细长杆被压弯，其失效则是由于稳定性不够引起的。此外，冲击、交变载荷、高温等都可导致失效。

这里研究强度不足引起的失效问题。脆性材料以突然断裂的方式失效，其强度极限 σ_b 为极限应力；塑性材料以出现塑性变形，导致构件不能正常工作而失效，屈服极限 σ_s 为其极限应力。为避免失效，构件在载荷作用下的实际应力，也称**工作应力**，显然工作应力应该低于材料的极限应力。强度计算中，极限应力除以大于 1 的安全因数 n，其结果称为材料的**许用应力**，用 $[\sigma]$ 表示。

对塑性材料 $$[\sigma]=\frac{\sigma_s}{n}$$

对脆性材料 $$[\sigma]=\frac{\sigma_b}{n}$$

安全因数 n 是由多种因素决定的。对于不同工作条件下构件安全因数 n 的选取，可从有关工程手册中查到。对塑性材料，一般取 $n=1.3\sim2.0$；对脆性材料，一般取 $n=3.0\sim5.0$。

为了保证拉压杆件安全正常地工作，杆件的最大工作应力不超过拉伸（或压缩）的许用应力，即

$$\sigma_{max}=\frac{F_N}{A}\leqslant[\sigma] \tag{11-9}$$

式(11-9) 称为拉（压）杆的强度条件。利用强度条件，可以解决下列三种强度问题计算。

① 校核强度　已知杆件的尺寸、所受载荷和材料的许用应力。计算工作应力的最大值与许用应力进行比较，确定构件是否满足强度条件。

② 设计截面尺寸　已知杆件所承受的载荷及材料的许用应力，由式 $A\geqslant F_N/[\sigma]$，确定杆件所需的最小横截面面积，从而进一步设计截面尺寸。

③ 确定承载能力　已知杆件的横截面尺寸及材料的许用应力，确定杆件所能承受的最大轴力 $F_{Nmax} \leqslant A[\sigma]$，然后由轴力 F_{Nmax} 即可求出结构的许用载荷。

例 11-4　如图 11-19 所示的空心圆截面杆，外径 $D=20\text{mm}$，内径 $d=15\text{mm}$，承受轴向载荷 $F=20\text{kN}$ 的作用，材料的屈服应力 $\sigma_s=235\text{MPa}$，安全因数 $n=1.5$。试校核杆的强度。

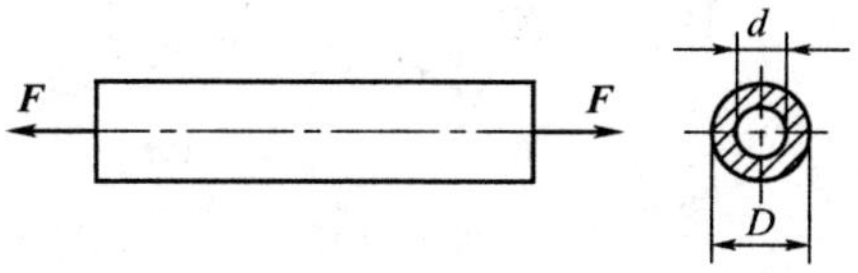

图 11-19

解：杆件横截面上的正应力为

$$\sigma=\frac{4F}{\pi(D^2-d^2)}=\frac{4\times20\times10^3\text{N}}{\pi\times[20^2-15^2]\times10^{-6}}\times10^{-6}=145(\text{MPa})$$

材料的许用应力为

$$[\sigma]=\frac{\sigma_s}{n}=\frac{235\text{MPa}}{1.5}=156\text{MPa}$$

可见，工作应力小于许用应力，说明杆件能够安全工作。

例 11-5　如图 11-20(a) 所示的圆截面杆，已知承受的轴向载荷 $F=4\text{kN}$，杆件材料的许用应力 $[\sigma]=80\text{MPa}$。试确定杆的直径。

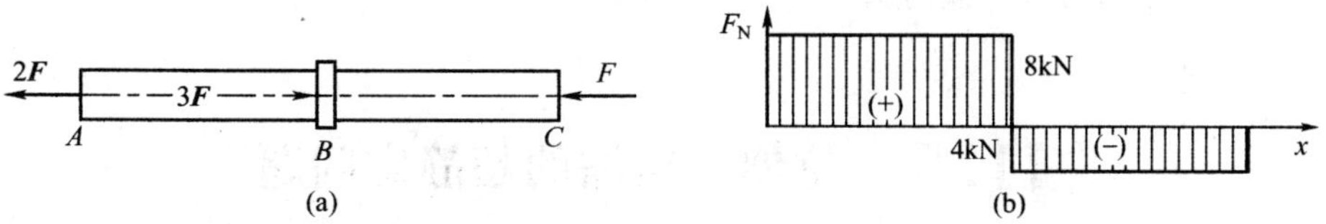

图 11-20

解：① 画轴力图。用截面法求得 AB 段和 BC 段的轴力分别为 $F_{NAB}=8\text{kN}$，$F_{NBC}=-4\text{kN}$，画出杆的轴力图，如图 11-20(b) 所示。

② 设计杆的直径。从轴力图上可以看出，最大轴力发生在 AB 段内。根据强度条件得

$$A=\frac{\pi d^2}{4}\geqslant\frac{F_{NAB}}{[\sigma]}=\frac{8\times10^3}{80\times10^6}=100\times10^{-6}(\text{m}^2)=100\text{mm}^2$$

$$d\geqslant\sqrt{\frac{4\times100\text{mm}^2}{\pi}}=11.2\text{mm}$$

取杆的直径 $d=12\text{mm}$。

例 11-6　如图 11-21(a) 所示的三角构架，AB 为圆截面钢杆，直径 $d=30\text{mm}$，BC 为矩形截面木杆，尺寸 $b\times h=60\text{mm}\times120\text{mm}$。已知钢的许用应力 $[\sigma]_{钢}=170\text{MPa}$，木材的许用应力 $[\sigma]_{木}=10\text{MPa}$。求该结构的许用载荷 $[F]$。

解：① 求两杆的轴力。图 11-21(b) 所示为节点 B 处的受力，列平衡方程

$$\begin{cases}\sum F_x=0\\\sum F_y=0\end{cases}\qquad\begin{cases}-F_{NAB}-F_{NBC}\cos30^\circ=0\\-F_{NBC}\sin30^\circ-F=0\end{cases}$$

可解出　　$F_{NAB}=\sqrt{3}F$　　$F_{NBC}=-2F$（压力）

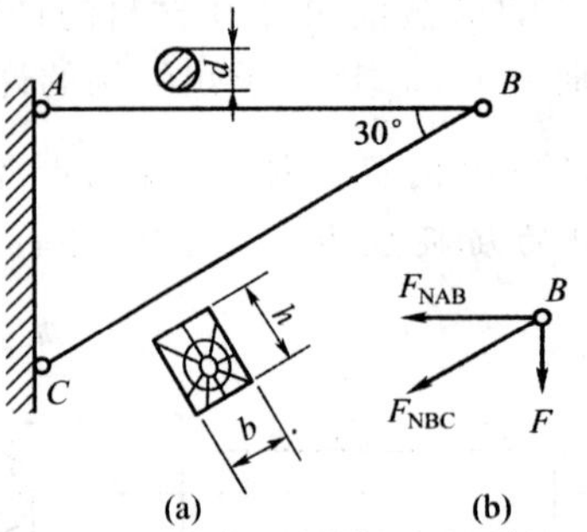

图 11-21

② 根据强度条件，各杆允许的最大轴力为

$$F_{NAB} \leqslant [\sigma]_{钢} A_{AB} = 170 \times 10^{6} \times \frac{\pi \times 30^{2} \times 10^{-6}}{4} = 120.1 \times 10^{3}(\mathrm{N}) = 120.1\mathrm{kN}$$

$$F_{NBC} \leqslant [\sigma]_{木} A_{BC} = 10 \times 10^{6} \times 60 \times 120 \times 10^{-6} = 72 \times 10^{3}(\mathrm{N}) = 721\mathrm{kN}$$

③ 根据两杆允许的最大轴力与载荷之间的关系，分别计算结构的许用载荷，然后取其数值小的为结构的实际许用载荷。

$$F_{AB} = \frac{F_{NAB}}{\sqrt{3}} = \frac{120.1}{\sqrt{3}}\mathrm{kN} = 69.3\mathrm{kN}$$

$$F_{BC} = \frac{F_{NBC}}{2} = \frac{72}{2}\mathrm{kN} = 36\mathrm{kN}$$

比较可知，整个结构的许用载荷为 $[F] = 36\mathrm{kN}$。

11.5 拉伸、压缩的超静定问题

在以前讨论的问题中，构件的约束力可以由静力学平衡方程求解的属于静定问题。有时，构件的约束力并不是全能由静力学平衡方程求解的，属于超静定问题。现在以图 11-22(a) 所示的两端固定的杆件为例，说明如何求解超静定问题。两端固定的杆件在截面 C 处沿轴线作用力 F，试求 A、B 两端的约束力。设 A、B 两端的约束力分别为 F_A 和 F_B，如图 11-22(b) 所示，列静力学平衡方程

$$F_A + F_B = F \tag{1}$$

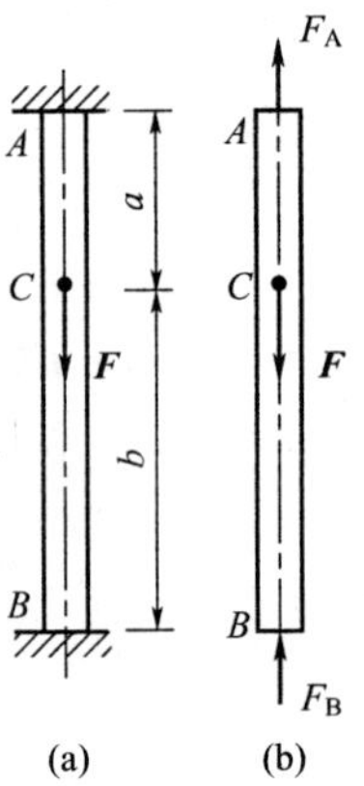

图 11-22

一个方程中含有两个未知量 F_A 和 F_B 属于超静定问题。

为了求解，必须列出补充方程。材料力学的研究对象是变形体，补充方程应该是体现变形之间相互关系的方程，称之为**变形协调方程**。

从图 11-22(b) 看到，杆件在 AC 段受拉，其轴力 $F_{NAC} = F_A$；杆件在 BC 段受压，其轴力 $F_{NBC} = -F_B$，由胡克定律得 AC 段和 BC 段的绝对变形分别为

$$\Delta l_1 = \frac{F_{NAC} a}{EA} = \frac{F_A a}{EA} \qquad \Delta l_2 = \frac{F_{NBC} b}{EA} = -\frac{F_B b}{EA} \tag{2}$$

因为杆件 A、B 两端固定，其总长度不变，即

$$\Delta l = \Delta l_1 + \Delta l_2 = 0 \quad (变形协调方程) \tag{3}$$

由方程（2）和（3）得

$$F_{A}a=F_{B}b \tag{4}$$

由方程（1）和（4）得

$$F_{A}=\frac{Fb}{a+b} \qquad F_{B}=\frac{Fa}{a+b}$$

以上例子表明，超静定问题是综合了静力学平衡方程、材料力学的变形协调方程并利用胡克定律建立力与变形间的关系求解。

11.6 应力集中的概念

由于实际需要，许多构件常常带有键槽、孔、圆角和螺纹等，使得这些构件的截面尺寸发生突然变化。实验结果和理论分析表明，当有外力作用时，构件中接近键槽、孔、圆角和螺纹等尺寸突变处的地方，都会引起局部应力急剧增大，如图 11-23(a)、(b) 所示。这种截面尺寸突然变化而引起的应力局部增大的现象，称为应力集中。

应力集中的程度用应力集中因数 K 表示，其定义为

$$K=\frac{\sigma_{\max}}{\sigma} \tag{11-10}$$

式中，σ 为该截面的平均应力；$\sigma_{\max}$ 为最大局部应力，应力集中因数 K 是大于 1 的因数。实验结果表明截面尺寸改变越急剧、角越尖、槽越窄，应力集中的程度越严重。因此，应该尽可能地避免带尖角的孔和槽，在阶梯轴的轴肩用圆弧过渡，而且尽可能使圆弧的半径大些，以减小应力集中程度。

确定应力集中因数 K 是较困难的，一般需要通过实验和相应的理论进行分析。典型的应力集中情况，可从有关设计手册中查得应力集中因数的值。

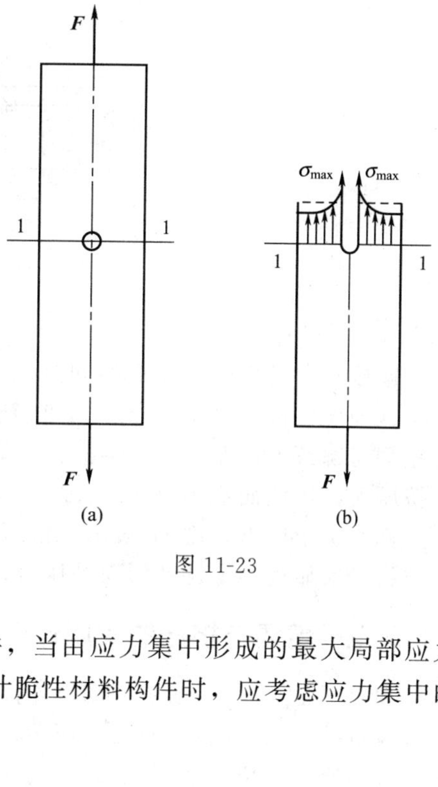

图 11-23

塑性材料对应力集中不敏感，实际工程计算中可按应力均匀分布计算。对于由脆性材料制成的构件，当由应力集中形成的最大局部应力 $\sigma_{\max}$ 达到强度极限时，构件即发生破坏。因此，在设计脆性材料构件时，应考虑应力集中的影响。

11.7 剪切与挤压的实用计算

11.7.1 剪切与挤压的概念

机械工程中的连接件，如铆钉、键、销钉等，这些构件工作中往往承受剪切。如图 11-24(a)所示，用剪床剪断钢板为例说明剪切的概念。钢板在上下刀刃的作用下沿 m-m 截面发生相对错动，直至最后被剪断，如图 11-24(b) 所示。剪切变形的受力特点是：受剪构

件两侧面上所受外力垂直于杆件的轴线，且大小相等，方向相反，作用线平行且相距很近。变形特点是：沿两个力作用线之间的截面发生相对错动直至剪断。具有这种受力特点和变形特点的变形称为剪切变形，发生相对错动的平面称为**剪切面**。剪切面上与截面相切的内力称为**剪力**，用 F_s 表示。只有一个剪切面的变形，称为单剪，如图 11-24(c) 所示。如图 11-25 (a) 所示，螺栓把两个构件连接在一起，发生剪切变形时，有两个剪切面，如图 11-25(b) 所示，称为双剪。

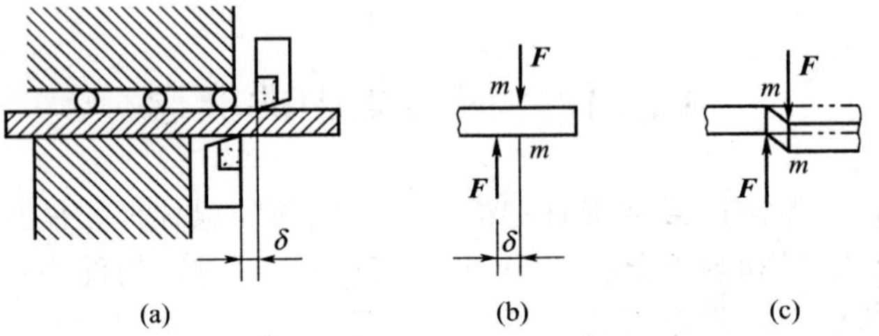

图 11-24

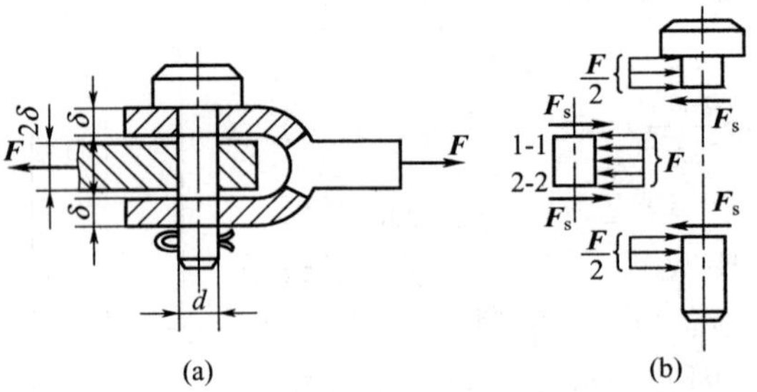

图 11-25

连接件在发生剪切变形的同时，它与被连接件在接触面上相互挤压，从而出现局部变形，这种现象称为挤压。如图 11-26 所示，两块钢板由铆钉连接，在力 F 的作用下，上钢板孔左侧与铆钉上部左侧，下钢板孔右侧与铆钉下部右侧相互挤压。发生挤压变形的接触面称为挤压面，挤压面积用 A_{bs} 表示；挤压面上的压力称为挤压力，用 F_{bs} 表示；与其相对应的应力称为挤压应力，用 σ_{bs} 表示。挤压力作用在构件的表面，当挤压力较大时，挤压面附近区域将发生显著的塑性变形而被压溃，从而发生挤压破坏。

11.7.2 剪切与挤压的实用计算

现以图 11-27(a) 所示的铆钉连接为例，说明剪切实用计算的方法。

铆钉的受力如图 11-27(b) 所示。为分析铆钉在剪切面上的内力，沿剪切面 m-m 截开并取上部为研究对象。如图 11-27(c)、(d) 所示，由平衡条件可知，剪切面上必有与截面相切的内力，称为剪力，用 F_s 表示，这里 $F_s=F$。

发生剪切变形的面称为剪切面，其面积用 A_s 表示，与其相对应的各点的切应力 τ 的分布情况比较复杂，工程上为了便于计算，通常认为切应力在剪切面上是均匀分布的，于是

$$\tau=\frac{F_s}{A_s}$$

为保证连接件具有足够的抗剪强度，要求工作时的切应力不超过许用切应力。由此得出剪切强度条件为

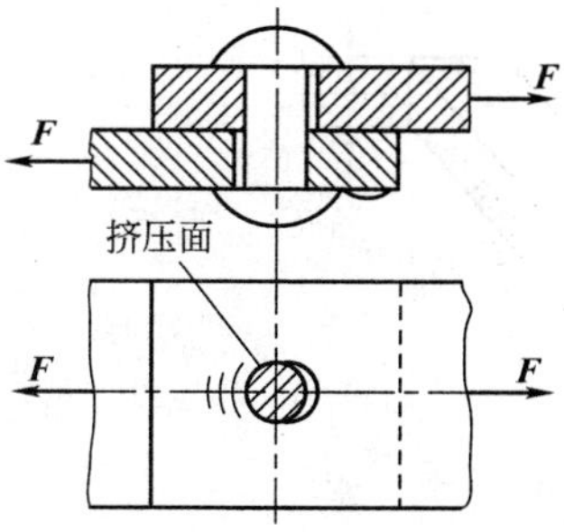

图 11-26

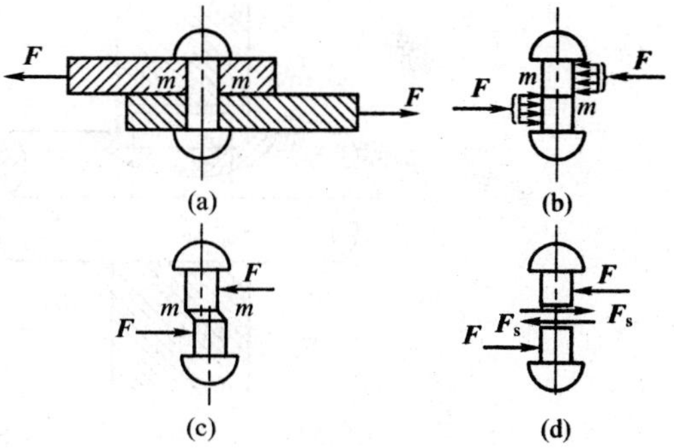

图 11-27

$$\tau=\frac{F_s}{A_s}\leqslant[\tau] \tag{11-11}$$

式中，[τ] 为材料的许用切应力，单位为 MPa。常用材料的许用切应力可从有关手册中查得。

构件在发生剪切变形的同时，往往伴随挤压变形。在挤压面上，挤压应力分布的规律相当复杂。对于销钉、铆钉等连接件，其挤压面为半圆柱面，挤压应力的分布如图 11-28(a) 所示，最大应力在其半圆柱面的中点。实用计算中，挤压面的正投影 dt 作为挤压面积 A_{bs}，除挤压力 F_{bs}，则所得应力大致上与实际的最大应力接近，如图 11-28(b) 所示，挤压应力的实用计算

$$\sigma_{bs}=\frac{F_{bs}}{A_{bs}}=\frac{F_{bs}}{dt}$$

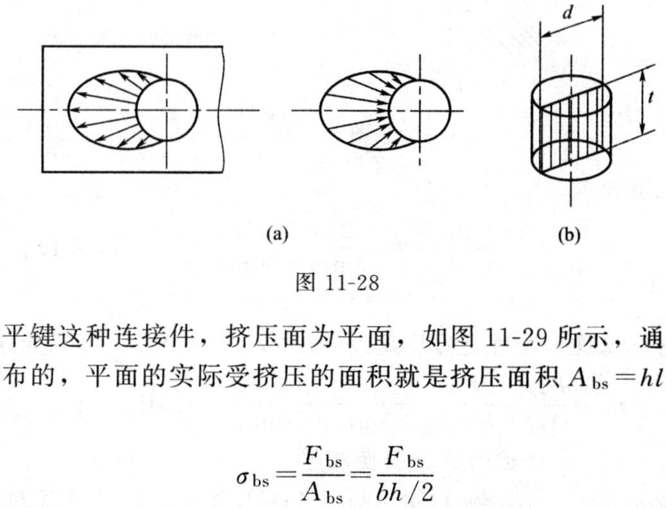

图 11-28

工程中，对于平键这种连接件，挤压面为平面，如图 11-29 所示，通常认为挤压应力在挤压面上是均匀分布的，平面的实际受挤压的面积就是挤压面积 $A_{bs}=hl/2$，由此得挤压应力的实用计算

$$\sigma_{bs}=\frac{F_{bs}}{A_{bs}}=\frac{F_{bs}}{bh/2}$$

为保证连接件具有足够的挤压强度而不破坏，必须满足工作挤压应力不超过许用挤压应力，即

$$\sigma_{bs}=\frac{F_{bs}}{A_{bs}}\leqslant[\sigma_{bs}] \tag{11-12}$$

式中，[σ_{bs}] 为材料的许用挤压应力。具体数据可从有关手册中查得。

例 11-7 齿轮与轴用平键连接，如图 11-30(a) 所示，已知轴的直径 $d=50\text{mm}$，键的尺寸 $b\times h\times l=16\text{mm}\times10\text{mm}\times50\text{mm}$。传递的力矩 $M=600\text{N}\cdot\text{m}$，键的许用切应力 [$\tau$]=

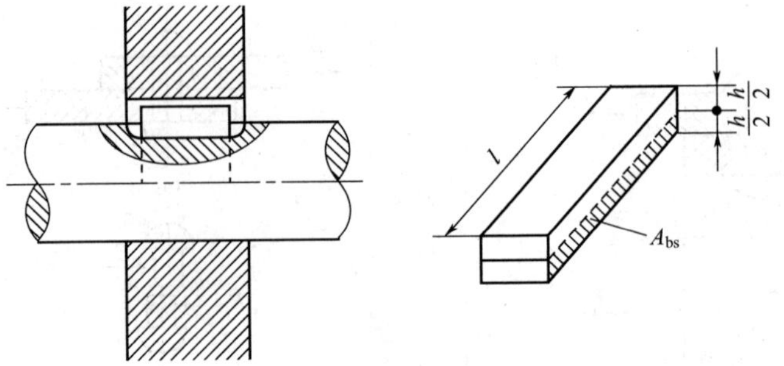

图 11-29

60MPa，许用挤压应力 $[\sigma_{bs}]=100\text{MPa}$。试校核键的强度。

解：① 计算键所受的外力 F。取轴和键为研究对象，其受力如图 11-30(b) 所示，根据对轴心的力矩平衡方程

$$\sum M_O(\boldsymbol{F})=0,\quad F\times\frac{d}{2}-M=0$$

可得

$$F=\frac{2M}{d}=\frac{2\times600\text{N}\cdot\text{m}}{0.05\text{m}}=24\times10^3\text{N}=24\text{kN}$$

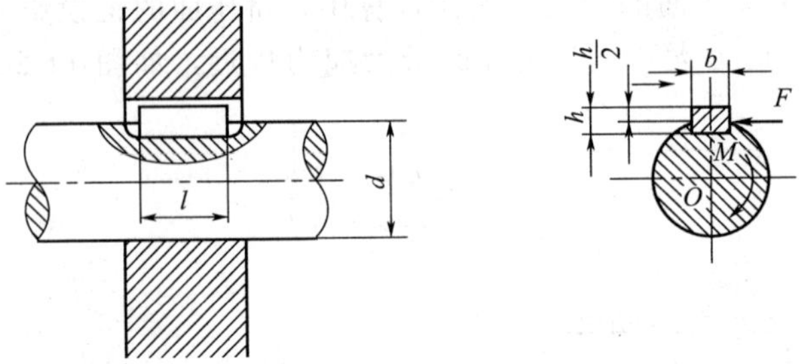

(a) (b)

图 11-30

② 校核键的抗剪强度。

$$\tau=\frac{F_s}{A_s}=\frac{24\times10^3\text{N}}{b\times l}=\frac{24\times10^3\text{N}}{16\text{mm}\times50\text{mm}}=30\text{MPa}<[\tau]$$

故剪切强度足够。

③ 校核键的挤压强度。键所受的挤压力 $F_{bs}=F=24\text{kN}$，挤压面是平面，因此

$$\sigma_{bs}=\frac{F_{bs}}{A_{bs}}=\frac{2F_{bs}}{h\times l}=\frac{2\times24\times10^3\text{N}}{10\text{mm}\times50\text{mm}}=96\text{MPa}<[\sigma_{bs}]$$

故键的挤压强度足够。

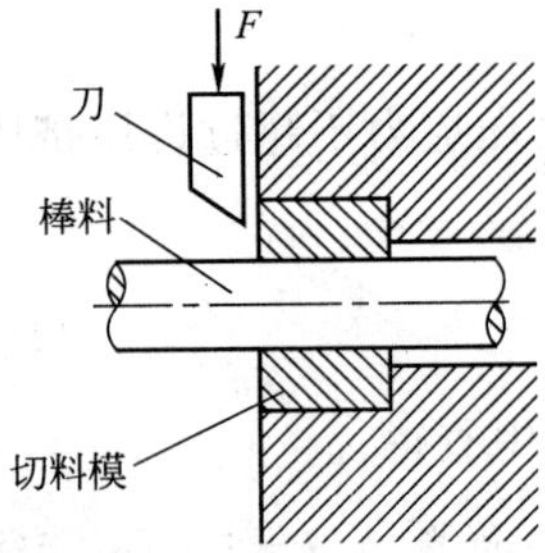

图 11-31

例 11-8 如图 11-31 所示，切料装置用刀刃把切料模中直径 $d=12\text{mm}$ 的棒料切断。棒料的抗剪强度 $\tau_b=320\text{MPa}$。试计算切断力。

解：切料时棒料剪切面上的剪力 $F_s=F$，剪切面的面积 $A=\frac{\pi d^2}{4}$，为能剪断棒料，须满足条件

$$\tau=\frac{F_s}{A}=\frac{4F}{\pi d^2}\geqslant\tau_b$$

得

$$F \geqslant \frac{\pi d^2 \tau_b}{4} = \frac{\pi \times (12\text{mm})^2 \times 320\text{MPa}}{4} = 36.2 \times 10^3 \text{N} = 36.2\text{kN}$$

所以切断力大于36.2kN。

思考题

11-1　轴向拉压的受力特点、变形特点是什么？

11-2　在思考题11-2图中，哪些杆件属于轴向拉伸（压缩）？

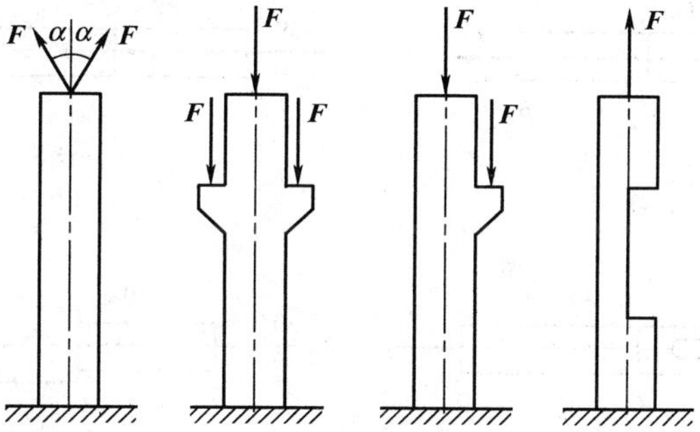

思考题11-2图

11-3　在对构件进行强度、刚度计算时，力的可传性原理是否仍是适用的？为什么？

11-4　胡克定律是什么？它有何意义？它的适用范围是什么？

11-5　弹性模量的意义是什么？量纲是什么？

11-6　低碳钢拉伸 σ-ε 曲线可分为哪几个阶段？各阶段特点是什么？

11-7　什么是材料的断后伸长率和断面收缩率？工程中如何划分塑性材料和脆性材料？

11-8　什么是极限应力，什么是许用应力？

11-9　轴向拉压的强度条件是什么？它可以解决哪几类强度问题？

11-10　什么是应力集中现象？应力集中对构件强度有何影响？

11-11　如何区分剪切面和挤压面？对思考题11-11图中的构件进行分析，如果强度不足，可能会发生哪些强度破坏？会在哪里破坏？

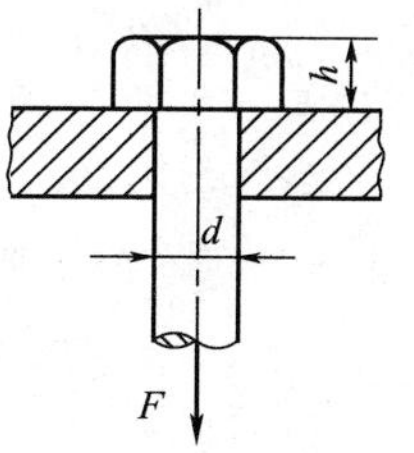

思考题11-11图

11-12　挤压应力与轴向压应力有什么区别？

习　题

11-1　试求习题11-1图示各杆1-1、2-2及3-3截面上的轴力，并作轴力图。

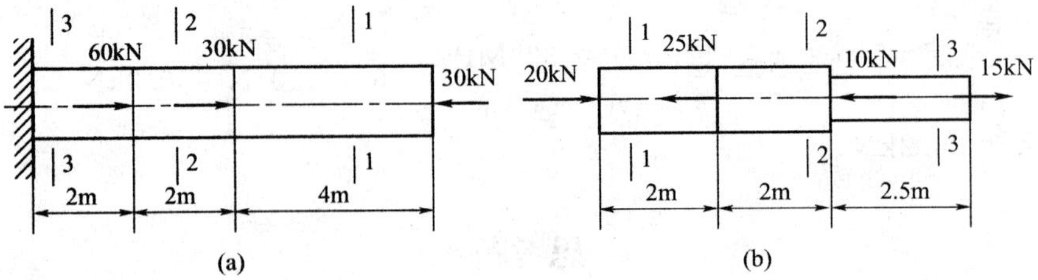

习题 11-1 图

11-2　试用截面法计算习题 11-2 图示各杆件的轴力，并画轴力图。

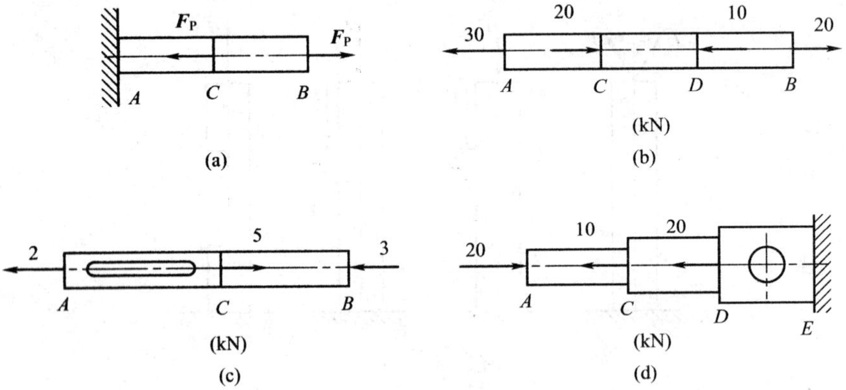

习题 11-2 图

11-3　习题 11-3 图示阶梯形圆截面杆，承受轴向载荷 $F_1=50\text{kN}$ 与 F_2的作用，AB 与 BC 段的直径分别为 $d_1=20\text{mm}$ 与 $d_2=30\text{mm}$，如欲使 AB 与 BC 段横截面上的正应力相同，试求载荷 F_2之值。

11-4　螺旋压紧装置如习题 11-4 图所示。现已知工件所受的压紧力为 $F=4\text{kN}$。装置中旋紧螺栓螺纹的内径 $d_1=13.8\text{mm}$；固定螺栓内径 $d_2=17.3\text{mm}$。两根螺栓材料相同，其许用应力 $[\sigma]=53.0\text{MPa}$。试校核各螺栓的强度是否安全。

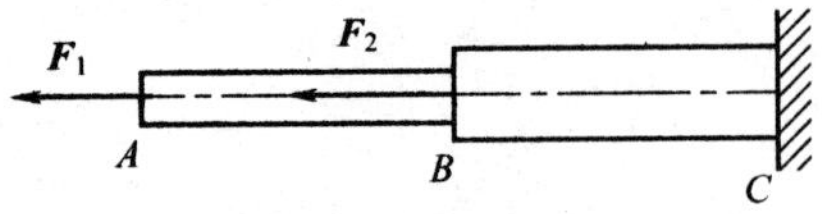

习题 11-3 图

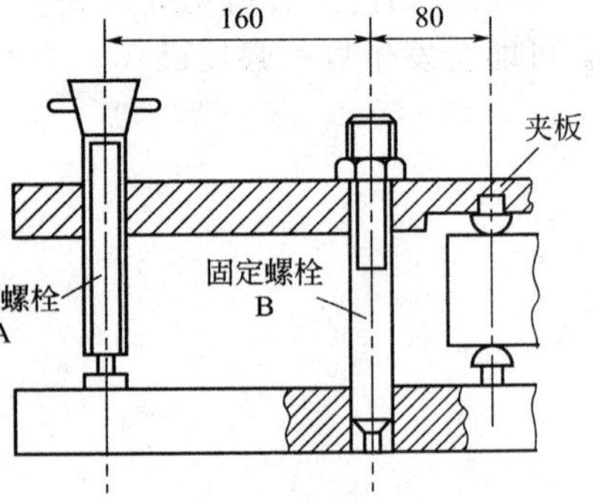

习题 11-4 图

11-5　如习题 11-5 图所示卧式拉床的油缸内径 $D=186\text{mm}$，活塞杆直径 $d_1=65\text{mm}$，许用应力$[\sigma]_{杆}=130\text{MPa}$。缸盖由六个 M20 的螺栓与缸体连接，M20 螺栓的内径 $d=17.3\text{mm}$，许用应力$[\sigma]_{螺}=110\text{MPa}$。试按活塞杆和螺栓的强度确定最大油压 p。

11-6　如习题 11-6 图示桁架，承受铅垂载荷 F 作用。设各杆的横截面面积均为 A，许

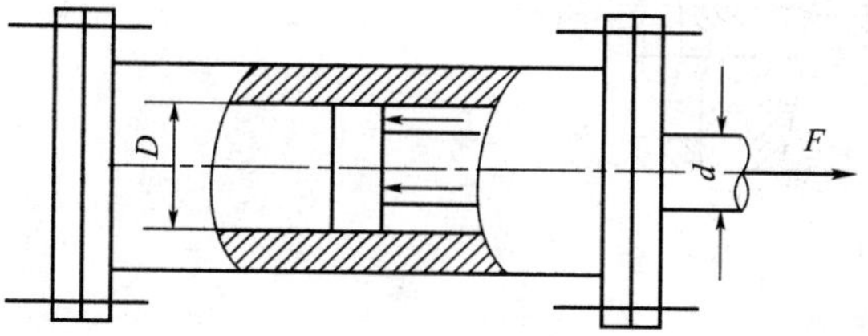

习题 11-5 图

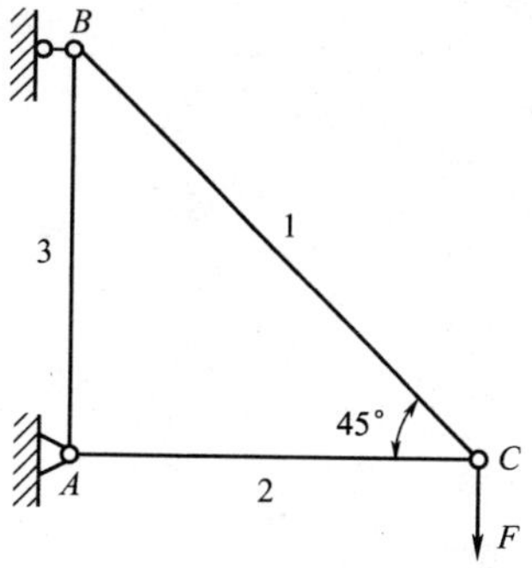

习题 11-6 图

用应力均为 $[\sigma]$，试确定载荷 F 的许用值 $[F]$。

11-7　变截面直杆如习题 11-7 图所示。已知 $A_1=8\text{cm}^2$，$A_2=4\text{cm}^2$，$E=200\text{GPa}$ 。求杆的总伸长量。

11-8　设 CF 为刚体（即 CF 的弯曲变形可以忽略），BC 为铜杆，DF 为钢杆，两杆的横截面面积分别为 A_1 和 A_2，如习题 11-8 图所示，弹性模量分别为 E_1 和 E_2。如要求 CF 始终保持水平位置，试求 x。

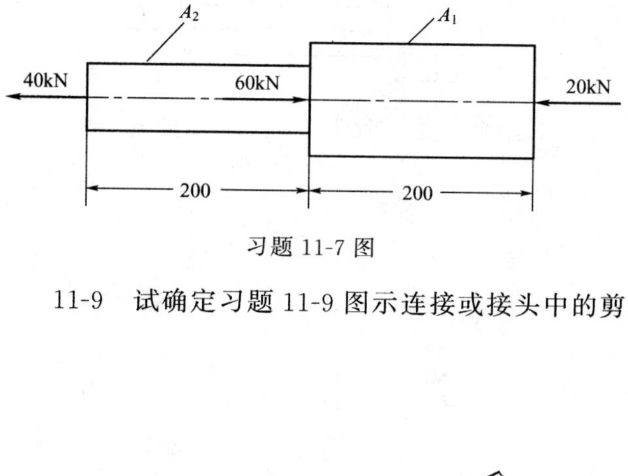

习题 11-7 图

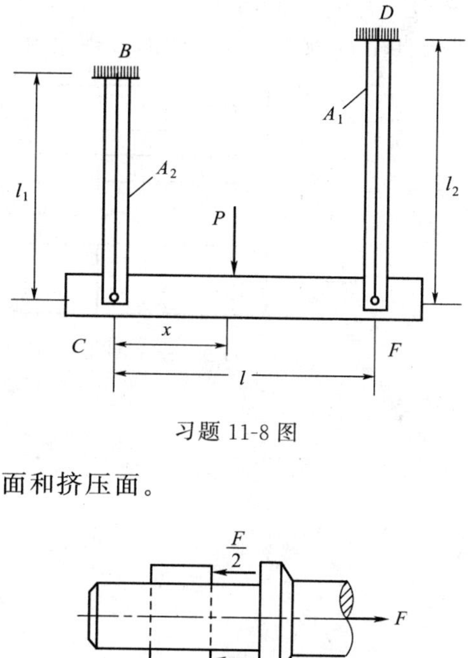

习题 11-8 图

11-9　试确定习题 11-9 图示连接或接头中的剪切面和挤压面。

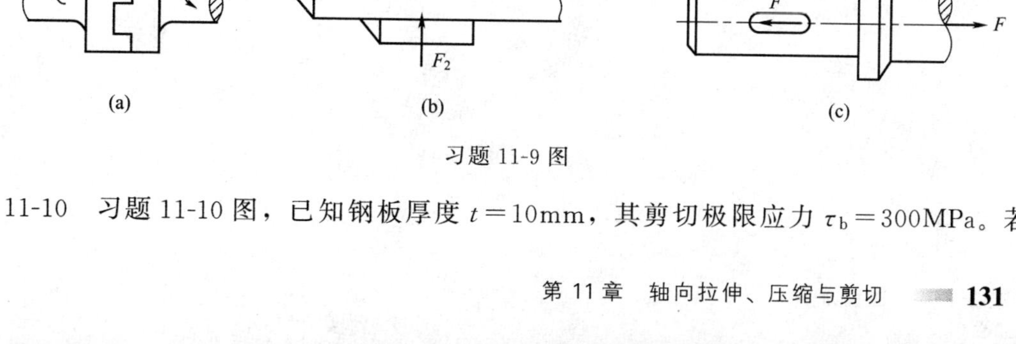

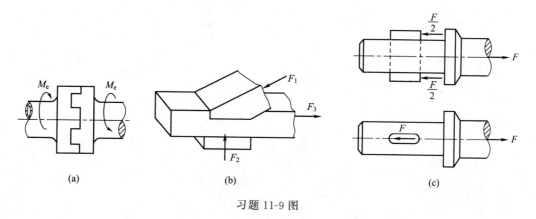

习题 11-9 图

11-10　习题 11-10 图，已知钢板厚度 $t=10\text{mm}$，其剪切极限应力 $\tau_b=300\text{MPa}$。若用

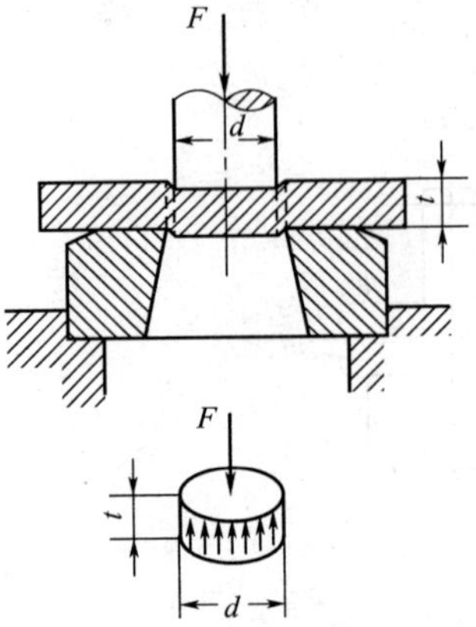

习题 11-10 图

冲床将钢板冲出直径 $d=25\text{mm}$ 的孔，问需要多大的冲剪力 F。

11-11　木榫接头如习题 11-11 图所示。$a=b=12\text{cm}$，$h=35\text{cm}$，$c=4.5\text{cm}$。$F=40\text{kN}$。试求接头的剪切和挤压应力。

11-12　习题 11-12 图示杆件，承受轴向载荷 F 作用。已知许用应力 $[\sigma]=120\text{MPa}$，许用切应力$[\tau]=90\text{MPa}$，许用挤压应力 $[\sigma_{bs}]=240\text{MPa}$，试从强度方面考虑，建立杆径 d、墩头直径 D 及其高度 h 间的合理比值。

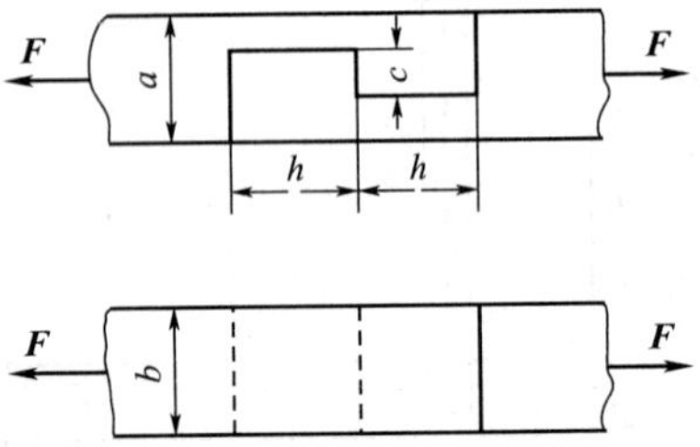

习题 11-11 图

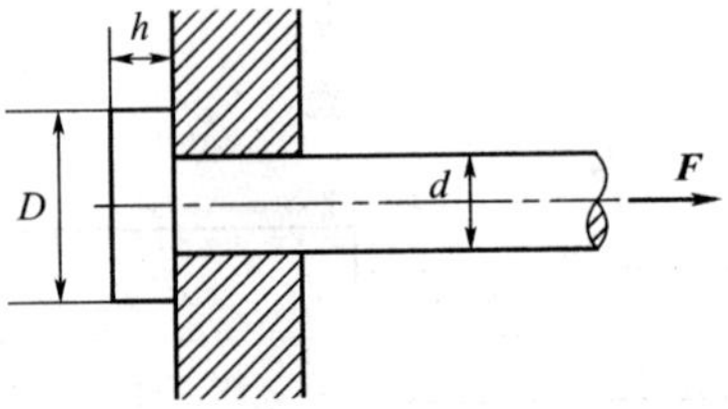

习题 11-12 图

第12章 圆轴扭转

12.1 圆轴扭转的概念与实例

工程中许多杆件承受扭转变形。汽车方向盘的操纵杆，如图 12-1 所示，操纵杆的两端分别承受驾驶员两手加在方向盘上的外力偶和转向器反力偶的作用，使得操纵杆发生扭转变形。图 12-2 所示为攻螺纹孔的丝锥杆也是扭转变形的实例。以上两种情况都能简化为图 12-3 所示的力学模型。

从图 12-3 中可以看出，这些杆件的受力特点是：在垂直于杆轴线的两个平面内分别作用一对大小相等、方向相反的外力偶。变形特点是：杆件的各横截面绕轴线产生相对转动。这种变形称为扭转变形。以扭转变形为主的杆件称为轴。本章只讨论工程中常见的圆轴扭转问题。

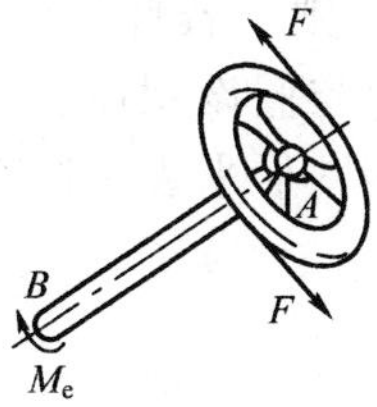

图 12-1

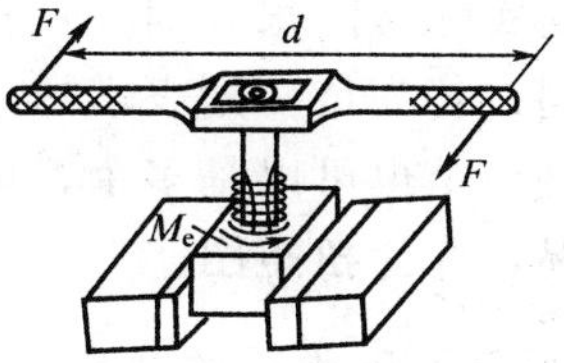

图 12-2

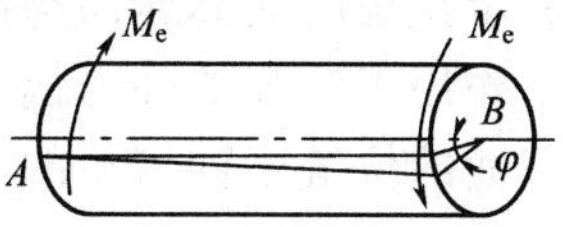

图 12-3

12.2 外力偶矩的计算 扭矩和扭矩图

12.2.1 外力偶矩的计算

工程中，作用于轴上的外力偶矩一般不直接给出，而是给出轴的转速和轴所传递的功率，它们的换算关系为

$$M_e=\frac{1000P}{\frac{2\pi n}{60}}(\mathrm{N\cdot m})=9550\,\frac{P}{n}(\mathrm{N\cdot m}) \tag{12-1}$$

式中，M_e 为外力偶矩，N·m；P 为轴传递的功率，kW；n 为轴的转速，r/min。

12.2.2 扭矩和扭矩图

如图 12-4(a) 所示，等截面圆轴 AB 两端受到一对平衡外力偶矩 M_e的作用，现用截面法求圆轴横截面上的内力。用假想的横截面 $m-m$ 将轴截成左右两段。现以左段为研究对象，如图 12-4(b) 所示，因为力偶无合力，力偶只能用力偶去平衡，所以横截面 $m-m$ 上必有一个内力偶矩与 A 端面上的外力偶矩 M_e平衡，圆轴扭转变形时的内力偶矩称为扭矩，用 T 表示。根据平衡条件

$$\sum M_x=0 \qquad T=M$$

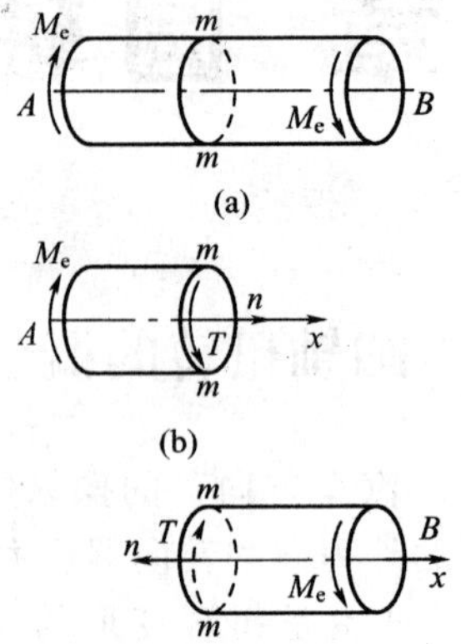

图 12-4

若取右段为研究对象，如图 12-4(c) 所示，同样内力也为扭矩，$T=M$。取左段或右段求得的扭矩大小相等，但转向相反，因此对扭矩的正负号规定如下：按右手定则，四指顺着扭矩的转向握住该轴，大拇指的指向与横截面的外法线方向一致时，扭矩为正；反之为负。

计算时，当横截面上的扭矩的实际转向未知时，一般采用设正原则。若计算结果为正，则表示扭矩的实际转向与假设相同；若为负，则表示扭矩的实际转向与假设相反。

作用于轴上的外力偶矩可以是一个也可以是多个，可用绘制出的图形来表示圆轴上随着横截面的位置不同扭矩的变化情况，称为**扭矩图**。

例 12-1 绘制如图 12-5(a) 所示的阶梯轴的扭矩图。

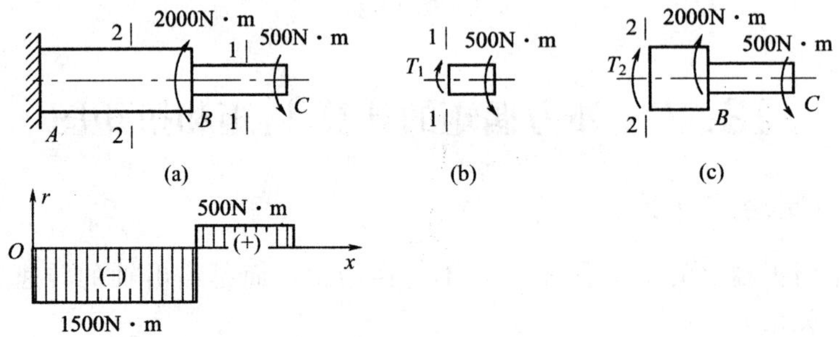

图 12-5

解： ① 计算轴上各段横截面上的扭矩。将轴分为 AB、BC 两段，逐段计算扭矩。

BC 段：如图 12-5(b) 所示

$$\sum M=0, T_1=500\text{N}\cdot\text{m}$$

AB 段：如图 12-5(c) 所示

$$\sum M=0,\ T_2+2000\text{N}\cdot\text{m}-500\text{N}\cdot\text{m}=0$$

$$T_2=-1500\text{N}\cdot\text{m}$$

② 绘制扭矩图。根据以上计算结果，按比例画出扭矩图，如图 12-5(d) 所示。从图中可以看出，在集中力偶作用面 B 处，扭矩值发生突变，其突变值等于该集中力偶矩的大小。最大扭矩发生在 AB 段内，其值 $|T_{\max}|=1500\text{N}\cdot\text{m}$。

12.3 圆轴扭转时的应力与强度计算

12.3.1 圆轴扭转时横截面上的切应力

为了研究圆轴横截面上应力的分布情况，可对圆轴的扭转变形实验进行分析。取一根等截面圆轴，加载前在其表面上画出若干垂直于轴线的圆周线和平行于轴线的纵向线，如图12-6(a) 所示。当扭转变形很小时，可观察到：圆周线依然是圆周线，圆周线的直径大小没变；任意两圆周线的间距均不改变；纵向线仍为直线，且倾斜同一角度 γ，如图 12-6(b) 所示。

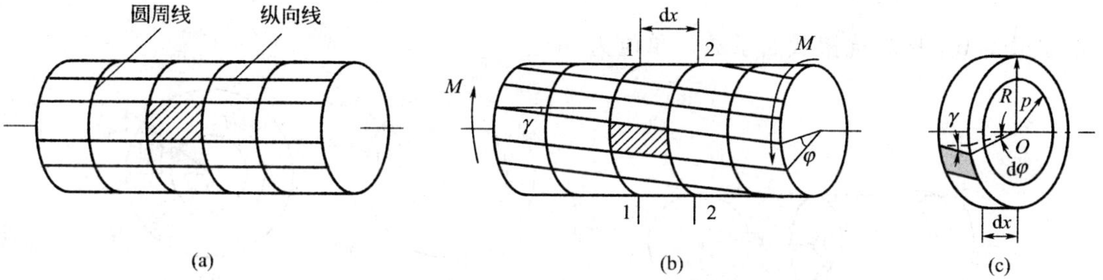

图 12-6

根据上述现象提出了平面假设，过任意的圆周线可以作横截面，扭转变形后，横截面仍为平面，其形状和大小不变，而且任意两个截面之间距离不变，只是一个截面相对于另一个截面转过一定角度。由此可推断：圆轴扭转时，其横截面上径向无切应力，横截面沿轴线方向也无正应力，横截面上各点有切线方向的切应力存在。

现在讨论变形之间关系。取 1-1 和 2-2 两个截面之间的微段为研究对象，如图 12-6(c) 所示。在横截面上任取一点，到圆心的距离为 ρ；$\mathrm{d}\varphi$ 表示半径变形后转过的角度，称为**扭转角**；γ 表示圆轴表面的切应变；γ_ρ 表示横截面上到圆心距离为 ρ 的圆柱面上各点的切应变。由于 $\gamma \mathrm{d}x = R\mathrm{d}\varphi$，所以 $\gamma = \dfrac{R\mathrm{d}\varphi}{\mathrm{d}x}$，相类比

$$\gamma_\rho = \frac{\rho \mathrm{d}\varphi}{\mathrm{d}x} \tag{1}$$

由剪切胡克定律知，当切应力 τ 不超过材料的剪切比例极限 τ_{p} 时，在横截面上任取一点，到圆心的距离为 ρ 点的切应力 τ_ρ 与切应变 γ_ρ，两者之间关系为

$$\tau_\rho = G\gamma_\rho$$

G 为材料的切变模量，常见量纲为 GPa，它是材料固有的常量，将式(1) 代入上式得

$$\tau_\rho = G\gamma_\rho = G\frac{\mathrm{d}\varphi}{\mathrm{d}x}\rho \tag{2}$$

用假想的截面将图 12-6(b) 所示的轴截开，取左段为研究对象，如图 12-7 所示。在横截面上任取到圆心的距离为 ρ 点的面积用 $\mathrm{d}A$ 表示，横截面的扭矩 T 是该截面所有内力的合力，有

$$T = \int_A \rho\tau_\rho \mathrm{d}A = \int_A \rho G\frac{\mathrm{d}\varphi}{\mathrm{d}x}\rho \mathrm{d}A = G\frac{\mathrm{d}\varphi}{\mathrm{d}x}\int_A \rho^2 \mathrm{d}A \tag{3}$$

令 $I_{\mathrm{p}} = \int_A \rho^2 \mathrm{d}A$ 。I_{p} 称为截面对于圆心的**极惯性矩**，单位为 m^4。

由式(2) 和式(3) 得

$$\tau_\rho = \frac{T\rho}{I_p} \tag{12-2}$$

由式(12-2)，实心圆和空心圆的切应力分布如图 12-8(a)、(b) 所示。显然当 $\rho=0$ 时，$\tau=0$；当 $\rho=R$ 时，切应力最大，即圆轴横截面上边缘处各点的切应力最大，其值为

$$\tau_{max} = \frac{TR}{I_p}$$

令 $W_t = \frac{I_p}{R}$，则上式可写成

$$\tau_{max} = \frac{T}{W_t} \tag{12-3}$$

式中，W_t 称为抗扭截面系数，单位为 m^3。

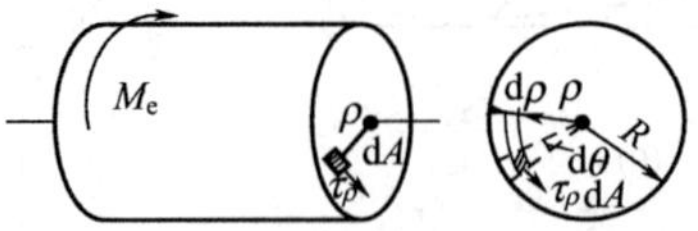

图 12-7

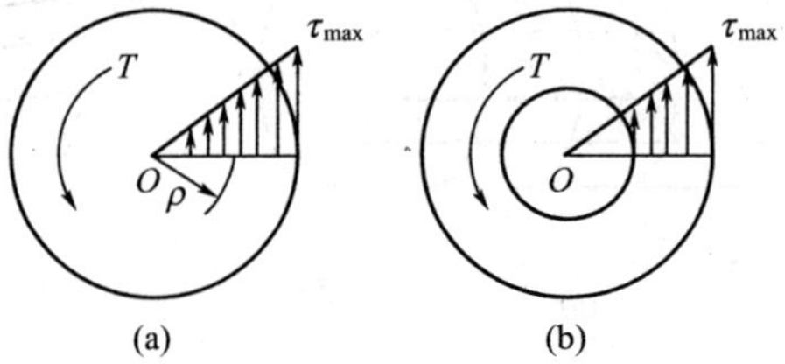

图 12-8

12.3.2 极惯性矩和抗扭截面系数的计算

实心圆截面如图 12-9(a) 所示，其 I_p 和 W_t 分别为

$$I_p = \int_A \rho^2 dA = \int_0^{\frac{d}{2}} \rho^2 \times 2\pi\rho d\rho = \frac{\pi d^4}{32} \tag{12-4}$$

$$W_t = \frac{I_p}{d/2} = \frac{\pi d^3}{16} \tag{12-5}$$

式中，d 为实心圆截面的直径。

空心圆截面如图 12-9(b) 所示，其 I_p 和 W_t 分别为

$$I_p = \int \rho^2 dA = \int_{\frac{d}{2}}^{\frac{D}{2}} \rho^2 \times 2\pi\rho d\rho = \frac{\pi D^4}{32} - \frac{\pi d^4}{32} = \frac{\pi D^4}{32}(1-\alpha^4) \tag{12-6}$$

$$W_t = \frac{I_p}{D/2} = \frac{\pi D^3}{16}(1-\alpha^4) \tag{12-7}$$

式中，D、d 分别为空心圆截面的外径和内径，其比值 $\alpha = \frac{d}{D}$。

12.3.3 圆轴扭转时的强度计算

为了保证圆轴工作时不致因强度不够而破坏，最大扭转切应力 τ_{max} 不得超过材料的扭转许用切应力 $[\tau]$，即

$$\tau_{max} \leqslant [\tau] \tag{12-8}$$

对于等截面圆轴，则有

$$\tau_{max} = \frac{T_{max}}{W_t} \leqslant [\tau] \tag{12-9}$$

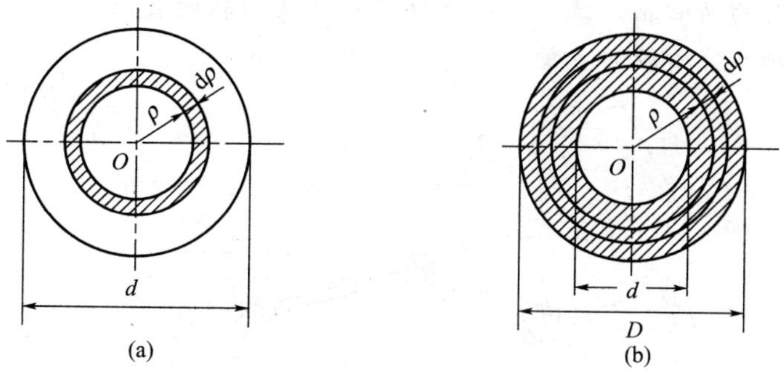

图 12-9

对于阶梯轴，由于各段的 W_t 不同，τ_{max}不一定发生在$|T|_{max}$所在的截面上，应综合考虑 W_t 和 T 两个因素来确定。

$$\tau_{max}=\left(\frac{T}{W_t}\right)_{max}\leqslant[\tau] \tag{12-10}$$

扭转变形强度条件同样可以用来解决强度校核、截面尺寸设计和确定许可载荷三类扭转强度问题。

例 12-2 一阶梯轴如图 12-10(a) 所示，轴上受到的外力偶矩 $M_1=6\text{kN}\cdot\text{m}$，$M_2=4\text{kN}\cdot\text{m}$，$M_3=2\text{kN}\cdot\text{m}$。轴材料的许用切应力 $[\tau]=60\text{MPa}$，试校核该轴的强度。

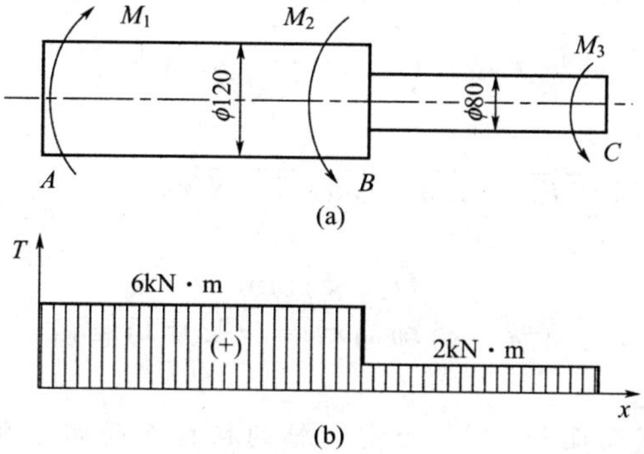

图 12-10

解： ① 绘制扭矩图。如图 12-10(b) 所示，由于 AB 段、BC 段的扭矩和直径都不相同，整个轴的最大切应力所在截面的位置无法确定，因此需分段校核其强度。

$$T_{AB}=6\text{kN}\cdot\text{m}\qquad T_{BC}=2\text{kN}\cdot\text{m}$$

② 校核 AB 段强度

$$\tau_{max}=\frac{T_{AB}}{W_{tAB}}=\frac{6\times10^3\times10^3\text{N}\cdot\text{mm}}{\pi\times(120\text{mm})^3/16}=17.69\text{MPa}<[\tau]$$

③ 校核 BC 段强度

$$\tau_{max}=\frac{T_{BC}}{W_{tBC}}=\frac{2\times10^3\times10^3\text{N}\cdot\text{mm}}{\pi\times(80\text{mm})^3/16}=19.90\text{MPa}<[\tau]$$

强度满足要求。

例 12-3 由无缝钢管制成的汽车传动轴 AB 如图 12-11 所示，外径 $D=90\text{mm}$，壁厚 $t=2.5\text{mm}$，材料为 45 钢，许用切应力 $[\tau]=60\text{MPa}$，工作时最大转矩 $M=1.5\text{kN}\cdot\text{m}$。

(1) 试校核 AB 轴的强度。

(2) 将 AB 轴改为实心轴，试在相同条件下确定实心轴的直径。

(3) 比较实心轴和空心轴的重量。

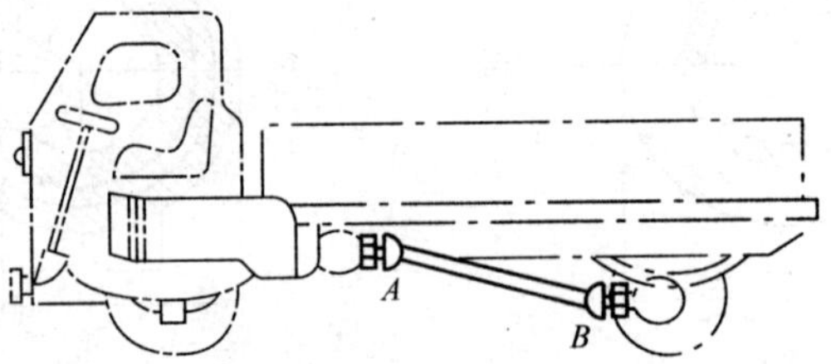

图 12-11

解： ① 校核 AB 轴的强度

已知 $$T=M=1.5\text{kN}\cdot\text{m} \qquad \alpha=\frac{d}{D}=\frac{90-2\times2.5}{90}=0.944$$

故 $$W_t=\frac{\pi D^3}{16}(1-\alpha^4)=\frac{\pi\times(90\text{mm})^3}{16}(1-0.944^4)=2.95\times10^4\text{mm}^3$$

$$\tau_{\max}=\frac{T}{W_t}=\frac{1.5\times10^3\times10^3\text{N}\cdot\text{m}}{2.95\times10^4\text{mm}^3}=50.8\text{MPa}<[\tau]$$

故 AB 轴满足强度要求。

② 确定实心轴的直径

若把空心圆轴换成直径为 D_1 的实心圆轴，且保持最大切应力不变，则有

$$\tau_{\max}=\frac{T}{W_{t1}}=\frac{T}{\frac{\pi}{16}D_1^3}\leqslant[\tau]$$

$$D_1\geqslant\sqrt[3]{\frac{16T}{\pi[\tau]}}=\sqrt[3]{\frac{16\times1.5\times10^6\text{N}\cdot\text{mm}}{\pi\times60\text{MPa}}}=50.3\text{mm}$$

取 $$D_1=51\text{mm}$$

③ 比较空心轴和实心轴的重量。两轴的材料和长度均相同，它们的重量比等于其横截面的面积之比。

设 A_1 为实心轴的横截面面积，A_2 为空心轴的横截面面积，则有

$$A_1=\frac{\pi D_1^2}{4} \qquad A_2=\frac{\pi(D^2-d^2)}{4}$$

故 $$\frac{A_2}{A_1}=\frac{D^2-d^2}{D_1^2}=\frac{(90\text{mm})^2-(85\text{mm})^2}{(51\text{mm})^2}=0.336$$

计算结果说明，在强度相同的情况下，空心轴的重量仅为实心轴重量的 33.6%，节省材料的效果明显，这是因为切应力沿半径呈线性分布，圆心附近各点应力较小，材料未能充分发挥作用。改为空心轴相当于把轴心处的材料移向边缘，从而提高了轴的强度。但是空心轴加工工艺高，体积大，价格昂贵，一般情况下不采用。

12.4 圆轴扭转时的变形与刚度计算

12.4.1 圆轴扭转时的变形公式

扭转变形是用两个横截面绕轴线的相对扭转角 φ 来表示的，如图 12-12 所示。对于 T

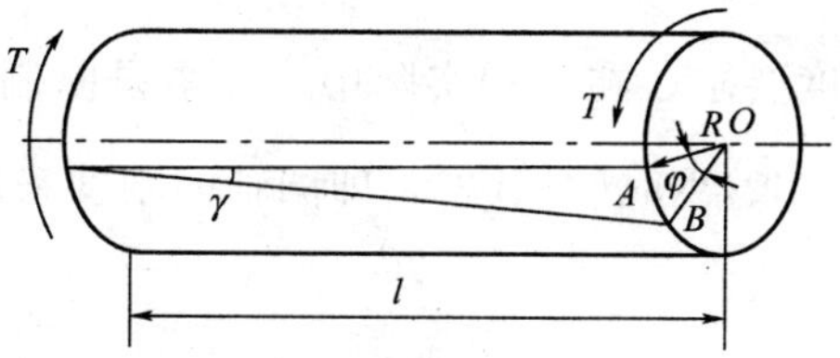

图 12-12

为常值的等截面圆轴，由于 γ 很小，由几何关系可得

$$\overset{\frown}{AB}=R\varphi \qquad \overset{\frown}{AB}=\gamma l$$

所以

$$\varphi=\frac{\gamma l}{R}$$

将剪切胡克定律 $\gamma=\frac{\tau}{G}$ 以及 $\tau=\frac{TR}{I_p}$ 代入上式，得

$$\varphi=\frac{Tl}{GI_p} \tag{12-11}$$

式(12-11) 表明，扭转角 φ 与扭矩 T、轴长 l 成正比，与 GI_p 成反比。GI_p 称为圆轴截面的抗扭刚度。

对于阶梯状圆轴以及扭矩变化的等截面圆轴，需分段计算相对扭转角，然后求代数和。

例 12-4 传动轴及其所承受的载荷如图 12-13(a) 所示，$I_p=3\times10^5\text{mm}^4$，该轴材料的切变模量 $G=80\text{GPa}$。试计算该轴的总扭角 φ_{AC}（即截面 C 对截面 A 的相对转角）。

解： 画出轴的扭矩图，如图 12-13(b) 所示，AB 和 BC 段的扭矩分别为

$$T_{AB}=180\text{N}\cdot\text{m} \qquad T_{BC}=-140\text{N}\cdot\text{m}$$

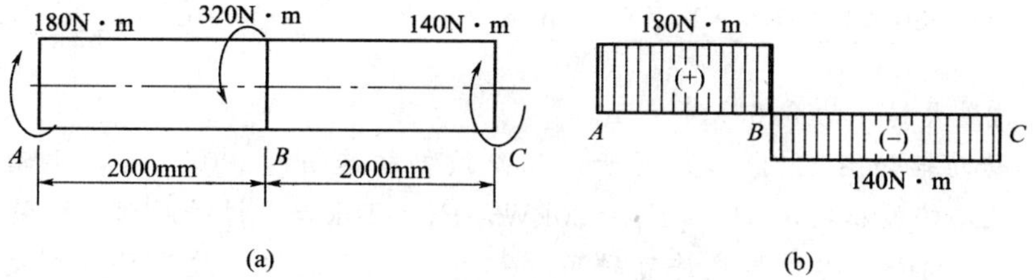

图 12-13

AB 段的相对转角

$$\varphi_{AB}=\frac{T_{AB}l_{AB}}{GI_p}=\frac{180\times10^3\text{N}\cdot\text{mm}\times2000\text{mm}}{80\times10^3\text{MPa}\times3\times10^5\text{mm}^4}=0.015\text{rad}=0.86^\circ$$

BC 段的相对转角

$$\varphi_{BC}=\frac{T_{BC}l_{BC}}{GI_p}=\frac{-140\times10^3\text{N}\cdot\text{mm}\times2000\text{mm}}{80\times10^3\text{MPa}\times3\times10^5\text{mm}^4}=-0.0117\text{rad}=-0.67^\circ$$

由此得轴的总转角

$$\varphi_{AC}=\varphi_{AB}+\varphi_{BC}=0.86^\circ-0.67^\circ=0.19^\circ$$

12.4.2 圆轴扭转的刚度条件

设计轴时，除应考虑强度要求外，对于许多轴，常常对其变形还有一定的限制。例如机

器转轴发生过大变形，就会影响机器的精度或使机器产生较大的振动。因此，圆轴扭转时除了强度要求外，有时还有刚度要求。在工程实际中，通常是限制单位长度的扭转角 $\theta=\frac{\varphi}{l}$，使它不超过规定的许用的单位长度扭转角 $[\theta]$，即圆轴的刚度条件为

$$\theta\leqslant[\theta] \tag{12-12}$$

对于等截面圆轴，则有

$$\theta_{\max}=\frac{T_{\max}}{GI_{p}}\leqslant[\theta] \tag{12-13}$$

式(12-13) 中，θ 和 $[\theta]$ 的单位为 rad/m。

工程上，许用扭转角 $[\theta]$ 的单位为°/m，考虑单位的换算，式(12-13) 可写成

$$\theta_{\max}=\frac{T_{\max}}{GI_{p}}\times\frac{180}{\pi}\leqslant[\theta] \tag{12-14}$$

不同类型轴的 $[\theta]$ 值可从有关工程手册中查得。

例 12-5 一空心轴外径 $D=100\text{mm}$，内径 $d=50\text{mm}$，$G=80\text{GPa}$，$[\theta]=0.75°/\text{m}$。试求该轴所能承受的最大转矩 $T_{\max}$。

解： 由式(12-14)

$$\theta_{\max}=\frac{T_{\max}}{GI_{p}}\times\frac{180}{\pi}\leqslant[\theta]$$

得

$$T_{\max}\leqslant\frac{\pi GI_{p}[\theta]}{180}$$

$$I_{p}=\frac{\pi}{32}(D^4-d^4)=\frac{\pi}{32}[(100\text{mm})^4-(50\text{mm})^4]=9.2\times10^6\ \text{mm}^4$$

故

$$T_{\max}\leqslant\frac{\pi\times80\times10^3\text{MPa}\times9.2\times10^6\text{mm}^4\times0.75\times10^{-3}°/\text{mm}}{180}=9.63\text{kN}\cdot\text{m}$$

该轴所能承受的最大转矩为 9.63kN · m。

例 12-6 传动轴如图 12-14(a) 所示。已知该轴转速 $n=300\text{r/min}$，主动轮输入功率 $P_C=50\text{kW}$，从动轮输出功率 $P_A=P_B=20\text{kW}$，$P_D=10\text{kW}$，材料的切变模量 $G=80\text{GPa}$，许用应力 $[\tau]=40\text{MPa}$，单位长度许可转角 $[\theta]=1°/\text{m}$。试按强度条件及刚度条件设计此轴的直径。

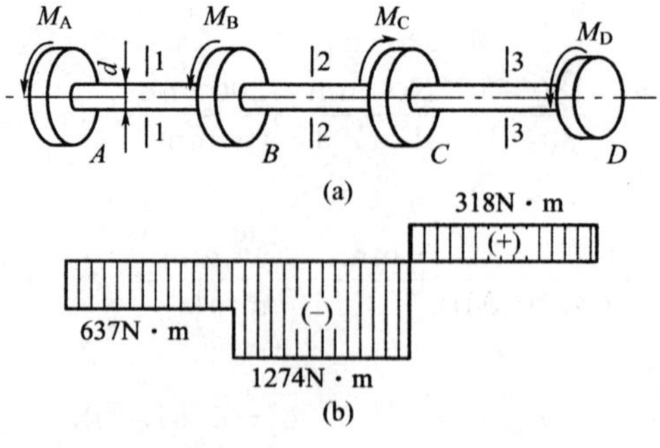

图 12-14

解： ① 由 $M_e=9\ 550\ \frac{P}{n}$ 求外力偶矩

$$M_A=9550\times\frac{20kW}{300r/min}=637N\cdot m$$

$$M_A=M_B=637N\cdot m$$

$$M_C=9550\times\frac{50kW}{300r/min}=1592N\cdot m$$

$$M_D=9550\times\frac{10kW}{300r/min}=318N\cdot m$$

② 画扭矩图

各段扭矩　　AB 段：$T_{AB}=-637N\cdot m$

BC 段：$T_{BC}=-1274N\cdot m$

CD 段：$T_{CD}=318N\cdot m$

由此画出扭矩图，如图 12-14(b) 所示，由图可知，最大扭矩发生在 BC 段

$$T_{max}=1274kN\cdot m$$

③ 按强度条件设计轴的直径

由强度条件 $\tau_{max}=\frac{T_{max}}{W_t}\leqslant[\tau]$ 和 $W_t=\frac{\pi d^3}{16}$，得

$$d\geqslant\sqrt[3]{\frac{16T_{max}}{\pi[\tau]}}=\sqrt[3]{\frac{16\times1274\times10^3N\cdot mm}{\pi\times40MPa}}=54.5mm$$

④ 按刚度条件设计轴的直径。

由刚度条件 $\theta_{max}=\frac{T_{max}}{GI_p}\times\frac{180}{\pi}\leqslant[\theta]$ 和 $I_p=\frac{\pi d^4}{32}$得

$$d\geqslant\sqrt[4]{\frac{32T_{max}\times180}{\pi^2G[\theta]}}=\sqrt[4]{\frac{32\times1274\times10^3N\cdot mm\times180}{\pi^2\times80\times10^3MPa\times1\times10^{-3}{}^\circ/mm}}=55.2mm$$

圆轴须同时满足强度条件和刚度条件，则取 $d=56mm$。

思考题

12-1　轴的转速、传递的功率与外力偶矩之间有何关系？在该关系式中各个单位分别是什么？

12-2　解释为什么在减速箱中，一般高速轴的直径较小，而低速轴的直径较大？

12-3　什么是切应力互等定理？

12-4　扭转圆轴的强度条件是什么？

12-5　从力学角度分析，在用料相同的情况下，受扭圆轴应该做成实心还是空心的？

12-6　如何放置传动轴中主动轮与从动轮的位置才是最合理的？

习 题

12-1　试求习题 12-1 图示各杆 1-1、2-2 截面上的扭矩，并作扭矩图。并确定最大扭矩 $|T|_{max}$。

12-2　习题 12-2 图示一传动轴，转速 $n=200r/min$，轮 C 为主动轮，输入功率 $P=60kW$，轮 A、B、C 均为从动轮，输出功率为 20kW，15kW，25kW。

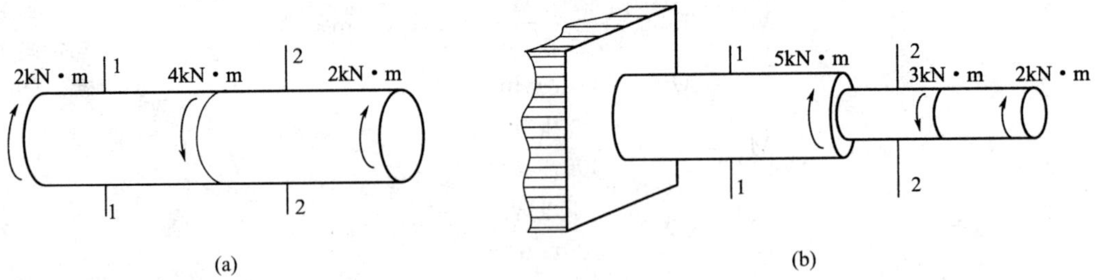

习题 12-1 图

（1）试绘该轴的扭矩图。

（2）若将轮 C 与轮 D 对调，试分析对轴的受力是否有利。

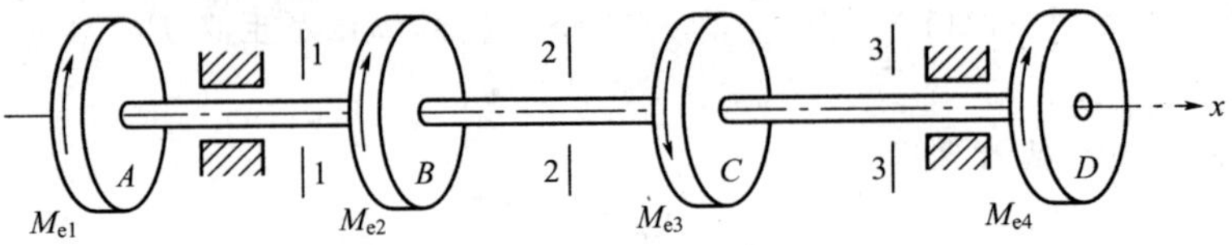

习题 12-2 图

12-3 某传动轴，由电机带动，已知轴的转速 $n=1000\mathrm{r/min}$（转/分），电机输入的功率 $P=20\mathrm{kW}$，试求作用在轴上的外力偶矩。

12-4 直径 $D=50\mathrm{mm}$ 的圆轴，某横截面上的扭矩 $T=2.15\mathrm{kN\cdot m}$。试求该截面上距圆心 10mm 处的切应力及最大切应力。

12-5 如习题 12-5 图所示圆截面空心轴，外径 $D=40\mathrm{mm}$，内径 $d=20\mathrm{mm}$，扭矩 $T=1\mathrm{kN\cdot m}$。试计算 $\rho=15\mathrm{mm}$ 的 A 点处的扭转切应力 τ_A，横截面上的最大和最小扭转切应力。

12-6 发电量为 15000kW 的水轮机主轴如习题 12-6 图所示。轴是空心的，外径 $D=550\mathrm{mm}$，$d=300\mathrm{mm}$，转速 $n=250\mathrm{r/min}$。材料的许用应力 $[\tau]=50\mathrm{MPa}$。试校核轴的强度。

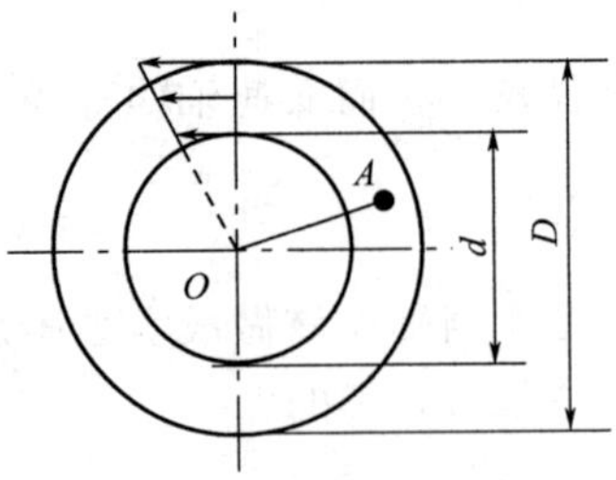

习题 12-5 图

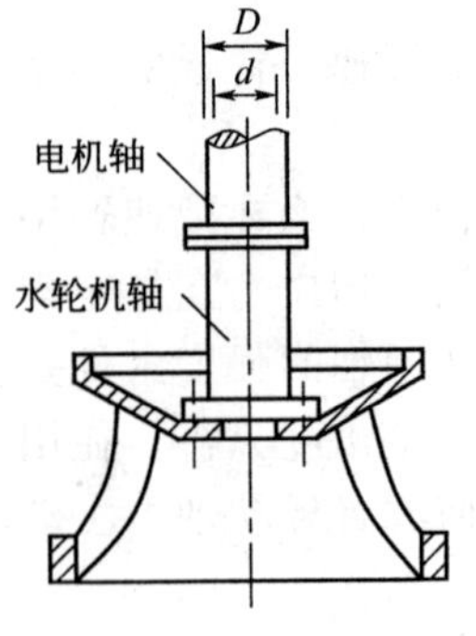

习题 12-6 图

12-7 习题 12-7 图，机床变速箱第Ⅱ轴传递的功率为 $P=5.5\mathrm{kW}$，转速 $n=200\mathrm{r/min}$，材料为 45 钢，$[\tau]=40\mathrm{MPa}$。试按强度条件初步确定轴的直径。

12-8 实心轴和空心轴通过牙嵌式离合器连接在一起，如习题 12-8 图所示。已知轴的转速 $n=100\mathrm{r/min}$，传递的功率 $P=7.5\mathrm{kW}$，材料的许用应力 $[\tau]=40\mathrm{MPa}$。试选择实心轴的直径 D_1 和内外径比值为1/2的空心轴的外径 D_2。

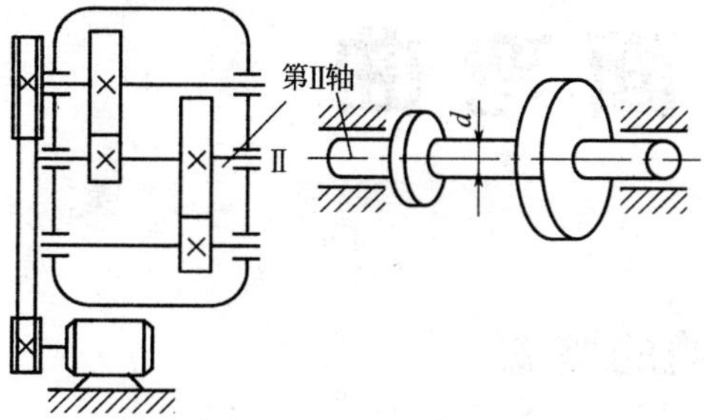

习题 12-7 图

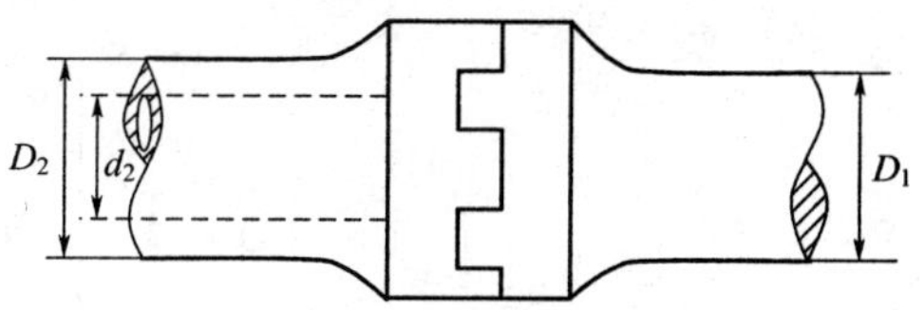

习题 12-8 图

12-9　如习题 12-9 图所示为皮带传动轴，轴的直径 $d=50$mm，轴的转速为 $n=180$r/min，轴上装有四个皮带轮。已知 A 轮的输入功率为 $P_A=20$kW，轮 B、C、D 的输出功率分别为 $P_B=3$kW，$P_C=10$kW，$P_D=7$kW，轴材料的许用切应力 $[\tau]=40$MPa。(1) 画出轴的扭矩图。(2) 校核轴的强度。

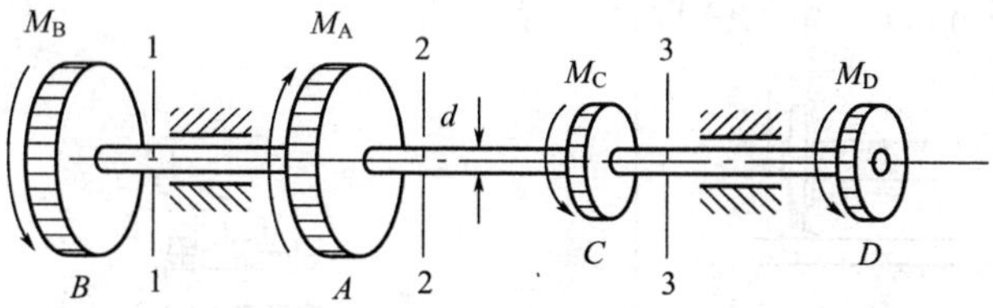

习题 12-9 图

12-10　如习题 12-10 图所示圆轴长 $l=500$mm，直径 $d=60$mm，受到外力偶矩 $M_1=4$kN·m 和 $M_2=7$kN·m 作用，材料的剪切弹性模量 $G=80$GPa。试：(1) 画出轴的扭矩图；(2) 求轴的最大切应力；(3) 求轴的最大单位长度扭转角。

12-11　一钢轴的转速 $n=240$r/min，传递的功率为 $P=44$kW。已知 $[\tau]=40$MPa，$[\theta]=1°/$m，$G=80$GPa，试按强度和刚度条件确定轴的直径。

12-12　阶梯形圆轴直径分别为 $d_1=40$mm，$d_2=70$mm，轴上装有三个皮带轮，如习题 12-12 图所示。已知由轮 3 输入的功率为 $P_3=30$kW，轮 1 输出的功率为 $P_1=13$kW，轴作匀速转动，转速 $n=200$r/min，材料的许用切应力 $[\tau]=60$MPa，$G=80$GPa。轴的许用扭转角 $[\varphi']=2(°)/$m。试校核轴的强度和刚度。

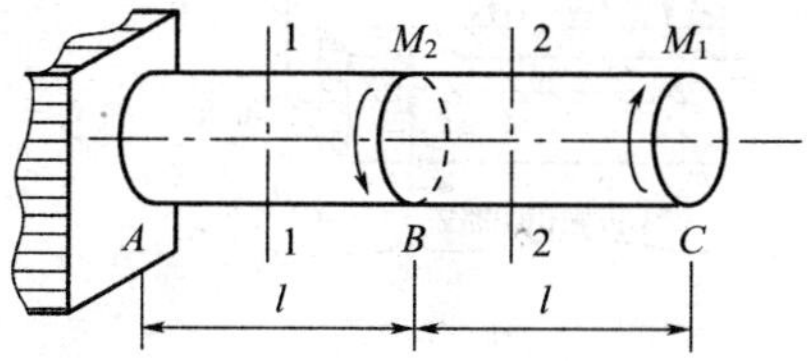

习题 12-10 图

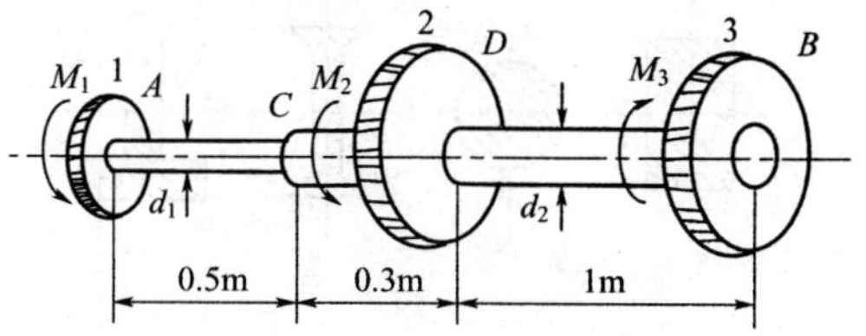

习题 12-12 图

第13章 平面弯曲

13.1 平面弯曲的概念

13.1.1 平面弯曲的概念与实例

工程实际中，存在大量的受弯杆件，如火车轮轴（图 13-1）、车床上的车刀（图 13-2）等。这些杆件的共同受力特点是：在通过杆轴线的平面内，受到垂直于杆轴线的外力的作用。其变形特点是：杆的轴线由原来的直线变成曲线，这种变形称为弯曲变形。以弯曲变形为主的构件通常称为梁。本章首先建立平面弯曲的概念，进而讨论平面弯曲时梁横截面上的内力，然后进行应力分析以及梁的变形计算等。

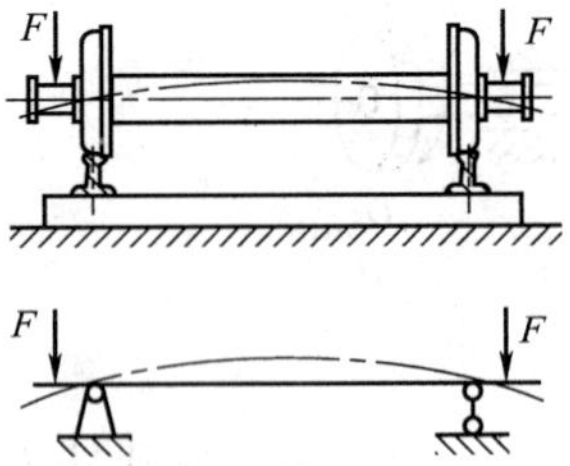

图 13-1

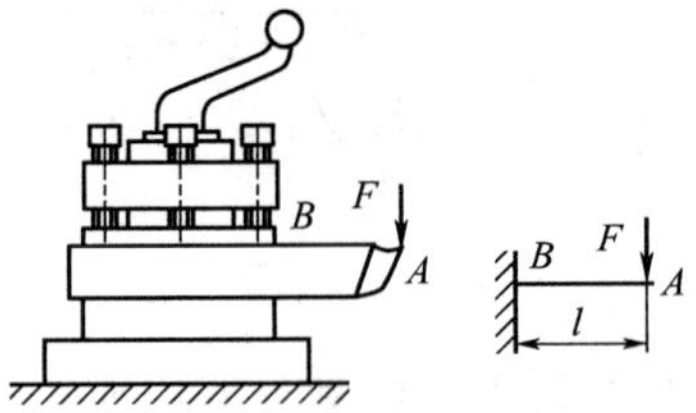

图 13-2

工程实际中常用直梁，直梁的横截面一般都具有纵向对称轴（如图 13-3 所示）。通过纵向对称轴与梁的轴线组成的平面称为纵向对称平面。当作用于梁上的所有外力（包括支座力）都位于梁的纵向对称平面内时，梁的轴线弯成一条曲线，而且也在该平面内，这种弯曲变形称为对称弯曲（图 13-4）。本章研究直梁在平面对称弯曲时的内力以及强度、刚度计算的问题。

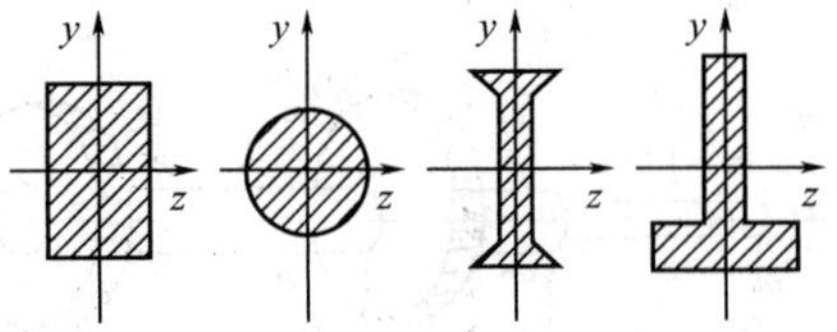

图 13-3

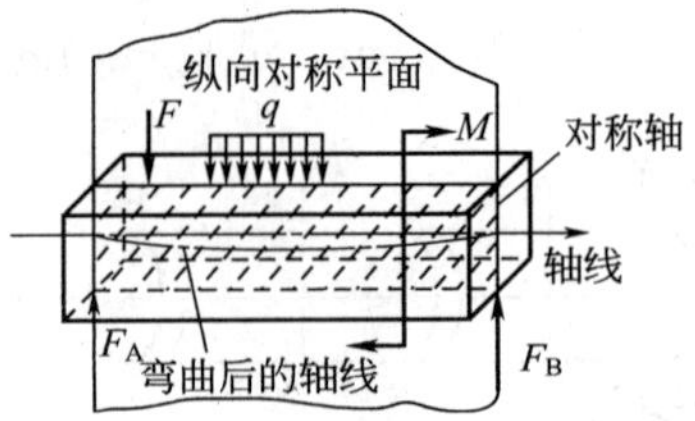

图 13-4

13.1.2 梁的类型

工程实际中，梁承受的载荷和支承情况一般比较复杂，为便于分析和计算，通常对梁进行简化，建立力学模型。根据支座对梁的约束的不同情况，简单的梁有三种类型，其简图如 13-5 所示。

① 简支梁　梁的一端是活动铰链支座，另一端为固定铰链支座［图 13-5(a)］。

② 外伸梁　梁的一端或两端伸出支座之外［图 13-5(b)］。

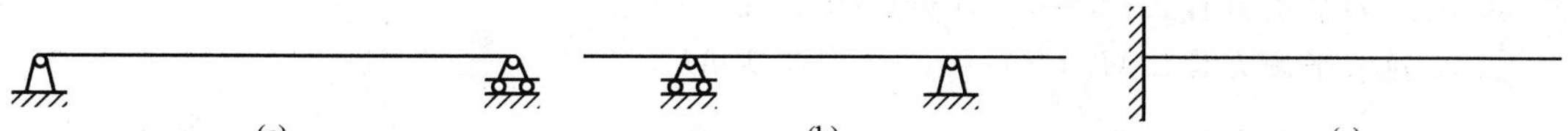

(a)　　(b)　　(c)

图 13-5

③ 悬臂梁　梁的一端为固定端约束，另一端为自由端［图 13-5(c)］。

13.2　剪力与弯矩

13.2.1　剪力与弯矩的计算

为了对梁进行强度和刚度计算，首先必须确定梁在载荷作用下任意横截面上的内力。现以图 13-6(a) 所示悬臂梁为例。根据梁的静力平衡条件，在已知主动力 F 和梁长 l 条件下，求出该梁固定端的约束力 $F_B=F$ ，$M_B=Fl$。现欲求任意横截面 $m\text{-}m$ 上的内力。用假想的截面将梁在 $m\text{-}m$ 处截开，取左段为研究对象，如图 13-6(b)所示。

根据左段梁的静力平衡方程

$$\sum F_y=0 \qquad F-F_s=0$$

$$\sum M_O(F)=0 \qquad M-Fx=0$$

得

$$F_s=F \qquad M=Fx$$

由平衡条件可知，在截面 $m\text{-}m$ 上有一个与横截面相切的内力 F_s 和一个内力偶 M。F_s 称为横截面 $m\text{-}m$ 上的剪力，M 称为横截面 $m\text{-}m$ 上的弯矩。

如果取右段为研究对象，用同样的方法也可以求得横截面 $m\text{-}m$ 上的剪力 F_s 和弯矩 M，如图 13-6 (c) 所示。

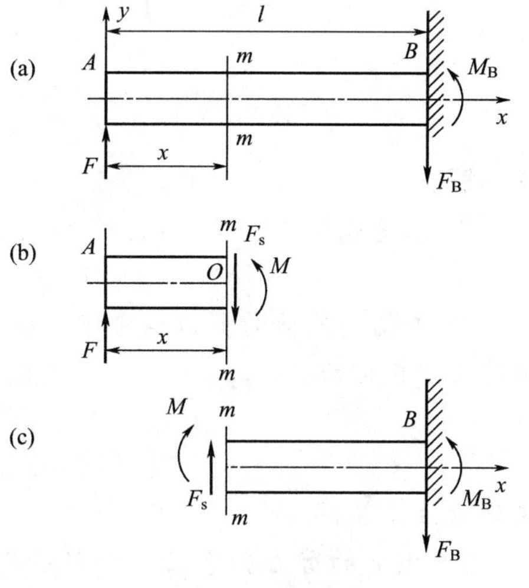

图 13-6

为了使左、右两段梁在同一截面上内力符号一致，对剪力和弯矩的正负号规定如下：使微段梁产生左侧截面向上、右侧截面向下的相对错动趋势的剪力为正，如图 13-7(a) 所示，反之为负，如图 13-7(b) 所示；使微段梁产生凹形变形的弯矩为正，如图 13-8(a) 所示，反之凸形为负，如图 13-8(b) 所示。按此规定，图 13-6 所示剪力和弯矩均为正。

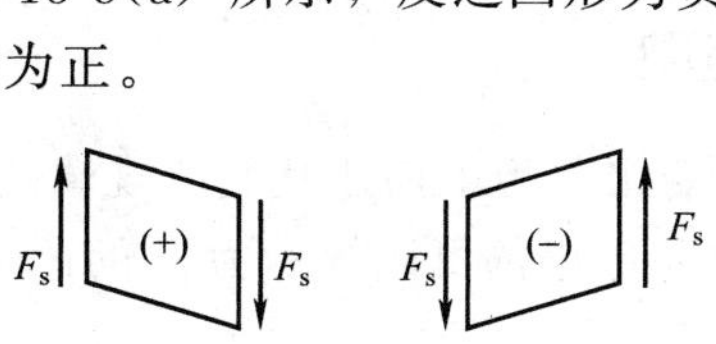

图 13-7

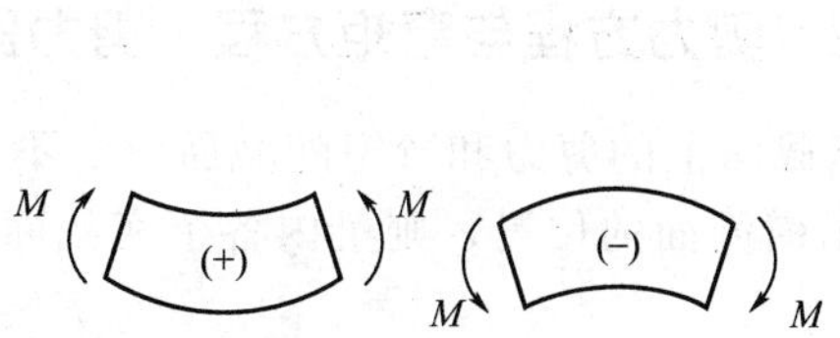

图 13-8

综上所述，可将计算剪力与弯矩的方法概括如下：

① 在需求内力的横截面处，用假想截面将梁切开，并任选一段作为研究对象；

② 画所选梁段的受力图，图中剪力 F_s 和弯矩 M 的正负，采用设正原则；

③ 由静力平衡方程$\sum F_y=0$，计算剪力F_s；

④ 由静力平衡方程$\sum M_O(F)=0$，计算弯矩M。

例 13-1 一简支梁受载如图 13-9(a) 所示，试求图中各指定截面的剪力和弯矩。截面1-1、2-2表示截面在集中力F作用的左、右两侧，距离F无穷小处。截面3-3、4-4表示在集中力偶M_e作用的左、右两侧，距离力偶M_e无穷小处。

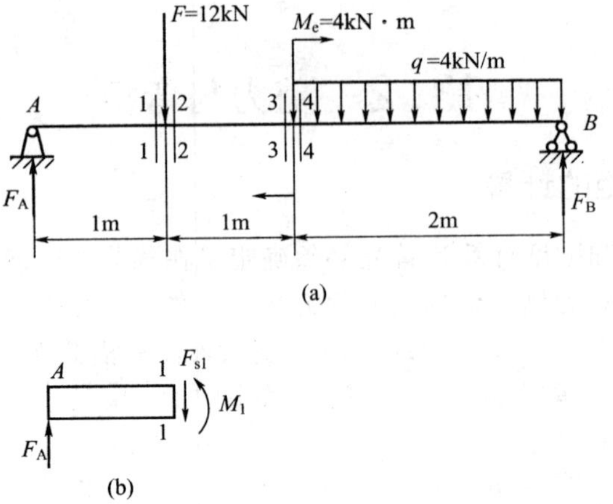

图 13-9

解：

① 求支座反力。设$\boldsymbol{F}_A$、$\boldsymbol{F}_B$方向向上，由静力平衡方程得

$$F_A=10\text{kN},\qquad F_B=10\text{kN}$$

② 求指定截面的剪力和弯矩。取1-1截面的左段梁为研究对象，如图 13-9（b）所示，由静力平衡方程得

$$F_A-F_{s1}=0,\qquad F_{s1}=10\text{kN}$$

$$M_1-F_A\times 1\text{m}=0,\qquad M_1=10\text{kN}\cdot\text{m}$$

同样方法计算得

2-2 截面的剪力和弯矩　　$F_{s2}=-2\text{kN}$，$M_2=10\text{kN}\cdot\text{m}$

3-3 截面的剪力和弯矩　　$F_{s3}=-2\text{kN}$，$M_3=8\text{kN}\cdot\text{m}$

4-4 截面的剪力和弯矩　　$F_{s4}=-2\text{kN}$，$M_4=12\text{kN}\cdot\text{m}$

13.2.2 剪力方程与弯矩方程　剪力图与弯矩图

梁横截面上的剪力和弯矩随截面位置不同而发生变化，为了描述其变化规律，若以横坐标x表示横截面的位置，则梁内各个横截面上的剪力和弯矩都可以表示为x的函数，即

$$F_s=F_s(x)$$

$$M=M(x)$$

以上两式分别称为梁的剪力方程和弯矩方程。在列剪力方程和弯矩方程时，应根据梁上载荷的分布情况分段进行，集中力、集中力偶的作用点和分布载荷的起、止点均为分段点。

为了直观反映梁的各个横截面上剪力和弯矩沿梁轴线的分布情况，进而确定梁上的最大剪力和最大弯矩，通常按$F_s=F_s(x)$和$M=M(x)$绘出函数图形，这种图形分别称为剪力图与弯矩图。正确绘制剪力图和弯矩图是计算梁的强度和刚度的基础。

例 13-2 如图 13-10(a) 所示，简支梁 AB 受集中力 F 作用，试列出梁的剪力方程和弯矩方程，并绘制剪力图和弯矩图。

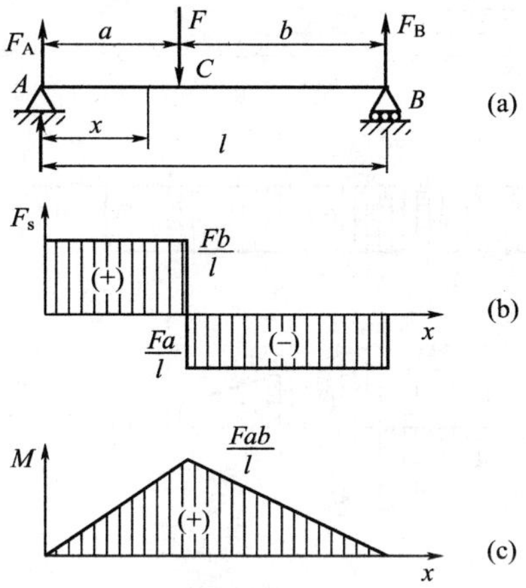

图 13-10

解:

① 求 A、B 处的支座反力。建立静力平衡方程

$$\sum M_A(F) = -F \times a + F_B \times l = 0$$

$$\sum F_y = F_A - F + F_B = 0$$

$$F_A = \frac{Fb}{l}, \qquad F_B = \frac{Fa}{l}$$

② 列剪力方程和弯矩方程。由于 C 点受集中力 $\boldsymbol{F}$ 的作用，引起 AC、BC 两段剪力方程和弯矩方程各不相同，须分段列方程。

对 AC 段，取距原点为 x 任意截面为研究对象，可得剪力方程和弯矩方程分别为

$$F_s(x_1) = F_A = \frac{Fb}{l}\ (0 < x < a) \tag{1}$$

$$M(x_1) = F_A x = \frac{Fb}{l} x\ (0 \leqslant x \leqslant a) \tag{2}$$

同理，对 CB 段可得剪力方程和弯矩方程分别为

$$F_s(x_2) = F_A - F = \frac{Fb}{l} - F = -\frac{Fa}{l} (a < x < l) \tag{3}$$

$$M(x_2) = F_A x - F(x-a) = \frac{Fb}{l} x - F(x-a)$$

$$= -\frac{Fa}{l}(l-x)\ (a \leqslant x \leqslant l) \tag{4}$$

③ 绘制剪力图和弯矩图。根据梁各段上的剪力方程和弯矩方程，绘出剪力图，如图 13-10(b) 所示，弯矩图如图 13-10(c) 所示。

从剪力图和弯矩图可以看出，在集中力 F 作用的 C 处，剪力图上会发生突变，突变值即等于集中力 F 的大小；弯矩图上有转折点。

例 13-3 简支梁 AB 如图 13-11(a) 所示，在 C 截面处受集中力偶 M_e 作用，试列出梁的剪力方程和弯矩方程，并绘制剪力图和弯矩图。

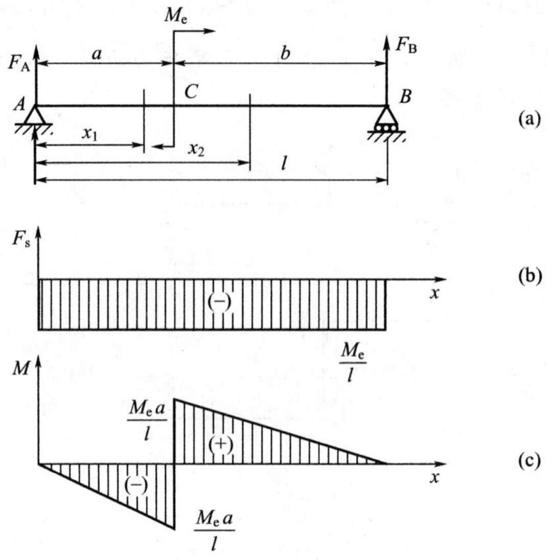

图 13-11

解：

① 求支座反力。由静力学平衡方程可得

$$F_A = F_B = \frac{M_e}{l}$$

② 列剪力方程和弯矩方程。对 AC 段，取 x_1 截面的左段为研究对象，可得剪力方程和弯矩方程分别为

$$F_s(x_1) = F_A = \frac{M_e}{l} \ (0 < x_1 < a) \tag{1}$$

$$M(x_1) = F_A x_1 = \frac{M_e}{l} x_1 (0 \leqslant x_1 < a) \tag{2}$$

同理，对 CB 段可得剪力方程和弯矩方程

$$F_s(x_2) = F_A = \frac{M_e}{l} \ (a \leqslant x_2 < l) \tag{3}$$

$$M(x_2) = F_A x_2 - M_e = \frac{M_e}{l} x_2 - M_e (a < x_2 \leqslant l) \tag{4}$$

③ 绘制剪力图和弯矩图，如图 13-11(b)、(c) 所示。从剪力图和弯矩图上可以看出，集中力偶作用处其剪力值不发生变化，弯矩有突变，突变值等于集中力偶矩。

例 13-4 图 13-12(a) 所示悬臂梁，受向下均布载荷 q 作用，试列出梁的剪力方程和弯矩方程，并绘制剪力图和弯矩图。

解： ① 求支座反力。由静力平衡方程 $\sum F_y = 0$，$\sum M_A(\boldsymbol{F}) = 0$，得

$$F_A = ql, \quad M_A = \frac{ql^2}{2}$$

② 建立剪力方程和弯矩方程。取距 A 点为 x 的截面的左侧为研究对象，剪力方程和弯矩方程为

$$F_s(x) = F_A - qx = q(l - x) \ (0 \leqslant x \leqslant l) \tag{1}$$

$$M(x) = -q(l - x)\frac{l - x}{2} = -\frac{q}{2}(l - x)^2 (0 \leqslant x \leqslant l) \tag{2}$$

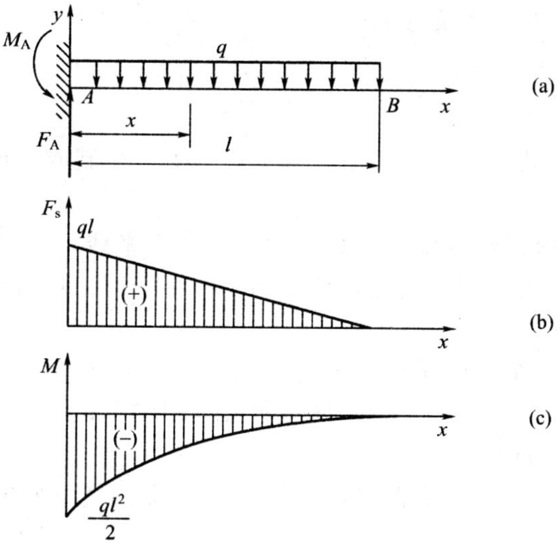

图 13-12

③ 绘制剪力图和弯矩图。由剪力方程可知，剪力图为一条斜直线，如图 13-12（b）所示。由弯矩方程可知，弯矩图为一条开口向下的抛物线。显然，$x=0$ 时，$M_{max}=-\frac{ql^2}{2}$，抛物线有极值，如图 13-12(c) 所示。

13.2.3 载荷集度、剪力与弯矩之间的关系

研究表明，梁截面上的弯矩、剪力和作用于该梁的载荷集度之间存在一定的关系。

如图 13-13(a) 所示，设梁上作用任意载荷，建立直角坐标系。分布载荷的集度 $q(x)$ 是 x 的连续函数，且规定分布载荷以向上为正。

从 x 截面处截取微段 dx 进行分析，如图 13-13(b) 所示。$q(x)$ 在微段 dx 上可看成均布的，左截面作用有剪力 $F_s(x)$ 和弯矩 $M(x)$，它们是 x 的连续函数。当 x 有一增量 dx 时，$F_s(x)$ 和 $M(x)$ 的相应增量为 $dF_s(x)$ 和 $dM(x)$，微段右截面作用剪力和弯矩分别是 $F_s(x)+dF_s(x)$，$M(x)+dM(x)$。由平衡条件得

$$\sum F_y=0 \qquad F_s(x)-[F_s(x)+dF_s(x)]+q(x)dx=0$$

$$\sum M_C(F)=0 \quad M(x)+dM(x)-M(x)-F_s(x)dx-q(x)dx\times\frac{dx}{2}=0$$

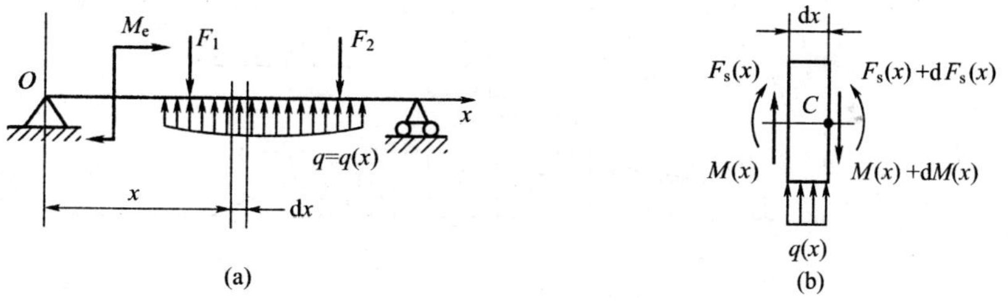

图 13-13

整理以上两式，并忽略高阶微量 $q(x)dx\times\frac{dx}{2}$，得

$$q(x)=\frac{\mathrm{d}F_s(x)}{\mathrm{d}x}=\frac{\mathrm{d}^2M(x)}{\mathrm{d}x^2} \tag{13-1}$$

$$F_s(x)=\frac{\mathrm{d}M(x)}{\mathrm{d}x} \tag{13-2}$$

根据上面导出的关系式，可得出如下一些结论，对于绘制或校核剪力图和弯矩图是很有帮助的。

① 梁上某段，若无均布载荷作用，剪力图是一条水平线，弯矩图是一条斜直线。如果剪力大于零，弯矩图斜率大于零；反之，弯矩图斜率小于零；且剪力图的剪力大小等于弯矩图斜率。

② 梁上某段，若有均布载荷作用，剪力图是一条斜直线，弯矩图是一条抛物线。如果均布载荷向下，剪力图斜率小于零，弯矩图抛物线开口向下；均布载荷向上，剪力图斜率大于零，弯矩图抛物线开口向上。

③ 梁上某段，剪力图是一条斜直线，且与 x 轴相交，交点处剪力等于零，弯矩图中弯矩则有极值。

④ 在集中力作用处，剪力图上有突变，突变值等于集中力的大小，弯矩图上有转折点；在集中力偶作用处，剪力图不变，弯矩图上有突变，突变值等于集中力偶矩的大小。

根据以上规律以及通过求出梁上某些特殊截面的内力值，可以不必再列出剪力方程和弯矩方程而直接绘制剪力图和弯矩图。

例 13-5 绘制图 13-14(a) 所示梁的剪力图和弯矩图。

解： ① 求支座反力。取梁 AB 为研究对象，根据静力平衡方程

$$\sum M_A(\boldsymbol{F})=0 \qquad F_B\times 4\text{m}-q\times 2\text{m}\times 1\text{m}-M_e-F\times 3\text{m}=0$$

$$\sum F_y=0 \qquad F_A+F_B-q\times 2\text{m}-F=0$$

得

$$F_A=4\text{kN} \qquad F_B=3\text{kN}$$

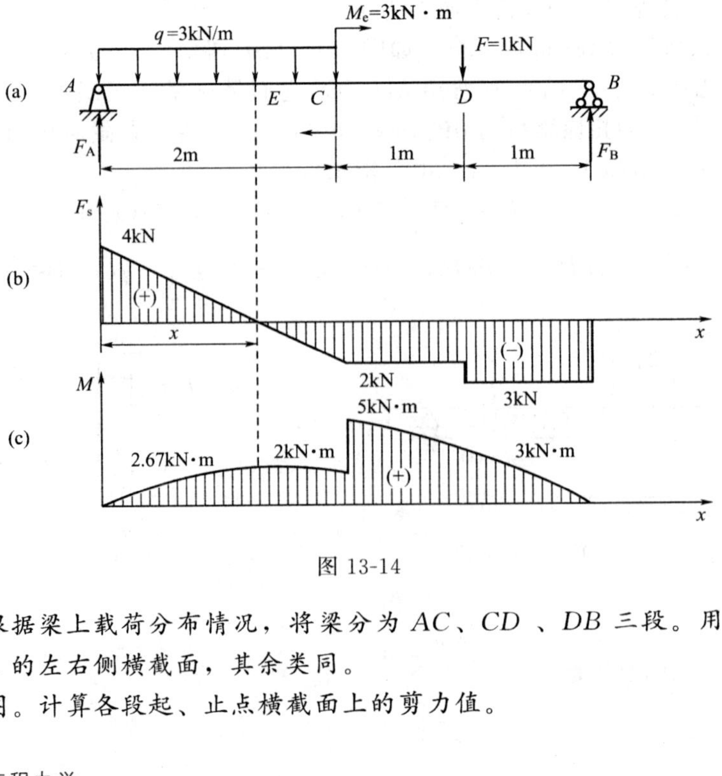

图 13-14

② 分段。根据梁上载荷分布情况，将梁分为 AC、CD 、DB 三段。用 A_- 和 A_+ 表示无限接近截面 A 的左右侧横截面，其余类同。

③ 作剪力图。计算各段起、止点横截面上的剪力值。

$F_{SA+}=F_A=4\text{kN}$

$F_{SC-}=F_A-q\times 2\text{m}=4\text{kN}-3\text{kN/m}\times 2\text{m}=-2\text{kN}$

$F_{SC+}=F_A-q\times 2\text{m}=4\text{kN}-3\text{kN/m}\times 2\text{m}=-2\text{kN}$

$F_{SD-}=F_A-q\times 2\text{m}=4\text{kN}-3\text{kN/m}\times 2\text{m}=-2\text{kN}$

$F_{SD+}=-F_B=-3\text{kN}$

$F_{SB-}=-F_B=-3\text{kN}$

绘出剪力图如图 13-14(b) 所示。

④ 作弯矩图。从剪力图上可知，AC 段内 E 截面处剪力等于零。因此对应弯矩图上的 E 点为弯矩的极值点。设 E 点距 A 点为 x，由图 13-14（b）可得，$F_{SE}=F_A-3x=0$，$x=1.33\text{m}$。集中力偶作用处弯矩图要发生突变，分别求出各个相应横截面上的弯矩为

$M_{A+}=0$

$$M_E=F_Ax-\frac{1}{2}qx^2=4\text{kN}\times 1.33\text{m}-\frac{1}{2}\times 3\text{kN/m}\times(1.33\text{m})^2=2.67\text{kN}\cdot\text{m}$$

$$M_{C-}=F_A\times 2\text{m}-\frac{1}{2}q\times(2\text{m})^2=4\text{kN}\times 2\text{m}-\frac{1}{2}\times 3\text{kN/m}\times(2\text{m})^2=2\text{kN}\cdot\text{m}$$

$$M_{C+}=F_A\times 2\text{m}-\frac{1}{2}q\times(2\text{m})^2+M_e$$

$$=4\text{kN}\times 2\text{m}-\frac{1}{2}\times 3\text{kN/m}\times(2\text{m})^2+3\text{kN}\cdot\text{m}=5\text{kN}\cdot\text{m}$$

$M_{D+}=M_{D-}=F_B\times 1\text{m}=3\text{kN}\times 1\text{m}=3\text{kN}\cdot\text{m}$

$M_{B-}=F_B\times 1\text{m}=3\text{kN}\times 1\text{m}=3\text{kN}\cdot\text{m}$

绘制弯矩图，如图 13-14(c) 所示。最大弯矩发生在梁中点 C 的右侧截面上，$M_{max}=5\text{kN}\cdot\text{m}$。

13.3 纯弯曲时梁横截面上的正应力

13.3.1 纯弯曲的概念

如图 13-15(a) 所示，一矩形等截面简支梁 AB，其上作用两个对称的集中力 F。从梁的剪力图和弯矩图［见图 13-15(b)、(c)］可看出：AC 段和 DB 段既受剪力作用，又受弯矩作用，这种弯曲变形称为**横力弯曲**；中间的 CD 段，梁的横截面剪力为零且弯矩为常数，这种弯曲变形称为**纯弯曲**。

13.3.2 梁横截面上的正应力计算

在讨论了平面弯曲梁的内力之后，从剪力图和弯矩图上可以确定弯矩最大的危险截面。剪力是切于横截面上的内力系的合力，而弯矩是垂直于横截面上的内力系的合力偶矩。实验表明，当梁的跨度较大时，正应力是决定梁是否满足强度条件的主要因素。

在研究梁横截面上的正应力分布规律时，为公式推导的方便，选取纯弯曲梁作为研究对象。

首先，通过实验观察梁的变形情况。取出（图 13-15）梁的 CD 段为研究对象。未加载前在其表面画上平行于梁轴线的纵向线和垂直于梁轴线的横向线，如图 13-16(a) 所示。然后在梁的两端施加一对位于梁纵向对称面内的力偶，梁则发生纯弯曲。

通过梁的纯弯曲实验可观察到如下现象：

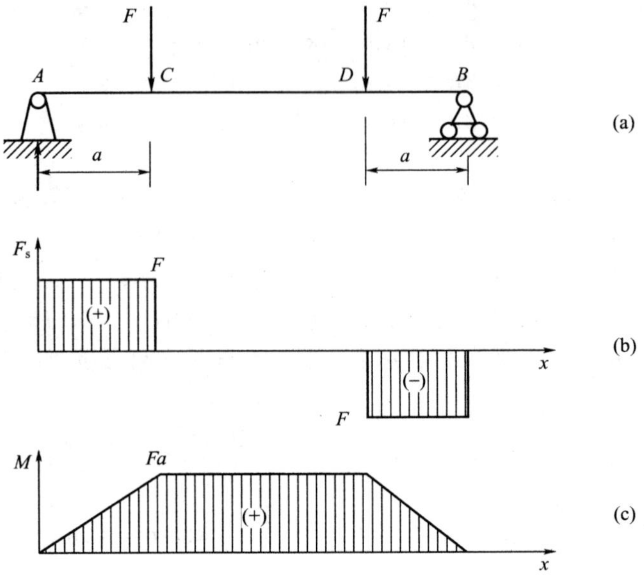

图 13-15

① 纵向线弯曲成圆弧线，其间距不变。

② 横向线仍为直线，且和纵向线正交，横向线间相对地转过一个微小的角度。

根据上述现象，可对梁的变形提出如下假设：

① **平面假设**：梁在纯弯曲变形时，各横截面始终保持为平面，仅绕某轴转过了一个微小的角度。

② **单向受力假设**：设梁由无数条纵向纤维组成，则在梁的变形过程中这些纵向纤维处于单向受拉或单向受压状态。

根据平面假设，纵向纤维的变形沿高度应该是连续变化的，所以从伸长区到缩短区，中间必有一层纤维既不伸长也不缩短，这层纤维层称为**中性层**。中性层与横截面的交线称为**中性轴**，如图 13-17 所示，图中的 z 轴为中性轴。纯弯曲时，梁的横截面绕中性轴 z 转动一微小角度。

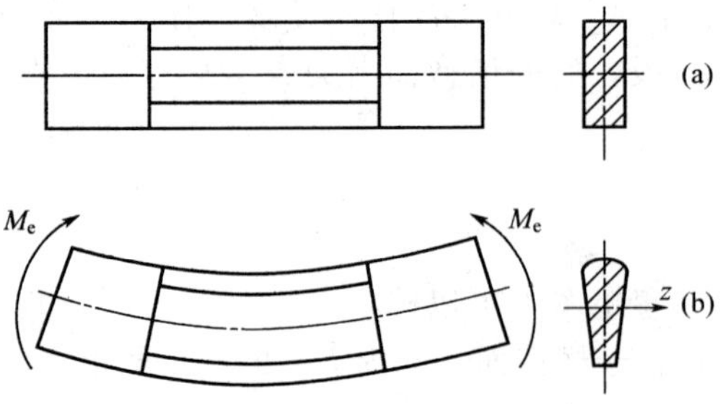

图 13-16

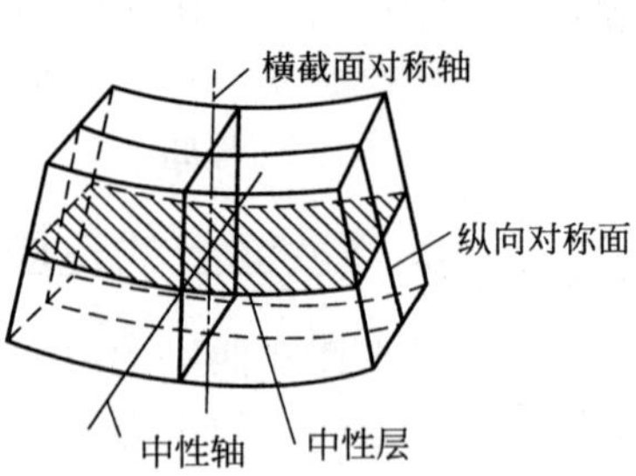

图 13-17

由平面假设可知，梁在纯弯曲时的应力分布有如下特点：

① 中性轴上的线应变为零，所以其正应力亦应为零。

② 距中性轴距离相等的各点，其线应变相等。根据胡克定律，它们的正应力也相等。

③ 在图 13-16(b) 所示的受力情况下，中性轴上部各点正应力为负值，中性轴下部各点正应力为正值。

④ 正应力沿 y 轴呈线性分布，如图 13-18 所示。$\sigma=Ky$，K 为待定常数，最大正应力（绝对值）在离中性轴最远的上、下边缘处。

在纯弯曲的梁上任取一微面积 $\mathrm{d}A$（图 13-19），微面积上的内力为 $\sigma\mathrm{d}A$。由于横截面上的内力只有弯矩 M，所以横截面上的内力有轴力 F_N，$F_N=0$；内力有对 y 轴之矩 M_y，$M_y=0$；内力对 z 轴之矩 M_z，$M_z=M$。即

$$F_N=\int_A\sigma\mathrm{d}A=K\int_A y\mathrm{d}A=KS_z^*=0$$

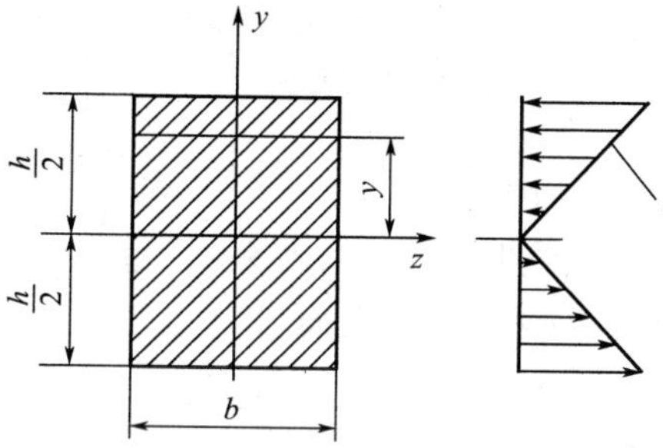

图 13-18

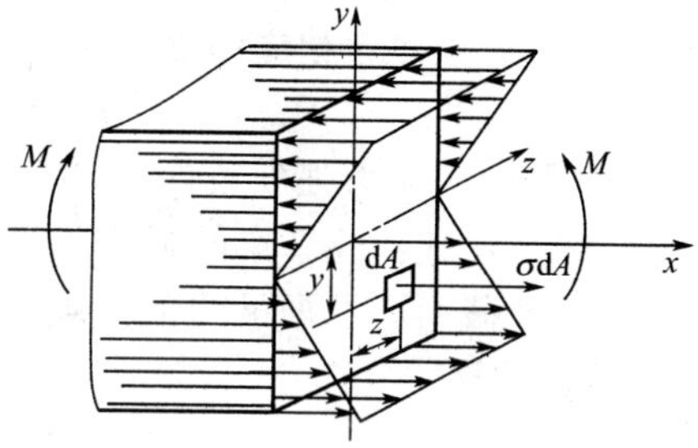

图 13-19

式中，$\int_A y\mathrm{d}A$ 为截面对 z 轴的静矩，记作 S_z^*，量纲为 m^3。因为 K 不为零，故 S^* 必为零，说明中性轴 z 轴通过截面形心。

$$M_y=\int_A\sigma\mathrm{d}A\times z=\int_A Ky\mathrm{d}A\times z=K\int_A yz\mathrm{d}A=0$$

式中，$\int_A yz\mathrm{d}A$ 为截面图形对 y、z 轴的惯性积，记作 I_{yz}，量纲为 m^4。因为 K 不为零，故 I_{yz}必为零，说明 y 轴为截面对称轴。

$$M_z=\int_A Ky\mathrm{d}A\times y=K\int_A y^2\mathrm{d}A=KI_z=M$$

式中，$\int_A y^2\mathrm{d}A$ 为截面图形对 z 轴的惯性矩，记作 I_z，量纲为 m^4。又因 $\sigma=Ky$，所以

$$\sigma=\frac{My}{I_z} \tag{13-3}$$

式(13-3) 即为梁横截面上任一点的正应力计算公式。

$$\sigma_{max}=\frac{My_{max}}{I_z}=\frac{M}{I_z/y_{max}}=\frac{M}{W_z} \tag{13-4}$$

式(13-4) 即为梁的最大正应力计算公式。W_z 称为抗弯截面系数，量纲为 m^3。

13.4 弯曲正应力强度计算

应该指出，式(13-3) 和式(13-4) 是梁在纯弯曲的情况下推导出来的。梁的材料要服从胡克定律，且拉伸和压缩时的弹性模量要相等。对于横力弯曲，由于剪力的存在，梁的横截面将发生翘曲，横向力又使纵向纤维之间产生挤压，梁的变形较为复杂。但是，根据实验和分析证实，当梁的跨度 l 与横截面高度 h 之比大于 5（$l/h>5$）时，剪力的影响很小，所以，式(13-3) 和式(13-4) 同样适用于横力弯曲梁的正应力计算。

在进行梁的强度计算时，首先应确定弯矩最大的截面，称为危险截面；确定危险截面上正应力最大的点，称为危险点。一般情况下，对于等截面直梁来说，其危险点是弯矩最大的截面的上下边缘点。危险点的最大工作应力不应大于材料在单向受力时的许用应力，因此，梁弯曲正应力强度条件为

$$\sigma_{\max}=\frac{M_{\max}y_{\max}}{I_z}=\frac{M_{\max}}{W_z}\leqslant[\sigma] \tag{13-5}$$

需要指出，对于塑性材料，其许用拉应力 $[\sigma_t]$ 和许用压应力 $[\sigma_c]$ 相等，可用式(13-5) 进行强度校核。但是，对于脆性材料，其许用拉应力 $[\sigma_t]$ 和许用压应力 $[\sigma_c]$ 并不相等，应分别建立相应的强度条件，即

$$\sigma_{t\max}\leqslant[\sigma_t],\qquad \sigma_{c\max}\leqslant[\sigma_c] \tag{13-6}$$

根据梁的正应力强度条件，可以解决以下三类强度计算问题：

① 强度校核：验算梁的强度是否满足强度条件，判断梁的工作是否安全。

② 设计截面：根据梁的最大载荷和材料的许用应力，确定梁的截面尺寸和形状，选定合适的标准钢材。

③ 确定许用载荷：根据梁截面尺寸和形状以及许用应力，确定梁可以承受的最大弯矩，再由弯矩和载荷的关系确定梁的许用载荷。

例 13-6 一吊车的大梁如图 13-20(a) 所示，用 32c 工字钢制成，将其简化为一简支梁，如图 13-20(b) 所示，梁长为 $l=10\text{m}$，自重不计。若最大起重载荷为 $F=35\text{kN}$（包括葫芦和钢丝绳），许用应力 $[\sigma]=130\text{MPa}$，试校核梁的强度。

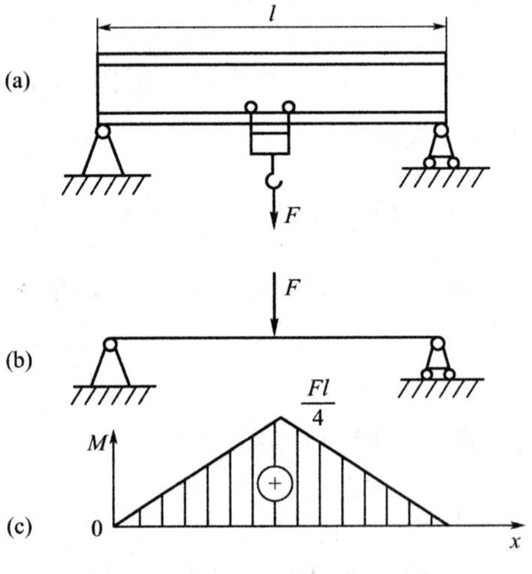

图 13-20

解： ① 求最大弯矩。当载荷在梁的中点时，该处产生最大弯矩，从图 13-20(c) 中可得

$$M_{\max}=\frac{Fl}{4}=\frac{35\text{kN}\times10\text{m}}{4}=87.5\text{kN}\cdot\text{m}$$

② 校核梁的强度。查钢型表得 32c 工字钢的抗弯截面系数为 $W_z=760\text{cm}^3$，所以

$$\sigma_{\max}=\frac{M_{\max}}{W_z}=\frac{87.5\times10^3\text{N}\cdot\text{m}}{760\times10^{-6}\text{m}^3}\times10^{-6}=115.1\text{MPa}<[\sigma]$$

说明梁的工作是安全的。

例 13-7 螺栓压板夹紧装置如图 13-21(a) 所示。已知板长 $3a=150\text{mm}$，压板材料的

弯曲许用应力 $[\sigma]=140\text{MPa}$，截面 B 的抗弯截面系数为 $W_z=1.07\text{cm}^3$。试计算压板传给工件的最大允许压紧力 F。

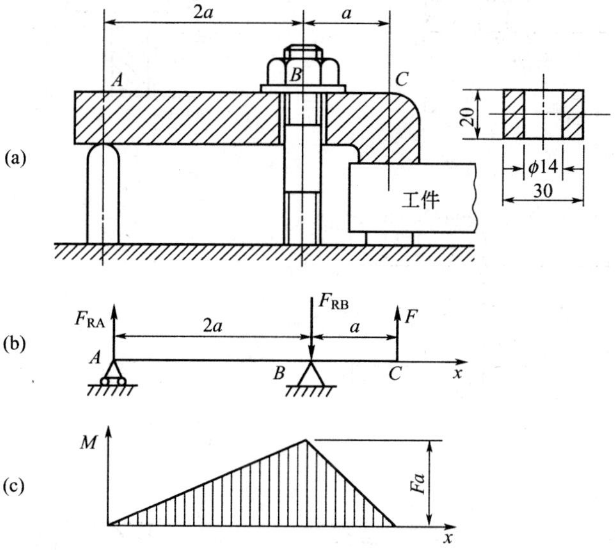

图 13-21

解： 压板可以简化为图 13-21 (b) 所示的外伸梁。由梁的外伸部分 BC 可以求得截面 B 的弯矩为 $M_B=Fa$。此外又知 A 和 C 两截面上弯矩等于零。从而作弯矩图如图 13-21(c) 所示。最大弯矩在截面 B 上，且

$$M_{max}=M_B=Fa$$

依据强度条件，有下式

$$M_{max}\leqslant W_z[\sigma]$$

于是有

$$Fa\leqslant W_z[\sigma]$$

$$F\leqslant\frac{W_z[\sigma]}{a}=\frac{1.07\times10^{-6}\times140\times10^{6}}{50\times10^{-3}}\approx3\times10^{3}(\text{N})=3\text{kN}$$

所以依据压板的强度，最大压紧力不应超过 3kN。

例 13-8 T 形截面铸铁梁的载荷和截面尺寸如图 13-22(a)、(b) 所示。已知 $I_z=136\times10^4\text{mm}^4$，$y_1=50\text{mm}$，$y_2=30\text{mm}$。铸铁的抗拉许用应力 $[\sigma_t]=30\text{MPa}$，抗压许用应力 $[\sigma_c]=160\text{MPa}$，试校核梁的强度。

解： 由于梁材料为铸铁，且截面为非对称 T 形，故需要确定最大正弯矩和最大负弯矩，并在两个危险截面上分别校核受拉与受压边的强度。

① 求支座反力。支座力的方向如图 13-22(c) 所示，由静力平衡方程得

$$F_A=0.75\text{kN},\quad F_B=3.75\text{kN}$$

② 绘制弯矩图确定最大弯矩。弯矩图如图 13-22(d) 所示，最大正弯矩在截面 C 上，$M_c=0.75\text{kN}\cdot\text{m}$，最大负弯矩在截面 B 上，$M_B=-1\text{kN}\cdot\text{m}$。

③ 强度校核。分别作出 B 截面和 C 截面的正应力分布图，如图 13-22(e) 所示，因为 $|M_B|>|M_c|$，所以最大压应力发生于 B 截面的下边缘，至于最大拉应力发生在 C 截面下边缘还是 B 截面上边缘，根据通过计算后才能确定。

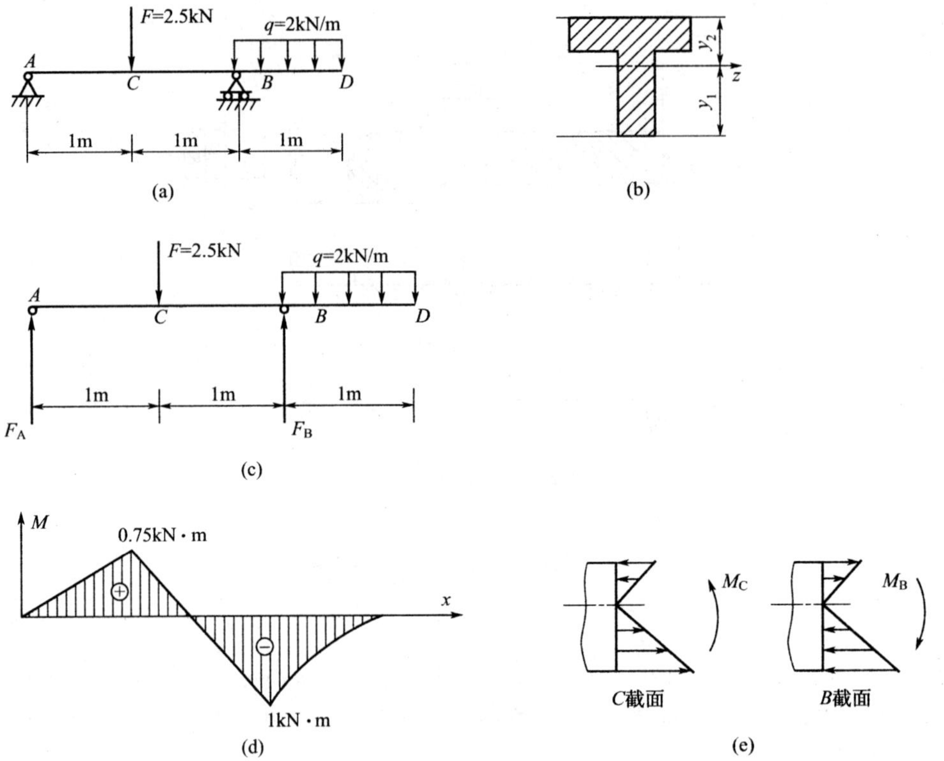

图 13-22

在截面 B 上

$$\sigma_{c,\max}=\frac{M_B y_1}{I_z}=\frac{1\times10^3\times50\times10^{-3}}{136\times10^{-8}}=36.8\times10^6=36.8\text{MPa}<[\sigma_c]$$

$$\sigma'_{t,\max}=\frac{M_B y_2}{I_z}=\frac{1\times10^3\times30\times10^{-3}}{136\times10^{-8}}=22.1\times10^6=22.1\text{MPa}<[\sigma_t]$$

在截面 C 上

$$\sigma''_{t,\max}=\frac{M_C y_1}{I_z}=\frac{0.75\times10^3+50\times10^{-3}}{136\times10^{-8}}=27.6\times10^6=27.6\text{MPa}<[\sigma_t]$$

可见最大拉应力发生在 C 截面的下边缘处。

从以上强度计算可看出，梁的强度条件是满足的。

13.5 弯曲切应力简介

横力弯曲时，梁横截面上既有弯矩又有剪力。剪力 F_s 是与横截面相切的内力系的合力，因而横截面上存在切应力。在一般情况下，切应力对强度的影响不大，正应力是支配强度的主要因素。但对于短梁或载荷较大又靠近支座的梁以及腹板较薄的组合截面梁等，它们的切应力数值相当大，这时就有必要对梁进行弯曲切应力强度计算。现按梁截面形状，分几种情况讨论弯曲切应力。

13.5.1 矩形截面梁横截面上的切应力

在矩形截面梁的任意横截面上，剪力 F_s皆与截面的对称轴 y 轴重合。关于横截面切应力的分布规律，作以下两个假设：①横截面上各点的切应力方向都平行于剪力 F_s；②切应力沿截面宽度均匀分布，如图 13-23(a) 所示，即各点切应力大小与距中性轴 z 的距离 y 有关，与截面宽度 b 无关。

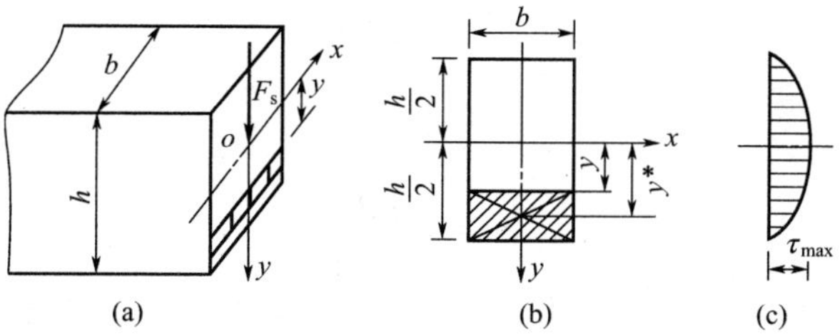

图 13-23

对于矩形截面梁，当高度 h 大于宽度 b 时，上述假设基本符合实际情况。如图 13-23 (b) 所示，矩形横截面上距中性轴为 y 处的切应力公式(推导略) 为

$$\tau=\frac{F_s S_z^*}{I_z b} \tag{13-7}$$

式中，F_s 为横截面上的剪力；I_z为整个横截面对中性轴 z 的惯性矩；b 为横截面在所求剪应力处的宽度；S_z^* 为横截面上距中性轴为 y 的横线外侧阴影部分的矩形面积 A^* 对中性轴 z 的静矩。

矩形面积 A^* 对中性轴 z 的静矩为

$$S_z^*=A^*y^*=\frac{b}{2I_z}\left(\frac{h^2}{4}-y^2\right)$$

代入式(13-7) 后，可得

$$\tau=\frac{F_s}{2I_z}\left(\frac{h^2}{4}-y^2\right) \tag{13-8}$$

由式(13-8) 可知，矩形横截面梁的切应力沿截面高度按抛物线规律变化，如图 13-23(c) 所示。当 $y=\pm\frac{h}{2}$时，即在横截面上、下边缘的各点处，$\tau=0$；当 $y=0$ 时，即在中性轴上，切应力最大，其值为

$$\tau_{max}=\frac{3}{2}\times\frac{F_s}{bh}=\frac{3}{2}\times\frac{F_s}{A} \tag{13-9}$$

式(13-9) 说明，矩形截面梁最大切应力为平均切应力$\frac{F_s}{A}$的 1.5 倍。

13.5.2 其他常见典型截面梁的最大切应力公式

矩形截面梁最大切应力发生在中性轴上，同样，工字形截面梁、圆形截面梁和圆环形截面梁的最大切应力也发生在中性轴上（图 13-24)，其值为

工字形截面［图 13-24(a)］ $$\tau_{max}=\frac{F_s}{A_{腹}} \tag{13-10}$$

圆形截面［图 13-24(b)］ $$\tau_{max}=\frac{4F_s}{3A} \tag{13-11}$$

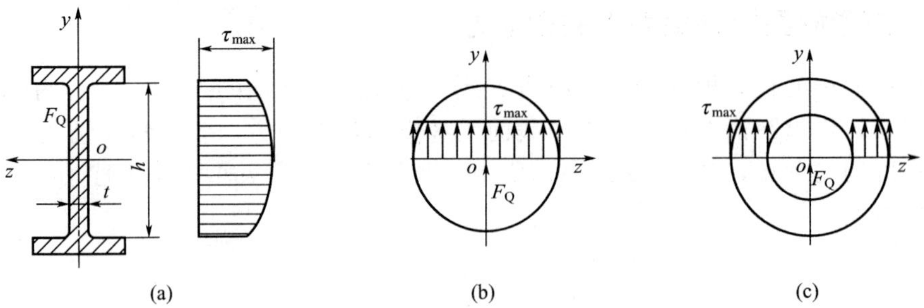

图 13-24

圆环形截面［图 13-24(c)］

$$\tau_{max}=2\frac{F_s}{A} \tag{13-12}$$

式(13-10) 中，$A_{腹}=b\delta$；式(13-11) 和式(13-12) 中，A 为横截面面积。

13.5.3 梁的切应力强度条件

梁的切应力强度条件为

$$\tau_{max}\leqslant[\tau] \tag{13-13}$$

式(13-13) 中，$[\tau]$ 为梁所用材料的许用切应力。

梁是否正常工作通常取决于弯曲正应力。满足弯曲正应力强度条件的梁，一般说都能满足弯曲切应力的强度条件。只有在下述一些情况下，要进行梁的切应力强度条件校核：①弯矩较小而剪力 F_s 却很大的梁；②薄壁截面梁；③梁由几部分经焊接、铆接或胶合而成，对焊缝接、铆接或胶合面等要进行剪切计算。

一般在设计梁的截面时，通常可先按正应力强度条件计算，再对切应力进行强度校核。

例 13-9 简支梁 AB 如图 13-25(a) 所示。$l=2\text{m}$，$a=0.2\text{m}$。梁上的载荷为 $q=10\text{kN/m}$，$F=200\text{kN}$。材料的许用应力 $[\sigma]=160\text{MPa}$，$[\tau]=100\text{MPa}$。试选择适用的工字钢型号。

解： ① 计算梁的支座反力。支座反力方向如图 13-25 (a) 所示，由静力平衡方程得

$$F_{RA}=F_{RB}=110\text{kN}$$

② 绘制剪力图和弯矩图，如图 13-25(b)、(c) 所示，确定最大剪力和最大弯矩

$$F_{smax}=210\text{kN} \qquad M_{max}=45\text{kN}\cdot\text{m}$$

③ 选择工字钢型号。由弯曲正应力强度条件，有

$$W_z\geqslant\frac{M_{max}}{[\sigma]}=\frac{45\times10^3\text{N}\cdot\text{m}}{160\times10^6\text{Pa}}=281\times10^{-6}\text{m}^3=281\text{cm}^3$$

查型钢表，选用 22a 工字钢，其 $W_z=309\text{cm}^3$。

④ 切应力校核。现在校核梁的切应力。由表查得，$\dfrac{I_z}{S_z^*}=18.9\text{cm}$，腹板厚度 $b=0.75\text{cm}$。由剪力图 $F_{smax}=210\text{kN}$。代入切应力公式

$$\tau_{max}=\frac{F_{smax}S_z^*}{I_zb}=\frac{210\times10^3\text{N}}{(18.9\times10^{-2}\text{m})(0.75\times10^{-2}\text{m})}=148\times10^6\text{Pa}=148\text{MPa}>[\tau]$$

$[\tau_{max}]$ 超过 $[\tau]$ 很多，应重新选择更大的截面。现以 25b 工字钢进行计算。由表中查出，$\dfrac{I_z}{S^*}=21.3\text{cm}$，腹板厚度 $b=1\text{cm}$。再次进行切应力强度校核

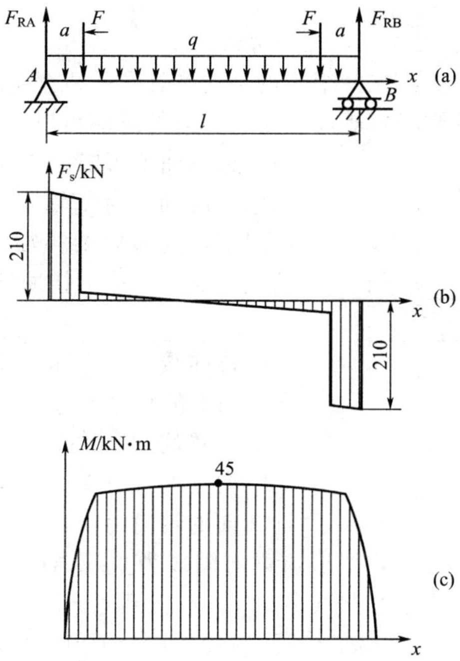

图 13-25

$$\tau_{max}=\frac{F_{smax}S_z^*}{I_zb}=\frac{210\times10^3\,N}{21.3\times10^{-2}\,m\times1\times10^{-2}\,m}=98.6\times10^6\,Pa=98.6MPa<[\tau]$$

因此，要同时满足弯曲正应力和切应力强度条件，应选用 25b 工字钢。

13.6 梁的弯曲变形概述

工程问题中，对于某些受弯杆件除了满足强度要求外，还有刚度要求，即梁的变形不能超过规定的许可值，否则会影响梁的正常工作。例如齿轮轴变形过大，会造成齿轮啮合不良（图 13-26），产生噪声和振动，增加齿轮、轴承的磨损，降低使用寿命。又如机床主轴的刚度不够，将会影响工件的加工精度。再以吊车梁为例，当变形过大时，将使梁上小车行走困难，出现爬坡现象，还会引起严重的振动。所以，若变形超过允许数值，即使仍然是弹性的，也被认为是一种失效现象。

工程中虽然经常限制弯曲变形，但是在另一些情况下，常常又利用弯曲变形达到某些要求。例如，叠板弹簧（图 13-27）应有较大的变形，才可以更好地起缓冲减振作用。

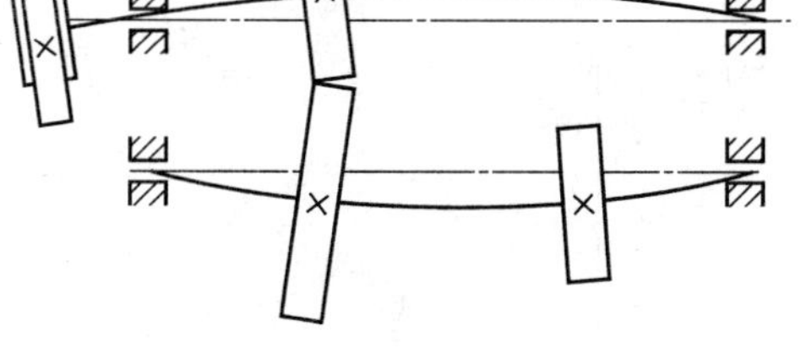

图 13-26

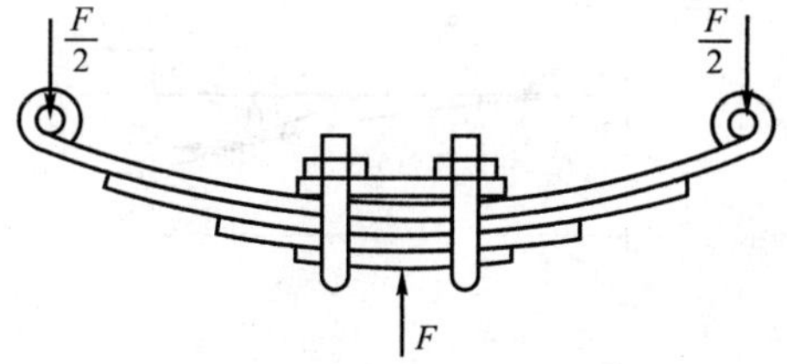

图 13-27

13.6.1 挠度与转角

在讨论梁的变形计算以前，先介绍梁的挠度和转角等概念。度量梁的变形的两个基本物理量是挠度和转角。它们主要因弯矩而产生，剪力的影响可以忽略不计。

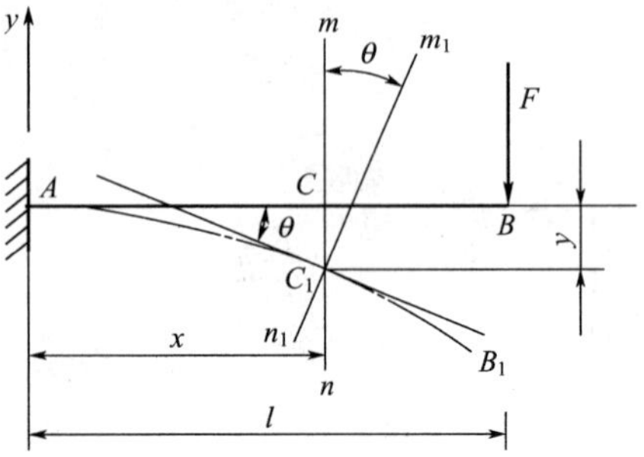

图 13-28

梁弯曲变形时，以变形前梁的轴线为 x 轴，垂直向上的轴线为 y 轴（见图 13-28）。在对称弯曲的情况下，变形后梁的轴线变成 xy 平面内一条光滑的连续曲线，称为**挠曲线**。挠曲线方程可以表示为

$$w=f(x) \tag{13-14}$$

挠曲线上各点在 y 方向上的位移称为**挠度**，在 x 方向上的位移很小，可忽略不计。各横截面相对原来位置转过的角度称为**转角**。在直角坐标系中，规定向上的挠度为正，向下的挠度为负；规定逆时针转向的转角为正，顺时针转向的转角为负。

以悬臂梁为例（见图 13-28），变形前梁的轴线为直线 AB，mn 是梁的横截面；变形后梁的轴线 AB 变成一条光滑的连续曲线 AB_1，mn 转到了 m_1n_1 的位置。图中的 CC_1 即为 C 点的挠度，为负值。图中的 θ 为 mn 横截面的转角，为负值。可以看出，转角的大小与挠曲线上的 C_1 点的切线与 x 轴的夹角相等。因为工程上转角一般都很小，故有 $\tan\theta\approx\theta$，所以转角方程可以表示为：

$$\theta=\frac{\mathrm{d}w}{\mathrm{d}x}=w'=f'(x) \tag{13-15}$$

从式(13-15) 可以看出，梁上任一横截面的转角 θ 等于挠曲线方程对该 x 的一阶导数。

13.6.2 用叠加法求梁的变形

在小变形以及服从胡克定律的条件下，梁的变形与作用在梁上的载荷呈线性关系，而且每一种载荷的影响是独立的。因此，当梁上同时作用多个载荷时，可分别求出每一载荷单独作用引起的变形，然后把所得变形叠加即为这些载荷共同作用引起的变形。这就是计算弯曲变形的**叠加法**。

工程中将梁在简单载荷作用下的变形列成表 13-1。利用表中的结果，应用叠加原理可以求出梁在复杂载荷作用下的变形问题。

表 13-1 梁在简单载荷作用下的变形

序号	梁的简图	端截面转角	最大挠度
1	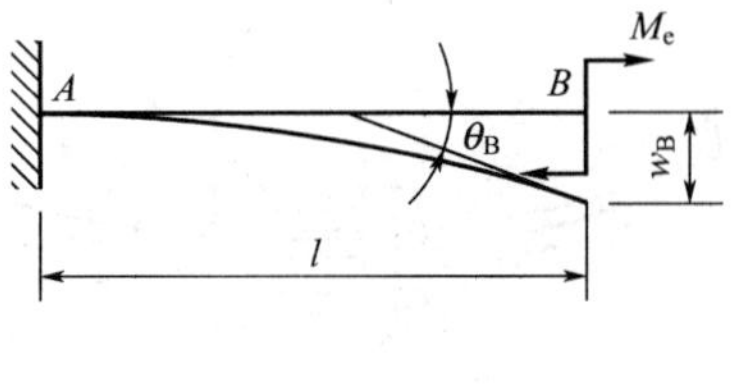	$\theta_B=-\dfrac{M_el}{EI}$	$w_B=-\dfrac{M_el^2}{2EI}$

续表

序号	梁的简图	端截面转角	最大挠度
2	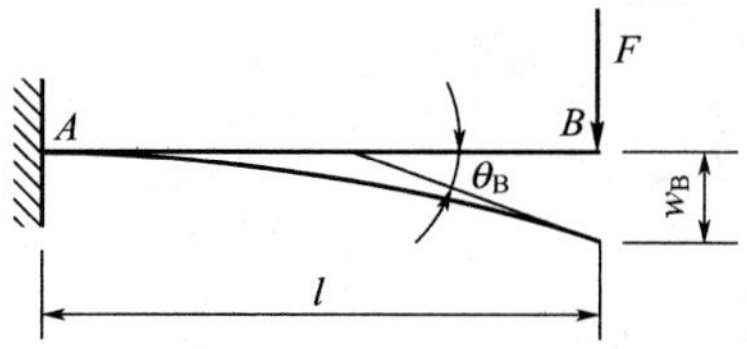	$\theta_B=-\dfrac{Fl^2}{2EI}$	$w_B=-\dfrac{Fl^3}{3EI}$
3	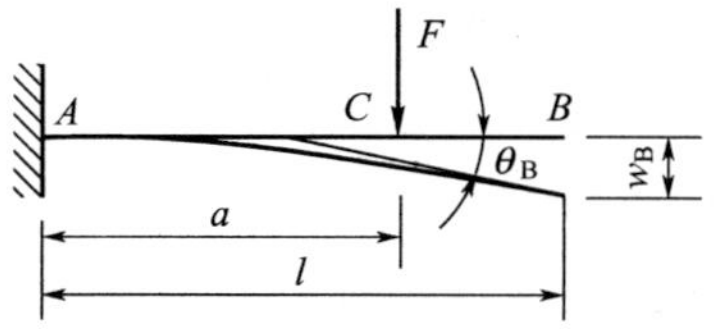	$\theta_B=-\dfrac{Fa^2}{2EI}$	$w_B=-\dfrac{Fa^2}{6EI}(3l-a)$
4	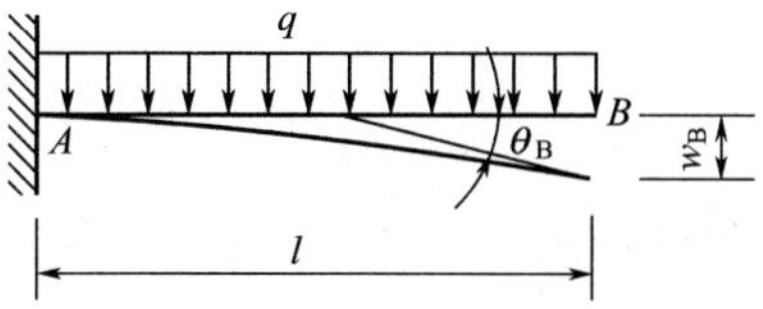	$\theta_B=-\dfrac{ql^3}{6EI}$	$w_B=-\dfrac{ql^4}{8EI}$
5	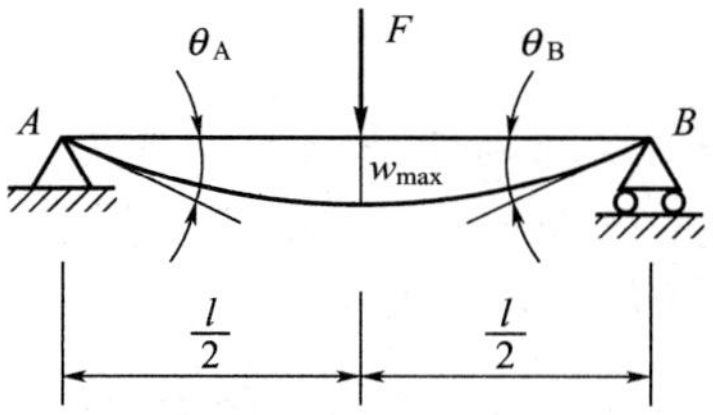	$\theta_B=-\theta_A=-\dfrac{Fl^2}{16EI}$	$w_{max}=-\dfrac{Fl^3}{48EI}$
6	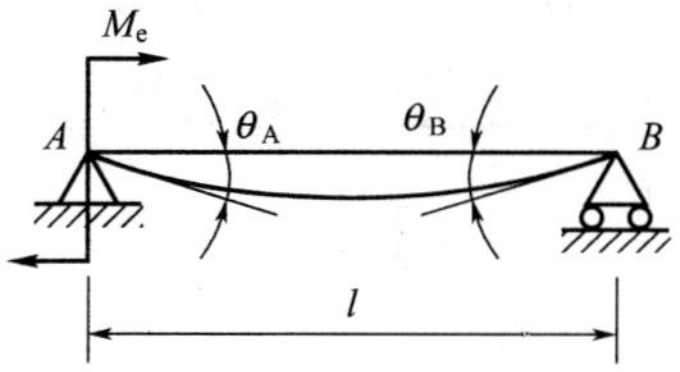	$\theta_A=-\dfrac{M_el}{3EI}$ $\theta_B=\dfrac{M_el}{6EI}$	$x=\left(1-\dfrac{1}{\sqrt{3}}\right)l,w_{max}=-\dfrac{M_el^2}{9\sqrt{3}EI}$ $x=\dfrac{1}{2}l,w_{\frac{l}{2}}=-\dfrac{M_el^2}{16EI}$
7	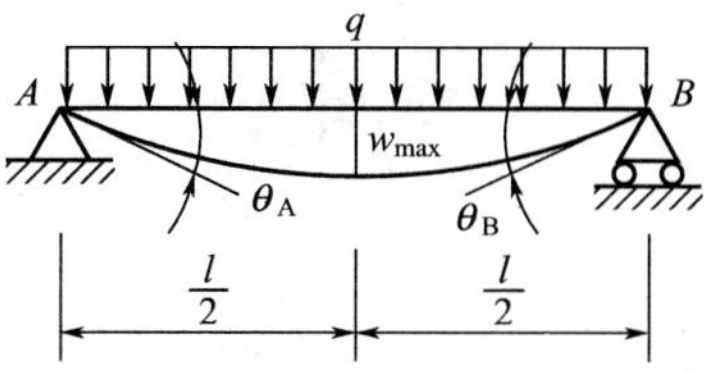	$\theta_B=-\theta_A=-\dfrac{ql^3}{24EI}$	$w_{max}=-\dfrac{5ql^4}{384EI}$

例 13-10 桥式起重机大梁的自重是集度为 q 的均布载荷，作用于跨度中点的集中力 P 为吊重，如图 13-29(a) 所示，试求大梁跨度中点的挠度。

大梁的变形是均布载荷 q 和集中力 P 共同引起的。在均布载荷 q 单独作用下，如图 13-29(b)，大梁跨度中点 C 的挠度可由表 13-1 的第 7 栏查出为

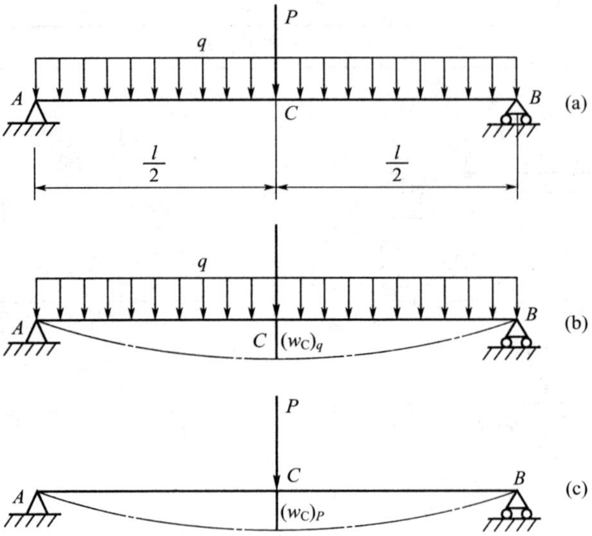

图 13-29

$$(w_C)_q=-\frac{5ql^4}{384EI}$$

在集中力 P 单独作用下，如图 13-29(c) 所示，大梁跨度中点 C 的挠度可由表 13-1 的第 5 栏查出为

$$(w_C)_P=-\frac{Pl^3}{48EI}$$

叠加以上结果，求得在 q、P 两种载荷共同作用下，大梁跨度中点的挠度是

$$f_C=w_C=-\left(\frac{5ql^4}{384EI}+\frac{Pl^3}{48EI}\right)$$

例 13-11 将车床主轴简化成等截面外伸梁，如图 13-30(a) 所示。轴承 A 和 B 简化为铰支座，P_1 为切削力，P_2 为齿轮传动力。试求截面 B 的转角和端点 C 的挠度。

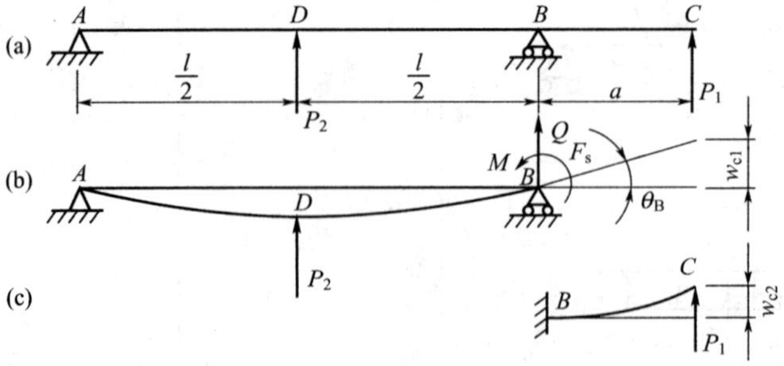

图 13-30

解： 设想沿截面 B 将外伸梁分成两部分。AB 部分成为简支梁，如图 13-30(b) 所示，梁上除集中力 P_2 外，在截面 B 上还有剪力 F_s 和弯矩 M，且 $F_s=P_1$，$M=P_1a$。剪力直接传给支座 B 不引起变形。截面 B 因 M 引起的转角由表 13-1 的第 6 栏查出为

$$(\theta_B)_M=\frac{M_el}{3EI}=\frac{P_1al}{3EI}$$

截面 B 因 P_2 引起的转角由表 13-1 的第 5 栏查出为

$$(\theta_B)_{P_2}=-\frac{P_2l^2}{16EI}$$

叠加以上结果，求得截面 B 在 P_1 和 P_2 两种载荷共同作用下的转角是

$$\theta_B=\frac{P_1al}{3EI}-\frac{P_2l^2}{16EI}$$

单独因为截面 B 转角，使外伸端 C 发生一个向上的挠度，其值为

$$w_{C1}=\theta_Ba=\frac{P_1a^2l}{3EI}-\frac{P_2al^2}{16EI}$$

再把 BC 部分作为悬臂梁，如图 13-30(c) 所示。在 P_1 作用下，由表 13-1 的第 2 栏查出为

$$w_{C2}=\frac{P_1a^3}{3EI}$$

叠加以上结果，C 的挠度是

$$w_C=w_{C1}+w_{C2}=\frac{P_1a^2(a+l)}{3EI}-\frac{P_2al^2}{16EI}$$

13.6.3 梁的刚度条件

梁的弯曲变形过大，将影响梁的正常工作，其变形应控制在一定的限度之内，即满足刚度条件。梁的刚度条件为

$$w_{max}\leqslant[w] \qquad \theta_{max}\leqslant[\theta] \tag{13-16}$$

式中，$[w]$ 为梁的许用挠度；$[\theta]$ 为梁的许用转角。许用值可根据工作要求参照相关手册确定。

在梁截面设计时，既要保证其有足够的强度，又要保证其有足够的刚度。

13.7 提高梁承载能力的措施

提高梁的承载能力应该从提高梁的强度和刚度两个方面进行考虑。从梁的弯曲正应力计算公式 $\sigma_{max}=\frac{M_{max}y_{max}}{I_z}$ 可知，梁的最大弯曲正应力与截面的内力（弯矩），截面形状和尺寸有关，从梁的挠度和转角的表达式看出梁的变形不仅与弯矩、截面形状，尺寸有关，还与材料有关。设计梁时，在满足梁的抗弯能力和尽量减少耗材的前提下，可以采用以下措施来提高梁的强度和刚度。

(1) 合理安排梁的支承及增加约束

当梁的截面形状和尺寸已定的条件下，合理安排梁的支承，可以缩小梁的跨度、降低梁上最大弯矩。如图 13-31(a) 所示，受均布载荷的简支梁，若能将两端支座各向里侧移动 $0.2l$，如图 13-31(b) 所示，外伸梁上的最大弯矩将大为降低，只是原来简支梁的 1/5，同时梁上的最大挠度和最大转角也变小了。

工程上也常采用增加约束的方法，来提高其强度和刚度。如在车削加工（图 13-32）时，卡盘将工件夹紧（简化为固定端），但在车削细长轴时，还要用顶尖（简化为活动铰）将工件末端顶住，这就是用增加约束的方法来提高工件的刚度，以减少加工误差。

(2) 合理布置载荷

当梁上载荷已确定时，合理布置载荷可以减小梁上的最大弯矩，从而提高梁的承载能

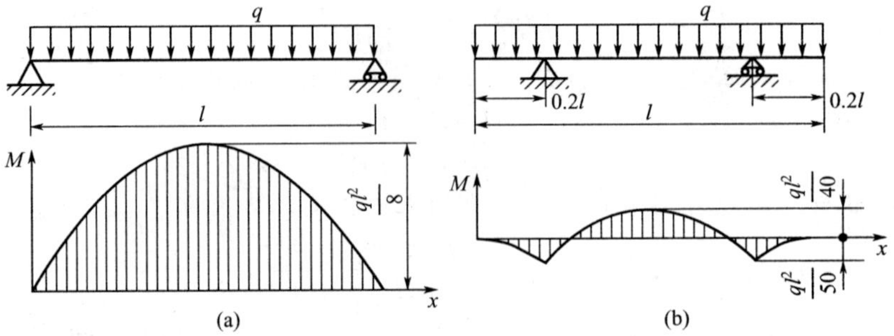

图 13-31

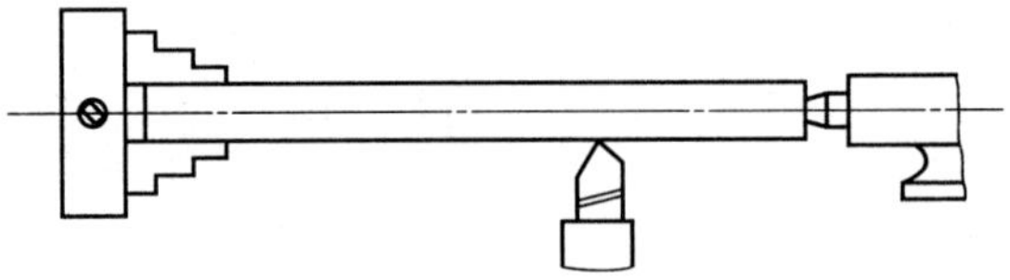

图 13-32

力。从图 13-33 所示的简支梁，可以看出载荷的布置形式不同，梁的最大弯矩却就有明显变化。所以，通过合理布置载荷可以提高梁的抗弯能力。

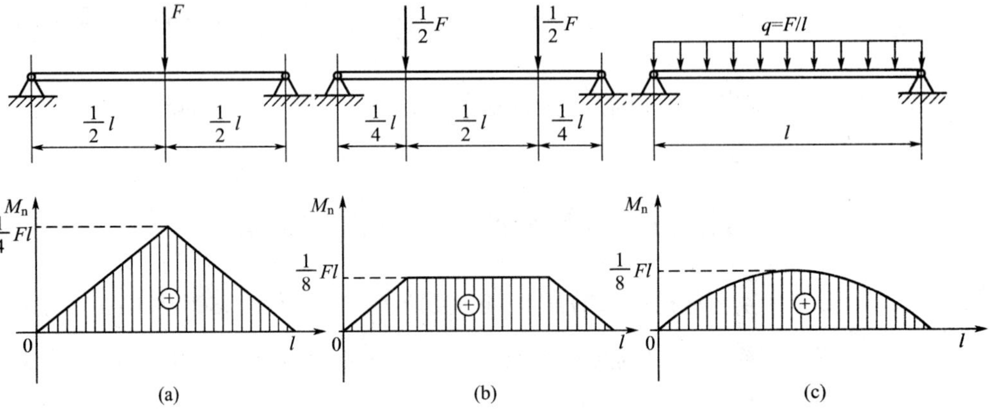

图 13-33

(3) 选择梁的合理截面

不同形状的截面，即使面积相等但惯性矩却不一定相等。所以如选取的截面形状合理，便可以增大截面惯性矩的数值，这也是提高弯曲强度和刚度的有效途径。例如，工字形、槽形、T 形截面都比面积相等的矩形截面有更大的惯性矩。所以起重机大梁、桥梁等一般采用工字形或箱形截面；而机器的箱体也是采用加筋的办法以提高箱壁的强度和刚度。

最后指出，弯曲变形还与材料的弹性模量 E 有关。对 E 值不同的材料，E 越大弯曲变形越小。但是，各种钢材的弹性模量大致相等，所以使用高强度钢材并不能明显提高弯曲刚度。

思考题

13-1　什么是对称弯曲？对称弯曲时梁的受力特点和变形特点是什么？

13-2　梁的支座有哪些形式？梁上的载荷有哪几种形式？静定梁有哪几种基本类型？

13-3　弯曲梁的内力是什么？符号是如何规定的？

13-4　如何建立梁的剪力方程和弯矩方程？应该在梁的哪些位置进行分段？

13-5　试说出剪力和弯矩的微分关系是怎样的？如何利用该规律画图？

13-6　梁的受力如思考题 13-6 图，在 B 截面处剪力图和弯矩图是怎样的？

13-7　当力偶 M_e 的位置改变时，则思考题 13-7 图中梁的剪力弯矩图有何变化？

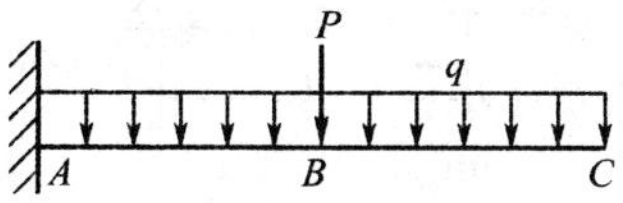

思考题 13-6 图

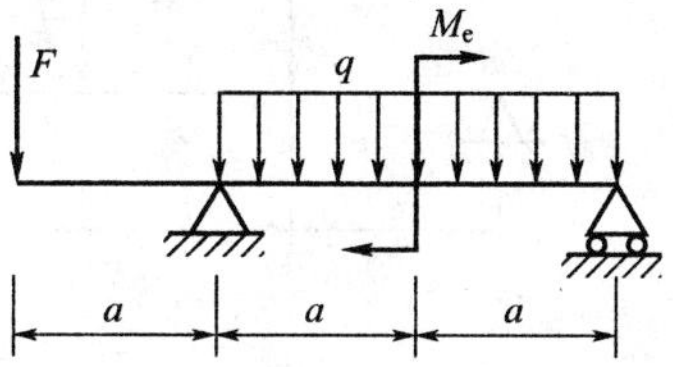

思考题 13-7 图

13-8　什么是中性轴？如何确定中性轴的位置？如何判断弯曲梁横截面正应力是拉还是压？

13-9　提高弯曲梁承载能力的措施有哪些？

13-10　何谓变截面梁？何谓等强度梁？

习题

13-1　习题 13-1 图示结构中，设 q、a 均为已知，截面 1-1、2-2、3-3 无限接近于截面 C 或截面 D。试求各图中截面 1-1、2-2、3-3 上的剪力和弯矩。

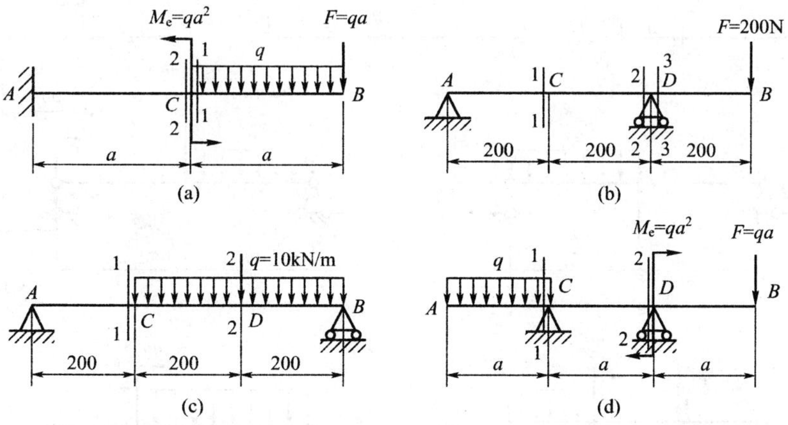

习题 13-1 图

13-2　习题 13-2 图，列出各梁的剪力方程和弯矩方程。作剪力图和弯矩图，并确定 $|F_s|_{max}$ 及 $|M|_{max}$ 值。

13-3　试用简易法作习题 13-3 图示各梁的剪力图和弯矩图，并确定 $|F_s|_{max}$ 及 $|M|_{max}$ 值，并用微分关系对图形进行校核。

13-4　求习题 13-4 图示梁 C 截面上 k 点的正应力、C 截面上最大正应力及全梁的最大正应力。

13-5　矩形截面悬臂梁如习题 13-5 图所示，已知 $l=4\text{m}$，$b/h=2/3$，$q=10\text{kN/m}$，许

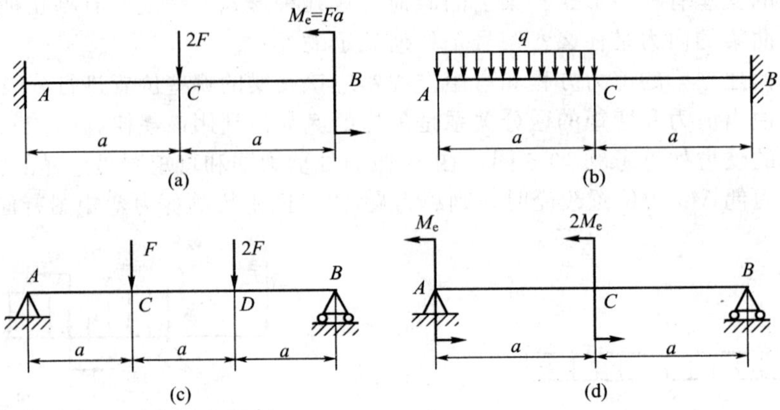

习题 13-2 图

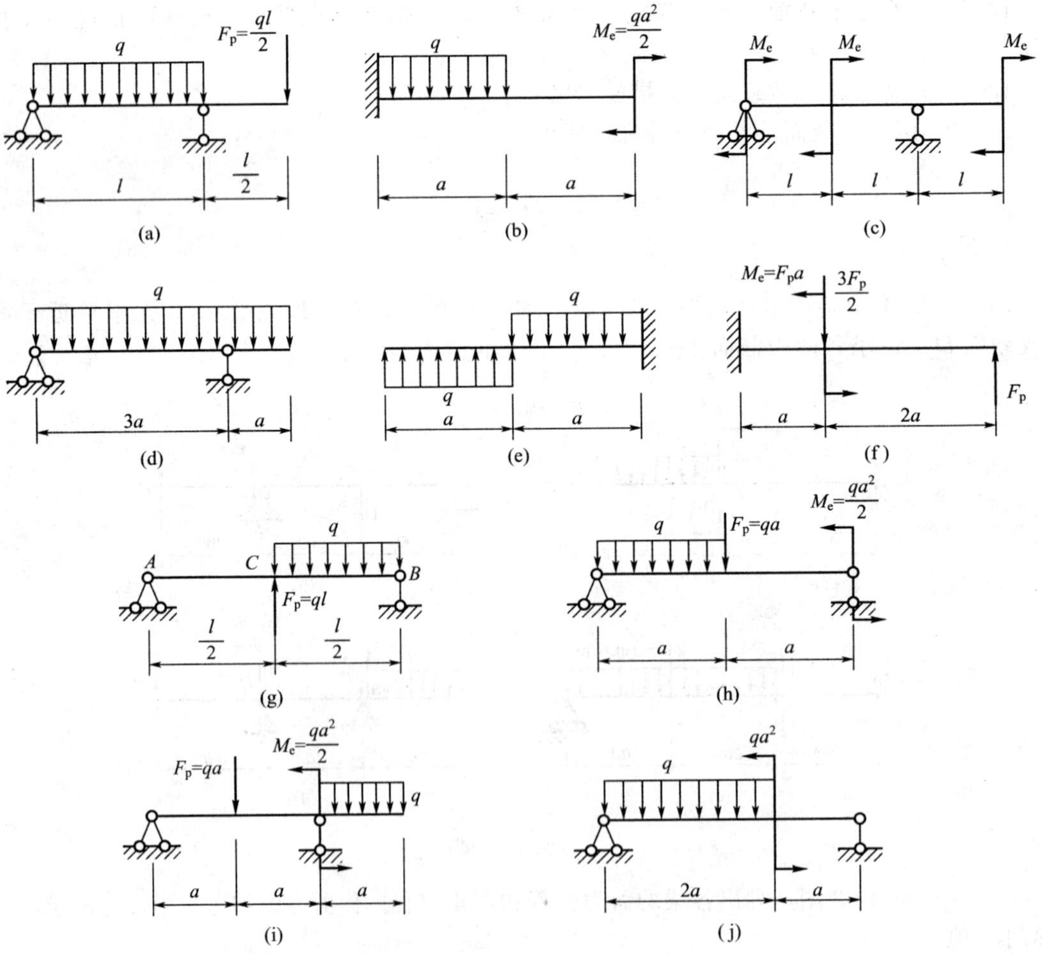

习题 13-3 图

用应力 $[\sigma]=10\text{MPa}$，试确定此梁横截面的尺寸。

13-6　习题 13-6 图所示矩形截面的悬臂梁，在 B 端受力 F 作用，已知 $b=20\text{mm}$，$h=60\text{mm}$，$L=600\text{mm}$，$[\sigma]=120\text{MPa}$。求力 F 的最大许用值。

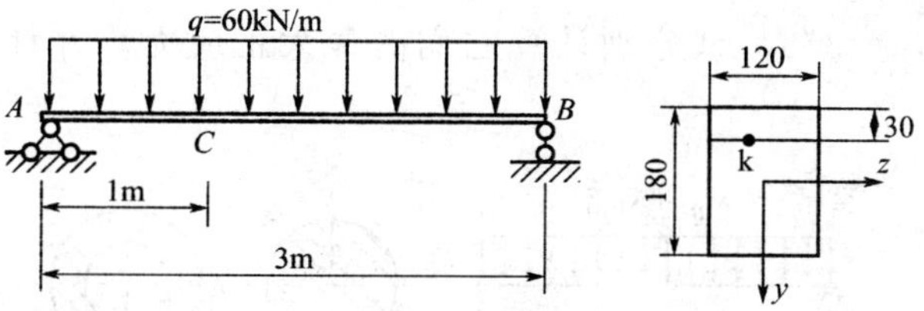

习题 13-4 图

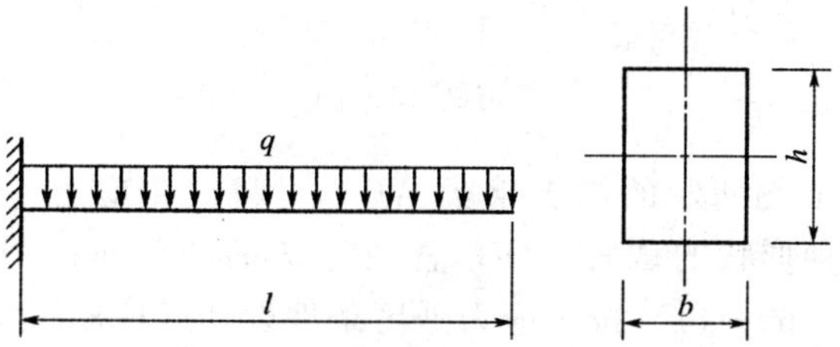

习题 13-5 图

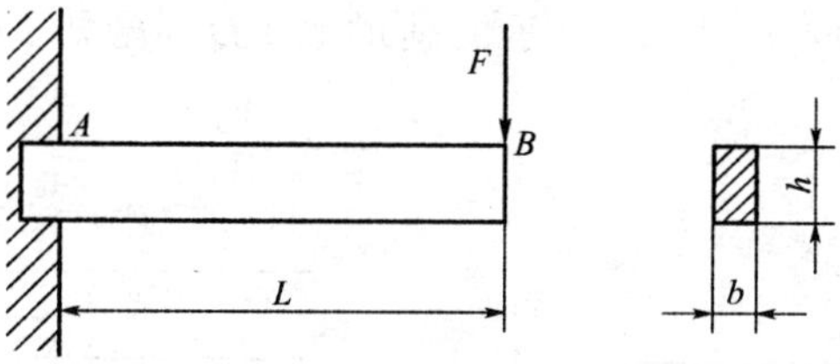

习题 13-6 图

13-7　No. 20a 工字钢梁的支承和受力情况如习题 13-7 图所示，若许用应力 $[\sigma]=160\mathrm{MPa}$，求许可荷载 $[F]$。

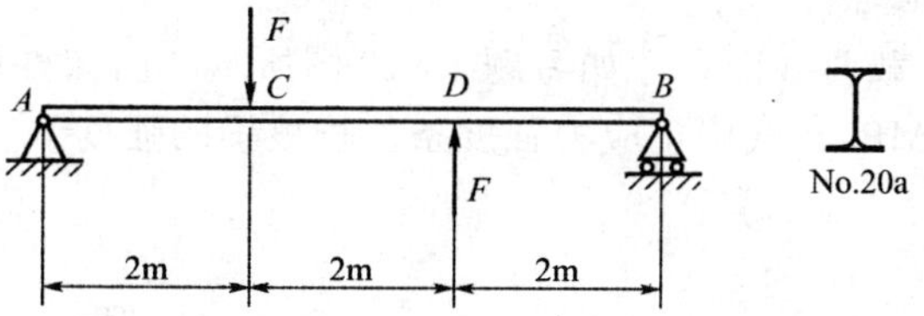

习题 13-7 图

13-8　图示外伸梁承受集中荷载 F_{p} 作用，尺寸如习题 13-8 图所示。已知 $F_{\mathrm{p}}=20\mathrm{kN}$，许用应力 $[\sigma]=160\mathrm{MPa}$，试选择工字钢的型号。

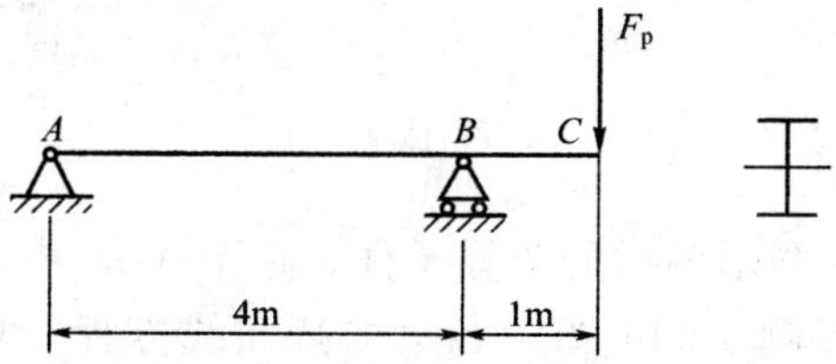

习题 13-8 图

13-9　简支梁承受均布荷载 $q=2\mathrm{kN/m}$，梁跨长 $l=2\mathrm{m}$，如习题 13-9 图所示。若分别

采用截面面积相等的实心和空心圆截面，实心圆截面的直径 $D_1=40\text{mm}$，空心圆截面的内、外径比 $\alpha=d_2/D_2=3/5$，试分别计算它们的最大正应力，并计算两者的最大正应力之比。

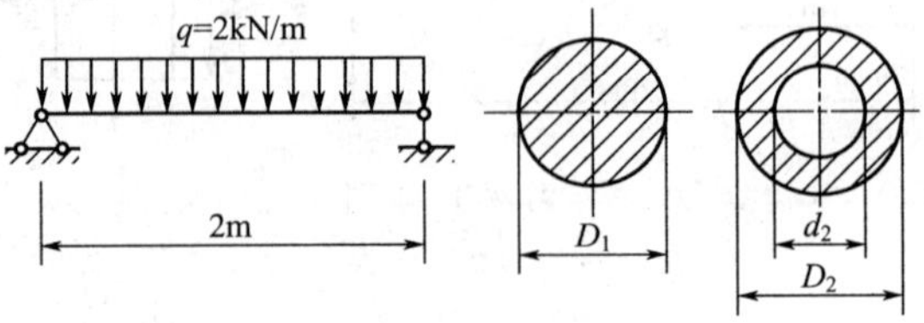

习题 13-9 图

13-10　如习题 13-10 图所示的简支钢梁 AB，材料许用应力 $[\sigma]=160\text{MPa}$，$[\tau]=80\text{MPa}$。该梁拟采用三种形状的截面：(a) 直径为 d 的圆截面；(b) 高宽比为 2 的矩形截面；(c) 工字型钢截面。试：(1) 按正应力强度条件设计三种形状的截面尺寸；(2) 比较三种截面的 W_z/A 值，说明何种形式最为经济；(3) 按切应力强度条件进行校核。

13-11　力 F 直接作用在梁 AB 的中点时，梁内最大应力超过许用应力 30%，为了消除此过载现象，配置了如习题 13-11 图所示的辅助梁 CD。已知 $l=6\text{m}$，试求此辅助梁的跨度 a。

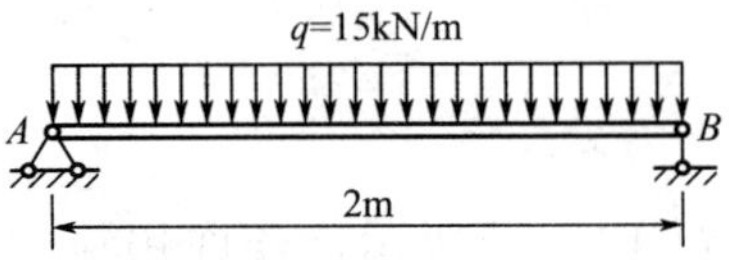

习题 13-10 图

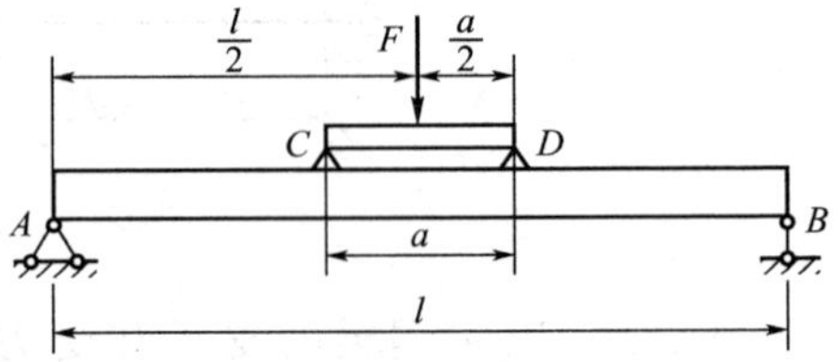

习题 13-11 图

13-12　铸铁梁的荷载及截面尺寸如习题 13-12 图所示。已知许用拉应力 $[\sigma_t]=40\text{MPa}$，许用压应力 $[\sigma_c]=160\text{MPa}$。试按正应力强度条件校核梁的强度。若荷载不变，但将截面倒置，问是否合理？何故？

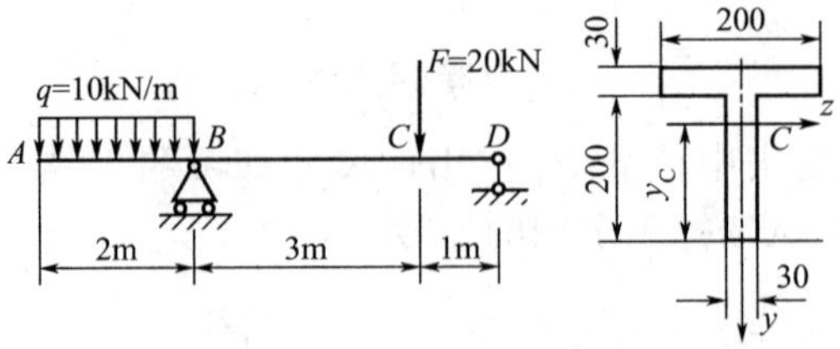

习题 13-12 图

13-13　写出习题 13-13 图示各梁的边界条件。在图 (d) 中，弹簧刚度为 $C(\text{N/m})$。

13-14　试用积分法求习题 13-14 图示各梁的挠曲线方程，自由端的截面转角、跨度中点的挠度和最大挠度。设 $EI=$常量。

13-15　试用叠加法求习题 13-15 图示各梁截面 A 的挠度和截面 B 的转角。设 $EI=$常量。

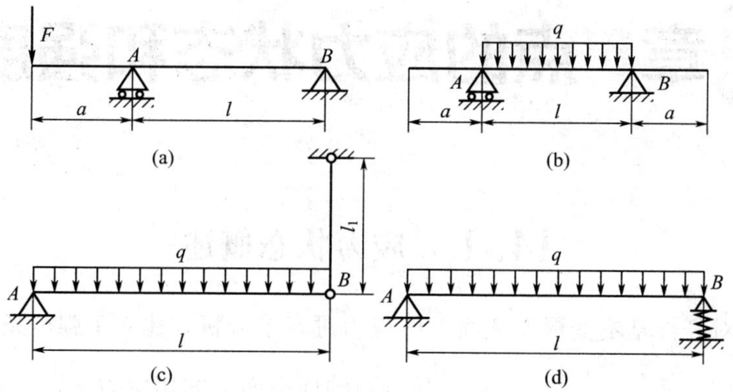

习题 13-13 图

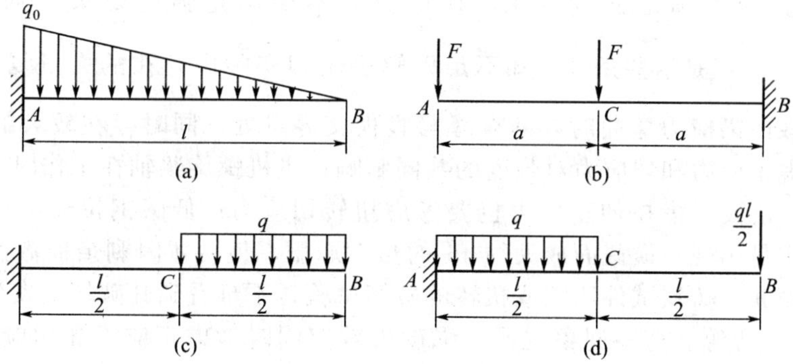

习题 13-14 图

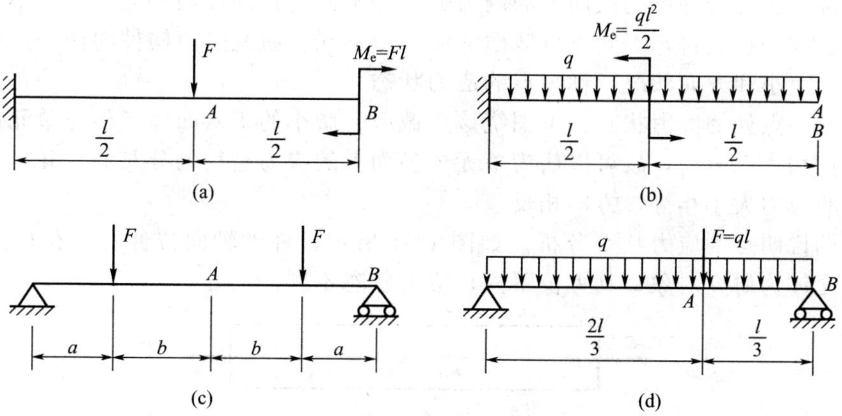

习题 13-15 图

第14章 点的应力状态和强度理论

14.1 应力状态概述

前面章节中对杆件基本变形横截面上的应力进行了分析，建立了强度条件。如轴向拉压杆横截面上的正应力 $\sigma_{\max}=\dfrac{F_N}{A}\leqslant[\sigma]$；受扭圆轴横截面上的切应力 $\tau_{\max}=\left(\dfrac{T}{Wt}\right)_{\max}\leqslant[\tau]$；对于横力弯曲梁，横截面上既有正应力也有切应力，一般情况下，细长梁的强度通常取决于弯曲正应力，正应力满足强度要求，切应力基本能满足强度要求，强度条件 $\sigma_{\max}=\dfrac{M_{\max}y_{\max}}{I_z}\leqslant[\sigma]$。但是这些条件，却不足以解决工程实际中存在的大量复杂的强度问题。例如，工字形截面梁横力弯曲时，其翼缘与腹板交界点处，同时存在较大的正应力和切应力，就必须考虑正应力和切应力对强度的共同影响；飞机螺旋桨轴在工作时，同时承受着拉伸和扭转变形，既要考虑拉伸正应力也要考虑扭转切应力；低碳钢拉伸试件破坏的断口可见，其破坏首先是出现与横截面成大约45°的塑性屈服，最后才因剩余横截面面积太小，在横截面处突然脆断；铸铁试件压缩或扭转的破坏试验，不难看到其破坏是发生在与轴线成大约45°的斜截面，等等。这些现象说明：强度失效应同时考虑正应力和切应力的共同影响，而且破坏不只发生在横截面，也发生在斜截面上。只建立横截面的、只考虑一种应力的强度条件显然是不科学的。

一般而言，受力构件不同截面上的内力分布是不同的；即使同一截面上，不同点的应力也是不同；就同一点而言，不同方位截面的应力也不同。研究受力构件内任一点在不同方位截面上应力的大小和方向状况，称为**点的应力状态**。

为了研究一点处的应力状态，可围绕该点截取一微小的正六面体，称为**单元体**。由于单元体各边边长均为无穷小，故可以认为单元体各面上的应力是均匀分布的，并且每对互相平行的平面上的应力大小相等，方向相反。

下面举例说明点的应力状态分析。如图 14-1 所示，杆件轴向拉伸时，在杆内任一点 A 处，取出单元体为研究对象，其方位不同，应力状态不同。

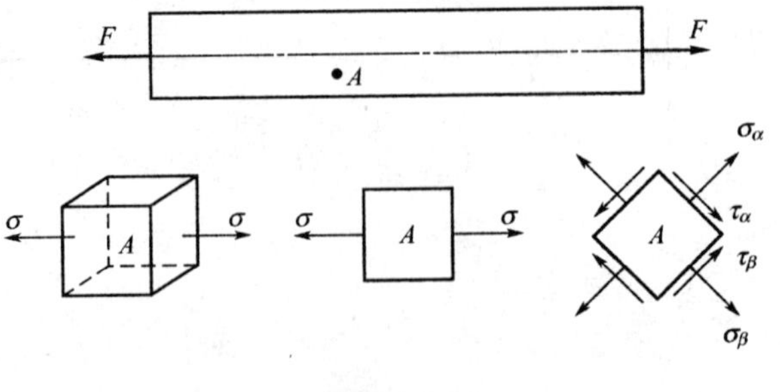

图 14-1

如图 14-2(a) 所示，圆轴扭转时，用过轴上任一点 A 的横截面将轴截开，在左段上围绕 A 点取单元体。圆轴平衡时，在圆轴上截取的每一部分也都处于平衡状态。因此，单元

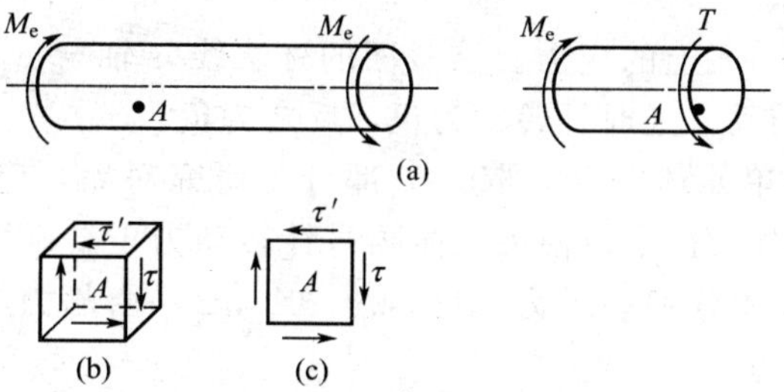

图 14-2

体 A 在平衡状态下，右侧面有切应力 τ，则左侧面也有相应的切应力 τ；顶与底这对平面上也一定有切应力 τ'，τ 和 τ' 大小相等，应力状态分析如图 14-2(b)、(c) 所示，这种单元体上只有切应力而无正应力的应力状况称为**纯剪切**。相邻的两个平面上切应力成对存在，数值相等，两者同时指向两个平面的交线，或同时背离两个面的交线，称为**切应力互等定理**，也称为**切应力双生定理**。

与纯剪切相反，如果单元体的某对平面，只有正应力而无切应力，该平面称为主平面；主平面上的应力称为**主应力**；由三对主平面构成的单元体称为**主单元体**。主单元体上的主应力用 σ_1、σ_2 和 σ_3 表示，它们按代数量排序，即 $\sigma_1 \geqslant \sigma_2 \geqslant \sigma_3$。按照主应力不等于零的数目，可把应力状态分成三类：

① 单向应力状态：一个主应力不为零的应力状态。

② 二向应力状态也称平面应力状态：两个主应力不为零的应力状态。

③ 三向应力状态：三个主应力不为零的应力状态。

14.2 平面应力状态分析

14.2.1 任意截面上的应力

工程中很多构件危险点的应力状态是平面应力状态，如图 14-3(a) 所示，其应力状态可

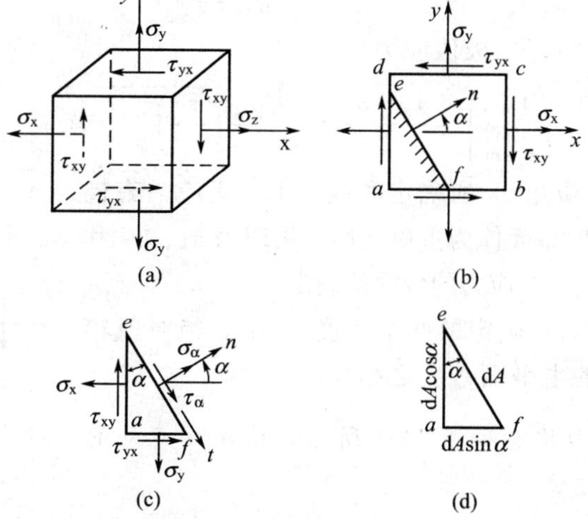

图 14-3

简化成用图 14-3(b) 表示。

现在讨论任意斜截面 ef 上的应力。该截面的外法线 n 轴与 x 轴的夹角为 α，方位角 α 以从 x 轴向外法线 n 轴转动，逆时针转动为正，反之为负。

用假想的截面 ef 将单元体截开，取 aef 部分为研究对象，应力分布如图 14-3(c) 所示。正应力以拉为正，切应力 τ_{xy} 以使单元体顺时针转动为正。截面 ef 的面积用 dA 表示，则截面 ea、截面 af 的面积分别表示为 $dA\cos\alpha$、$dA\sin\alpha$。由静力学平衡方程 $\sum F_n=0$，$\sum F_t=0$，可得

$$\sigma_\alpha=\frac{\sigma_x+\sigma_y}{2}+\frac{\sigma_x-\sigma_y}{2}\cos2\alpha-\tau_{xy}\sin2\alpha \tag{14-1}$$

$$\tau_\alpha=\frac{\sigma_x-\sigma_y}{2}\sin2\alpha+\tau_{xy}\cos2\alpha \tag{14-2}$$

式(14-1)、式(14-2) 为平面应力状态下，单元体任一截面上的应力计算公式。

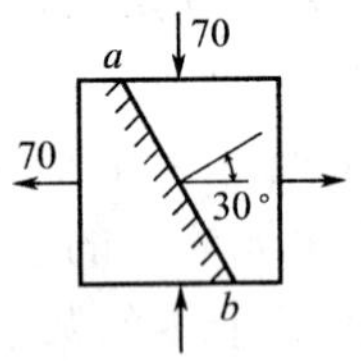

图 14-4

例 14-1 单元体应力状态如图 14-4 所示，试求斜截面上的应力。

解： 已知 $\sigma_x=70\text{MPa}$，$\sigma_y=-70\text{MPa}$，$\tau_{xy}=0\text{MPa}$，$\alpha=30°$。

$$\sigma_{30°}=\frac{70-70}{2}+\frac{70-(-70)}{2}\cos2\times30°-0\times\sin2\times30°=35(\text{MPa})$$

$$\tau_{30°}=\frac{70-(-70)}{2}\sin2\times30°+0\times\cos2\times30°=60.6(\text{MPa})$$

14.2.2 求正应力的极值、主平面上的应力及方位

式(14-1) 表明正应力 σ_α 是 α 的函数。求正应力的极值，将式 σ_α 对 α 求导数，令

$$\left.\frac{d\sigma_\alpha}{d\alpha}\right|_{\alpha=\alpha_0}=0$$

$$\left.\frac{d\sigma_\alpha}{d\alpha}\right|_{\alpha=\alpha_0}=-2\left[\frac{\sigma_x-\sigma_y}{2}\sin2\alpha_0+\tau_{xy}\cos2\alpha_0\right]=0$$

则当正应力有极值时，$\tau_{\alpha_0}=\frac{\sigma_x-\sigma_y}{2}\sin2\alpha_0+\tau_{xy}\cos2\alpha_0=0$

$$\tan2\alpha_0=-\frac{2\tau_{xy}}{\sigma_x-\sigma_y} \tag{14-3}$$

解式(14-1)、式(14-3)，求极值应力

$$\left.\begin{matrix}\sigma_{max}\\ \sigma_{min}\end{matrix}\right\}=\frac{\sigma_x+\sigma_y}{2}\pm\sqrt{\left(\frac{\sigma_x-\sigma_y}{2}\right)^2+\tau_{xy}^2} \tag{14-4}$$

当 $\alpha=\alpha_0$ 时，则在方位角 α_0 所确定的截面上，正应力有极值，切应力为零，该方位时单元体为主单元体。主应力 σ_1、σ_2 和 σ_3 的数值由 0、σ_{max} 和 σ_{min} 三个应力的代数值确定，$\sigma_1\geqslant\sigma_2\geqslant\sigma_3$。

若 $\sigma_x\geqslant\sigma_y$，则式(14-4) 确定的两个角度 α_0 中，绝对值较小的一个确定 σ_{max} 所在的主平面；反之相反。

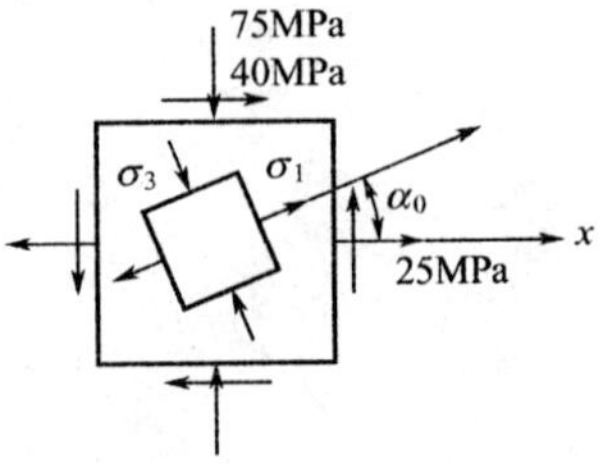

图 14-5

例 14-2 单元体应力状态如图 14-5 所示，试求该点处的主应力并确定主平面的方位。

解： 已知 $\sigma_x=25\text{MPa}$　$\sigma_y=-75\text{MPa}$　$\tau_{xy}=-40\text{MPa}$

$$\left.\begin{matrix}\sigma_{max}\\ \sigma_{min}\end{matrix}\right\}=\frac{25+(-75)}{2}\pm\sqrt{\left[\left(\frac{25-(-75)}{2}\right)\right]^2+(-40)^2}=\begin{cases}39(\text{MPa})\\ -89(\text{MPa})\end{cases}$$

$\sigma_1=39\text{MPa}$、$\sigma_2=0$、$\sigma_3=-89\text{MPa}$

$$\tan\alpha_0=-\frac{2\times(-40)}{25-(-75)}=0.80$$

$\alpha_0=19.33°$（当 x 逆时针转19.33°，该方位对应的极值应力 σ_{max} 为主应力 σ_1）

14.2.3 求切应力极值

式(14-2) 表明截面上的切应力 τ_α 是α 的函数。求切应力的极值，将 τ_α 对α 取导数，令

$$\left.\frac{d\tau_\alpha}{d\alpha}\right|_{\alpha=\alpha_1}=0$$

则有
$$\left.\frac{d\tau_\alpha}{d\alpha}\right|_{\alpha=\alpha_1}=(\sigma_x-\sigma_y)\cos2\alpha_1-2\tau_{xy}\sin2\alpha_1=0$$

$$\tan\alpha_1=\frac{\sigma_x-\sigma_y}{2\tau_{xy}} \tag{14-5}$$

解式(14-2)、式(14-3) 得

$$\left.\begin{matrix}\tau_{max}\\ \tau_{min}\end{matrix}\right\}=\pm\sqrt{\left(\frac{\sigma_x-\sigma_y}{2}\right)^2+\tau_{xy}^2} \tag{14-6}$$

当 $\alpha=\alpha_1$ 时，则在方位角 α_1 所确定的截面上，切应力有极值，但是正应力并不为零。
由式(14-3)、式(14-5) 得

$$\tan\alpha_0=-\frac{1}{\tan\alpha_1}\quad \tan\alpha_1=\frac{\sigma_x-\sigma_y}{2\tau_{xy}}$$

于是有 $2\alpha_1=2\alpha_0+\frac{\pi}{2}$ $\alpha_1=\alpha_0+\frac{\pi}{4}$

即极大和极小切应力所在平面与主平面的夹角为45°。

14.3 四种常见强度理论

14.3.1 三向应力状态简介

如图 14-6 所示，对于三个主应力已知的三向应力状态的主单元体，任意斜截面 ABC 上的应力分布范围在图 14-7 所示的阴影线的部分之内或其边界上。于是得知任意斜截面上的

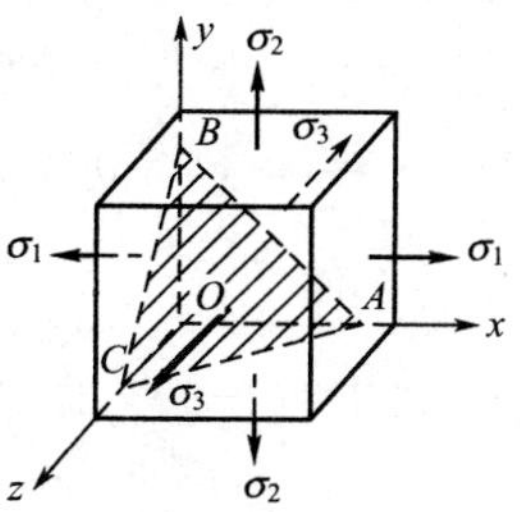

图 14-6

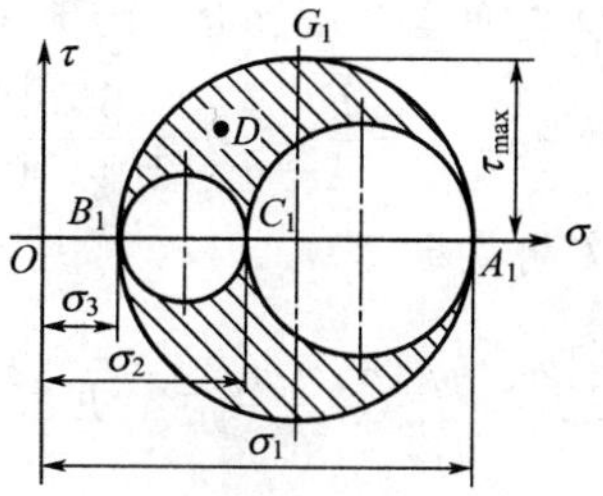

图 14-7

应力极值为

$$\sigma_{max}=\sigma_1 \quad \sigma_{min}=\sigma_3 \quad \tau_{max}=\frac{\sigma_1-\sigma_3}{2}$$

14.3.2 广义胡克定律

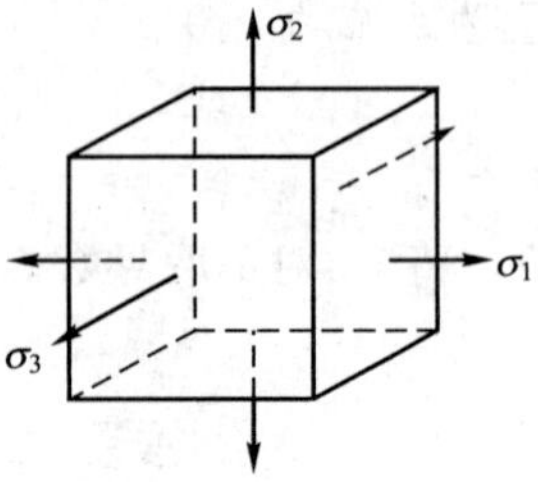

图 14-8

如图 14-8 所示的主单元体上，对应其主应力 σ_1、σ_2、σ_3 方向的线应变分别用 ε_1、ε_2 和 ε_3 表示，称为主应变。

单向拉伸或压缩的情况下，在线弹性范围内，胡克定律有

$$\sigma=E\varepsilon$$

三向应力状态下，在线弹性范围内，主应力 σ_1 方向的主应变 ε_1 是主应力 σ_1、σ_2、σ_3 共同作用引起的。主应力 σ_1、σ_2、σ_3 分别单独作用在 σ_1 方向引起的线应变分别是 $\frac{\sigma_1}{E}$、$-\mu\frac{\sigma_2}{E}$ 和 $-\mu\frac{\sigma_3}{E}$。如图 14-9 所示，用叠加的方法，求得主应力 σ_1 方向的主应变 ε_1 为

$$\varepsilon_1=\frac{\sigma_1}{E}-\mu\frac{\sigma_2}{E}-\mu\frac{\sigma_3}{E}=\frac{1}{E}[\sigma_1-\mu(\sigma_2+\sigma_3)]$$

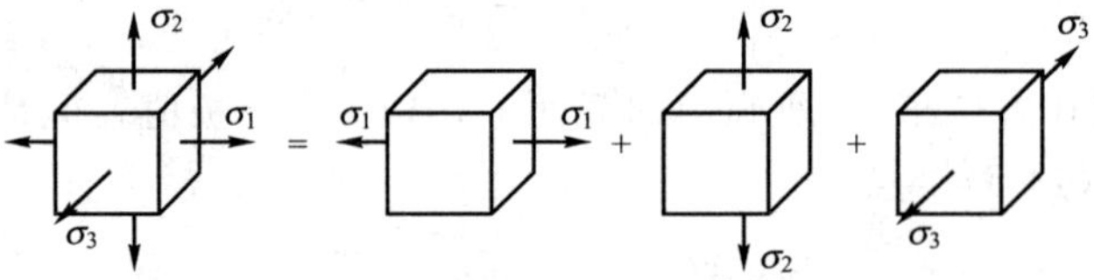

图 14-9

用同样的方法，可以求出主应力 σ_2 和 σ_3 方向的主应变 ε_2 和 ε_3。广义胡克定律为

$$\begin{cases}\varepsilon_1=\frac{1}{E}[\sigma_1-\mu(\sigma_2+\sigma_3)]\\ \varepsilon_2=\frac{1}{E}[\sigma_2-\mu(\sigma_1+\sigma_3)]\\ \varepsilon_3=\frac{1}{E}[\sigma_3-\mu(\sigma_1+\sigma_2)]\end{cases} \tag{14-7}$$

例 14-3 在体积较大的钢块上，开有宽度和深度为 10mm 的槽，如图 14-10 所示。槽内紧密无隙地嵌入一边长为 10mm 的立方铝块。当铝块受 $F=6$kN 的压力作用时，试求铝块的三个主应力和主应变。设钢块的变形不计，铝的 $E=70$GPa，$\mu=0.33$。

解： 选取直角坐标如图 14-10 所示。已知：

$$\sigma_y=-\frac{F}{A}=-\frac{6\times10^3}{(10\times10^{-3})^2}\times10^{-6}=-60\text{MPa} \quad \sigma_z=0 \quad \varepsilon_x=0$$

依据广义胡克定律

$$\varepsilon_x=\frac{1}{E}[\sigma_x-\mu(\sigma_y+\sigma_z)]=\frac{1}{E}[\sigma_x-\mu\sigma_y]=\frac{1}{70\times10^9}[\sigma_x-0.33\times(-60\times10^6)]=0$$

得

$$\sigma_x=-19.8\text{MPa}$$

铝块的主应力为

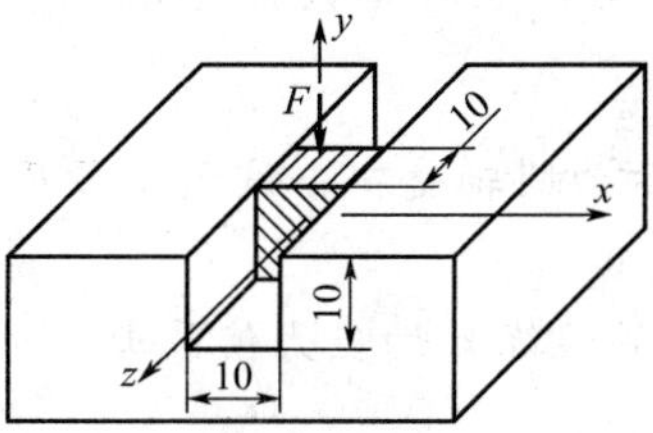

图 14-10

$$\sigma_1=\sigma_z=0 \quad \sigma_2=\sigma_x=-19.8\text{MPa} \quad \sigma_3=\sigma_y=-60\text{MPa}$$

依据广义胡克定律

$$\varepsilon_1=\varepsilon_z=\frac{1}{70\times10^9}[0-0.33\times(-19.8-60)\times10^6]=376\times10^{-6}$$

$$\varepsilon_2=\varepsilon_x=0$$

$$\varepsilon_3=\varepsilon_y=\frac{1}{70\times10^9}[-60-0.33\times(-19.8-60)]\times10^6=-764\times10^{-6}$$

14.3.3 四种常见强度理论

强度理论的提出，是为了解决构件在复杂应力状态下的强度计算问题。前面研究的轴向拉压、扭转和平面弯曲变形中已经建立了强度条件，即

$$\sigma_{max}\leqslant[\sigma] \quad \tau_{max}\leqslant[\tau]$$

式中，σ_{max}、τ_{max}分别为横截面上的最大正应力与最大切应力；$[\sigma]$、$[\tau]$ 为材料的许用应力，它们是通过轴向拉伸（压缩）试验或纯剪切试验确定的极限应力除以安全因数得到的。对于受力比较复杂的构件，其危险点处往往同时存在着正应力和切应力。实践表明，复杂应力状态下强度条件的建立，必须考虑正应力与切应力共同作用对强度的影响，正应力与切应力有各种不同的组合。要对各种可能的组合进行试验来确定其相应的极限应力，是极其繁琐且难以实现的。为了解决这类问题，提出了强度理论。长期以来，人们不断地观察材料强度失效的现象，分析影响强度失效的因素，根据积累的资料与经验，提出了一些关于材料强度失效的假说，这些假说以及基于这些假说所建立的强度计算，称为**强度理论**。

强度理论认为，不论材料处于何种应力状态，只要强度失效的类型相同，材料的强度失效就是由同一因素引起的。这样就可以将复杂应力状态和简单应力状态联系起来，利用轴向拉伸（压缩）的试验结果，建立复杂应力状态下的强度条件。

大量观察与研究表明，尽管强度失效现象比较复杂，但强度失效的形式可以归纳为两种类型：一种是脆性断裂；另一种是塑性屈服。根据材料强度失效的两种形式，强度理论可分为两类：一类是关于脆性断裂的强度理论；另一类是关于塑性屈服的强度理论。

(1) 最大拉应力理论（第一强度理论）

该理论认为，引起材料脆性断裂的主要因素是最大拉应力。无论材料处于何种应力状态，只要构件内危险点处的最大拉应力 σ_1 达到材料单向拉伸断裂时的极限应力值 σ_b，材料就会发生脆性断裂。断裂条件为

$$\sigma_1=\sigma_b$$

将 σ_b 除以安全因数 n 后，得材料的许用应力 $[\sigma]=\dfrac{\sigma_b}{n}$。因此，强度条件为

$$\sigma_1\leqslant[\sigma] \tag{14-8}$$

试验结果表明，该理论可以很好地解释铸铁等脆性材料在轴向拉伸和扭转时的破坏现象。

例 14-4 如图 14-11(a) 所示为圆轴受扭，试利用强度理论，说明铸铁圆轴的扭转破坏现象。

解： 圆轴扭转时，在横截面的边缘处切应力值最大，为

$$\tau=\frac{T}{W_t}=\frac{M_e}{W_t}$$

取 A 点为研究对象，应力分析如图 14-11(b) 所示，$\sigma_x=\sigma_y=0$，$\tau_{xy}=\tau$，则

$$\left.\begin{matrix}\sigma_{max}\\ \sigma_{min}\end{matrix}\right\}=\frac{\sigma_x+\sigma_y}{2}\pm\sqrt{\left(\frac{\sigma_x-\sigma_y}{2}\right)^2+\tau_{xy}^2}=\pm\tau$$

$$\tan 2\alpha_0=-\frac{2\tau_{xy}}{\sigma_x-\sigma_y}\to-\infty$$

$\alpha_0=-45°$（方位角 α_0 对应的主应力为 σ_{max}）

$$\sigma_1=\sigma_{max}=\tau \quad \sigma_2=0 \quad \sigma_3=\sigma_{min}=-\tau$$

扭转时沿与轴线成$-45°$角的方向正应力 σ_1 为拉应力，脆性材料抗压不抗拉，当 σ_1 达到材料拉伸的许用应力 $[\sigma_t]$，就沿该方向发生拉伸破坏，如图 14-11(c) 所示。

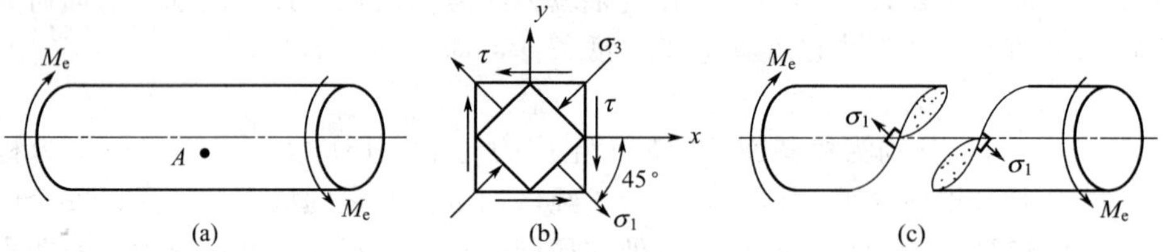

图 14-11

(2) 最大伸长线应变理论（第二强度理论）

该理论认为，引起材料脆性断裂的主要因素是最大拉应变。无论材料处于何种应力状态，只要构件内危险点处的最大拉应变 ε_1 达到材料单向拉伸断裂时拉应变的极限值 $\varepsilon_b=\frac{\sigma_b}{E}$，材料就发生脆性断裂。断裂条件为

$$\varepsilon_1=\varepsilon_b$$

由广义胡克定律得

$$\varepsilon_1=\frac{1}{E}[\sigma_1-\mu(\sigma_2+\sigma_3)]=\frac{1}{E}\sigma_b$$

引入安全因数 n 后得相应的强度条件为

$$\sigma_1-\mu(\sigma_2+\sigma_3)\leqslant[\sigma] \tag{14-9}$$

试验表明，该理论对石料、混凝土等脆性材料受压时沿纵向发生脆性断裂的现象，能予以很好的解释。

(3) 最大切应力理论（第三强度理论）

该理论认为，引起材料塑性屈服的主要因素是最大切应力。无论材料处于何种应力状态，只要构件内危险点处的最大切应力 τ_{max} 达到材料单向拉伸屈服时的极限切应力值 $\tau_s=\frac{\sigma_s}{2}$，材料就发生塑性屈服。屈服条件为

$$\tau_{max}=\tau_s$$

对于任意应力状态，都有 $\tau_{max}=\dfrac{\sigma_1-\sigma_3}{2}$。由此得

$$\sigma_s=\sigma_1-\sigma_3$$

引入安全因数 n 后得相应的强度条件为

$$\sigma_1-\sigma_3\leqslant[\sigma] \tag{14-10}$$

这一理论与塑性材料的许多试验结果比较接近，计算也较为简单，在机械设计中广泛使用。

(4) 形状改变比能理论（第四强度理论）

构件在变形过程中，假定外力所做的功全部转化为构件的弹性变形能。单元体的变形能包括体积改变能和形状改变能两部分。对应于单元体的形状改变而积蓄的变形能称为形状改变能，单位体积内的形状改变能称为形状改变比能，用 u_d 表示。在复杂应力状态下，形状改变比能与单元体主应力之间的关系（证明从略）为

$$u_d=\frac{1+\mu}{6E}[(\sigma_1-\sigma_2)^2+(\sigma_2-\sigma_3)^2+(\sigma_3-\sigma_1)^2]$$

该理论认为，引起材料塑性屈服的主要因素是形状改变比能。无论材料处于何种应力状态，只要构件内危险点处的形状改变比能 u_d 达到单向拉伸屈服时的形状改变比能值 $u_{ds}=\dfrac{1+\mu}{6E}(2\sigma_s^2)$，材料就发生塑性屈服。屈服条件为

$$u_d=u_{ds}$$

引入安全因数后得相应的强度条件为

$$\sqrt{\frac{1}{2}[(\sigma_1-\sigma_2)^2+(\sigma_2-\sigma_3)^2+(\sigma_3-\sigma_1)^2]}\leqslant[\sigma] \tag{14-11}$$

该理论综合考虑了三个主应力的影响，因此较为全面和完整。试验表明，在平面应力状态下，塑性材料用该理论比最大切应力理论更接近实际情况。

四种强度理论的强度条件可写成统一形式

$$\sigma_r\leqslant[\sigma] \tag{14-12}$$

式中，σ_r 称为相当应力。对于上述四个强度理论，其相当应力分别为

$$\begin{cases}\sigma_{r1}=\sigma_1\\ \sigma_{r2}=\sigma_1-\mu(\sigma_2+\sigma_3)\\ \sigma_{r3}=\sigma_1-\sigma_3\\ \sigma_{r4}=\sqrt{\dfrac{1}{2}[(\sigma_1-\sigma_2)^2+(\sigma_2-\sigma_3)^2+(\sigma_3-\sigma_1)^2]}\end{cases} \tag{14-13}$$

一般情况下，脆性材料多发生脆性断裂破坏，宜采用最大拉应力理论或最大拉应变理论；塑性材料多发生塑性屈服失效，宜采用最大切应力理论或形状改变比能理论。但试验也表明，塑性材料应力状态在三向受拉时，会表现出脆性断裂破坏，此时应该选用最大拉应力理论或最大拉应变理论；脆性材料的应力状态在三向受压时，会表现出塑性屈服失效，此时应选用最大切应力理论或形状改变比能理论。

例 14-5 在弯扭或拉扭组合变形的构件中，其危险点的应力状态如图 14-12 所示。试用第三或第四强度理论建立相应的强度条件。

解： ① 求主应力

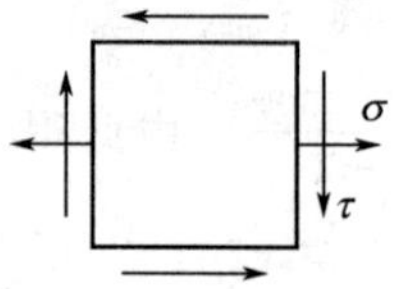

图 14-12

极值应力为

$$\left.\begin{matrix}\sigma_{\max}\\ \sigma_{\min}\end{matrix}\right\}=\frac{\sigma_x+\sigma_y}{2}\pm\sqrt{\left(\frac{\sigma_x-\sigma_y}{2}\right)^2+\tau_x^2}=\frac{\sigma}{2}\pm\sqrt{\left(\frac{\sigma}{2}\right)^2+\tau^2}$$

三个主应力分别为

$$\sigma_1=\frac{\sigma}{2}+\sqrt{\left(\frac{\sigma}{2}\right)^2+\tau^2},\ \sigma_2=0,\ \sigma_3=\frac{\sigma}{2}-\sqrt{\left(\frac{\sigma}{2}\right)^2+\tau^2}$$

② 建立强度条件

第三和第四强度理论的强度条件为

$$\sigma_{r3}=\sqrt{\sigma^2+4\tau^2}\leqslant[\sigma]$$

$$\sigma_{r4}=\sqrt{\sigma^2+3\tau^2}\leqslant[\sigma]$$

思考题

14-1　解释以下概念：

（1）一点的应力状态；（2）单元体；（3）主平面；（4）主应力；（5）单向、二向、三向应力状态。

14-2　如何确定主应力大小和主平面方位？

14-3　应力圆与单元体的对应关系是什么？

14-4　下面两个说法哪个才是正确的？

（1）单元体最大正应力面上的切应力恒等于零。

（2）单元体最大切应力面上的正应力恒等于零。

14-5　什么是广义胡克定律？该定律是如何建立的？其适用条件是什么？

习　题

14-1　对习题 14-1 图示受力构件，用单元体表示危险点的应力状态。

14-2　已知单元体的应力状态如习题 14-2 图所示，应力单位为 MPa。试用解析法计算和应力圆分别求：（1）主应力的大小，主平面的位置；（2）在单元体上绘出主平面位置和主应力方向；（3）最大切应力。

14-3　在习题 14-3 图示应力状态中，应力单位为 MPa。试用解析法计算和应力圆分别求出指定斜截面上的应力。

14-4　对于图示平面应力状态，各应力分量的可能组合有以下几种情形，试按第三强度理论和第四强度理论分别计算此几种情形下的相当应力。

① $\sigma_x=40\text{MPa}$，$\sigma_y=40\text{MPa}$，$\tau_{xy}=60\text{MPa}$；

② $\sigma_x=60\text{MPa}$，$\sigma_y=-80\text{MPa}$，$\tau_{xy}=-40\text{MPa}$；

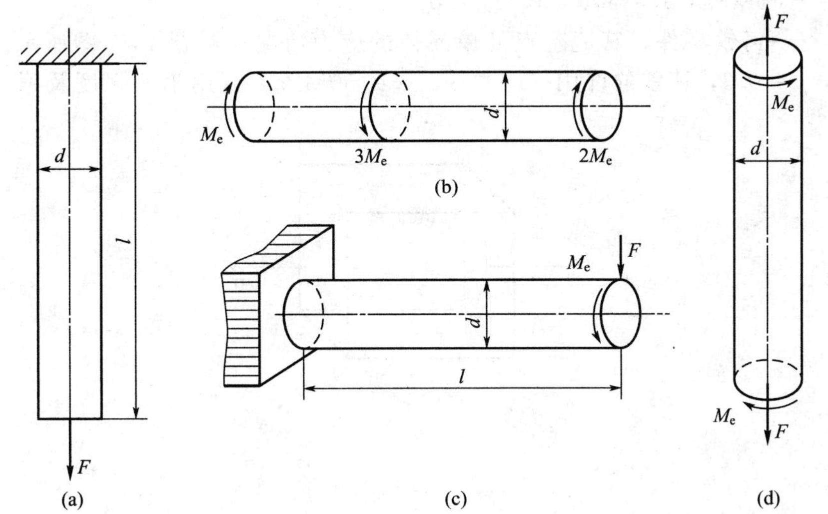

习题 14-1 图

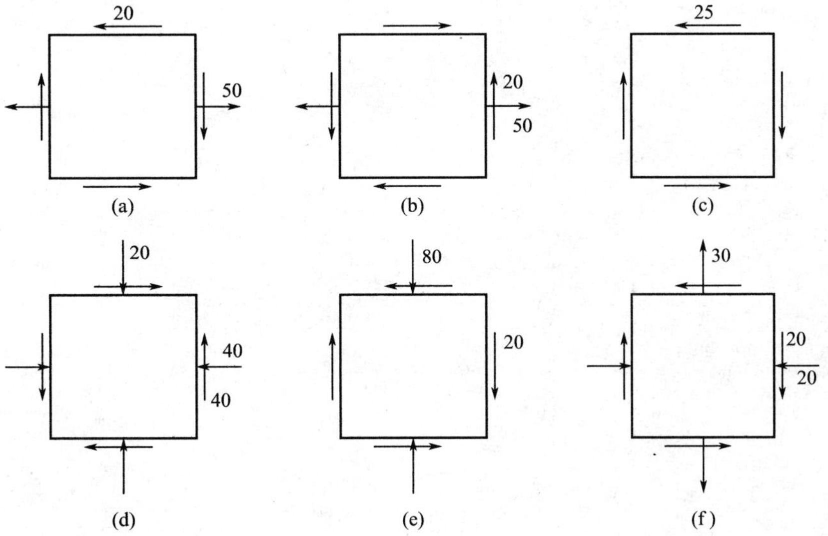

习题 14-2 图

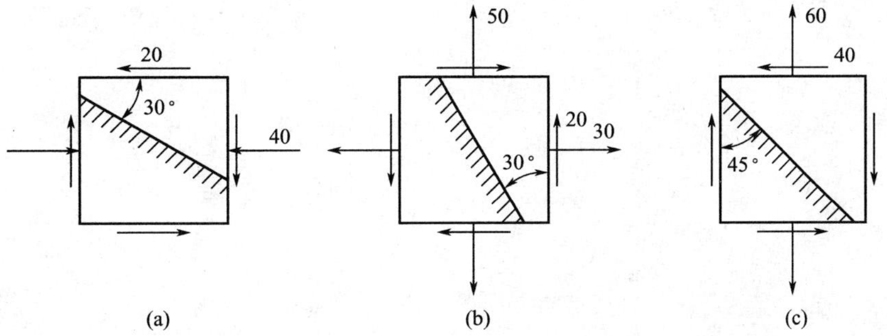

习题 14-3 图

③ $\sigma_x = -40\text{MPa}$，$\sigma_y = 50\text{MPa}$，$\tau_{xy} = 0$。

14-5　有一铸铁零件，其危险点处单元体的应力情况如习题 14-5 图所示。$\sigma = 28\text{MPa}$，$\tau = 24\text{MPa}$，$\mu = 0.3$，铸铁的许用拉应力 $[\sigma_t] = 50\text{MPa}$，试用第一强度及第二强度理论校核其强度。

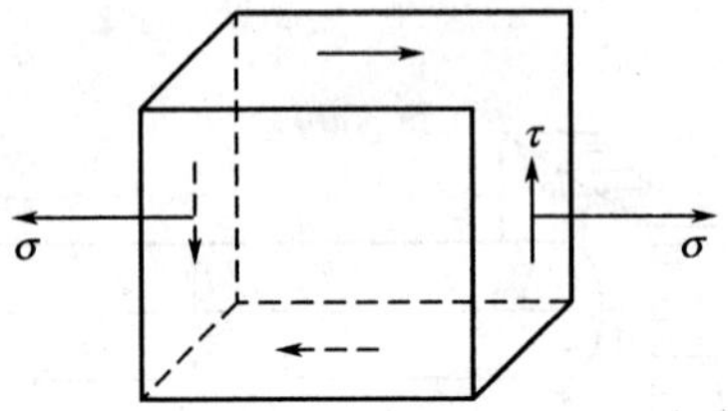

习题 14-5 图

第15章 组合变形

前面章节讨论了杆件的各种基本变形。但在工程实际中，有些构件的受力情况比较复杂，往往产生的变形会同时包括两种或两种以上的基本变形，这种包含两种或以上的基本变形组合而成的变形称之为**组合变形**。组合变形有多种形式，这里主要介绍工程中常见的拉伸（压缩）和弯曲组合、弯曲和扭转组合变形的强度计算，而且研究在线弹性范围内、小变形情形下，构件的组合变形。作用在构件上的任一载荷所引起的应力一般不受其他载荷的影响，因此，其强度可应用叠加原理来分析计算。

15.1 拉伸(或压缩)与弯曲组合变形的强度计算

拉伸（或压缩）与弯曲的组合变形是工程上常见的变形形式。现以如图 15-1（a）所示的悬臂梁为例进行说明，其强度计算步骤如下。

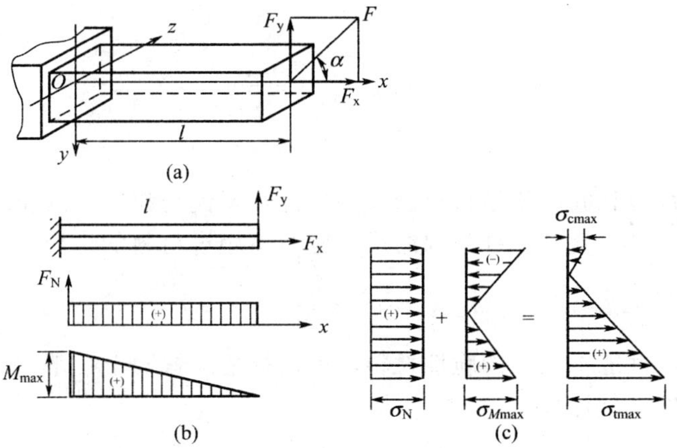

图 15-1

(1) 外力分析

悬臂梁在自由端受力 F 的作用，力 F 位于梁的纵向对称平面内，并与梁的轴线夹角为 α。将力 F 沿平行于轴线方向和垂直于轴线方向分解为两个分力 F_x 和 F_y，如图 15-1(b) 所示，其大小分别为

$$F_x = F\cos\alpha \quad F_y = F\sin\alpha$$

分力 F_x 为轴线方向的拉力，将使梁产生轴向拉伸变形；分力 F_y 的方向与梁的轴线垂直，将使梁产生平面弯曲变形。故梁在力 F 的作用下产生拉伸与弯曲组合变形。

(2) 内力分析

分别考虑两个分力 F_x、F_y 单独作用时产生的内力。

分力 F_x 单独作用时，内力为轴力 F_N，其值为

$$F_N=F_x=F\cos\alpha$$

分力 F_y 单独作用时内力为弯矩 M，弯矩图如图 15-1(c) 所示。固定端 O 截面上的弯矩值最大，其值为

$$M_{max}=F_y l=Fl\sin\alpha$$

因此，梁的固定端 O 截面为危险截面。

(3) 应力分析

在分力 F_x 单独作用时，杆件发生轴向拉伸变形时，横截面上的拉应力 σ_N 均匀分布，其值为

$$\sigma_N=\frac{F_N}{A}=\frac{F\cos\alpha}{A}$$

在分力 F_y 单独作用时，杆件在纵向对称平面内发生弯曲变形，横截面上的弯曲正应力 σ_M 在危险截面上呈线性分布，距中性轴最远处的弯曲正应力极值为

$$\sigma_M=\pm\frac{M_{max}}{W_z}=\pm\frac{Fl\sin\alpha}{W_z}$$

根据叠加原理，可将悬臂梁固定端所在截面的弯曲正应力和拉伸正应力相叠加，则叠加后的应力分布如图 15-1(c) 所示（假定 $|\sigma_M|>|\sigma_N|$），在上、下边缘处，应力有极值，上、下边缘点是危险截面上的危险点，其正应力分别为

$$\sigma_{cmax}=\frac{F_N}{A}-\frac{M_{max}}{W_z} \tag{15-1}$$

$$\sigma_{tmax}=\frac{F_N}{A}+\frac{M_{max}}{W_z} \tag{15-2}$$

(4) 强度条件

用抗拉和抗压性能相同的塑性材料制成的构件，要使受拉伸（或压缩）与弯曲组合变形的杆件具有足够的强度，就应使杆件内的最大应力不超过材料的许用应力，即

$$\sigma_{tmax}=\frac{F_N}{A}+\frac{M_{max}}{W_z}\leqslant[\sigma] \tag{15-3}$$

对于抗拉与抗压性能不相同的脆性材料，可根据危险截面上、下边缘应力分布的实际情况，按上述方法分别进行计算。

例 15-1 如图 15-2(a) 所示，AB 杆是悬臂吊车的滑车梁，若 AB 梁为 25a 工字钢，材料的许用应力 $[\sigma]=100\text{MPa}$，当起吊重量 $F=15\text{kN}$，$\alpha=30°$，行车移至 AB 梁的 B 点时，试校核 AB 梁的强度。

解：

① 外力分析。取 AB 梁为研究对象，如图 15-2(b) 所示，设支座 A 处的约束反力为 F_{Ax}、F_{Ay}，DC 杆给 AB 梁的约束反力为 F_{Cx}、F_{Cy}，根据平衡方程式得

$$\sum M_A(F)=0,\ F_{Cy}\times 2\text{m}-F\times 4\text{m}=0$$

得
$$F_{Cy}=30\text{kN}$$

$$\sum M_C(F)=0,\ -F_{Ay}\times 2\text{m}-F\times 2\text{m}=0$$

得
$$F_{Ay}=F=-15\text{kN}$$

$$F_C=\frac{F_{Cy}}{\sin 30°}=2F_{Cy}=60\text{kN},\quad F_{Cx}=F_C\cos 30°=52\text{kN}$$

$$\sum F_x=0,\quad F_{Ax}-F_{Cx}=0$$

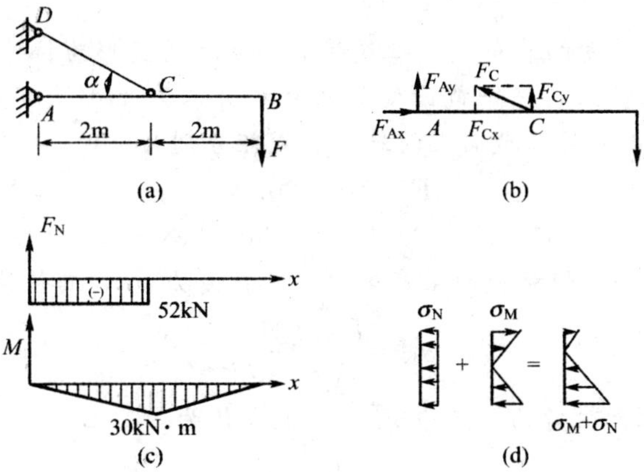

图 15-2

得

$$F_{Ax}=F_{Cx}=52\text{kN}$$

AB 梁产生压缩与弯曲的组合变形。

② 内力分析。AB 梁各横截面的内力如图 15-2(c) 所示，AB 梁上截面 C 左侧为危险截面。

③ 应力分布。危险截面 C 上的应力分布，如图 15-2(d) 所示，查型钢表得 25a 工字钢

$$A=48.54\text{cm}^2,\ W_z=402\text{cm}^3$$

危险点轴向压缩变形的压应力为

$$\sigma_N=\frac{|F_N|}{A}=\frac{52\times10^3\text{N}}{48.54\times10^2\text{mm}^2}=10.71\text{MPa}$$

危险点弯曲变形的最大弯曲压应力为

$$\sigma_M=\frac{|M_{max}|}{W_z}=\frac{30\times10^3\times10^3\text{N}\cdot\text{mm}}{402\times10^3\text{mm}^3}=74.62\text{MPa}$$

因钢材是塑性材料，其抗拉和抗压强度相同，由式(15-2) 得

$$\sigma_{max}=\sigma_N+\sigma_M=10.71+74.62=84.33\text{MPa}<[\sigma]$$

故 AB 梁的强度足够。

例 15-2 如图 15-3(a) 所示，钻床在钻孔时受到压力 $F=20$kN 的作用。已知偏心距 $e=0.4$m，铸铁立柱产生的许用拉应力 $[\sigma_t]=35$MPa，许用压应力 $[\sigma_c]=120$MPa。试求铸铁立柱所需的直径。

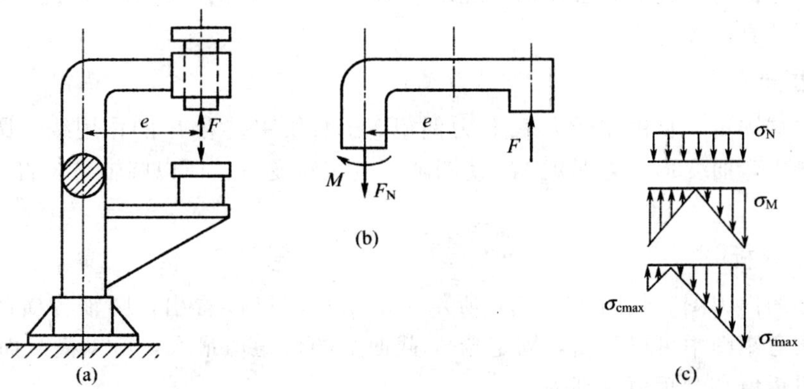

图 15-3

解：

① 外力分析。立柱所受的载荷是偏心载荷 F，立柱的变形为拉伸与弯曲的组合变形。

② 内力分析。在立柱上的任一截面处将立柱截开，取上部为研究对象，如图 15-3(b) 所示。由平衡条件可求得立柱横截面上的轴力和弯矩分别为

$$F_N = F = 20\text{kN}$$

$$M = Fe = 20\text{kN} \times 0.4\text{m} = 8\text{kN} \cdot \text{m}$$

③ 应力分析。轴力 F_N 使横截面上产生均匀的拉应力 σ_N，其值为

$$\sigma_N = \frac{F_N}{A} = \frac{4F_N}{\pi d^2}$$

弯矩 M 使横截面上产生弯曲正应力 σ_M，其最大值为

$$\sigma_M = \frac{M}{W_z} = \frac{32Fe}{\pi d^3}$$

左右边缘点应力为

$$\sigma_{tmax} = \frac{F_N}{A} + \frac{M}{W_z} = \frac{4F}{\pi d^2} + \frac{32Fe}{\pi d^3}$$

$$\sigma_{cmax} = \frac{F_N}{A} - \frac{M}{W_z} = \frac{4F}{\pi d^2} - \frac{32Fe}{\pi d^3}$$

④ 强度计算。由于铸铁是脆性材料，其抗拉能力弱，按照最大拉应力强度条件设计截面尺寸

$$\sigma_{tmax} = \frac{4 \times 20 \times 10^3\text{N}}{\pi d^2} + \frac{32 \times 20 \times 10^3\text{N} \times 0.4 \times 10^3\text{mm}}{\pi d^3} \leqslant [\sigma_t]$$

$$d \geqslant \sqrt[3]{\frac{32 \times 20 \times 10^3\text{N} \times 0.4 \times 10^3\text{mm}}{\pi \times 35\text{MPa}}}$$

$$= 132.6\text{mm}$$

将求得的直径稍稍加大，最后选用立柱的直径 $d = 135\text{mm}$。

15.2　扭转与弯曲组合变形的强度计算

机械设备中的转轴，多数情况下既承受弯矩又承受扭矩，因此弯曲变形和扭转变形同时存在，即产生弯曲与扭转的组合变形。现以图 15-4(a) 所示的圆轴为例，说明弯曲与扭转组合变形的强度计算。

(1) 外力分析

圆轴的左端固定，自由端受力 F 和力偶矩 M_e 的作用。力 F 的作用线与圆轴的轴线垂直，使圆轴产生弯曲变形；力偶矩 M_e 使圆轴产生扭转变形，所以圆轴 AB 将产生弯曲与扭转的组合变形。

(2) 内力分析

画出圆轴的内力图，如图 15-4(b) 所示。由扭矩图可以看出，圆轴各横截面上的扭矩值都相等。从弯矩图中可以看出，固定端 A 截面上的弯矩值最大，所以横截面 A 为危险截面，其上的扭矩值和弯矩值分别为

$$T = M_e, \ M = Fl$$

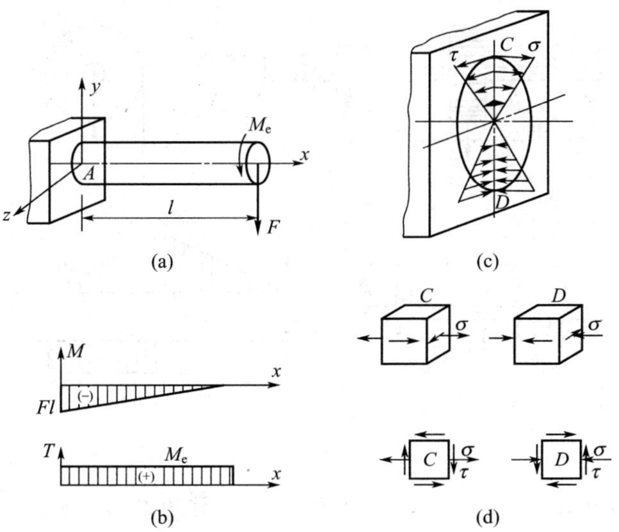

图 15-4

(3) 应力分析

在危险截面 A 上必然存在弯曲正应力和扭转切应力，其分布情况如图 15-4(c) 所示，C、D 两点为危险点，危险点的应力分析如图 15-4(d) 所示，且危险点对应的正应力极值为

$$\left.\begin{matrix}\sigma_{\max}\\ \sigma_{\min}\end{matrix}\right\}=\frac{\sigma_x+\sigma_y}{2}\pm\sqrt{\left(\frac{\sigma_x-\sigma_y}{2}\right)^2+\tau_{xy}^2}=\frac{\sigma}{2}\pm\sqrt{\left(\frac{\sigma}{2}\right)^2+\tau^2}=\frac{\sigma}{2}\pm\frac{1}{2}\sqrt{\sigma^2+4\tau^2}$$

危险点的主应力分别为

$$\sigma_1=\frac{\sigma}{2}+\frac{1}{2}\sqrt{\sigma^2+4\tau^2}\quad \sigma_2=0\quad \sigma_3=\frac{\sigma}{2}-\frac{1}{2}\sqrt{\sigma^2+4\tau^2}$$

(4) 强度条件

发生扭转与弯曲组合变形的圆轴一般由塑性材料制成。由于其危险点同时存在弯曲正应力和扭转切应力，应用第三强度理论计算相当应力，其强度条件为

$$\sigma_{r3}=\frac{\sigma_1-\sigma_3}{2}=\sqrt{\sigma_2+4\tau^2}\leqslant[\sigma]$$

$$\tau=\frac{T}{W_t},\ \sigma=\frac{M}{W}$$

W_t 为杆件的抗扭截面系数，W 为杆件的抗弯截面系数。对于圆截面杆，有 $W_t=2W$，则上式可写为

$$\sigma_{r3}=\frac{\sqrt{M^2+T^2}}{W}\leqslant[\sigma] \tag{15-4}$$

应用第四强度理论计算相当应力，强度条件为

$$\sigma_{r4}=\sqrt{\sigma_2+3\tau^2}\leqslant[\sigma]$$

也可写成

$$\sigma_{r4}=\frac{\sqrt{M^2+0.75T^2}}{W}[\sigma] \tag{15-5}$$

例 15-3 如图 15-5(a) 所示，电动机带动皮带轮转动。已知电动机的功率 $P=12\text{kW}$，转速 $n=940\text{r/min}$，带轮直径 $D=300\text{mm}$，重量 $G=600\text{N}$，皮带紧边拉力与松边拉力之比

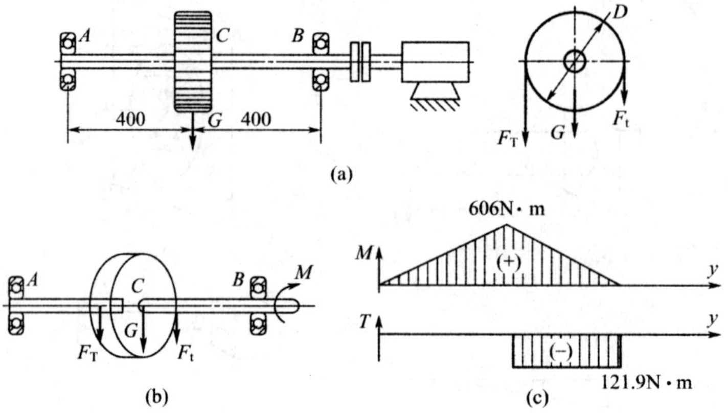

图 15-5

$F_T/F_t=2$，AB 轴的直径 $d=40\text{mm}$，材料为 45 钢，许用应力 $[\sigma]=120\text{MPa}$。试根据第三强度理论校核 AB 轴的强度。

解：

① 外力分析。根据题意，画出轴的计算简图，如图 15-5(b) 所示。轮中点所受的力 F 为轮重与皮带拉力之和，即

$$F=G+F_t+F_T=600\text{N}+3F_t$$

力 F 与 A、B 处的轴承约束力使轴产生弯曲。轴的中点还受皮带拉力向轴平移后而产生的附加力偶的作用，其力偶矩与电动机输入的转矩 M 使轴产生扭转变形。AB 轴的变形为弯曲和扭转的组合变形，根据平衡条件，可得 $\sum M_y(\boldsymbol{F})=0$，即

$$F_T\times\frac{D}{2}-F_t\times\frac{D}{2}-M=0$$

将 $D=300\text{mm}$，$M=9550\times\dfrac{P}{n}=121.9\text{N}\cdot\text{m}$，$F_T/F_t=2$ 代入上式，解得

$$F_t=0.81\times10^3\text{N}\quad F_T=1.62\times10^3\text{N}$$

所以

$$F=G+F_t+F_T=600\text{N}+3F_t=3030\text{N}$$

② 内力分析。画 AB 轴的弯矩图和扭矩图，如图 15-5(c) 所示。截面 C 右侧为危险截面，最大弯矩为

$$M=\frac{Fl}{4}=\frac{3030\text{N}\times0.8\text{m}}{4}=606\text{N}\cdot\text{m}$$

AB 轴右半段各截面上的扭矩均为

$$T=121.9\text{N}\cdot\text{m}$$

③ 校核 AB 轴的强度。由于材料为 45 钢，是塑性材料。由式(15-5) 得

$$\sigma_{r_3}=\frac{\sqrt{M^2+T^2}}{W_z}=\frac{\sqrt{(606\times10^3\text{N}\cdot\text{mm})^2+(121.9\times10^3\text{N}\cdot\text{mm})^2}}{\pi\times(40\text{mm})^3/32}$$
$$=98.4\text{MPa}<[\sigma]$$

故 AB 轴的强度满足要求。

例 15-4 如图 15-6(a) 所示为一卷扬机的示意图。已知鼓轮的直径 $D=360\text{mm}$，卷扬机轴的直径 $d=30\text{mm}$，材料的许用应力 $[\sigma]=80\text{MPa}$。试根据第三强度理论校核确定卷扬

机起吊的最大许可载荷 $[F]$。

解：① 外力分析。将吊起载荷 F 平移至 C 点，得到一个力 F 和一个力偶矩 $M=\dfrac{FD}{2}=0.18F$ 的力偶。轴 AB 在 F 力的作用下产生弯曲变形，在力偶 M 的作用下产生扭转变形。故卷扬机轴 AB 产生扭转与弯曲的组合变形。

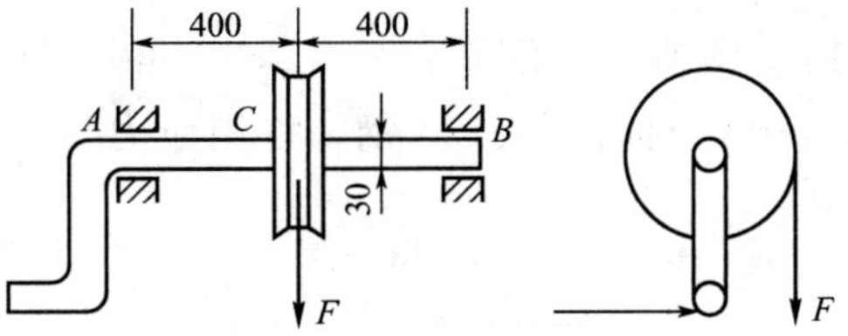

(a)

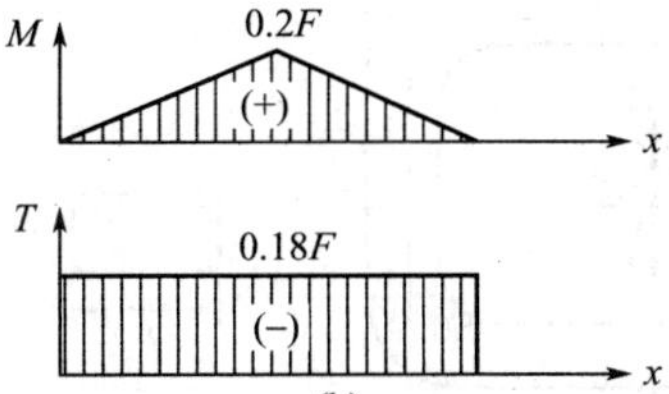

(b)

图 15-6

② 内力分析。由计算简图画出 AB 轴的内力图，如图 15-6(b) 所示。截面 C 左侧为危险截面，其内力为

$$M=\frac{Fl}{4}=\frac{F\times 0.8\text{m}}{4}=0.2F$$

$$T=M=0.18F$$

③ 依据强度条件设计载荷。实心圆截面的抗弯截面系数为

$$W_z=\frac{\pi d^3}{32}=\frac{\pi\times(30\text{mm})^3}{32}=2.65\times10^3\text{mm}^3$$

由式(15-5) 知

$$\sigma_{r_3}=\frac{\sqrt{M^2+T^2}}{W_z}=\frac{\sqrt{(0.2F)^2+(0.18F)^2}}{W_z}\leqslant[\sigma]$$

得

$$F\leqslant\frac{W_z[\sigma]}{\sqrt{200\text{mm}^2+180\text{mm}^2}}=\frac{2.65\times10^3\ \text{mm}^3\times80\text{MPa}}{269\text{mm}}=788\text{N}$$

卷扬机起吊的最大许可载荷 $[F]=788\text{N}$。

思考题

15-1　在用叠加法计算组合变形杆件的内力和应力时，其限制条件是什么？为什么必须满足这些条件？

15-2　偏心拉伸（压缩）实质是什么变形？

15-3　为什么弯曲和扭转组合变形的强度计算不能用代数叠加？

15-4　第三强度理论得到的弯曲和扭转组合变形的两个强度条件表达式，即：

$\sigma_{r3}=\sqrt{\sigma^2+\tau^2}\leqslant[\sigma]$ 与 $\sigma_{r3}=\dfrac{\sqrt{M^2+T^2}}{W_z}\leqslant[\sigma]$，其适用范围有何区别？

习题

15-1　一夹具如习题 15-1 图所示。已知：$F=2\text{kN}$，偏心距 $e=60\text{mm}$，夹具立柱为矩形截面，$b=10\text{mm}$，$h=22\text{mm}$，材料为 Q235 钢，许用应力为 $[\sigma]=160\text{MPa}$。试校核夹具立柱的强度。

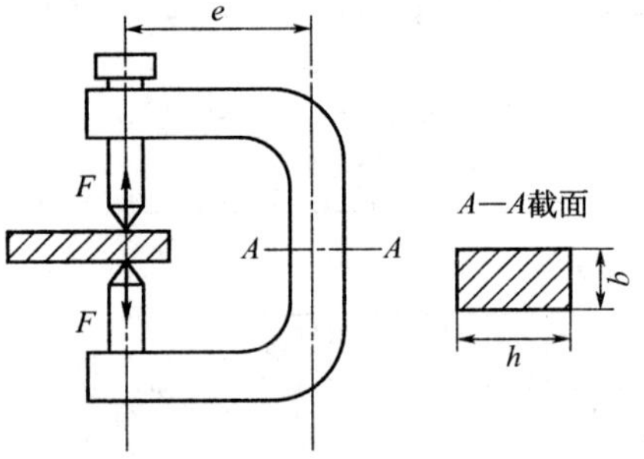

习题 15-1 图

15-2　构架如习题 15-2 图所示，梁 ACD 由两根槽钢组成。已知 $a=3\text{m}$，$b=1\text{m}$，$F=30\text{kN}$。梁材料的许用应力 $[\sigma]=170\text{MPa}$。试选择槽钢的型号。

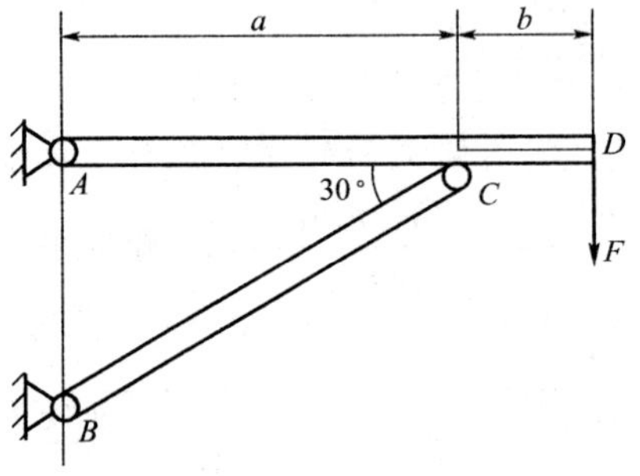

习题 15-2 图

15-3　习题 15-3 图示钢板的一侧切去深为 40mm 的缺口，受力 $P=128\text{kN}$。试求：(1) 横截面 AB 上的最大正应力；(2) 若两侧都切去深为 40mm 的缺口，此时最大应力是多少？不计应力集中的影响。

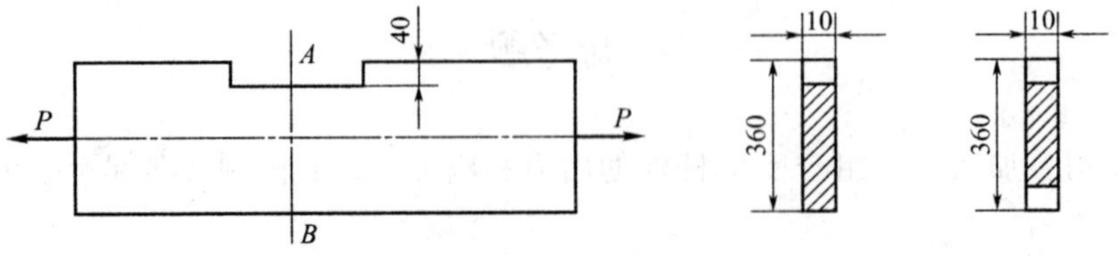

习题 15-3 图

15-4　拆卸工具的爪如习题 15-4 图所示，由 45 钢制成，其许用应力 $[\sigma]=180\text{MPa}$。

试按爪的强度，确定工具的最大顶压力 F_{max}。

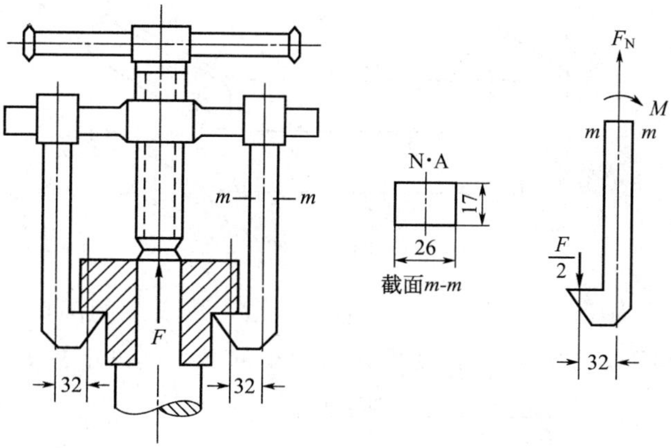

习题 15-4 图

15-5　习题 15-5 图示钻床的立柱为铸铁制成，许用拉应力为 $[\sigma]=35\text{MPa}$，若 $F=15\text{kN}$，试确定立柱所需直径 d。

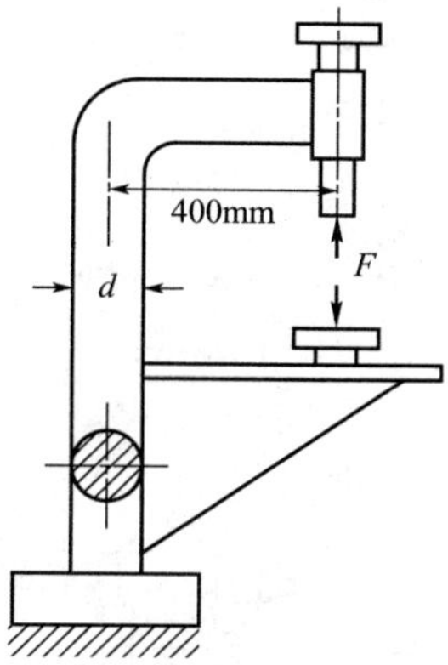

习题 15-5 图

15-6　如习题 15-6 图所示，有一圆杆 AB 长为 l，横截面直径为 d，杆的一端固定，一端自由，在自由端 B 处固结一圆轮，轮的半径为 R，并于轮缘处作用一集中的切向力 P。试按第三强度理论建立该圆杆的强度条件。圆杆材料的许用应力为 $[\sigma]$。

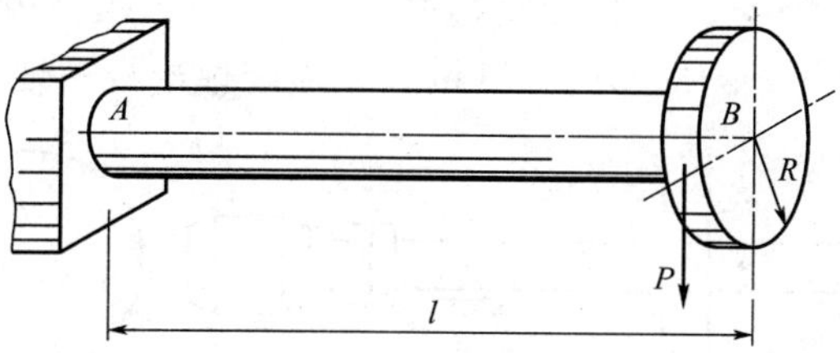

习题 15-6 图

15-7　习题 15-7 图示结构中，直径为 D 的圆轴 AB 与短臂 BC 固接，C 端作用一集中力 F，已知：圆轴长 $L=1\text{m}$，短臂 BC 长 $a=1/4\text{m}$，圆轴直径 $D=30\text{mm}$，$[\sigma]=160\text{MPa}$，$F=400\text{N}$。试用第三强度理论校核轴的强度。

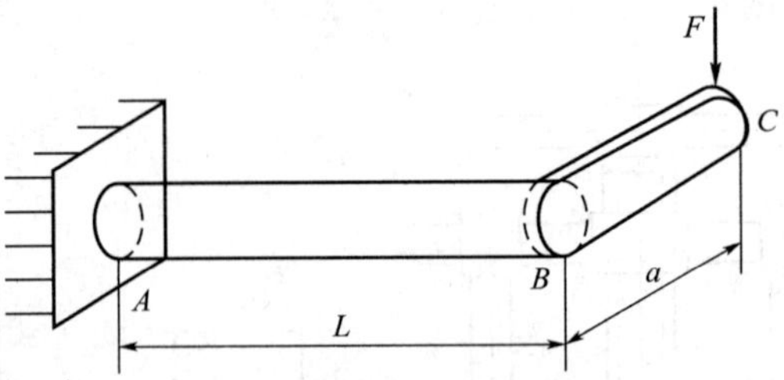

习题 15-7 图

15-8 如习题 15-8 图所示为手摇绞车。轴直径 $d=30\text{mm}$ 的圆钢，材料为 Q235 钢，其许用应力是$[\sigma]=80\text{MPa}$，试用第三强度理论求绞车的最大起吊重量 P。

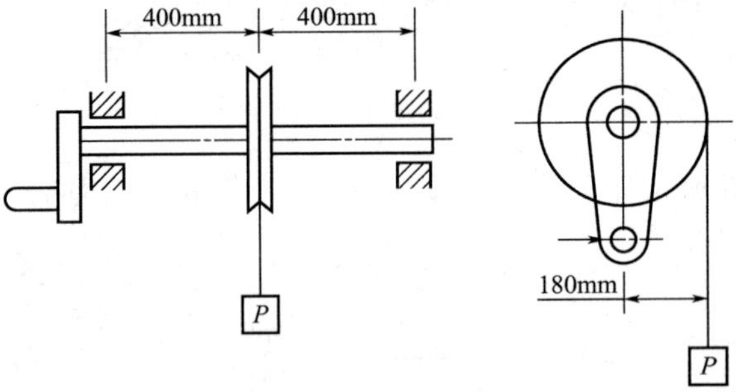

习题 15-8 图

15-9 习题 15-9 图示电动机的功率为 9kW，转速 715r/min，皮带轮直径 $D=250\text{mm}$，主轴外伸部分长 $l=120\text{mm}$，主轴直径 $d=40\text{mm}$，若 $[\sigma]=60\text{MPa}$，试用第三强度理论校核轴的强度。

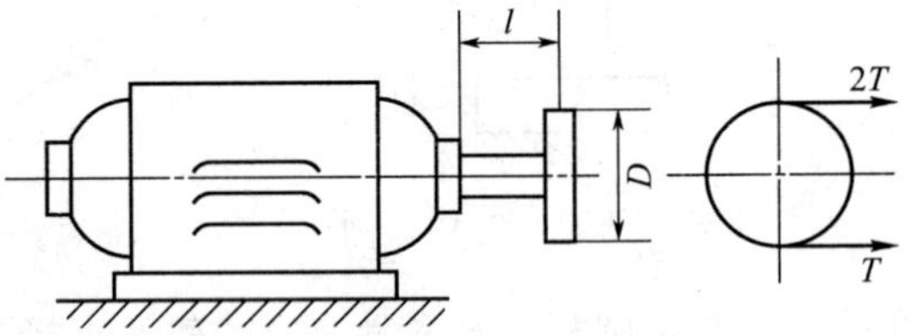

习题 15-9 图

15-10 习题 15-10 图示传动轴 AB 由电动机带动，轴长 $L=1.2\text{m}$，在跨中安装一胶带轮，重 $G=5\text{kN}$，半径 $R=0.6\text{m}$，胶带紧边张力 $F_1=6\text{kN}$，松边张力 $F_2=3\text{kN}$。轴直径 $d=0.1\text{m}$，材料许用应力 $[\sigma]=50\text{MPa}$。试按第三强度理论校核轴的强度。

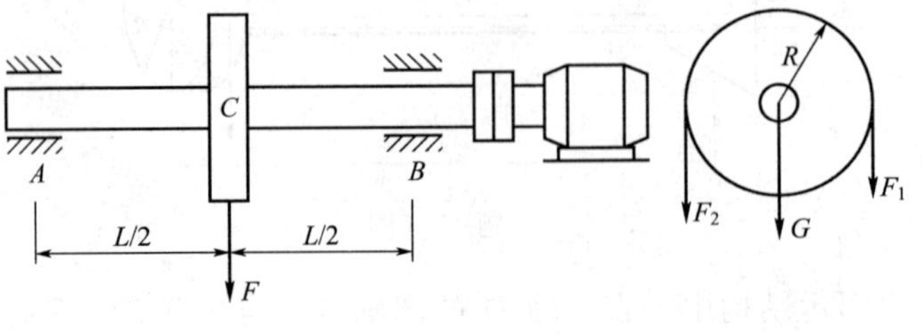

习题 15-10 图

15-11　如习题 15-11 图所示，轴上安装有两个轮子，两轮上分别作用有 $F=3\text{kN}$ 及重物 Q，该轴处于平衡状态。若 $[\sigma]=80\text{MPa}$。试按第四强度理论选定轴的直径 d。

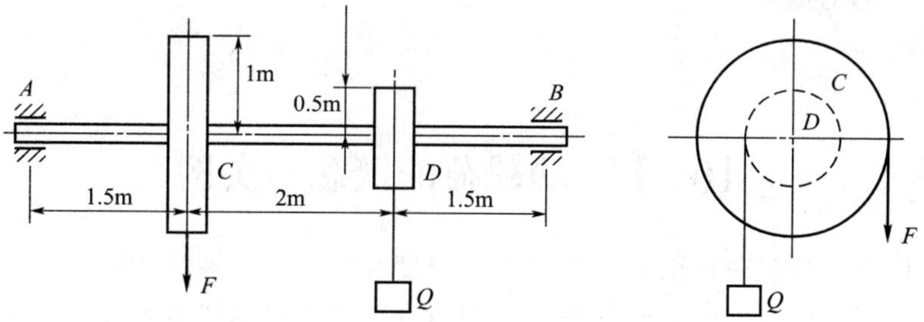

习题 15-11 图

第16章　动载荷和交变应力

16.1　动载荷的概念与实例

前面讨论杆件在静载荷作用下的内力以及强度和刚度。所谓静载荷，是指载荷从零开始平缓地增加的，在加载过程中，杆件各点的加速度很小，可以忽略不计，载荷加到最终值后保持不变的载荷。

在实际问题中，作用在杆件上的载荷往往不是从零开始缓慢增加，加载过程中杆件各点的加速度也不可忽略，此时杆件受到的载荷为动载荷。在动载荷作用下的应力称为动应力。

工程中常见的动载荷有以下几种：

(1) 物体作匀加速直线运动或匀速转动，承受动载荷

以例16-1所示举例说明。

例16-1　如图16-1所示，桥式起重机以匀加速度 $a=4\text{m/s}^2$ 提升一重为 $W=10\text{kN}$ 的物体，起重机横梁为28a号工字钢，跨度 $l=6\text{m}$，不计横梁和钢丝绳的重力。求此时钢丝绳所受到的拉力 F_{Nd} 及梁的最大正应力 σ_{dmax}。

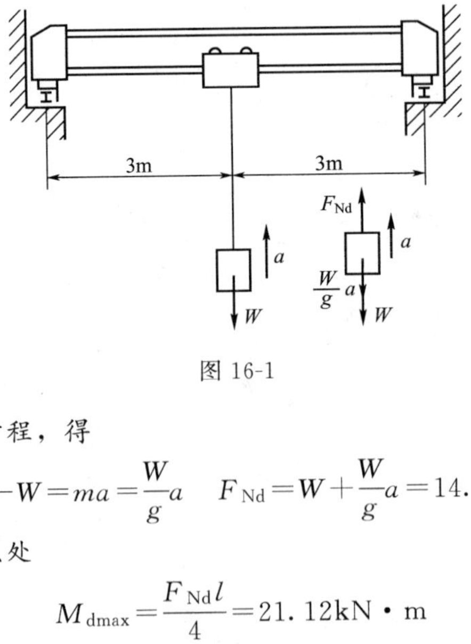

图16-1

解： 依据动力学基本方程，得

$$F_{Nd}-W=ma=\frac{W}{g}a \quad F_{Nd}=W+\frac{W}{g}a=14.08\text{kN}$$

横梁的最大弯矩在中点处

$$M_{dmax}=\frac{F_{Nd}l}{4}=21.12\text{kN}\cdot\text{m}$$

查表得28a号工字钢 $W_z=508.15\text{cm}^3$，梁的最大应力为

$$\sigma_{dmax}=\frac{M_{dmax}}{W_z}=41.56\text{MPa}$$

而静载荷下，最大静应力为

$$\sigma_{max}=\frac{M_{max}}{W_z}=\frac{Wl}{4W_z}=\frac{10\times10^3\times6}{4\times508.15\times10^{-6}}\times10^{-6}=29.52\text{MPa}$$

可见，动载荷的应力要远大于静载荷的应力。

(2) 冲击载荷

当运动物体（冲击物）以一定的速度作用于静止构件（被冲击物）而受到阻碍，其速度急剧下降，使构件受到很大的力作用，这种现象称为冲击。例如工程中的锻造、冲压、打桩等，它们利用冲击完成相应的工作。但很多情况下一般工程构件要避免或较少冲击，以避免损失，因为冲击时的动应力是静载荷时静应力的 K_d 倍，K_d 称为动荷系数，它是大于 2 的因数。

例 16-2 如图 16-2 所示，一重为 W 的物体，从简支梁 AB 的上方 h 处自由下落至梁中点 C，梁的跨度 l，横截面的惯性矩为 I_z，抗弯截面系数为 W_z，材料的弹性模量为 E。求梁受冲击时横截面上的最大正应力 σ_{dmax}。（动荷系数 $K_d=1+\sqrt{1+\frac{2h}{\delta}}=1+\sqrt{1+\frac{96hEI_z}{Wl^3}}$）

解：在静载荷 W 的作用下，梁中点的挠度为

$$\delta=\frac{Wl^3}{48EI_z}$$

梁在静载荷作用下，横截面上的最大弯曲静应力为

$$\sigma_{max}=\frac{M_{max}}{W_z}=\frac{Wl}{4W_z}$$

梁受冲击时横截面上的最大弯曲动应力为

$$\sigma_{dmax}=K_d\sigma_{max}=\frac{Wl}{4W_z}\times\left[1+\sqrt{1+\frac{96hEI_z}{Wl^3}}\right]$$

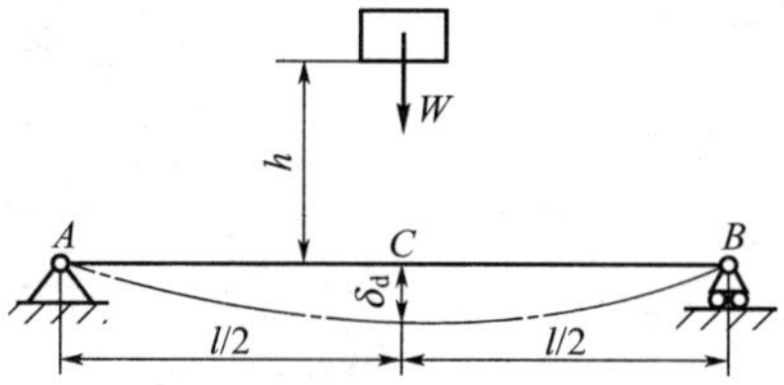

图 16-2

可见，梁受冲击时横截面上的最大弯曲动应力至少是梁在静载荷作用下的最大弯曲静应力的二倍。

(3) 振动载荷

如工业厂房中的机械设备，若其转动时出现质量偏心，则在转动时就会产生振动，形成振动载荷等。

(4) 交变载荷

如果作用在构件上的载荷随时间作周期性变化，这种载荷称为**交变载荷**。如图 16-3(a)

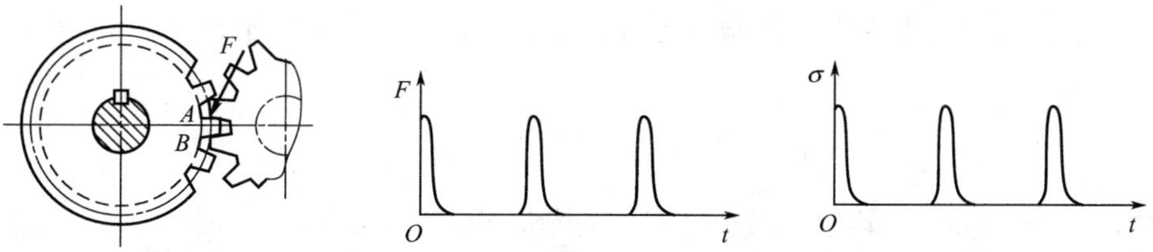

(a) (b) (c)

图 16-3

所示，F 表示齿轮啮合时作用于齿轮 B 上的力。齿轮每旋转一周，齿轮 B 啮合一次。齿轮啮合时 F 随时间作周期性变化，如图 16-3(b) 所示，载荷是交变的。构件在动载荷作用下，当动应力不超过材料的比例极限时，胡克定律仍成立。

16.2 交变应力与疲劳失效

16.2.1 交变应力的概念

某些构件工作时，应力随时间作周期性变化，这种随时间作周期性变化的应力称之为交变应力。如图 16-4(a) 所示，火车轮轴上受到来自车厢的力 F，大小和方向基本不变，则车轮 CD 段各个横截面的弯矩也基本不变，车轮以角速度 ω 转动时，横截面上任一点 A 的正应力，由于它到中性轴的距离 $y(y=r\sin\omega t)$ 随时间 t 作周期性变化，其弯曲正应力为 $\sigma=My/I_z=Mr\sin\omega t/I_z$，也就随时间作周期性变化，如图 16-4(b) 所示。再分析图 16-3，齿轮啮合时 F 随时间作周期性变化，导致应力随时间作周期性变化，如图 16-3(c) 所示；又如图 16-5(a) 所示，重为 W 的电动机装在梁上，梁处于静平衡状态。当电动机转动时，由于其转子的偏心，产生随时间作周期性变化的动载荷 F_d，迫使梁在静平衡位置的上下作周期性振动，危险点的应力也随时间作周期性变化，如图 16-5(b) 所示。

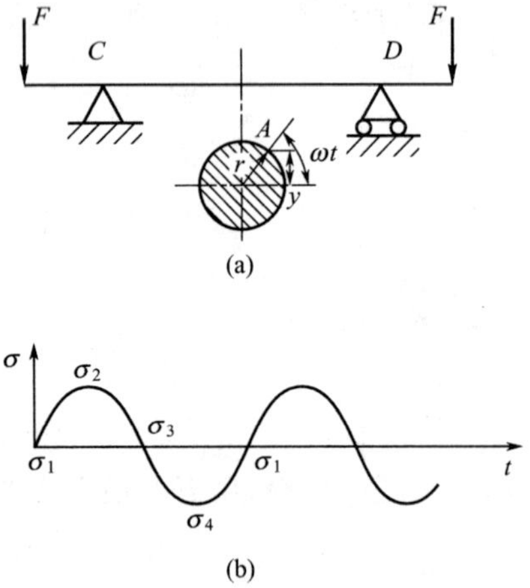

图 16-4

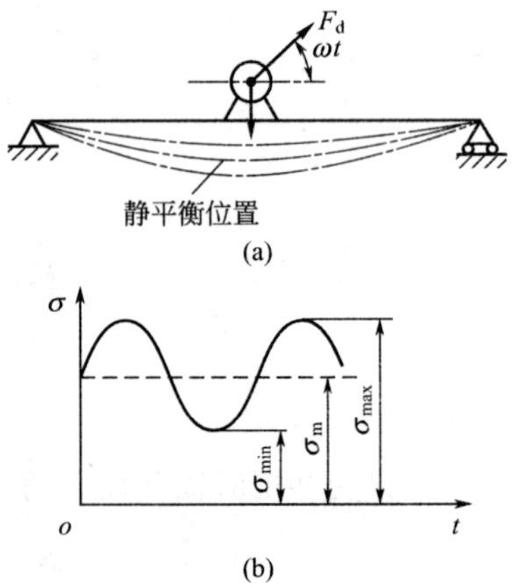

图 16-5

16.2.2 交变应力的循环特征、应力幅和平均应力

为了阐述应力随时间的变化规律，建立 σ-t 坐标，如图 16-6 所示。把某点应力经历了变化的全过程又回到原来数值，称为一个**应力循环**。σ_{max} 和 σ_{min} 分别表示应力循环中的最大和最小应力，其比值称为交变应力的**循环特征**，用 r 表示。应力幅、平均应力分别用 σ_a 和 σ_m 表示。

$$r=\frac{\sigma_{min}}{\sigma_{max}} \quad \sigma_a=\frac{1}{2}(\sigma_{max}-\sigma_{min}) \quad \sigma_m=\frac{1}{2}(\sigma_{max}+\sigma_{min}) \tag{16-1}$$

式中，r、σ_{max} 和 σ_{min} 均取代数值，可正可负，也可为零。

工程上常见的交变应力有 2 种：

① 对称循环　如图 16-4 所示，火车轮轴上的交变应力 σ_{max} 和 σ_{min} 大小相等，符号相反，

交变应力的循环特征 $r=-1$，这种情况称为**对称循环**。

② 脉动循环　如图 16-7 所示，齿轮啮合时 F 随时间作周期性变化，导致应力随时间作周期性变化，$\sigma_{max}\neq 0$，$\sigma_{min}=0$，交变应力的循环特征 $r=0$，这种情况称为**脉动循环**。

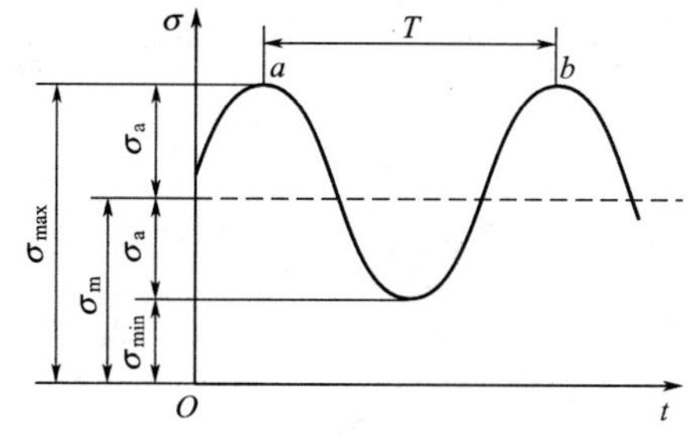

图 16-6

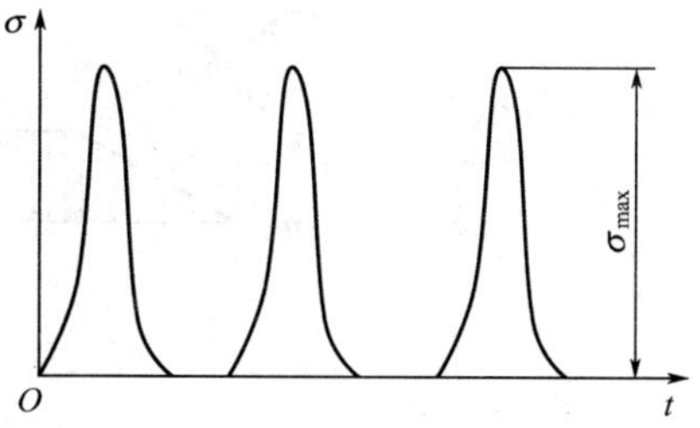

图 16-7

除了对称循环与脉动循环以外，还有其他类型的交变应力。上述公式是针对正应力的，对于切应力公式仍适用，只须把 σ 改成 τ。

16.2.3　疲劳失效及原因

在交变应力作用下金属构件的失效与在静应力作用下的失效形式不同。长期在交变应力作用下的构件，其最大工作应力明显低于材料的屈服极限时，构件也会突然发生断裂破坏。即使对于塑性较好的材料，断裂前也无明显的塑性变形，这种现象称之为**疲劳失效**。

观察构件的断口，明显呈现两个不同的区域，一个是光滑区，一个是粗糙区，如图 16-8 所示。对金属疲劳失效的解释一般认为，在交变应力超过某一极限值时，在构件中应力最大处或材料的缺陷处，沿最大切应力的作用面形成滑移带，滑移带开裂形成微裂纹，在交变应力作用下，微裂纹不断扩展，裂纹两边由于不断反复接触，不断挤压形成断口的光滑区，经过交变应力的长期作用，光滑区面积逐渐扩大，当有效工作面积减弱到一定程度时，构件突然断裂，形成断口的粗糙区。

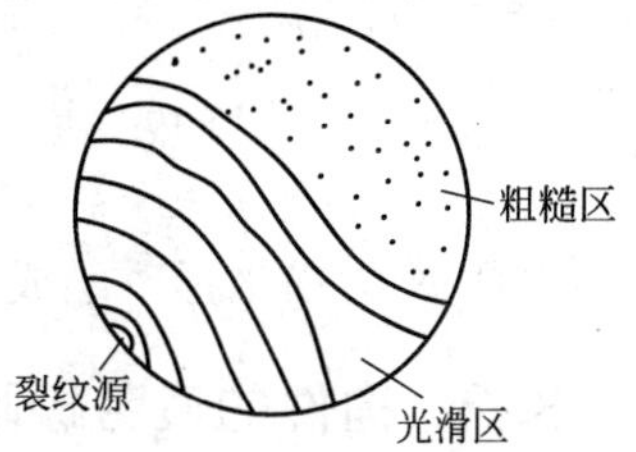

图 16-8

16.3　构件的疲劳极限

16.3.1　材料的疲劳极限

如果作用在构件上的应力是交变应力，那么往往当交变应力低于材料的屈服极限时，金属就可能发生疲劳失效，所以材料的屈服极限或强度极限已经不能作为疲劳失效的强度指标。实践表明，疲劳失效的强度极限与循环特征有关，对称循环的极限值为最低，因此在对称循环下测定疲劳强度指标。

实验室准备的试件是直径为 7～10mm 的光滑小试样，每组试样大约 6～10 根。实验设备采用对称循环弯曲疲劳实验机，如图 16-9(a)、(b) 所示，它使试样承受纯弯曲变形。在最小直径截面上，最大弯曲正应力为

$$\sigma=\frac{M}{W}=\frac{Fa}{W}$$

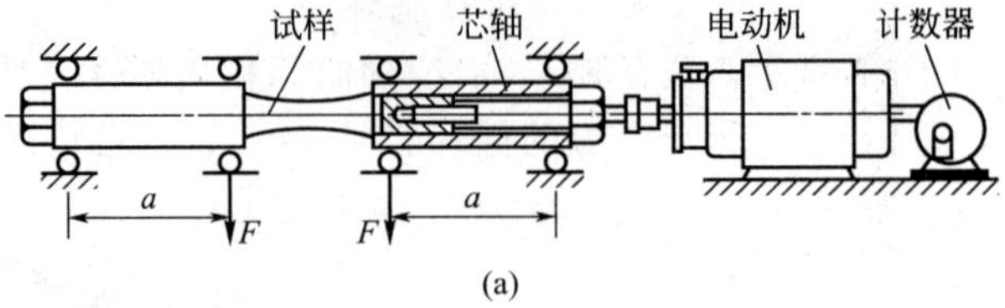

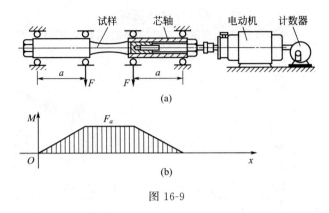

图 16-9

试验时，一般要使第一根试样承受最大的载荷，试样的最大正应力 $\sigma_{max,1}$ 也最大，约为 $(0.5\sim0.6)\sigma_b$。开机后，在交变应力作用下疲劳失效，试样发生断裂破坏，通过计数器读取该试样疲劳失效的循环次数 N_1；然后继续试验，使第二根试样承受最大正应力 $\sigma_{max,2}$ 略低于第一根，读取疲劳失效的循环次数 N_2；依次试验，逐步降低最大应力值，当计数器读取的循环次数达到 $N_0=10^7$ 时仍未发生疲劳失效，这时正应力的最大值称为材料的**持久极限**，记作 σ_{-1}。

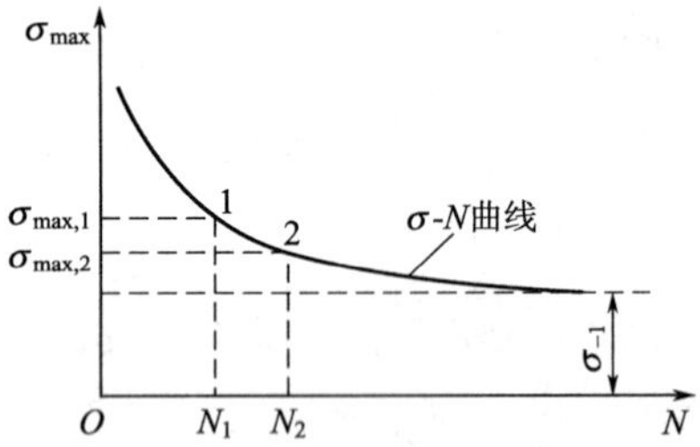

图 16-10

若以最大正应力 σ_{max} 为纵坐标，以疲劳失效时的循环次数 N 为横坐标，绘成一条 σ_{max}-N 曲线，即疲劳曲线，如图 16-10 所示。

16.3.2 构件的疲劳极限

实验表明，材料的持久极限不仅与材料的性质有关，还与试样的形状、尺寸、表面加工质量等多种因素有关。因此，实际工作中构件的持久极限与上述用标准试样做试验得到的持久极限并不相同，影响构件持久极限的主要因素有以下几方面。

(1) 构件外形的影响

构件外形的突然变化，如构件上有孔、槽，轴肩等，将引起应力集中。由于在应力集中的局部区域容易形成微裂纹，从而引起疲劳破坏，因此构件的持久极限显著低于试验用的光滑小试样的持久极限。通常，在对称循环下，用光滑小试样的持久极限 σ_{-1} 与受应力集中影响的试样的持久极限 σ_{-1}^{k} 之比，来表示应力集中对构件持久极限的影响。这个比值称为**有效应力集中因数**，用 K_σ 表示。

$$K_\sigma=\frac{\sigma_{-1}}{\sigma_{-1}^{k}}$$

K_σ 是一个大于 1 的因数。一些常见情况的有效应力集中因数在机械设计手册可查到。一般来说，优质钢材，抗拉强度 σ_b 越大，有效应力集中系数越大，对应力集中越敏感，因此，对优质钢材更应该减弱应力集中的影响，使其维护高强度。

(2) 构件尺寸的影响

实验表明，相同材料、形状的构件，若尺寸大小不同，其持久极限也不相同。构件尺寸越大，其内部所含的杂质和缺陷越多，产生微裂纹的可能性越大，构件的持久极限就相应降低。构件尺寸对持久极限的影响用尺寸因数 ε_σ 表示。在对称循环下，σ_{-1}^{d} 为大尺寸光滑试样的持久极限。

$$\varepsilon_\sigma=\frac{\sigma_{-1}^{d}}{\sigma_{-1}}$$

ε_σ 是一个小于 1 的因数，一些常见材料的尺寸因数在机械设计手册可查到。

(3) 构件表面质量的影响

一般情况下，构件的最大应力出现在其表层，疲劳裂纹大多数情况下在表面生成。若表面磨光的小试样的持久极限为 σ_{-1}，而表面在其他加工情况下构件的持久极限为 σ_{-1}^{β}，则比值 β 称为表面质量因数。

$$\beta=\frac{\sigma_{-1}^{\beta}}{\sigma_{-1}}$$

当构件的表面加工质量低于磨光时，$\beta<1$；当构件经过淬火、氮化等化学处理或滚压、喷丸等机械处理后，表面质量高于磨光时，$\beta>1$。不同粗糙度和强化方法对应的表面质量因数可查机械设计手册。

综合以上因素，对称循环下，构件的持久极限为

$$\sigma_{-1}^{0}=\frac{\varepsilon_\sigma\beta}{K_\sigma}\sigma_{-1} \tag{16-2}$$

设法提高构件的疲劳强度，就得设法减少应力集中的影响，如对轴类构件，截面尺寸突变处要采用圆角过渡，增大圆角半径，设退刀槽等；采用精加工等方法，设法降低表面粗糙度，增强表面强度以提高表面质量，等等。

例 16-3 阶梯轴如图 16-11 所示，材料为合金钢，$\sigma_b=920\text{MPa}$，$\sigma_s=520\text{MPa}$，$\sigma_{-1}=420\text{MPa}$。轴在旋转时，弯矩 $M=850\text{N}\cdot\text{m}$ 保持不变。轴的表面为车削加工。若规定的安全因数 $n=1.4$，试校核轴的强度。(根据阶梯轴的几何尺寸和加工方法查机械设计手册。应力集中因数 $K_\sigma=1.48$，尺寸因数 $\varepsilon_\sigma=0.77$，表面质量因数 $\beta=0.87$)

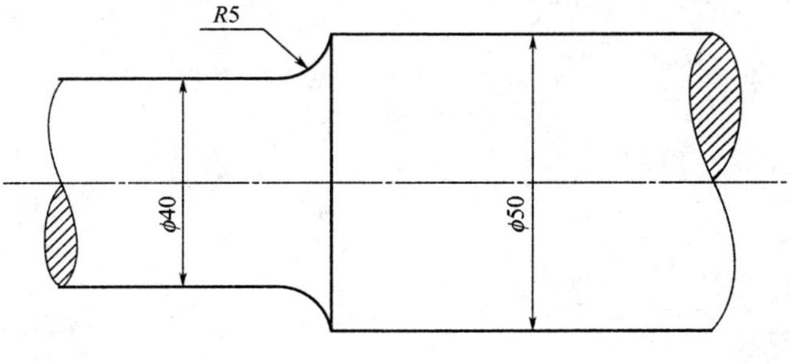

图 16-11

解： 轴旋转时弯矩不变，故为弯曲对称循环。最大弯曲正应力也为最大工作应力为

$$\sigma_{\max}=\frac{M}{W}=\frac{850\text{N}\cdot\text{m}}{\frac{\pi}{32}(40\times10^{-3}\text{m})^3}=135\times10^6\text{Pa}=135\text{MPa}$$

构件的持久极限为

$$\sigma_{-1}^{0}=\frac{\varepsilon_\sigma\beta}{K_\sigma}\sigma_{-1}=\frac{0.77\times0.87}{1.48}\times420\text{MPa}=190.11\text{MPa}$$

工作安全因数

$$n=\frac{\sigma_{-1}^{0}}{\sigma_{\max}}=\frac{190.11\text{MPa}}{135\text{MPa}}=1.41\approx1.4$$

满足疲劳强度要求。

习 题

16-1　圆轴以等角速度 ω 转动，在力 F 大小和方向均不变的情况下，试指出轴上 K 点的交变应力类型，画出循环特征。

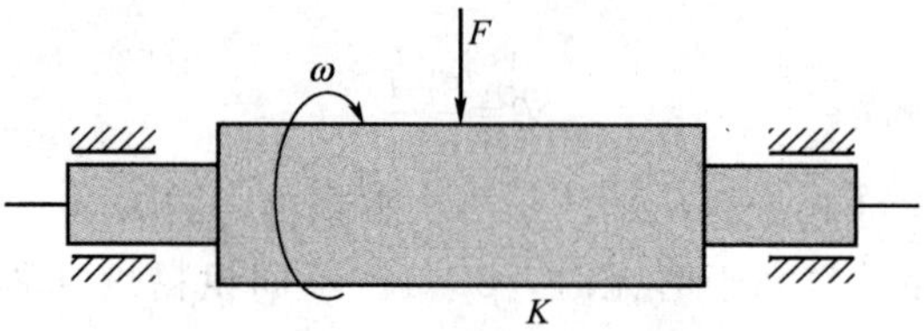

习题 16-1 图

16-2　何为交变应力？试列举交变应力的实例，并指出其循环特征。

16-3　判断构件的失效是否为疲劳失效的依据是什么？

16-4　金属发生疲劳失效时有什么特点？疲劳失效的主要原因是什么？

16-5　试区分下列概念：(1) 材料的强度极限与疲劳极限；(2) 材料的疲劳极限与构件的疲劳极限；(3) 脉动循环与对称循环的交变应力。

第17章 压杆稳定

17.1 压杆稳定的概念

工程中把承受轴向压力的直杆称为压杆。从强度条件方面分析，压杆工作时只要横截面的应力小于或等于其压缩时许用应力，即满足强度条件，压杆就不会发生破坏。但是，实际情况并非如此。如图17-1所示，一根宽30mm、厚2mm、长400mm的钢板条，一端固定，一端自由，其材料的许用应力$[\sigma]=160\text{MPa}$，按轴向压缩的强度条件计算，它的承载力为

$$F \leqslant A[\sigma]=30\times10^{-3}\text{m}\times2\times10^{-3}\text{m}\times160\times10^{6}\text{Pa}=9600\text{N}$$

实验表明，当压力接近70N时，压杆在外界的微扰动下已开始微弯，若压力继续增大，则弯曲变形明显加剧，最终导致折断，此时压力远小于9600N，它之所以丧失工作能力，不是强度问题，而是由于它不能保持原有的直线平衡状态而发生弯曲，这种丧失原有直线平衡状态而导致杆件失效的现象，称为压杆丧失稳定，简称**失稳**。

工程中，如活塞连杆机构中的连杆、凸轮机构中的顶杆、支撑机械的千斤顶等受压杆件，这些构件除了要有足够的强度以及刚度，还必须有足够的稳定性，才能保证构件的正常工作。

为了研究细长压杆的稳定性问题，可作如下实验。如图17-2(a)所示，对压杆施加轴向力F，若杆件是理想直杆，当压力F逐渐增加但小于某一极限值时，压杆将保持直线形状的平衡状态。然而，如果给杆以微小的侧向干扰力使其稍微弯曲，则在去掉干扰后将出现两种不同现象。当轴向压力小于某一极限值时，压杆经过几次摆动后仍恢复到原来的直线状态，如图17-2(b)所示。这表明压杆直线状态的平衡是稳定的。受压直杆保持其原有直线平衡状态的能力称为压杆稳定性。当轴向压力大于某一极限值时，压杆不能恢复直线状态，保持曲线平衡，这表明压杆原有直线状态的平衡是不稳定的，如图17-2(c)所示。当载荷继续增加时，压杆产生显著的弯曲变形，直至折断[图17-2(d)]。当压杆直线形式的平衡由稳定的平衡转变为不稳定的平衡，此时轴向压力值，称为临界压力或临界力，记为F_{cr}。它是保持直线平衡最大的力，也是保持曲线平衡最小的力。当轴向压力达到或超过压杆的临界压力时，压杆将产生失稳现象。

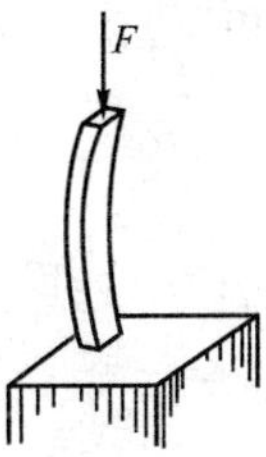

图17-1

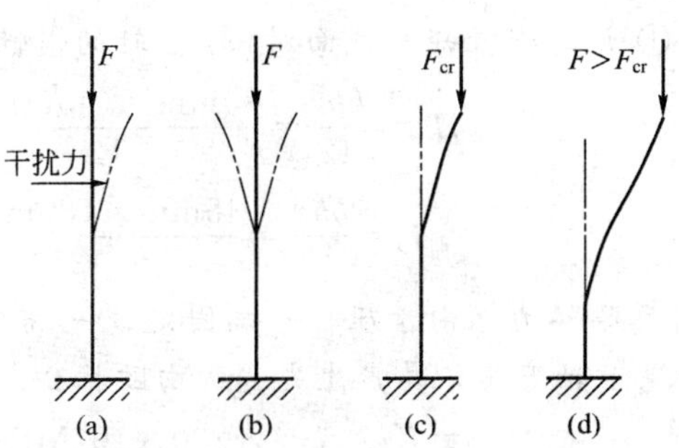

图17-2

压杆失稳后，压力的微小增加会导致弯曲变形的明显加大，表明压杆已丧失了承载能力，能引起机器或结构的整体损坏。

17.2　细长压杆临界力的计算

在工程实际中，要保证压杆不失稳，需要计算临界力。在材料服从胡克定律时，一般采用欧拉公式计算临界力，即

$$F_{cr}=\frac{\pi^2 EI}{(\mu l)^2} \tag{17-1}$$

式(17-1) 称为临界力的欧拉公式。式中，μ 是与压杆两端的支承情况有关的因数，称为长度因数，l 是压杆的长度，μl 称为相当长度。E 是弹性模量，I 是横截面上的惯性矩(当 $I_y=I_z$ 时，I 取最小值)。几种常见的杆端支承情况下的 μ 值列于表 17-1 中，许多工程实际问题并不具备这种典型形式，应根据具体情况选择长度因数 μ。

表 17-1　不同支承情况下的长度因数

杆端约束情况	两端固定	一端固定 一端铰支	两端铰支	一端固定 一端自由
挠度曲线的形状	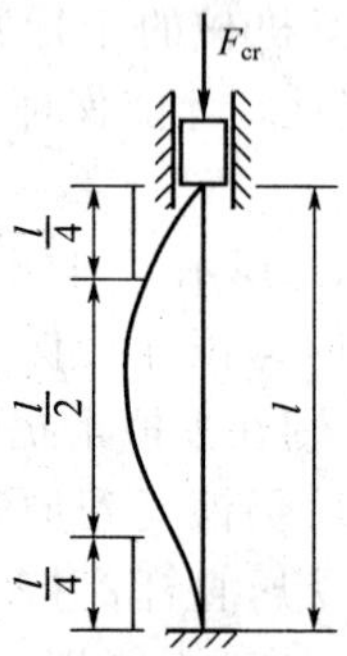	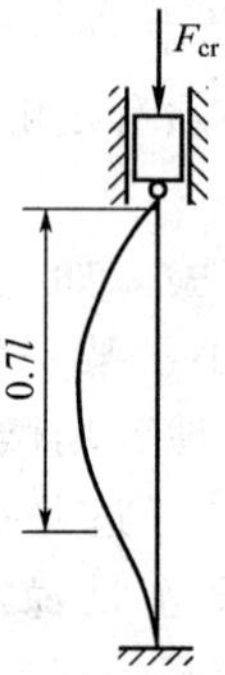	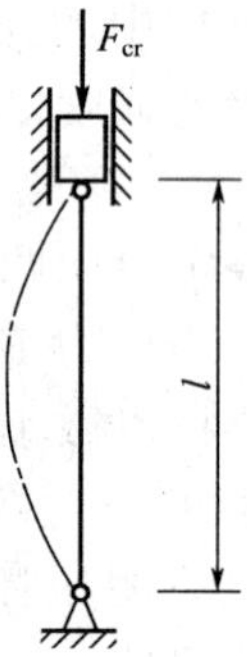	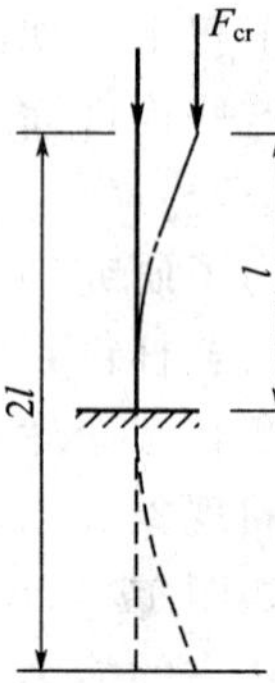
μ	0.5	0.7	1	2

例 17-1　如图 17-3 所示，一矩形截面压杆，一端固定，一端自由，材料为 45 钢，已知弹性模量 $E=200\text{GPa}$，$l=2\text{m}$，$h=80\text{mm}$，$b=45\text{mm}$。试计算该压杆的临界压力；若 $h=b=60\text{mm}$，压杆长度不变，此压杆的临界力又为多大？

解：① 计算惯性矩。截面对 y、z 轴的惯性矩分别为

$$I_y=\frac{hb^3}{12}=\frac{80\text{mm}\times(45\text{mm})^3}{12}=60.75\times10^4\text{mm}^4$$

$$I_z=\frac{bh^3}{12}=\frac{45\text{mm}\times(80\text{mm})^3}{12}=192\times10^4\text{mm}^4$$

② 计算临界力。由于压杆一端固定，一端自由，查表 17-1 得 $\mu=2$。因为 $I_y<I_z$，所以压杆必绕 y 轴弯曲，易产生失稳。由欧拉公式得

$$F_{cr}=\frac{\pi^2 EI_y}{(\mu l)^2}=\frac{\pi^2\times200\times10^3\text{MPa}\times60.75\times10^4\text{mm}^4}{(2\times2000\text{mm})^2}=7.5\text{kN}$$

③ 若 $h=b=60\text{mm}$，截面的惯性矩为

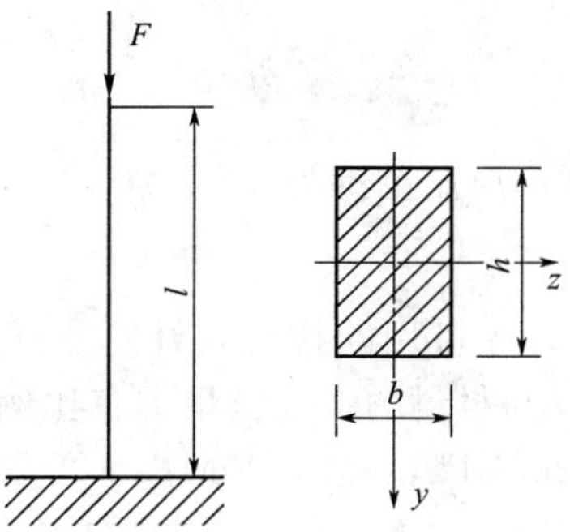

图 17-3

$$I=I_z=I_y=\frac{bh^3}{12}=\frac{(60\text{mm})^4}{12}=108\times10^4\text{mm}^4$$

压杆的临界力为

$$F_{cr}=\frac{\pi^2 EI}{(\mu l)^2}=\frac{\pi^2\times200\times10^3\text{MPa}\times108\times10^4\ \text{mm}^4}{(2\times2000\text{mm})^2}=133\text{kN}$$

17.3 欧拉公式的适用范围　经验公式

17.3.1 压杆临界应力的欧拉公式

将压杆的临界压力除以横截面面积，得到横截面上的应力，称为**临界应力**，用 σ_{cr} 表示，即

$$\sigma_{cr}=\frac{\pi^2 EI}{(\mu l)^2 A}$$

令 $\frac{I}{A}=i^2$，i 称为压杆截面惯性半径，代入上式得

$$\sigma_{cr}=\frac{\pi^2 Ei^2}{(\mu l)^2}=\frac{\pi^2 E}{\left(\frac{\mu l}{i}\right)^2}$$

令 $\lambda=\frac{\mu l}{i}$，代入上式得

$$\sigma_{cr}=\frac{\pi^2 E}{\lambda^2} \tag{17-2}$$

式(17-2) 是欧拉公式的另一种表达式。式中，λ 称为**压杆的柔度**。λ 是无量纲的，综合反映杆长、支承情况及横截面形状和尺寸对临界应力的影响。由式(17-2) 可见，柔度 λ 越大，临界应力 σ_{cr} 越小，即压杆越容易失稳。

17.3.2 欧拉公式的适用范围

由于计算压杆临界压力的欧拉公式只在材料服从胡克定律时才成立，即欧拉公式(17-2) 只有在压杆的临界应力不超过材料的比例极限 σ_p 时才能应用

$$\sigma_{cr}=\frac{\pi^2 E}{\lambda^2}\leqslant\sigma_p$$

或
$$\lambda \geqslant \pi \sqrt{\frac{E}{\sigma_{p}}}$$

令 $\lambda_1=\pi\sqrt{\frac{E}{\sigma_p}}$，则得到欧拉公式的应用范围为

$$\lambda \geqslant \lambda_1$$

只有满足 $\lambda \geqslant \lambda_1$ 条件的压杆，才可用欧拉公式计算压杆的临界应力。$\lambda \geqslant \lambda_1$ 的压杆通常称为大柔度杆或细长压杆。λ_1 仅与材料的弹性模量 E、比例极限 σ_p 有关。材料不同，其 λ_1 值不同。例如，Q235 钢的 $E=206\text{GPa}$，$\sigma_p=200\text{MPa}$，可得

$$\lambda_1=\pi\sqrt{\frac{E}{\sigma_p}}=\pi\sqrt{\frac{206\times10^3}{200}}\approx100$$

17.3.3 经验公式

若压杆的柔度 λ 小于 λ_1，则由式(17-2) 算出的压杆临界应力 σ_{cr} 大于材料的比例极限 σ_p，属于超过比例极限的压杆稳定问题。这类压杆的临界应力通常采用经验公式计算。这些公式是在实验与分析的基础上建立的，常见的经验公式有直线公式和抛物线公式等。这里仅介绍工程中常用的直线公式，即

$$\sigma_{cr}=a-b\lambda \tag{17-3}$$

式中，a 和 b 是与材料性能有关的常数，单位为 MPa。几种常用材料的 a、b、λ_1、λ_2 值如表 17-2 所示。

表 17-2 部分常用材料的 a、b、λ_1、λ_2 值

材　料	a/MPa	b/MPa	λ_1	λ_2
Q235 钢,10 钢,25 钢	310	1.14	100	60
35 钢	469	2.64	100	60
45 钢,55 钢	589	3.82	100	60
硅钢	577	3.71	100	60
优质钢	461	2.568	86	44
硬铝	372	2.14	50	0
铸铁	331.9	1.453		0
松木	39.2	0.199	59	0

柔度很小的短柱，如压缩实验用的金属短柱，受压时并不会像大柔度杆那样出现弯曲变形，而会因为压应力到达屈服极限（塑性材料）或强度极限（脆性材料）而被破坏，是强度不足引起的失效。所以，按式(17-3) 算出的临界应力最高只能等于 σ_s，设相应的柔度为 λ_2，则

$$\lambda_2=\frac{a-\sigma_s}{b}$$

λ_2 是使用上述直线公式的最小柔度值。即经验公式的使用范围是：$\lambda_2 \leqslant \lambda \leqslant \lambda_1$，这类杆件称为中长杆或中柔度杆；$\lambda \leqslant \lambda_2$ 时，压杆称为短杆或小柔度杆，应按压缩强度问题计算，要求：$\sigma_{cr}=\frac{F}{A}\leqslant\sigma_s$。

对于脆性材料只需把 σ_s 改成 σ_b。临界应力 σ_{cr} 随柔度 λ 变化的关系如图 17-4 所示，该图

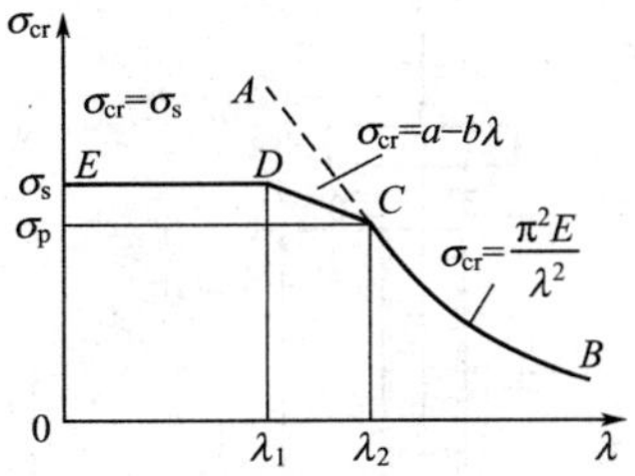

图 17-4

称为临界应力总图。

从图 17-4 中可知，细长杆和中长杆的临界应力随柔度的增大而减小，短粗杆的临界应力与柔度无关。

17.4 压杆的稳定性校核

工程中，为了确保压杆能够不失稳地安全工作，压杆的轴向压力必须满足

$$n_{w}=\frac{F_{cr}}{F}\geqslant n_{st} \tag{17-4}$$

式中，n_{st}为规定的稳定安全因数，它是大于 1 的因数；n_{w} 为工作安全因数；F 为轴向压力。引入压杆横截面面积 A，式(17-4) 还可以写成

$$n_{w}=\frac{\sigma_{cr}}{\sigma}\geqslant n_{st} \tag{17-5}$$

式(17-4) 或式(17-5) 称为压杆的稳定条件，此法称为**安全因数法**。

由于压杆失稳大都具有突发性，且危害性比较大，故通常规定稳定的安全因数要大于强度安全因数。几种常用零件的稳定安全因数 n_{st} 如表 17-3 所示。

表 17-3　几种常见压杆的稳定安全因数

实际压杆	金属结构中的压杆	机床丝杠	磨床油缸活塞杆	低速发动机挺杆	起重螺旋	高速发动机挺杆	矿山、冶金设备中的压杆
n_{st}	1.8～3.0	2.5～4	2～5	4～6	3.5～5	4～6	4～8

需要指出的是，对于局部截面被削弱（如螺孔、油孔等）的压杆，除了校核稳定性外，还应进行强度校核。在校核压杆稳定性时，按未削弱横截面的尺寸计算惯性矩 I 和横截面面积 A。由于压杆的稳定性取决于整个压杆，截面的削弱对其影响很小。但在校核强度时，则应按削弱了的横截面面积计算。

例 17-2　螺旋千斤顶如图 17-5(a) 所示，丝杠长度 $l=375$mm，直径 $d=40$mm，材料为 45 钢，最大起重量 $F=80$kN，规定的稳定安全因数 $n_{st}=4$。试校核丝杠的稳定性。

解：① 计算临界压力。丝杠可简化为下端固定、上端自由的压杆，如图 17-5(b) 所示，故长度因数 $\mu=2$。

$$i=\sqrt{\frac{I}{A}}=\sqrt{\frac{\pi d^{4}/64}{\pi d^{2}/4}}=\frac{d}{4}=\frac{40}{4}=10\text{mm}$$

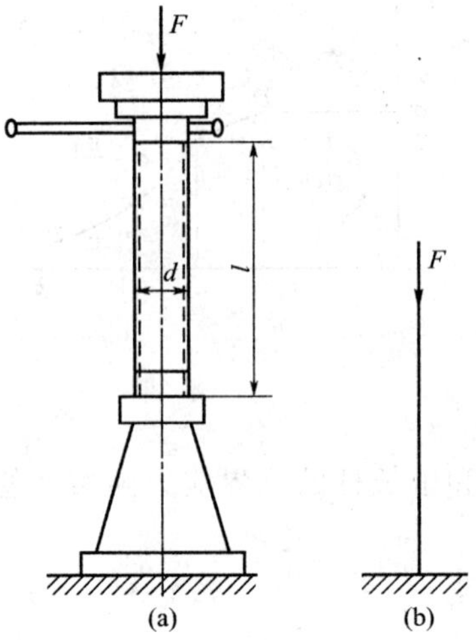

图 17-5

$$\lambda=\frac{\mu l}{i}=\frac{2\times 375}{10}=75$$

查表 17-2 得：45 钢 $a=589\text{MPa}$，$b=3.82\text{MPa}$，$\lambda_1=100$，$\lambda_2=60$。因 $\lambda_2<\lambda<\lambda_1$，故此丝杠为中长杆，应采用经验公式计算临界应力。根据式(17-3) 得

$$\sigma_{cr}=a-b\lambda=589-3.82\times 75=303\text{MPa}$$

临界压力为

$$F_{cr}=\sigma_{cr}A=303\text{MPa}\times\frac{3.14\times(40\text{mm})^2}{4}=381\text{kN}$$

② 校核压杆的稳定性 $n_w=\frac{F_{cr}}{F}=\frac{381\text{kN}}{80\text{kN}}=4.76>n_{st}$

所以，千斤顶丝杠是稳定的。

17.5 提高压杆稳定性的措施

由以上各节的讨论可知，影响压杆稳定性的因素主要有：横截面的形状和尺寸、压杆长度和约束条件、材料的性能等。因此，提高压杆的稳定性，可以从以下几个方面着手。

(1) 选择合理的截面形状

从欧拉公式可以看出，截面的惯性矩越大，临界压力 F_{cr} 也越大。可见，在横截面面积保持一定的情况下，应选择惯性矩较大的截面形状。如用型钢组成的空心方截面代替实心方截面，如图 17-6 所示用圆环截面代替实心圆截面，如图 17-7 所示。

(2) 尽量减少压杆柔度

对于压杆柔度越小，临界压力越高。因此，在结构允许的情况下，尽量减少压杆的实际长度或增加中间支座减小压杆的柔度以提高压杆的稳定性，如图 17-8 所示。

另外，压杆总是在柔度大的纵向平面内失稳，为使压杆在任一纵向平面内有相等或接近相等的稳定性，应使其各个纵向平面内的柔度相等或接近相等。

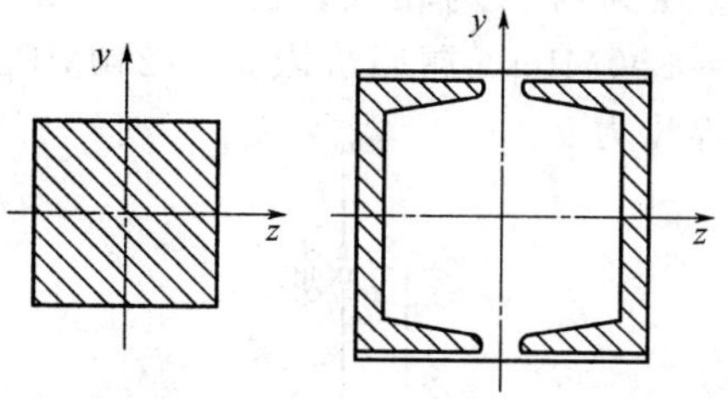

图 17-6

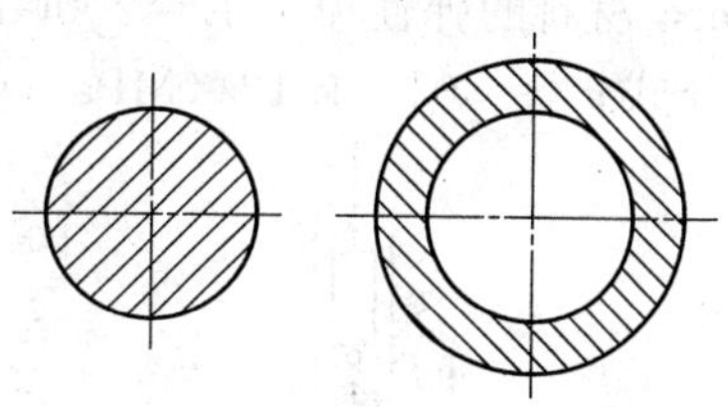

图 17-7

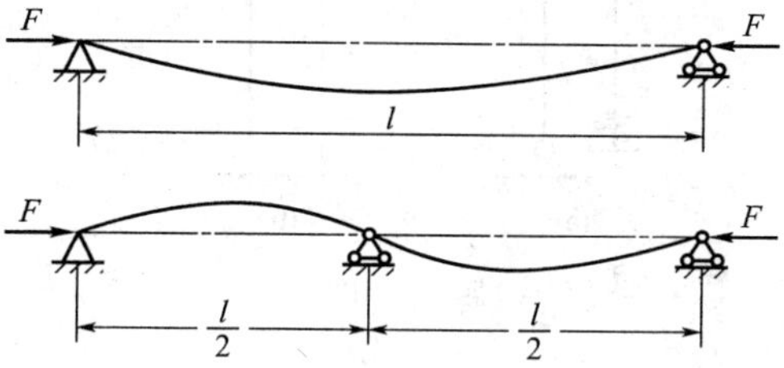

图 17-8

(3) 合理选择材料

细长杆的临界应力与材料的弹性模量 E 成正比。选用 E 值较高的材料，显然可以提高细长杆的稳定性。但就钢而言，由于各种钢材的弹性模量都很接近，所以选用优质钢材作细长杆是不必要的。

对于中、小柔度的压杆，因其临界应力与材料的强度有关，所以选用高强度材料显然有利于稳定性的提高。

思考题

17-1　什么是压杆的稳定性？什么叫丧失稳定性？

17-2　大柔度（细长杆）、中柔度（中长杆）、小柔度（短粗杆）是如何界定的？

17-3　什么是压杆柔度？压杆柔度与哪些因素有关？

17-4　如何提高压杆的稳定性？

17-5　长度因数的物理意义是（　　）。

A. 压杆绝对长度的大小

B. 对压杆材料弹性模数的修正

C. 将压杆两端约束对其临界力的影响折算成杆长的影响

D. 对压杆截面面积的修正

习 题

17-1　如习题 17-1 图有一截面为圆形的大柔度压杆，杆长 2.5m，截面直径为 40mm。杆的一端固定，一端铰支，材料的弹性模量 $E=210\text{GPa}$。试求杆的临界压力 F_{cr}。

17-2　活塞杆用硅钢制成，其直径 $d=20\text{mm}$，外伸部分的最大长度 $l=1\text{m}$，弹性模量 $E=210\text{GPa}$，$\lambda_1=100$。试确定活塞杆的临界应力。

17-3　习题 17-3 图示两圆截面压杆的长度、直径和材料均相同，已知 $l=1\text{m}$，$d=40\text{mm}$，材料的弹性模量 $E=200\text{GPa}$，比例极限 $\sigma_p=200\text{MPa}$，屈服极限 $\sigma_s=240\text{MPa}$，有经验公式 $\sigma_{cr}=304-1.12\lambda(\text{MPa})$，试求两压杆的临界压力。

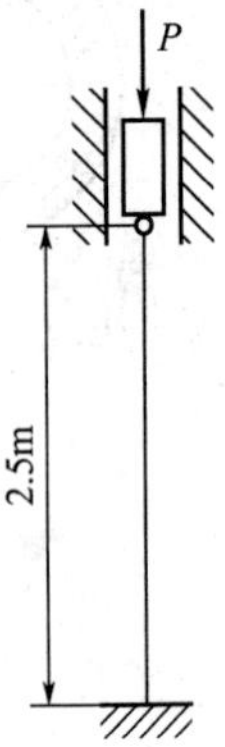

习题 17-1 图

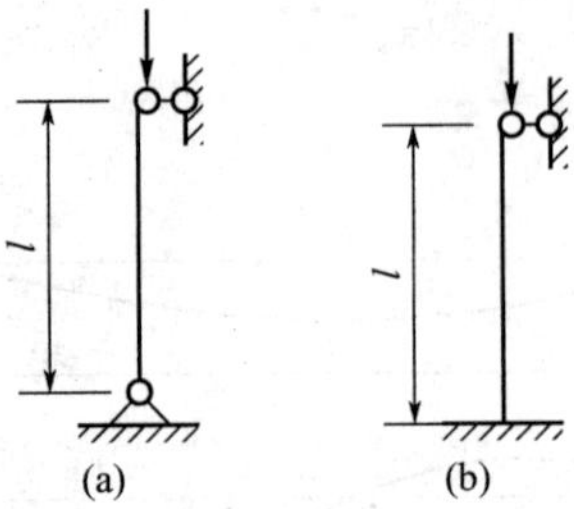

习题 17-3 图

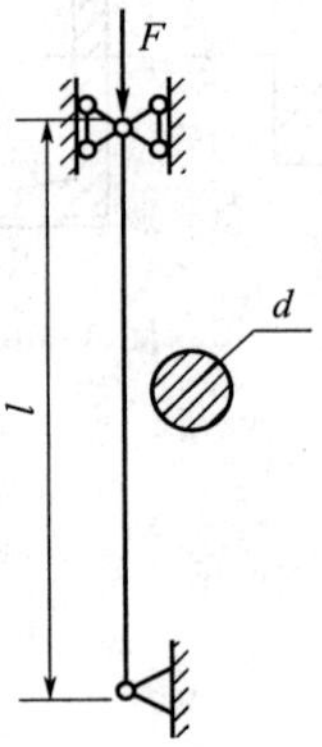

习题 17-4 图

17-4　习题 17-4 图示为两端铰支的圆形截面受压杆，用 Q235 钢制成，材料的弹性模量 $E=200\text{GPa}$，$\lambda_1=123$，直径 $d=40\text{mm}$，试计算 $l=1.5\text{m}$ 情况下压杆的临界应力。

17-5　习题 17-5 图示蒸汽机的活塞杆 AB，所受力的 $F=120\text{kN}$，$l=180\text{cm}$，横截面为圆形，直径 $d=7.5\text{cm}$。材料为 A5 钢，$E=210\text{GPa}$，$\sigma_p=240\text{MPa}$，规定 $n_{st}=8$，试校核活塞杆的稳定性。

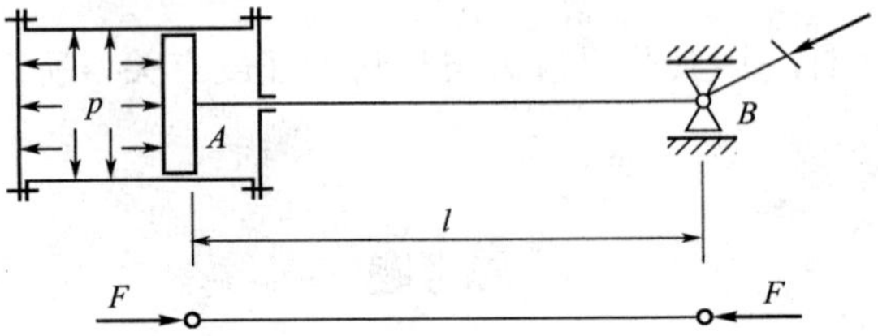

习题 17-5 图

17-6　千斤顶如习题 17-6 图所示，丝杠长度 $l=375\text{mm}$，内径 $d=40\text{mm}$，材料的 $E=200\text{GPa}$，$\lambda_1=99$，$\lambda_2=62$，$a=304\text{MPa}$，$b=1.12\text{MPa}$，最大起重量 $F=80\text{kN}$，规定稳定安全系数 $n_{st}=3$。试校核丝杠的稳定性。

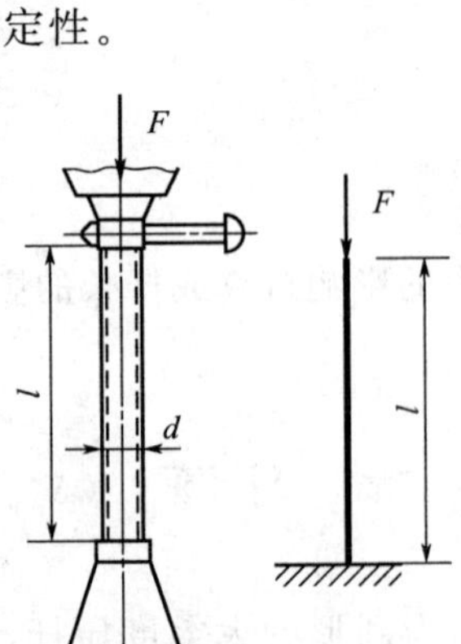

习题 17-6 图

17-7 习题 17-7 图示结构，立柱 CD 的直径 $d=20\text{mm}$，材料的弹性模量 $E=200\text{GPa}$，$\lambda_1=100$，$\lambda_2=60$，$P=5\text{kN}$，稳定安全系数 $n_{st}=2$。试校核压杆 CD 的稳定性。

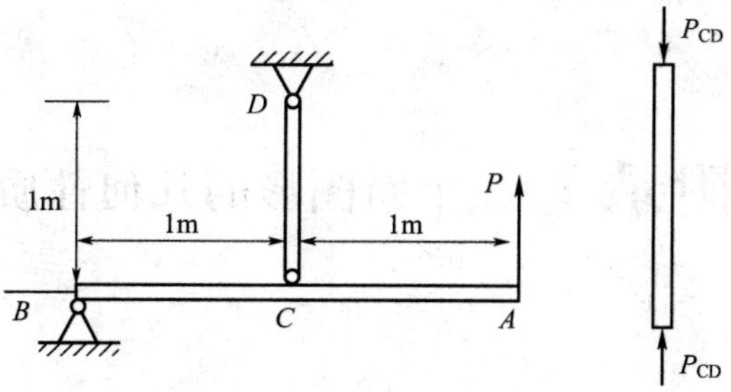

习题 17-7 图

17-8 某型平面磨床的工作台液压驱动装置的油缸活塞直径 $D=65\text{mm}$，所受的力 $F=3.98\text{kN}$。活塞杆长度 $l=1250\text{mm}$，材料为 35 钢，$\sigma_p=220\text{MPa}$，$E=210\text{GPa}$。$n_{st}=6$。试确定活塞杆的直径。

17-9 管厂的穿孔顶杆如习题 17-9 图所示。杆长 $l=4.5\text{m}$，横截面直径 $d=150\text{mm}$。材料为低合金钢，$E=210\text{GPa}$，$\sigma_p=200\text{MPa}$。顶杆两端可简化为铰支座，规定稳定安全系数 $n_{st}=3.3$。试求顶杆的许可载荷。

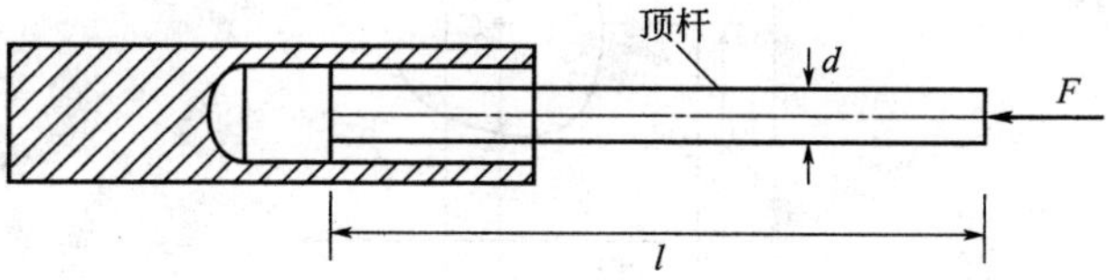

习题 17-9 图

附 录

附录Ⅰ 平面图形的几何性质

Ⅰ.1 静矩与形心

如图Ⅰ-1所示，任一平面图形，其面积为 A。在直角坐标 Oyz 系中，取微面积 dA，其坐标为（y，z），面积 dA 对 y 轴、z 轴取一次矩在整个平面图形上的积分，定义为平面图形对于 y 轴、z 轴的静矩，分别用 S_y 和 S_z 表示

$$S_y=\int_A z\,dA \quad S_z=\int_A y\,dA \tag{Ⅰ-1}$$

静矩的值可能为正、负或零。量纲为长度的三次方。

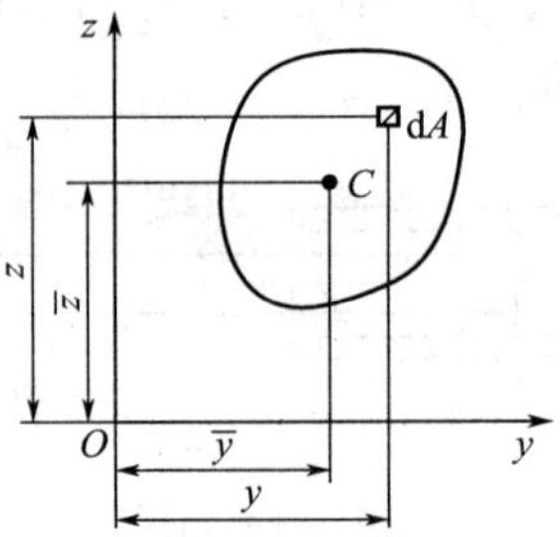

图Ⅰ-1

依据静力学的合力矩定理，均质薄板的重心坐标（y_C、z_C）为

$$y_C=\frac{\int_A y\,dG}{G}=\frac{\int_A y\,dA}{A} \quad z_C=\frac{\int_A z\,dG}{G}=\frac{\int_A z\,dA}{A}$$

由于均质薄板的重心（y_C、z_C）与平面图形的形心（$\overline{y}$、$\overline{z}$）重合，所以平面图形的形心坐标分别为

$$\overline{y}=\frac{\int_A y\,dA}{A} \quad \overline{z}=\frac{\int_A z\,dA}{A} \tag{Ⅰ-2}$$

由公式(Ⅰ-1）和（Ⅰ-2）得到静矩与形心的关系式

$$\overline{y}=\frac{S_z}{A} \quad \overline{z}=\frac{S_y}{A} \quad 或 \quad S_z=A\,\overline{y} \quad S_y=A\,\overline{z} \tag{Ⅰ-3}$$

由式(Ⅰ-3）可知，若 $S_z=0$ 和 $S_y=0$，则 $\overline{y}=0$ 和 $\overline{z}=0$。表明，若图形对某轴的静矩为零，则该轴通过其平面图形的形心；反之，若某一轴通过平面图形的形心，则图形对该轴的静矩等于零。

如果一个平面图形是由 n 个简单的平面图形组成时，设第 i 个图形的面积为 A_i，形心坐标为 $\overline{y}_i$ 和 $\overline{z}_i$，则整个图形的静矩和形心坐标分别为

$$S_z=\sum A_i\,\overline{y}_i,\ S_y=\sum A_i\overline{z} \tag{Ⅰ-4}$$

$$\overline{y}=\frac{\sum A_i\,\overline{y}_i}{A},\ \overline{z}=\frac{\sum A_i\,\overline{z}_i}{A} \tag{Ⅰ-5}$$

例Ⅰ-1 求图示Ⅰ-2 半圆的静矩 S_z、S_y 和形心坐标（$\overline{y}$、$\overline{z}$）。圆的半径为 R，直径为 d。

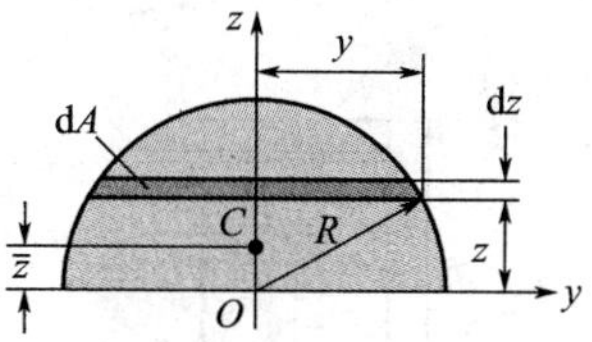

图Ⅰ-2

解：由于图形的对称性

$$\overline{y}=0 \quad S_z=0$$

平行于 y 轴取一微面积，其值为 $dA=2y\,dz=2\sqrt{R^2-z^2}\,dz$

则平面图形对 y 轴的静矩为 $S_y=\int_A z\,dA=\int_0^R z\times 2\sqrt{R^2-z^2}\,dz=\frac{2}{3}R^3=\frac{d^3}{12}$

$$\overline{z}=\frac{S_y}{A}=\frac{\frac{d^3}{12}}{\frac{\pi}{2}R^2}=\frac{\frac{(2R)^3}{12}}{\frac{\pi}{2}R^2}=\frac{4R}{3\pi}$$

该平面图形的形心坐标为：$(0,\ \frac{4R}{3\pi})$

Ⅰ.2 惯性矩和惯性积

任一平面图形如图Ⅰ-3 所示，其面积为 A。在直角坐标系中，取微面积 dA，其坐标为（y，z），微面积 dA 对 y 轴、z 轴取二次矩在整个平面图形内的积分，定义为图形对于 y 轴、z 轴的惯性矩，分别用 I_y 和 I_z 表示。惯性矩的值总是正的，量纲为长度的四次方。

$$I_y=\int_A z^2\,dA \quad I_z=\int_A y^2\,dA \tag{Ⅰ-6}$$

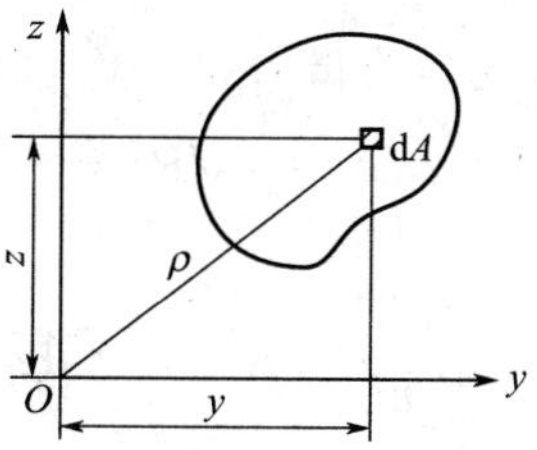

图Ⅰ-3

以 ρ 表示微面积 dA 到坐标原点 O 的距离，微面积 dA 对坐标原点 O 取二次矩在整个图形内的积分，定义为图形对原点 O 的极惯性矩，用 I_p 表示。

$$I_p=\int_A \rho^2\,dA \tag{Ⅰ-7}$$

由图Ⅰ-3 可见

$$I_p=\int_A\rho^2\,dA=\int_A(y^2+z^2)\,dA=I_z+I_y \tag{Ⅰ-8}$$

式(Ⅰ-8)表明，平面图形对任意两个互相垂直轴的惯性矩之和，等于它对该两轴交点的极惯性矩。

例Ⅰ-2 试计算图Ⅰ-4所示的矩形对其对称轴的惯性矩。矩形的高为 h，宽为 b。

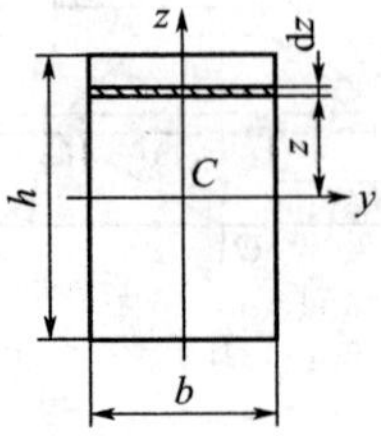

图Ⅰ-4

解：取平行于 y 轴的狭长条作为微面积 dA。则

微面积 $dA=b\,dz$

对 y 轴的惯性矩 $I_y=\int_A z^2\,dA=\int_{-\frac{h}{2}}^{\frac{h}{2}} bz^2\,dz=\frac{bh^3}{12}$

用同种方法得 $I_z=\frac{hb^3}{12}$

例Ⅰ-3 试计算图Ⅰ-5所示的圆形对其形心轴的惯性矩和对坐标原点的极惯性矩。圆的半径为 R，直径为 D。

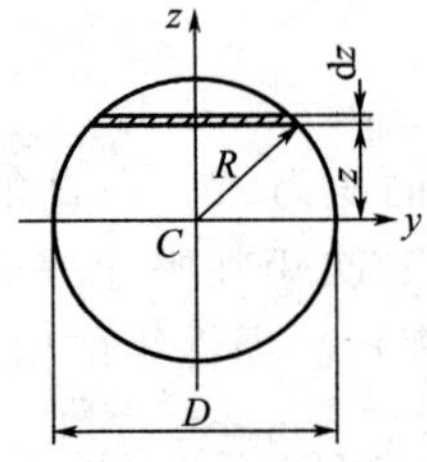

图Ⅰ-5

解：取平行于 y 轴的狭长阴影线作为微面积 dA。则

微面积 $dA=2y\,dz=2\sqrt{R^2-z^2}\,dz$

对 y 轴的惯性矩

$$I_y=\int_A z^2\,dA=\int_{-R}^{R} z^2\sqrt{R^2-z^2}\,dz=\frac{\pi R^4}{4}=\frac{\pi D^4}{64}$$

用同种方法得 $I_z=\frac{\pi D^4}{64}$

由(Ⅰ-8)可得 $I_p=I_z+I_y=\frac{\pi D^4}{32}$

如果一个平面图形是由 n 个简单平面图形组成时，整个图形对某坐标轴的惯性矩等于图形各组成部分对同一轴惯性矩的代数和，即

$$I_z=\sum I_{zi},\ I_y=\sum I_{yi} \tag{Ⅰ-9}$$

应用公式(Ⅰ-9)，可计算图Ⅰ-6所示的空心圆的外径为 D、内径为 d、$\alpha=\dfrac{d}{D}$，则

$$I_z=I_y=\frac{\pi}{64}D^4-\frac{\pi}{64}d^4=\frac{\pi}{64}D^4(1-\alpha^4) \tag{Ⅰ-10}$$

$$I_p=\frac{\pi}{32}D^4(1-\alpha^4) \tag{Ⅰ-11}$$

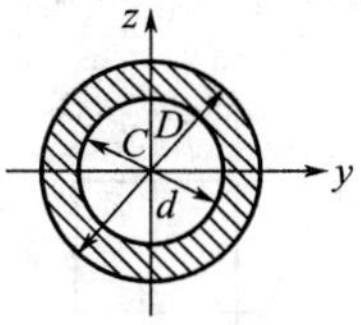

图Ⅰ-6

任一平面图形的坐标（y，z）处，取微面积 $\mathrm{d}A$，如图Ⅰ-7所示，遍及整个平面图形面积 A 的积分

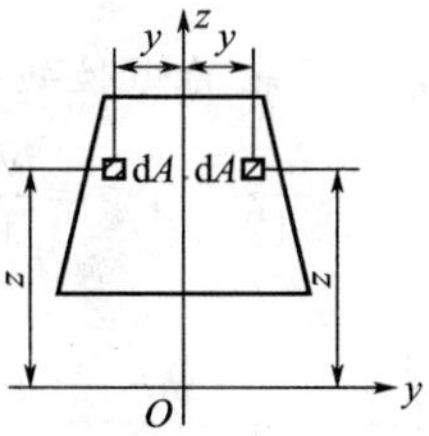

图Ⅰ-7

$$I_{yz}=\int_A zy\,\mathrm{d}A$$

定义为图形对 y、z 轴的惯性积。量纲是长度的四次方，I_{yz}可能为正，为负或为零。

若 y、z 轴中至少有一根轴为图形的对称轴，则图形对这一坐标系的其惯性积等于零。

Ⅰ.3 平行移轴公式

平面图形对于相互平行的一组轴如 y 轴与 y_C 轴或 z 轴与 z_C 轴的**惯性矩**和**惯性积**并不相同，如图Ⅰ-8所示，根据惯性矩和惯性积的定义

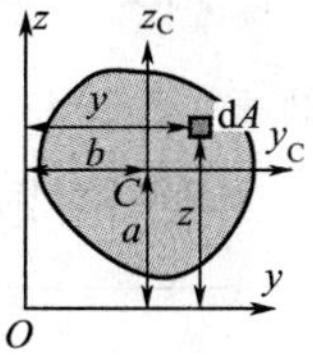

图Ⅰ-8

$$I_{y_C}=\int_A z_C^2\mathrm{d}A \quad I_{z_C}=\int_A y_C^2\mathrm{d}A \quad I_{z_Cy_C}=\int_A y_Cz_C\mathrm{d}A \tag{1}$$

$$I_y=\int_A z^2\mathrm{d}A \qquad I_z=\int_A y^2\mathrm{d}A \quad I_{yz}=\int_A zy\,\mathrm{d}A \tag{2}$$

且
$$y=y_C+b \quad x=x_C+a \tag{3}$$

解式(1)～式(3) 三个方程，得

$$\begin{cases} I_y = I_{y_C} + a^2 A \\ I_z = I_{z_C} + b^2 A \\ I_{yz} = I_{y_C z_C} + abA \end{cases} \tag{Ⅰ-12}$$

式(Ⅰ-12)即为惯性矩和惯性积的平行移轴公式。在一组平行轴中，图形对其形心轴的惯性矩最小。惯性积公式中的 a、b 为形心坐标，注意其正负号。

例Ⅰ-4 试计算图Ⅰ-9 所示的矩形截面对于 y 轴和 z 轴的惯性矩。矩形的高为 h，宽为 b。

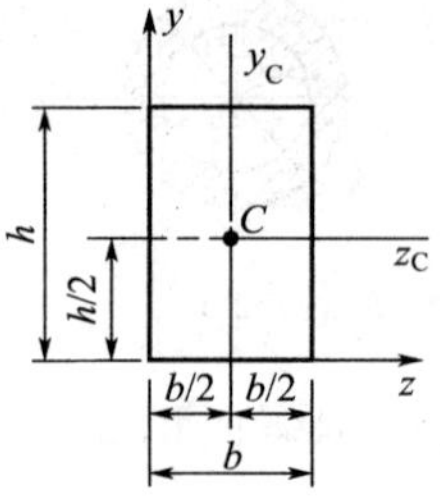

图Ⅰ-9

解： 矩形截面对其形心轴 y_C 轴和 z_C 轴的惯性矩分别为

$$I_{y_C} = \frac{hb^3}{12} \quad I_{z_C} = \frac{bh^3}{12}$$

依据平行移轴公式

$$I_y = I_{y_C} + \left(\frac{b}{2}\right)^2 A = \frac{hb^3}{12} + \frac{b^2}{4} \times bh = \frac{hb^3}{3}$$

$$I_z = I_{z_C} + \left(\frac{h}{2}\right)^2 A = \frac{h^3 b}{12} + \frac{h^2}{4} \times bh = \frac{h^3 b}{3}$$

附录Ⅱ 型 钢 表

表 1 热轧等边角钢 GB/T 706—2008

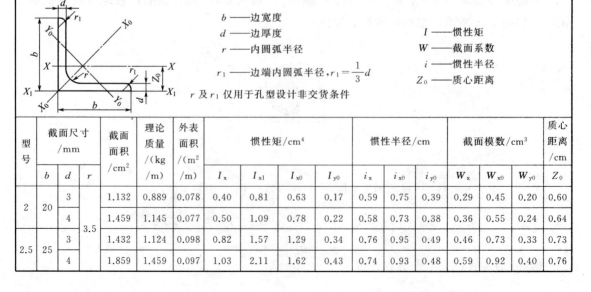

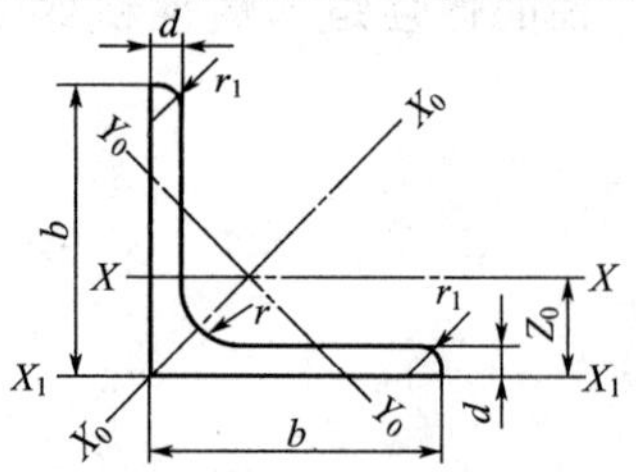

b ——边宽度
d ——边厚度
r ——内圆弧半径
r_1 ——边端内圆弧半径，$r_1 = \frac{1}{3}d$
r 及 r_1 仅用于孔型设计非交货条件

I ——惯性矩
W ——截面系数
i ——惯性半径
Z_0 ——质心距离

型号	截面尺寸/mm			截面面积/cm^2	理论质量/(kg/m)	外表面积/(m^2/m)	惯性矩/cm^4				惯性半径/cm			截面模数/cm^3			质心距离/cm
	b	d	r				I_x	I_{x1}	I_{x0}	I_{y0}	i_x	i_{x0}	i_{y0}	W_x	W_{x0}	W_{y0}	Z_0
2	20	3	3.5	1.132	0.889	0.078	0.40	0.81	0.63	0.17	0.59	0.75	0.39	0.29	0.45	0.20	0.60
		4		1.459	1.145	0.077	0.50	1.09	0.78	0.22	0.58	0.73	0.38	0.36	0.55	0.24	0.64
2.5	25	3		1.432	1.124	0.098	0.82	1.57	1.29	0.34	0.76	0.95	0.49	0.46	0.73	0.33	0.73
		4		1.859	1.459	0.097	1.03	2.11	1.62	0.43	0.74	0.93	0.48	0.59	0.92	0.40	0.76

续表

型号	截面尺寸/mm			截面面积/cm^2	理论质量/(kg/m)	外表面积/(m^2/m)	惯性矩/cm^4				惯性半径/cm			截面模数/cm^3			质心距离/cm
	b	d	r				I_x	I_{x1}	I_{x0}	I_{y0}	i_x	i_{x0}	i_{y0}	W_x	W_{x0}	W_{y0}	Z_0
3.0	30	3	4.5	1.749	1.373	0.117	1.46	2.71	2.31	0.61	0.91	1.15	0.59	0.68	1.09	0.51	0.85
		4		2.276	1.786	0.117	1.84	3.63	2.92	0.77	0.90	1.13	0.58	0.87	1.37	0.62	0.89
3.6	36	3		2.109	1.656	0.141	2.58	4.68	4.09	1.07	1.11	1.39	0.71	0.99	1.61	0.76	1.00
		4		2.756	2.163	0.141	3.29	6.25	5.22	1.37	1.09	1.38	0.70	1.28	2.05	0.93	1.04
		5		3.382	2.654	0.141	3.95	7.84	6.24	1.65	1.08	1.36	0.70	1.56	2.45	1.00	1.07
4	40	3	5	2.359	1.852	0.157	3.59	6.41	5.69	1.49	1.23	1.55	0.79	1.23	2.01	0.96	1.09
		4		3.086	2.422	0.157	4.60	8.56	7.29	1.91	1.22	1.54	0.79	1.60	2.58	1.19	1.13
		5		3.791	2.976	0.156	5.53	10.74	8.76	2.30	1.21	1.52	0.78	1.96	3.10	1.39	1.17
4.5	45	3		2.659	2.088	0.177	5.17	9.12	8.20	2.14	1.40	1.76	0.89	1.58	2.58	1.24	1.22
		4		3.486	2.736	0.177	6.65	12.18	10.56	2.75	1.38	1.74	0.89	2.05	3.32	1.54	1.26
		5		4.292	3.369	0.176	8.04	15.2	12.74	3.33	1.37	1.72	0.88	2.51	4.00	1.81	1.30
		6		5.076	3.985	0.176	9.33	18.36	14.76	3.89	1.36	1.70	0.8	2.95	4.64	2.06	1.33
5	50	3	5.5	2.971	2.332	0.197	7.18	12.5	11.37	2.98	1.55	1.96	1.00	1.96	3.22	1.57	1.34
		4		3.897	3.059	0.197	9.26	16.69	14.70	3.82	1.54	1.94	0.99	2.56	4.16	1.96	1.38
		5		4.803	3.770	0.196	11.21	20.90	17.79	4.64	1.53	1.92	0.98	3.13	5.03	2.31	1.42
		6		5.688	4.465	0.196	13.05	25.14	20.68	5.42	1.52	1.91	0.98	3.68	5.85	2.63	1.46
5.6	56	3	6	3.343	2.624	0.221	10.19	17.56	16.14	4.24	1.75	2.20	1.13	2.48	4.08	2.02	1.48
		4		4.390	3.446	0.220	13.18	23.43	20.92	5.46	1.73	2.18	1.11	3.24	5.28	2.52	1.53
		5		5.415	4.251	0.220	16.02	29.33	25.42	6.61	1.72	2.17	1.10	3.97	6.42	2.98	1.57
		6		6.420	5.040	0.220	18.69	35.26	29.66	7.73	1.71	2.15	1.10	4.68	7.49	3.40	1.61
		7		7.404	5.812	0.219	21.23	41.23	33.63	8.82	1.69	2.13	1.09	5.36	8.49	3.80	1.64
		8		8.367	6.568	0.219	23.63	47.24	37.37	9.89	1.68	2.11	1.09	6.03	9.44	4.16	1.68
6	60	5	6.5	5.829	4.576	0.236	19.89	36.05	31.57	8.21	1.85	2.33	1.19	4.59	7.44	3.48	1.67
		6		6.914	5.427	0.235	23.25	43.33	36.89	9.60	1.83	2.31	1.18	5.41	8.70	3.98	1.70
		7		7.977	6.262	0.235	26.44	50.65	41.92	10.96	1.82	2.29	1.17	6.21	9.88	4.45	1.74
		8		9.020	7.081	0.235	29.47	58.02	46.66	12.28	1.81	2.27	1.17	6.98	11.00	4.88	1.78
6.3	63	4	7	4.978	3.907	0.248	19.03	33.35	30.17	7.89	1.96	2.46	1.26	4.13	6.78	3.29	1.70
		5		6.143	4.822	0.248	23.17	41.73	36.77	9.57	1.94	2.45	1.25	5.08	8.25	3.90	1.74
		6		7.288	5.721	0.247	27.12	50.14	43.03	11.20	1.93	2.43	1.24	6.00	9.66	4.46	1.78
		7		8.412	6.603	0.247	30.87	58.60	48.96	12.79	1.92	2.41	1.23	6.88	10.99	4.98	1.82
		8		9.515	7.469	0.247	34.46	67.11	54.56	14.33	1.90	2.40	1.23	7.75	12.25	5.47	1.85
		10		11.657	9.151	0.246	41.09	84.31	64.85	17.33	1.88	2.36	1.22	9.39	14.56	6.36	1.93
7	70	4	8	5.570	4.372	0.275	26.39	45.74	41.80	10.99	2.18	2.74	1.40	5.14	8.44	4.17	1.86
		5		6.875	5.397	0.275	32.21	57.21	51.08	13.31	2.16	2.73	1.39	6.32	10.32	4.95	1.91
		6		8.160	6.406	0.275	37.77	68.73	59.93	15.61	2.15	2.71	1.38	7.48	12.11	5.67	1.95
		7		9.424	7.398	0.275	43.09	80.29	68.35	17.82	2.14	2.69	1.38	8.59	13.81	6.34	1.99
		8		10.667	8.373	0.274	48.17	91.92	76.37	19.98	2.12	2.68	1.37	9.68	15.43	6.98	2.03

续表

型号	截面尺寸/mm			截面面积/cm^2	理论质量/(kg/m)	外表面积/(m^2/m)	惯性矩/cm^4				惯性半径/cm			截面模数/cm^3			质心距离/cm
	b	d	r				I_x	I_{x1}	I_{x0}	I_{y0}	i_x	i_{x0}	i_{y0}	W_x	W_{x0}	W_{y0}	Z_0
7.5	75	5	9	7.412	5.818	0.295	39.97	70.56	63.30	16.63	2.33	2.92	1.50	7.32	11.94	5.77	2.04
		6		8.797	6.905	0.294	46.95	84.55	74.38	19.51	2.31	2.90	1.49	8.64	14.02	6.67	2.07
		7		10.160	7.976	0.294	53.57	98.71	84.96	22.18	2.30	2.89	1.48	9.93	16.02	7.44	2.11
		8		11.503	9.030	0.294	59.96	112.97	95.07	24.86	2.28	2.88	1.47	11.20	17.93	8.19	2.15
		9		12.825	10.068	0.294	66.10	127.30	104.71	27.48	2.27	2.86	1.46	12.43	19.75	8.89	2.18
		10		14.126	11.089	0.293	71.98	141.71	113.92	30.05	2.26	2.84	1.46	13.64	21.48	9.56	2.22
8	80	5		7.912	6.211	0.315	48.79	85.36	77.33	20.25	2.48	3.13	1.60	8.34	13.67	6.66	2.15
		6		9.397	7.376	0.314	57.35	102.50	90.98	23.72	2.47	3.11	1.59	9.87	16.08	7.65	2.19
		7		10.860	8.525	0.314	65.58	119.70	104.07	27.09	2.46	3.10	1.58	11.37	18.40	8.58	2.23
		8		12.303	9.658	0.314	73.49	136.97	116.60	30.39	2.44	3.08	1.57	12.83	20.61	9.46	2.27
		9		13.725	10.774	0.314	81.11	154.31	128.60	33.61	2.43	3.06	1.56	14.25	22.73	10.29	2.31
		10		15.126	11.874	0.313	88.43	171.74	140.09	36.77	2.42	3.04	1.56	15.64	24.76	11.08	2.35
9	90	6	10	10.637	8.350	0.354	82.77	145.87	131.26	34.28	2.79	3.51	1.80	12.61	20.63	9.95	2.44
		7		12.301	9.656	0.354	94.83	170.30	150.47	39.18	2.78	3.50	1.78	14.54	23.64	11.19	2.48
		8		13.944	10.946	0.353	106.47	194.80	168.97	43.97	2.76	3.48	1.78	16.42	26.55	12.35	2.52
		9		15.566	12.219	0.353	117.72	219.39	186.77	48.66	2.75	3.46	1.77	18.27	29.35	13.46	2.56
		10		17.167	13.476	0.353	128.58	244.07	203.90	53.26	2.74	3.45	1.76	20.07	32.04	14.52	2.59
		12		20.306	15.940	0.352	149.22	293.76	236.21	62.22	2.71	3.41	1.75	23.57	37.12	16.49	2.67
10	100	6	12	11.932	9.366	0.393	114.95	200.07	181.98	47.92	3.10	3.90	2.00	15.68	25.74	12.69	2.67
		7		13.796	10.830	0.393	131.86	233.54	208.97	54.74	3.09	3.89	1.99	18.10	29.55	14.26	2.71
		8		15.638	12.276	0.393	148.24	267.09	235.07	61.41	3.08	3.88	1.98	20.47	33.24	15.75	2.76
		9		17.462	13.708	0.392	164.12	300.73	260.30	67.95	3.07	3.86	1.97	22.79	36.81	17.18	2.80
		10		19.261	15.120	0.392	179.51	334.48	284.68	74.35	3.05	3.84	1.96	25.06	40.26	18.54	2.84
		12		22.800	17.898	0.391	208.90	402.34	330.95	86.84	3.03	3.81	1.95	29.48	46.80	21.08	2.91
		14		26.256	20.611	0.391	236.53	470.75	374.06	99.00	3.00	3.77	1.94	33.73	52.90	23.44	2.99
		16		29.627	23.257	0.390	262.53	539.80	414.16	110.89	2.98	3.74	1.94	37.82	58.57	25.63	3.06
11	110	7	12	15.196	11.928	0.433	177.16	310.64	280.94	73.38	3.41	4.30	2.20	22.05	36.12	17.51	2.96
		8		17.238	13.535	0.433	199.46	355.20	316.49	82.42	3.40	4.28	2.19	24.95	40.69	19.39	3.01
		10		21.261	16.690	0.432	242.19	444.65	384.39	99.98	3.38	4.25	2.17	30.60	49.42	22.91	3.09
		12		25.200	19.782	0.431	282.55	534.60	448.17	116.93	3.35	4.22	2.15	36.05	57.62	26.15	3.16
		14		29.056	22.809	0.431	320.71	625.16	508.01	133.40	3.32	4.18	2.14	41.31	65.31	29.14	3.24
12.5	125	8	14	19.750	15.504	0.492	297.03	521.01	470.89	123.16	3.88	4.88	2.50	32.52	53.28	25.86	3.37
		10		24.373	19.133	0.491	361.67	651.93	573.89	149.46	3.85	4.85	2.48	39.97	64.93	30.62	3.45
		12		28.912	22.696	0.491	423.16	783.42	671.44	174.88	3.83	4.82	2.46	41.17	75.96	35.03	3.53
		14		33.367	26.193	0.490	481.65	915.61	763.73	199.57	3.80	4.78	2.45	54.16	86.41	39.13	3.61
		16		37.739	29.625	0.489	537.31	1048.62	850.98	223.65	3.77	4.75	2.43	60.93	96.28	42.96	3.68

续表

型号	截面尺寸/mm			截面面积/cm^2	理论质量/(kg/m)	外表面积/(m^2/m)	惯性矩/cm^4				惯性半径/cm			截面模数/cm^3			质心距离/cm
	b	d	r				I_x	I_{x1}	I_{x0}	I_{y0}	i_x	i_{x0}	i_{y0}	W_x	W_{x0}	W_{y0}	Z_0
14	140	10	14	27.373	21.488	0.551	514.65	915.11	817.27	212.04	4.34	5.46	2.78	50.58	82.56	39.20	3.82
		12		32.512	25.522	0.551	603.68	1099.28	958.79	248.57	4.31	5.43	2.76	59.80	96.85	45.02	3.90
		14		37.567	29.490	0.550	688.81	1284.22	1093.56	284.06	4.28	5.40	2.75	68.75	110.47	50.45	3.98
		16		42.539	33.393	0.549	770.24	1470.07	1221.81	318.67	4.26	5.36	2.74	77.46	123.42	55.55	4.06
15	150	8		23.750	18.644	0.592	521.37	899.55	827.49	215.25	4.69	5.90	3.01	47.36	78.02	38.14	3.99
		10		29.373	23.058	0.591	637.50	1125.09	1012.79	262.21	4.66	5.87	2.99	58.35	95.49	45.51	4.08
		12		34.912	27.406	0.591	748.85	1351.26	1189.97	307.73	4.63	5.84	2.97	69.04	112.19	52.38	4.15
		14		40.367	31.688	0.590	855.64	1578.25	1359.30	351.98	4.60	5.80	2.95	79.45	128.16	58.83	4.23
		15		43.063	33.804	0.590	907.39	1692.10	1441.09	373.69	4.59	5.78	2.95	84.56	135.87	61.90	4.27
		16		45.739	35.905	0.589	958.08	1806.21	1521.02	395.14	4.58	5.77	2.94	89.59	143.40	64.89	4.31
16	160	10	16	31.502	24.729	0.630	779.53	1365.33	1237.30	321.76	4.98	6.27	3.20	66.70	109.36	52.76	4.31
		12		37.441	29.391	0.630	916.58	1639.57	1455.68	377.49	4.95	6.24	3.18	78.98	128.67	60.74	4.39
		14		43.296	33.987	0.629	1048.36	1914.68	1665.02	431.70	4.92	6.20	3.16	90.95	147.17	68.24	4.47
		16		49.067	38.518	0.629	1175.08	2190.82	1865.57	484.59	4.89	6.17	3.14	102.63	164.89	75.31	4.55
18	180	12		42.241	33.159	0.710	1321.35	2332.80	2100.10	542.61	5.59	7.05	3.58	100.82	165.00	78.41	4.89
		14		48.896	38.383	0.709	1514.48	2723.48	2407.42	621.53	5.56	7.02	3.56	116.25	189.14	88.38	4.97
		16		55.467	43.542	0.709	1700.99	3115.29	2703.37	698.60	5.54	6.98	3.35	131.13	212.40	97.83	5.05
		18		61.055	48.634	0.708	1875.12	3502.43	2988.24	762.01	5.50	6.94	3.51	145.64	234.78	105.14	5.13
20	200	14	18	54.642	42.894	0.788	2103.55	3754.10	3343.26	863.83	5.20	7.82	3.98	144.70	236.40	111.82	5.46
		16		62.013	48.680	0.788	2366.15	4270.39	3760.89	971.41	6.18	7.79	3.96	163.65	265.93	123.96	5.54
		18		69.301	54.401	0.787	2620.64	4808.13	4164.54	1076.74	6.15	7.75	3.94	182.22	294.48	135.52	5.62
		20		76.505	60.056	0.787	2867.30	5347.51	4554.55	1180.04	6.12	7.72	3.93	200.42	322.06	146.55	5.69
		24		90.661	71.168	0.785	3338.25	6457.16	5294.97	1381.53	6.07	7.64	3.90	236.17	374.41	166.65	5.87
22	220	16	21	68.664	53.901	0.866	3187.36	5681.62	5063.73	1310.99	6.81	8.59	4.37	199.55	325.51	153.81	6.03
		18		76.752	60.250	0.866	3534.30	6395.93	5615.32	1453.27	6.79	8.55	4.35	222.37	360.97	168.29	5.11
		20		84.756	66.533	0.865	3871.49	7112.04	6150.08	1592.90	6.76	8.52	4.34	244.77	395.34	182.16	6.18
		22		92.676	72.751	0.865	4199.23	7830.19	6668.37	1730.10	6.73	8.48	4.32	266.78	428.66	195.45	6.25
		24		100.512	78.902	0.864	4517.83	8550.57	7170.55	1865.11	6.70	8.45	4.31	288.39	460.94	208.21	6.33
		26		108.264	84.987	0.864	4827.58	9273.39	7656.98	1998.17	6.68	8.41	4.30	309.62	492.21	220.49	6.41
25	250	18	24	87.842	68.956	0.985	5268.22	9379.11	8369.04	2167.41	7.74	9.76	4.97	290.12	473.42	224.03	6.84
		20		97.045	76.180	0.984	5779.34	10426.97	9181.94	2376.74	7.72	9.73	4.95	319.66	519.41	242.85	6.92
		24		115.201	90.433	0.983	6763.93	12529.74	10742.67	2785.19	7.66	9.66	4.92	377.34	607.70	278.38	7.07
		26		124.154	97.461	0.982	7238.08	13585.18	11491.33	2984.84	7.63	9.62	4.90	405.50	650.05	295.19	7.15
		28		133.022	104.422	0.982	7700.60	14643.62	12219.39	3181.81	7.61	9.58	4.89	433.22	691.23	311.42	7.22
		30		141.807	111.318	0.981	8151.80	15705.30	12927.26	3376.34	7.58	9.55	4.88	460.51	731.28	327.12	7.30
		32		150.508	118.149	0.981	8592.01	16770.41	13615.32	3568.71	7.56	9.51	4.87	487.39	770.20	342.33	7.37
		35		163.402	128.271	0.980	9232.44	18374.95	14611.16	3853.72	7.52	9.46	4.86	526.97	826.53	364.30	7.48

注：1. 角钢的通常长度为 4～19m。
2. 轧制钢号和力学性能，通常为碳素结构钢，应符合 GB/T 700 或 GB/T 1591 的规定。
3. 型钢以热轧状态交货。

表 2 **热轧槽钢**（GB/T 706—2008）

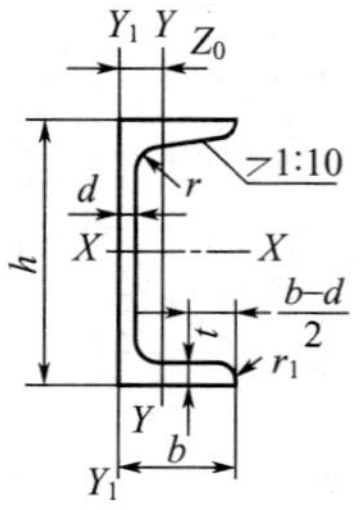

h——高度
b——腿宽度
d——腰厚度
t——平均腿厚度
r——内圆弧半径
r_1——腿端圆弧半径
I——惯性矩
W——截面系数
i——惯性半径
Z_0——Y-Y 与 Y_1-Y_1 轴线间距离
r、r_1 仅用于孔型设计，不做交货条件

型号	截面尺寸/mm						截面面积/cm²	理论质量/(kg/m)	惯性矩/cm⁴			惯性半径/cm		截面模数/cm³		质心距离/cm
	h	b	d	t	r	r_1			I_x	I_y	I_{y1}	i_x	i_y	W_x	W_y	Z_0
5	50	37	4.5	7.0	7.0	3.5	6.928	5.438	26.0	8.30	20.9	1.94	1.10	10.4	3.55	1.35
6.3	63	40	4.8	7.5	7.5	3.8	8.451	6.634	50.8	11.9	28.4	2.45	1.19	16.1	4.50	1.36
6.5	65	40	4.3	7.5	7.5	3.8	8.547	6.709	55.2	12.0	28.3	2.54	1.19	17.0	4.59	1.38
8	80	43	5.0	8.0	8.0	4.0	10.248	8.045	101	16.6	37.4	3.15	1.27	25.3	5.79	1.43
10	100	48	5.3	8.5	8.5	4.2	12.748	10.007	198	25.6	54.9	3.95	1.41	39.7	7.80	1.52
12	120	53	5.5	9.0	9.0	4.5	15.362	12.059	346	37.4	77.7	4.75	1.56	57.7	10.2	1.62
12.6	126	53	5.5	9.0	9.0	4.5	15.692	12.318	391	38.0	77.1	4.95	1.57	62.1	10.2	1.59
14a	140	58	6.0	9.5	9.5	4.8	18.516	14.535	564	53.2	107	5.52	1.70	80.5	13.0	1.71
14b	140	60	8.0	9.5	9.5	4.8	21.316	16.733	609	61.1	121	5.35	1.69	87.1	14.1	1.67
16a	160	63	6.5	10.0	10.0	5.0	21.962	17.24	866	73.3	144	6.28	1.83	108	16.3	1.80
16b	160	65	8.5	10.0	10.0	5.0	25.162	19.752	935	83.4	161	6.10	1.82	117	17.6	1.75
18a	180	68	7.0	10.5	10.5	5.2	25.699	20.174	1270	98.6	190	7.04	1.96	141	20.0	1.88
18b	180	70	9.0	10.5	10.5	5.2	29.299	23.000	1370	111	210	6.84	1.95	152	21.5	1.84
20a	200	73	7.0	11.0	11.0	5.5	28.837	22.637	1780	128	244	7.86	2.11	178	24.2	2.01
20b	200	75	9.0	11.0	11.0	5.5	32.837	25.777	1910	144	268	7.64	2.09	191	25.9	1.95
22a	220	77	7.0	11.5	11.5	5.8	31.846	24.999	2390	158	298	8.67	2.23	218	28.2	2.10
22b	220	79	9.0	11.5	11.5	5.8	36.246	28.453	2570	176	326	8.42	2.21	234	30.1	2.03

续表

型号	截面尺寸/mm						截面面积 /cm^2	理论质量 /(kg/m)	惯性矩/cm^4			惯性半径/cm		截面模数/cm^3		质心距离/cm
	h	b	d	t	r	r_1			I_x	I_y	I_{y1}	i_x	i_y	W_x	W_y	Z_0
24a	240	78	7.0	12.0	12.0	6.0	34.217	26.860	3050	174	325	9.45	2.25	254	30.5	2.10
24b		80	9.0				39.017	30.628	3280	194	355	9.17	2.23	274	32.5	2.03
24c		82	11.0				43.817	34.396	3510	213	388	8.96	2.21	293	34.4	2.00
25a	250	78	7.0				34.917	27.410	3370	176	322	9.82	2.24	270	30.6	2.07
25b		80	9.0				39.917	31.335	3530	196	353	9.41	2.22	282	32.7	1.98
25c		82	11.0				44.917	35.260	3690	218	384	9.07	2.21	295	35.9	1.92
27a	270	82	7.5	12.5	12.5	6.2	39.284	30.838	4360	216	393	10.5	2.34	323	35.5	2.13
27b		84	9.5				44.684	35.077	4690	239	428	10.3	2.31	347	37.7	2.06
27c		86	11.5				50.084	39.316	5020	261	467	10.1	2.28	372	39.8	2.03
28a	280	82	7.5				40.034	31.427	4760	218	388	10.9	2.33	340	35.7	2.10
28b		84	9.5				45.634	35.823	5130	242	428	10.6	2.30	366	37.9	2.02
28c		86	11.5				51.234	40.219	5500	268	463	10.4	2.29	393	40.3	1.95
30a	300	85	7.5	13.5	13.5	6.8	43.902	34.463	6050	260	467	11.7	2.43	403	41.1	2.17
30b		87	9.5				49.902	39.173	6500	289	515	11.4	2.41	433	44.0	2.13
30c		89	11.5				55.902	43.883	6950	316	560	11.2	2.38	463	46.4	2.09
32a	320	88	8.0	14.0	14.0	7.0	48.513	38.083	7600	305	552	12.5	2.50	475	46.5	2.24
32b		90	10.0				54.913	43.107	8140	336	593	12.2	2.47	509	49.2	2.16
32c		92	12.0				61.313	48.131	8690	374	643	11.9	2.47	543	52.6	2.09
36a	360	96	9.0	16.0	16.0	8.0	60.910	47.814	11900	455	818	14.0	2.73	660	63.5	2.44
36b		98	11.0				68.110	53.466	12700	497	880	13.6	2.70	703	66.9	2.37
36c		100	13.0				75.310	59.118	13400	536	948	13.4	2.67	746	70.0	2.34
40a	400	100	10.5	18.0	18.0	9.0	75.068	58.928	17600	592	1070	15.3	2.81	879	78.8	2.49
40b		102	12.5				83.068	65.208	18600	640	114	15.0	2.78	932	82.5	2.44
40c		104	14.5				91.068	71.488	19700	688	1220	14.7	2.75	986	86.2	2.42

注：1. 槽钢的通常长度为5～19m。

2. 见表1。

表 3 热轧工字钢（GB/T 706—2008）

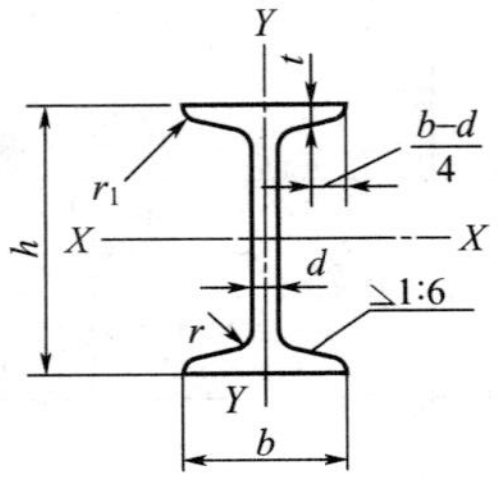

h——高度
b——腿宽度
d——腰厚度
t——平均腿厚度
r——内圆弧半径
r、r_1仅用于孔型设计，不做交货条件

r_1——腿端圆弧半径
I——惯性矩
W——截面系数
i——惯性半径
S——半截面的静力矩

型号	截面尺寸/mm						截面面积 /cm²	理论质量 /(kg/m)	惯性矩/cm⁴		惯性半径/cm		截面模数/cm³	
	h	b	d	t	r	r_1			I_x	I_y	i_x	i_y	W_x	W_y
10	100	68	4.5	7.6	6.5	3.3	14.345	11.261	245	33.0	4.14	1.52	49.0	9.72
12	120	74	5.0	8.4	7.0	3.5	17.818	13.987	436	46.9	4.95	1.62	72.7	12.7
12.6	126	74	5.0	8.4	7.0	3.5	18.118	14.223	488	46.9	5.20	1.61	77.5	12.7
14	140	80	5.5	9.1	7.5	3.8	21.516	16.890	712	64.4	5.76	1.73	102	16.1
16	160	88	6.0	9.9	8.0	4.0	26.131	20.513	1130	93.1	6.58	1.89	141	21.2
18	180	94	6.5	10.7	8.5	4.3	30.756	24.143	1660	122	7.36	2.00	185	26.0
20a	200	100	7.0	11.4	9.0	4.5	35.578	27.929	2370	158	8.15	2.12	237	31.5
20b		102	9.0				39.578	31.069	2500	169	7.96	2.06	250	33.1
22a	220	110	7.5	12.3	9.5	4.8	42.128	33.070	3400	225	8.99	2.31	309	40.9
22b		112	9.5				46.528	36.524	3570	239	8.78	2.27	325	42.7
24a	240	116	8.0	13.0	10.0	5.0	47.741	37.477	4570	280	9.77	2.42	381	48.4
24b		118	10.0				52.541	41.245	4800	297	9.57	2.38	400	50.4
25a	250	116	8.0				48.541	38.105	5020	280	10.2	2.40	402	48.3
25b		118	10.0				53.541	42.030	5280	309	9.94	2.40	423	52.4
27a	270	122	8.5	13.7	10.5	5.3	54.554	42.825	6550	345	10.9	2.51	485	56.6
27b		124	10.5				59.954	47.064	6870	366	10.7	2.47	509	58.9
28a	280	122	8.5				55.404	43.492	7110	345	11.3	2.50	508	56.6
28b		124	10.5				61.004	47.888	7480	379	11.1	2.49	534	61.2

续表

型号	截面尺寸/mm						截面面积/cm^2	理论质量/(kg/m)	惯性矩/cm^4		惯性半径/cm		截面模数/cm^3	
	h	b	d	t	r	r_1			I_x	I_y	i_x	i_y	W_x	W_y
30a		126	9.0				61.254	48.084	8950	400	12.1	2.55	597	63.5
30b	300	128	11.0	14.4	11.0	5.5	67.254	52.794	9400	422	11.8	2.50	627	65.9
30c		130	13.0				73.254	57.504	9850	445	11.6	2.46	657	68.5
32a		130	9.5				67.156	52.717	11100	460	12.8	2.62	692	70.8
32b	320	132	11.5	15.0	11.5	5.8	73.556	57.741	11600	502	12.6	2.61	726	76.0
32c		134	13.5				79.956	62.765	12200	544	12.3	2.61	760	81.2
36a		136	10.0				76.480	60.037	15800	552	14.4	2.69	875	81.2
36b	360	138	12.0	15.8	12.0	6.0	83.680	65.689	16500	582	14.1	2.64	919	84.3
36c		140	14.0				90.880	71.341	17300	612	13.8	2.60	962	87.4
40a		142	10.5				86.112	67.598	21700	660	15.9	2.77	1090	93.2
40b	400	144	12.5	16.5	12.5	6.3	94.112	73.878	22800	692	15.6	2.71	1140	96.2
40c		146	14.5				102.112	80.158	23900	727	15.2	2.65	1190	99.6
45a		150	11.5				102.446	80.420	32200	855	17.7	2.89	1430	114
45b	450	152	13.5	18.0	13.5	6.8	111.446	87.485	33800	894	17.4	2.84	1500	118
45c		154	15.5				120.446	94.550	35300	938	17.1	2.79	1570	122
50a		158	12.0				119.304	93.654	46500	1120	19.7	3.07	1860	142
50b	500	160	14.0	20.0	14.0	7.0	129.304	101.504	48600	1170	19.4	3.01	1940	146
50c		162	16.0				139.304	109.354	50600	1220	19.0	2.96	2080	151
55a		166	12.5				134.185	105.335	62900	1370	21.6	3.19	2290	164
55b	550	168	14.5				145.185	113.970	65600	1420	21.2	3.14	2390	170
55c		170	16.5	21.0	14.5	7.3	156.185	122.605	68400	1480	20.9	3.08	2490	175
56a		166	12.5				135.435	106.316	65600	1370	22.0	3.18	2340	165
56b	560	168	14.5				146.635	115.108	68500	1490	21.6	3.16	2450	174
56c		170	16.5				157.835	123.900	71400	1560	21.3	3.16	2550	183
63a		176	13.0				154.658	121.407	93900	1700	24.5	3.31	2980	193
63b	630	178	15.0	22.0	15.0	7.5	167.258	131.298	98100	1810	24.2	3.29	3160	204
63c		180	17.0				179.858	141.189	102000	1920	23.8	3.27	3300	214

注：1. 工字钢的通常长度为5～19m。

2. 见表1。

附录Ⅲ 习题参考答案

第1章 静力学公理和物体受力分析

略

第2章 平面力系

2-1 $F_R=669.5N$，$\angle(F_R, i)=34.9°$

2-2 (a) $M_O(\boldsymbol{F})=0$

(b) $M_O(\boldsymbol{F})=Fl$

(c) $M_O(\boldsymbol{F})=-Fb$

(d) $M_O(\boldsymbol{F})=Fl\sin\theta$

(e) $M_O(\boldsymbol{F})=F\sqrt{l^2+b^2}\sin\beta$

(f) $M_O(\boldsymbol{F})=F(l+r)$

2-3 $F_{AB}=54.64kN$，$F_{BC}=74.64kN$

2-4 $F_A=F_B=F/l$，$F_A=F_B=F/l\cos\alpha$

2-5 $F_A=\dfrac{\sqrt{2}M}{l}$

2-6 $F'_R=150N$，$M_O=900N\cdot m$，$F_R=150N$，$d=-6mm$

2-7 (a) $F_{Ax}=3\sqrt{2}F/4(\rightarrow)$，$F_{Ay}=\sqrt{2}F/4(\uparrow)$，$F_{NB}=F/2(\nwarrow)$

(b) $F_{Ax}=0$，$F_{Ay}=5qa/4-F/2-m/2a$，$F_{NB}=-qa/4+3F/2+m/2a$

2-8 $F_{Ax}=0$，$F_{Ay}=F$，$M_A=Fd-M$

2-9 $F_{Ax}=qa\tan\alpha/8(\rightarrow)$，$F_{Ay}=7qa/8(\uparrow)$，$M_A=3qa^2/4$，

$F_{NC}=qa/8\cos\alpha$，$F_{Bx}=qa\tan\alpha/8$，$F_{By}=3qa/8$

2-10 $F_{Ax}=20kN$，$F_{Ay}=60kN$，$M_A=142kN\cdot m$

2-11 $F_{BC}=848.5N$，$F_{Ax}=2400N$，$F_{Ay}=1200N$

第3章 空间力系

3-1 $M_x=0$，$M_y=\dfrac{\sqrt{3}}{3}Fa$，$M_z=-\dfrac{\sqrt{3}}{3}Fa$，$\vec{M}_O=\dfrac{\sqrt{3}}{3}Fa\vec{j}-\dfrac{\sqrt{3}}{3}Fa\vec{k}$

3-2 $F'_R=2000(-\boldsymbol{i}+\boldsymbol{j}+\boldsymbol{k})N$；$\boldsymbol{M}_O=40(+\boldsymbol{j}+\boldsymbol{k})N\cdot m$

3-3 $F_{1x}=F_{1y}=0$，$F_{1z}=F_1$；$F_{2x}=-\dfrac{\sqrt{2}}{2}F_2$，$F_{2y}=\dfrac{\sqrt{2}}{2}F_2$，$F_{2z}=0$；

$F_{3x}=\dfrac{\sqrt{3}}{3}F_3$，$F_{3y}=-\dfrac{\sqrt{3}}{3}F_3$，$F_{3z}=\dfrac{\sqrt{3}}{3}F_3$

3-4 $M_x(F_1)=0$，$M_y(F_1)=-20N\cdot m$，$M_z(F_1)=0$；

$M_x(F_2)=-\dfrac{90}{\sqrt{13}}N\cdot m$，$M_y(F_1)=-\dfrac{60}{\sqrt{13}}N\cdot m$，$M_z(F_1)=\dfrac{180}{\sqrt{13}}N\cdot m$；

$M_x(F_3)=-\frac{60}{\sqrt{5}}$N·m，$M_y(F_1)=0$，$M_z(F_1)=\frac{120}{\sqrt{5}}$N·m

3-5 $M_x=-\frac{F}{4}(h-3r)$，$M_y=\frac{\sqrt{3}F}{4}(h+r)$，$M_z=-\frac{Fr}{2}$

3-6 $F_A=F_B=-26.39$kN，$F_C=33.46$kN

3-7 $F_{OA}=-1414$N(压)，$F_{OB}=F_{OC}=707$N(拉)

3-8 $F_{NA}=8.33$kN(压)，$F_{NB}=78.33$kN(拉)，$F_{NC}=43.34$kN

3-9 $F=800$N；$F_{Ax}=320$N，$F_{Ay}=-480$N；$F_{Bx}=-1120$N，$F_{By}=-320$N

3-10 $F_{T2}=4$kN，$F_{t2}=2$kN，$F_{Ax}=-6.375$kN，$F_{Az}=1.3$kN，
$F_{Bx}=-4.125$kN，$F_{Bz}=3.9$kN

3-11 $F_T=200$N；$F_{Ax}=86.6$N，$F_{Ay}=150$N，$F_{Az}=100$N；$F_{Bx}=F_{Bz}=0$

3-12 $F_{Cx}=-666.7$N，$F_{Cy}=-14.7$N，$F_{Cz}=12640$N
$F_{Ax}=2667$N，$F_{Ay}=-325.3$N

第 4 章　运动学基础

4-1 $x=200\cos\frac{\pi}{5}t$　mm，$y=200\sin\frac{\pi}{5}t$　mm，$\frac{x^2}{40000}+\frac{y^2}{10000}=1$mm

4-2 $\frac{(x-a)^2}{(b+l)^2}+\frac{y^2}{l^2}=1$

4-3 -0.4m/s，-2.77m/s^2

4-4 $\varphi=\frac{1}{30}t$，$x^2+(y+0.8)^2=1.5^2$(m)

第 5 章　点的合成运动

5-1 (a)$\omega_2=1.5$rad/s　(b)$\omega_2=2$rad/s

5-2 $\varphi=0°$，$V=\frac{\sqrt{3}}{3}\omega r$，向左；$\varphi=30°$，$V=0$；$\varphi=60°$，$V=\frac{\sqrt{3}}{3}\omega r$，向右

5-3 $\omega l/2$，$\frac{\sqrt{3}}{2}\omega^2 l$

5-4 $V=0.173$m/s，$a=0.05$m/s^2

5-5 $V=0.1$m/s，$a=0.346$m/s^2

5-6 $\frac{\sqrt{3}}{3}V$，$\frac{8\sqrt{3}}{9}\frac{V^2}{R}$

5-7 $1.155\omega l$

5-8 0.1732m/s，0.35m/s^2

第 6 章　刚体的平面运动

6-1 $x_C=r\cos\omega_o t$，$y_C=r\sin\omega_o t$，$\varphi=\omega_o t$

6-2 $\omega=\frac{V\sin^2\theta}{R\cos\theta}$

6-3　2.51m/s

6-4　$\sqrt{2}\omega r$

6-5　$V_B=\sqrt{3}\omega_O r$

6-6　$V_B=2\omega_O r$

6-7　$2\sqrt{2}\omega R$

6-8　$V_D=1.5\sqrt{2}L\omega$，$\omega_{AC}=\omega$

6-9　$V_C=1.5r\omega$，$a_C=\frac{\sqrt{3}}{12}r\omega_O^2$

第 7 章　质点动力学基本方程

7-1　$n_{max}=\frac{30}{\pi}\sqrt{\frac{fg}{r}}$ r/min

7-2　$t=\sqrt{\frac{h(m_1+m_2)}{g(m_1-m_2)}}$

7-3　$F=488$kN

7-4　$n=67$r/min

第 8 章　动力学普遍定理

8-1　$f=0.17$

8-2　$p=\frac{l\omega}{2}(5m_1+4m_2)$，方向与曲柄垂直且向上

8-3　(1) $x_C=\frac{m_3 l}{2(m_1+m_2+m_3)}+\frac{m_1+2m_2+2m_3}{2(m_1+m_2+m_3)}l\cos\omega t$，$y_C=\frac{m_1+2m_2}{2(m_1+m_2+m_3)}l\sin\omega t$

(2) $F_{xmax}=\frac{1}{2}(m_1+2m_2+2m_3)l\omega^2$

8-4　$L_O=2ab\omega m\cos^3\omega t$

8-5　$a=\frac{4}{7}g\sin\theta$，$F=-\frac{1}{7}mg\sin\theta$

8-6　(1) $\omega=1.43\sqrt{g/l}$；(2) $\omega=1.5\sqrt{g/l}$

(3) 固结 $F_{Bx}=0$，$F_{By}=2.02mg$，$M_B=0$，

铰接 $F_{Bx}=0$，$F_{By}=2.13mg$

8-7　$W=109.7$J

8-8　$V=\sqrt{2gs/3}$，$a=g/3$

8-9　$V=gh/2$，$a=g/4$

8-10　$V=2gs/5$，$a=g/5$

8-11　$a_B=8m_3g/(3m_1+4m_2+8m_3)$

8-12　$\omega=\frac{2}{r}\sqrt{\frac{M-m_2gr(\sin\theta+f\cos\theta)}{m_1+2m_2}}$，$\alpha=\frac{2}{r^2}\times\frac{M-m_2gr(\sin\theta+f\cos\theta)}{m_1+2m_2}$

8-13 $\omega=\frac{2}{r+R}\sqrt{\frac{3M\varphi}{9m_1+2m_2}}$，$\alpha=\frac{6}{(r+R)^2}\times\frac{M}{9m_1+2m_2}$

8-14 （1）$a_O=\frac{2g}{5}(2\sin\theta-f\cos\theta)$；（2）$F=\frac{3}{5}mgf\cos\theta-\frac{1}{5}mg\sin\theta$

第 9 章　达朗贝尔原理

9-1 $F_{NA}=m\frac{bg-ba}{c+b}$，$F_{NB}=m\frac{cg+ha}{c+b}$；$a=\frac{(b-c)g}{2h}$时，$F_{NA}=F_{NB}$

9-2 $\alpha=\frac{m_2r-m_1R}{J_O+m_1R^2+m_2r^2}g$；$F'_{Ox}=0$，$F'_{Ox}=-\frac{(m_2r-m_1R)^2}{J_O+m_1R^2+m_2r^2}g$

9-3 $F_{Cx}=0$，$F_{Cy}=\frac{3m_1+m_2}{2m_1+m_2}m_2g$，$M_C=\frac{3m_1+m_2}{2m_1+m_2}m_2gl$

9-4 $M=\frac{\sqrt{3}}{4}(m_1+2m_2)gr-\frac{\sqrt{3}}{4}m_2r^2\omega^2$

9-6 $f\geqslant\frac{a}{g\cos\theta}+\tan\theta$

9-7 $F=P(\sin\theta-f\cos\theta)$

9-8 $k\geqslant P\frac{e\omega^2/g-1}{b+2e}$

9-9 $a_O=\frac{2F_T\cos\theta}{3P}g$，$F_N=P-F_T\sin\theta$，$F=\frac{F_T}{3}\cos\theta$

9-10 $a_C=\frac{F_TR(R\cos\theta-r)}{J_C+\frac{P}{r}R^2}$

9-11 $F_N=P_1\frac{P_1\sin\theta-P_2}{P_1+P_2}\cos\theta$

9-12 $a_O=\frac{F_1(R+r)-F_2(R-r)}{J_O+MR^2}R$，$F_f=F_1-F_2-\frac{P[F_1(R+r)-F_2(R-r)]}{J_O+MR^2}$

第 10 章　绪论

10-1 $F_{N1}=\frac{P}{2\sin\alpha}$；

$F_{N2}=-\frac{P}{2\tan\alpha}$，$F_{S2}=\frac{P}{2}$，$M_2=\frac{Pl}{4}$；$F_{N3}=-\frac{P}{2\tan\alpha}$，$F_{S3}=-\frac{P}{2}$，$M_2=\frac{Pl}{4}$

10-2 5×10^{-4}

第 11 章　轴向拉伸、压缩与剪切

11-1 (a) $F_{N1}=-30$kN，$F_{N2}=0$kN，$F_{N3}=60$kN；

(b) $F_{N1}=20$kN，$F_{N2}=5$kN，$F_{N3}=15$kN

11-2 图略

11-3 $F_2=62.5$kN

11-4 $\sigma_A=13.37\text{MPa}<\sigma$，$\sigma_B=25.53\text{MPa}<\sigma$，均安全

11-5 最大油压 $P=6.5\text{MPa}$

11-6 $[F]=\dfrac{[\sigma]A}{\sqrt{2}}$

11-7 $\Delta l=0.075\text{mm}$

11-8 $x=\dfrac{ll_1E_2A_2}{l_1E_2A_2+l_2E_1A_1}$

11-9 略

11-10 $F\geqslant 236\text{kN}$

11-11 $\tau=0.952\text{MPa}$，$\sigma_{bs}=7.41\text{MPa}$

11-12 $D:h:d=\sqrt{1+\dfrac{[\sigma]}{[\sigma]_{bs}}}:\dfrac{[\sigma]}{4[\tau]}:1=1.225:0.333:1$

第 12 章 圆轴扭转

12-1 图略(a) $|T|_{max}=2\text{kN}\cdot\text{m}$；(b) $|T|_{max}=30\text{kN}\cdot\text{m}$

12-2 (1) $T_1=955\text{N}\cdot\text{m}$，$T_2=1671\text{N}\cdot\text{m}$，$T_1=-1194\text{N}\cdot\text{m}$ (2) 不利

12-3 191N·m

12-4 35.0MPa，87.6MPa

12-5 84.9MPa，42.5MPa

12-6 $\tau=19.2\text{MPa}<[\tau]$，满足强度要求

12-7 $d\geqslant 32.2\text{mm}$

12-8 45mm，46mm

12-9 $\tau=36.7\text{MPa}<[\tau]$，满足强度要求

12-10 $\tau_{max}=94.3\text{MPa}$，$\theta_{max}=2.25°/\text{m}$

12-11 $d=60.6\text{mm}$

12-12 $\tau_{AC}=49.4\text{MPa}<[\tau]$，$\tau_{DB}=21.3\text{MPa}<[\tau]$，$\varphi'_{max}=1.77(°)/\text{m}<[\varphi']$

第 13 章 平面弯曲

13-1 (a) $F_{s1}=2qa$，$M_1=-\dfrac{3}{2}qa^2$；$F_{s2}=2qa$，$M_2=-\dfrac{1}{2}qa^2$

(b) $F_{s1}=-100\text{N}$，$M_1=-20\text{N}\cdot\text{m}$；$F_{s2}=-100\text{N}$，$M_2=40\text{N}\cdot\text{m}$；

$F_{s3}=200\text{N}$，$M_3=-40\text{N}\cdot\text{m}$

(c) $F_{s1}=1.33\text{kN}$，$M_1=0.267\text{kN}\cdot\text{m}$；$F_{s2}=-0.667\text{kN}$，$M_2=0.333\text{kN}\cdot\text{m}$

(d) $F_{s1}=-qa$，$M_1=-\dfrac{1}{2}qa^2$；$F_{s2}=-\dfrac{3}{2}qa$，$M_2=-2qa^2$

13-2 (a) $|F_s|_{max}=2F$，$|M|_{max}=Fa$；

(b) $|F_s|_{max}=qa$，$|M|_{max}=3qa^2/2$；

(c) $|F_s|_{max}=5F/3$，$|M|_{max}=5Fa/3$；

(d) $|F_s|_{max}=3M_e/2a$，$|M|_{max}=3M_e/2$

13-3 (a) $|F_s|_{max}=3qa/4$，$|M|_{max}=qa^2/4$；

(b) $|F_s|_{max}=qa$，$|M|_{max}=qa^2$；

(c) $|F_s|_{max}=3M_e/2l$，$|M|_{max}=M_e$；

(d) $|F_s|_{max}=5qa/3$，$|M|_{max}=8qa^2/9$；

(e) $|F_s|_{max}=qa$，$|M|_{max}=qa^2$；

(f) $|F_s|_{max}=F_p$，$|M|_{max}=3F_pa$；

(g) $|F_s|_{max}=5ql/8$，$|M|_{max}=3ql^2/16$；

(h) $|F_s|_{max}=3qa/2$，$|M|_{max}=qa^2$；

(i) $|F_s|_{max}=qa$，$|M|_{max}=qa^2/2$；

(j) $|F_s|_{max}=5qa/3$，$|M|_{max}=25qa^2/18$

13-4 $\sigma_k=61.7\text{MPa}$，$\sigma_{cmax}=92.55\text{MPa}$，$\sigma_{max}=104.17\text{MPa}$

13-5 $b\geqslant 277\text{mm}$，$h\geqslant 416\text{mm}$

13-6 $F=2400\text{N}$

13-7 $[F]=56.88\text{kN}$

13-8 $W\geqslant 125\ \text{cm}^3$，选 No. 16 工字钢

13-9 实心轴 $\sigma_{max}=159\text{MPa}$，空心轴 $\sigma_{max}=93.7\text{MPa}$；空心轴比实心轴的最大正应力减少 41%

13-10 (1) 圆截面：$d=78.2\text{mm}$，$W_z/A=9.8\text{mm}$，$\tau_{max}=4.2\text{MPa}$

(2) 矩形截面：$h=83\text{mm}$，$b=41.5\text{mm}$，$W_z/A=13.7\text{mm}$，$\tau_{max}=6.6\text{MPa}$

(3) No. 10 工字钢：$W_z/A=34.3\text{mm}$，$\tau_{max}=38.8\text{MPa}$

13-11 $a=1.385\text{m}$

13-12 $\sigma_{tmax}=26.2\text{MPa}$，$\sigma_{cmax}=52.4\text{MPa}$

13-13 (a) $x=a$，$w_A=0$；$x=a+l$，$w_B=0$

(b) $x=a$，$w_A=0$；$x=a+l$，$w_B=0$

(c) $x=0$，$w_A=0$；$x=l$，$w_B=-\Delta l_1=-\dfrac{\frac{q}{2}ll_1}{EA}$

(d) $x=0$，$w_A=0$；$x=l$，$w_B=-\dfrac{F_B}{C}=-\dfrac{\frac{q}{2}l}{C}$

13-14 (a) $\theta_B=-\dfrac{q_0l^3}{24EI}$，$w_{\frac{l}{2}}=-\dfrac{49q_0l^4}{3840EI}$，$|w|_{max}=\dfrac{q_0l^4}{30EI}$

(b) $\theta_B=\dfrac{5Fa^2}{2EI}$，$w_{\frac{l}{2}}=-\dfrac{7Fa^3}{6EI}$，$|w|_{max}=\dfrac{7Fa^3}{2EI}$

(c) $\theta_B=-\dfrac{7ql^3}{48EI}$，$w_{\frac{l}{2}}=-\dfrac{7ql^4}{192EI}$，$|w|_{max}=\dfrac{41ql^4}{384EI}$

(d) $\theta_B=-\dfrac{13ql^3}{48EI}$，$w_{\frac{l}{2}}=-\dfrac{23ql^4}{384EI}$，$|w|_{max}=\dfrac{71ql^4}{384EI}$

13-15 (a) $w_A=-\dfrac{Fl^3}{6EI}$，$\theta_B=-\dfrac{9Fl^2}{8EI}$

(b) $w_A = \frac{ql^4}{16EI}$，$\theta_B = \frac{ql^3}{12EI}$

(c) $w_A = -\frac{Fa}{6EI}(3b^2 + 6ab + 2a^2)$，$\theta_B = \frac{Fa(2b+a)}{2EI}$

(d) $w_A = -\frac{ql^4}{36EI}$，$\theta_B = \frac{67ql^3}{648EI}$

第 14 章　点的应力状态和强度理论

14-1

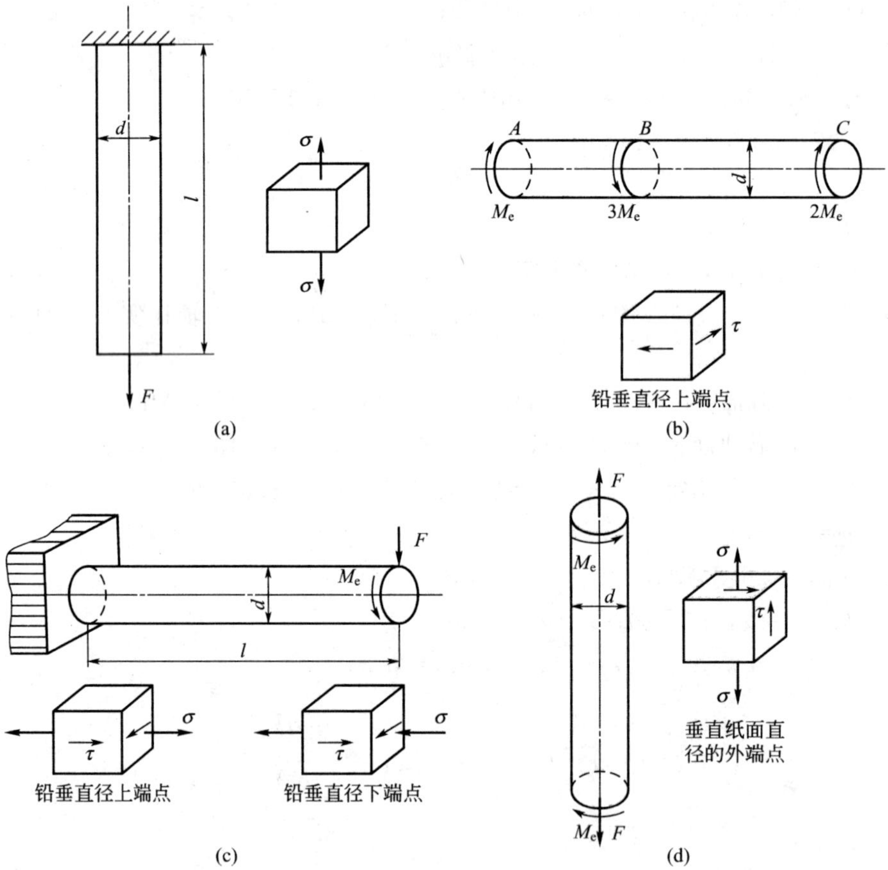

14-2　(a) $\sigma_1 = 57\text{MPa}$，$\sigma_3 = -7\text{MPa}$；$\alpha_0 = -19.33°$；$\tau_{max} = 32\text{MPa}$

(b) $\sigma_1 = 57\text{MPa}$，$\sigma_3 = -7\text{MPa}$；$\alpha_0 = 19.33°$；$\tau_{max} = 32\text{MPa}$

(c) $\sigma_1 = 25\text{MPa}$，$\sigma_3 = -25\text{MPa}$；$\alpha_0 = -45°$；$\tau_{max} = 25\text{MPa}$

(d) $\sigma_1 = 11.2\text{MPa}$，$\sigma_3 = -71.2\text{MPa}$；$\alpha_0 = -37.98°$；$\tau_{max} = 41.2\text{MPa}$

(e) $\sigma_1 = 4.72\text{MPa}$，$\sigma_3 = -84.7\text{MPa}$；$\alpha_0 = -13.28°$；$\tau_{max} = 44.7\text{MPa}$

(f) $\sigma_1 = 37\text{MPa}$，$\sigma_3 = -27\text{MPa}$；$\alpha_0 = 19.33°$；$\tau_{max} = 32\text{MPa}$

14-3　① $\sigma_\alpha = -27.3\text{MPa}$，$\tau_\alpha = -27.3\text{MPa}$

② $\sigma_\alpha = 52.3\text{MPa}$，$\tau_\alpha = -18.7\text{MPa}$

③ $\sigma_\alpha = -10\text{MPa}$，$\tau_\alpha = -30\text{MPa}$

14-4　① $\sigma_{r3} = 120\text{MPa}$，$\sigma_{r4} = 111.4\text{MPa}$

② $\sigma_{r3}=161.2$MPa，$\sigma_{r4}=140$MPa

③ $\sigma_{r3}=90$MPa，$\sigma_{r4}=78.1$MPa

14-5 $\sigma_{r1}=41.8\text{MPa}<[\sigma_t]$，$\sigma_{r2}=45.94\text{MPa}<[\sigma_t]$，均满足强度条件

第 15 章 组合变形

15-1 $\sigma=158\text{MPa}<[\sigma]$，满足强度条件

15-2 16 号槽钢

15-3 $\sigma_{max}=55\times10^6$MPa，$\sigma=45.7$MPa

15-4 $F_{max}\leqslant18.8$kN

15-5 $d=122$mm

15-6 $\sigma=\dfrac{\sqrt{M^2+T^2}}{W_z}=\dfrac{\sqrt{(P\times l)^2+(P\times R)^2}}{\dfrac{\pi}{32}d^3}\leqslant[\sigma]$

15-7 $\sigma_{r3}=155.6\text{MPa}<[\sigma]$，故满足强度条件

15-8 $P\leqslant788$N

15-9 $\sigma_{r3}=58.3\text{MPa}<[\sigma]$，故满足强度条件

15-10 $\sigma_{r3}=46.6\text{MPa}<[\sigma]$，故满足强度条件

15-11 $d\geqslant101$mm

第 17 章 压杆稳定

17-1 $F_{cr}=84.9$N

17-2 $\sigma_{cr}=51.8$MPa

17-3 (a) $F_{cr}=247.6$kN (b) $F_{cr}=283.5$kN

17-4 $\sigma_{cr}=87.6$MPa

17-5 $n=8.28>n_{st}$，所以稳定性足够

17-6 $n=3.46>n_{st}$，所以稳定性足够

17-7 $n=1.55<n_{st}$，所以稳定性不够

17-8 $d\approx25$mm

17-9 $[F]=770.7$kN

参 考 文 献

[1] 张秉荣. 工程力学. 北京：机械工业出版社，2005.

[2] 刘鸿文. 材料力学. 北京：高等教育出版社，2004.

[3] 刘鸿文. 简明材料力学. 北京：高等教育出版社，2005.

[4] 赵淑红，贾永峰. 理论力学. 北京：清华大学出版社，2012.

[5] 哈尔滨工业大学理论力学教研室. 理论力学. 北京：高等教育出版社，2002.

[6] 刘宝良，于月民. 工程力学. 北京：机械工业出版社，2012.

[7] 范钦珊. 工程力学. 北京：高等教育出版社，2007.

[8] 张志芳. 工程力学. 北京：人民邮电出版社，2007.

[9] 张勤. 工程力学. 北京：高等教育出版社，2007.